식용해조류 I

식용해조류 I

성분과 생리활성

한용봉

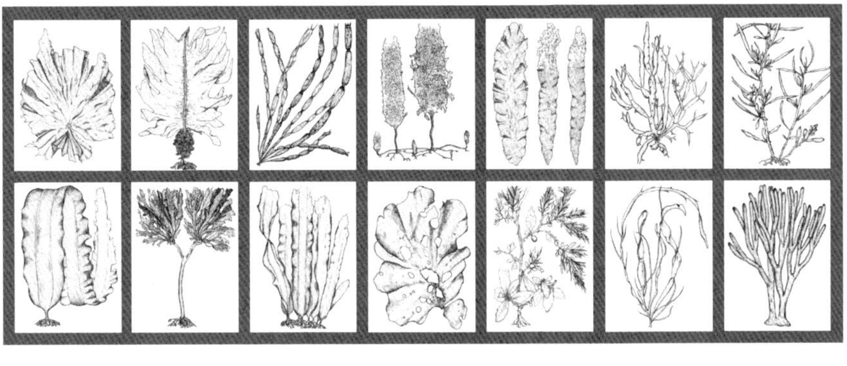

고려대학교출판부
KOREA UNIVERSITY PRESS

머리말

해조류는 바닷물 속 모래나 바위에 부착하여 사는 하등식물로 해초 또는 바다채소라고도 하며 형태는 뿌리, 줄기, 잎의 구별이 확실하지 않고, 엽상부와 기근부로 나뉜다. 해조류의 색소로는 녹색 chloroplyll, 황색 carotenoids, 적색 phycobilin 등이 함유되어, 배합에 따라 녹조류, 홍조류, 갈조류, 남조류로 분류된다. 식용 해조류로 녹조류 0.4%, 홍조류 33.0%, 갈조류 66.5%가 이용되고 있으며, 한국, 일본, 중국 등 아시아에서 주로 소비되고, 자연산보다는 바다 양식이 식용의 94%에 이른다.

인류의 해조류 이용은 B.C. 600년경부터이며, 중국의 고서에 해조류의 중요성, 요리법과 유용성이 기재되어 있고, 아시아, 아메리카, 하와이 등에서 식용하여 왔으나, 유럽에서는 사료나 비료로 사용되었다.

우리나라에서 식용되고 있는 해조류는 50여 종이다. 엽록소나 엽록소와 갈색소를 함유한 녹조류인 파래, 청각, 매생이, 청태 등이 얕은 바다에, 갈색소가 많은 갈조류인 미역, 다시마, 톳, 곰피, 감태, 대황 등은 조금 깊은 바다에, 엽록소 외에 적색소가 많은 홍조류인 우뭇가사리, 풀가사리, 지누아리, 도박, 갈래곰보, 꼬시래기, 진두발(카라기난) 등은 깊은 바다에 분포한다.

우리나라 해조류 소비량은 미역이 75%로 가장 많고, 일본은 김이 45%로 가장 많다.

해조류의 영양은 회분 25%로 무기질인 칼슘, 칼륨, 인, 구리, 망간, 철, 요오드 등이 풍부한 알카리성 식품이다. 특히 김은 vitamin A, B, B_{12}, C 등이 많고, 식욕을 돋우는 독특한 향기가 있으며, 맛은 아미노산인 시스틴과 당질인 만난에 기인하며, 특히 다시마는 단백질 5~15%로 아미노산인 굴르탐산으로 감칠맛이 있고, 소화도 비교적 잘 된다. 건조 유기물은 가용성 탄수화물 32~60%와 섬유 4~12%로 끈끈한 점질물을 분해하면 포도당과 과당이 생기며, 알긴이라는 점질 물질이 약 20% 함유되어 있는데 이는 중금속과 결합하여 중금속을 체외로 배설시키기도 한다. 더구나 식이섬유가 많아 혈중 cholesterol을 낮추어, 고혈압, 심장병, 동맥경화 등에 효과 있으며, 요오드는 체내에서 갑상선 hormone의 주요 성분으로 심장과 혈관의 원활한 활동, 체온과 땀의 조절 등 신진대사를 증진시키는 등 오늘날 증가하고 있는 성인병의 예방과 치료에 적합한 건강기능성 식품으로 손색이 없다고 할 수 있다.

이 책에서 해조류 학명은 강제원의 《한국동식물도감(해조류)》(문교부, 1968)과 이용필, 강서영의 《한국산 해조류의 목록》을 참고하였으며, 2009년 9월까지 국내 관련 학회지에 보고된 내용을 중심으로 영양성분, 특수성분(2차 대사산물) 및 생리활성을 정리하였고, 관심이 있는 이의 연구에 필요한 기초자료로 참고문헌을 제시하였다. 미흡하나마 도움이 되었으면 한다.

이 책이 완성되기까지 많은 이들의 도움이 있었으며, 특히 자료 보강에 도움을 주신 고려대학교 과학도서관 사서들에게 고마움을 전한다. 늘 곁에서 묵묵히 격려해 준 남편과 출판을 흔쾌히 허락하여 주신 고려대학교출판부에도 감사함을 전한다.

2010년 가을

저자 한 용 봉

차례

머리말 5

1. 가시우무 9
2. 가시파래 15
3. 갈래곰보 28
4. 갈파래 34
5. 감태 48
6. 개다시마 68
7. 고리매 80
8. 곰피 92
9. 괭생이모자반 112
10. 구멍갈파래 129
11. 구멍쇠미역 146
12. 긴불레기말 158
13. 꼬시래기 168
14. 꽈배기모자반 178
15. 납작파래 191
16. 단지꼴 폴리시포니아 203
17. 대황 208
18. 도박 224
19. 돌가사리 238
20. 뜸부기 247
21. 마디잘록이 257
22. 매생이 264
23. 모자반 279
24. 미역 313
25. 보라색 우무 363
26. 부챗살 370
27. 불등가사리(청각채) 375
28. 비틀대모자반 386

찾아보기 406

Hypnea charoides Lamouroux

가시우무 1

홍조류 · Hypneaceae (가시우무과)

• 일명 | Ibaranori

• 분포 | 한국 남해안, 일본 남부, 중국, 호주 연안, 인도양

• 용도 | 식용, 우무

✻ 식물학적 특성

홍조류로 가시우무과에 속하며, 몸은 가지가 엉켜서 큰 덩어리를 이루고, 대형은 20㎝ 이상. 가지 굵은 것은 3㎜, 차차 가늘어진다. 상부의 가지는 하부보다 차차 짧아지고 넓게 벌어진다. 하부에서 상부까지 모든 부분에 가늘고 짧은 가시가 있고, 가시는 1㎜ 간격으로 나고, 길이는 3.5~4.5㎜. 자낭은 4분되어 있고, 가시의 중앙부 또는 중앙 부분이 팽대하여 생긴다. 질은 막질, 매우 잘 부서진다. 색은 황색-홍색으로 변화가 많다.

동속 식물에는 사이다가시우무(*Hypnea saidana*), 갈고리가시우무(*H. japonica*)가 있다.

✻ 성분

1) 특수성분

*H. japonica*에서 22Z-Dehydrocholesterol(C-01125), Gigartinine(S, G- 00354), *H. musciformis*에서 Cholest-3-ene-7, 11-dione(5β, C-01191), 11, 20-Dihydroxy-23-methyl cholesta-1,22-dien-7-one(5β, 7β, 20ε, 22E,

D-02319), 20-Hydroxycholest-1-ene-7, 11-dione(5β, 20ϵ, H-01395), *H. valendiae*에서 4-Amino-7-(5-deoxyribosyl)-5-iodopyrrolo[2,3-d] pyrimidine (1'β, A-01296)이 분리되었다.

✻ 생리 활성

Pb와 Cu 흡착 : 해조류 가시우무 등 23종을 선별 Pb와 Cu 흡착능을 조사한 결과, 종에 따라 다른 중금속 흡착능이 나타났고, 대부분 Pb 흡착능이 높게 나타났다. Pb흡착이 가장 강한 가시우무를 이용, Pb와 Cu 생체 흡착능을 시험한 결과, Pb는 2시간, Cu는 30분이 소요되었으며, 최대 흡착량은 각각 192.8㎎Pb/g biomass, 256㎎Cu/g biomass, Langmuir 모델에 잘 적용되었다. 또 pH가 낮을수록 중금속 흡착량은 감소, 특히 Pb는 pH의 변화에 영향이 컸다. 혼합 중금속 용액에서 Pb〉Cu〉Cr〉Cd 순으로 흡착되었으며, Ca 존재하에서 Ca은 흡착되지 않고, Pb만 선택적으로 흡착되었다. 하루 중 0.1M-NaOH용액에서 전처리한 가시우무는 전처리하지 않은 것보다 Pb의 흡착량이 40% 증가, 272.0㎎/g biomass를 흡착하였다.

피부세포주 HaCaT에 대한 해조류의 영향 : 한국 연안 해조류를 채집, 이들 중 녹조류 4종, 갈조류 18종, 가시우무 등 홍조류 14종을 수세, 음건하여 80% MeOH로 4회 추출, 37℃에 건조한 시료를 인체 피부 세포 HaCaT와 24시간 배양을 조사한 결과, 36종의 해조 시료 중 비틀대모자반과 돌가사리가 대조구보다 1.6배 활력이 증가되었고, 참그물바탕말(*Dictyota dichiotoma*), 참도박(*Pachymeniopsis elliptica*) 및 잎파래(*Enteromorpha linza*)의 추출물은 대조구 보다 각각 0.2, 0.4, 0.4배 정도 활력을 억제시켰다.

Marine carotenoid의 생물학적 기능 : 자연계에서 생성되는 색소 중 carotenoid (CA)는 가장 중요하며 인체 건강에 유용한 효과를 갖고 있어 관심이 증가되고 있다. 해산 CA는 그들이 주는 화학적, 생물학적 이익의 영향은 중요하다. 해산 CA 중 astaxanthin과 fucoxanthin은 해양 동물이나 해양 식물 중에서 비교적 강력한 생물학적 활성이 있다. 즉 이 둘 CA는 quenching siglet oxygen과 scavenging free radical의 강한 항산화 작용이 있기 때문이며, 식이성 항산화 작용이 있는 이들 강력한 작용의 CA는 항암 작용과 항염 작용이 있다. 특히 fucoxanthin이 근래 항비만과 항당뇨 효과가 인정되면서부터 주목받게 되었다. 이러한 작용은 mitochondria의 백색지방(WAT)에서 uncoupling protein(UCP1)을 만들어 WAT에서 지방산을 산화시켜 WAT에서 열을 생산하기 때문이다. fucoxanthin은 insulin 저항을 개선하여 혈당을 낮추며, 동물의 WAT에서 종양 괴사 인자 α(TNFα)를 감소시키기 때문이다.

홍조류의 성분 : 국내 연안에 서식하는 13종의 홍조류를 채취, 구성 성분을 분석한 결과, 채취 장소에 따라 차이가 있었고, 우뭇가사리의 회분은 9.02~13.30%, 단백질 19.99~20.47%, 지방 0.31~0.11%, 탄수화물 66.02~69.88%, sulfate는 2.35~1.62%, 돌가사리의 회분은 29.48, 단백질 27.42, 지방 0.90, 탄수화물 42.20, sulfate 19.48%, 부챗살의 회분 17.32, 단백질 31.15, 지방 0.24, 탄수화물 48.71, sulfate 1.92%, 깃꼴진두발의 회분 12.91, 단백질 22.47, 지방 0.22, 탄수화물 64.40, sulfate 17.96%, 풀가사리의 회분 19.20, 단백질 18.11, 지방 0.64, 탄수화물 62.05, sulfate 18.23%, 석묵의 회분은 11.41, 단백질 31.69, 지방 0.53, 탄수화물 60.71, sulfate 4.43%였으며, 수용성 구성당은 3, 6-anhydrogalactose, galactose, 6-methylgalactose, rhamnose, fucose, ribose, arabiose, xylose, mannose, glucose였고, 가장 많은 당은 galactose, 다음 3, 6-anhydrogalactose, glucose, xylose 순이었다.

미량 금속 함량 : 우리나라 연안에서 수집한 해조류 총 620건 시료 즉 녹조류(113건), 갈조류(275건), 홍조류(232건)의 미량 금속 함량을 비교 분석한 결과, Hg은 갈조류에서, Cd는 홍조류에서, Cu, Cd는 녹조류에 많았고, Mn과 Ni은 녹조류와 홍조류에서, Pb는 녹조류에서, Zn은 홍조류에 많았다. 지역별로는 Hg, Cd, Ni, Mn은 충남 태안 지역에서 Cr은 영덕,

Cu는 통영, Pb와 Zn은 울산 지역에서 많았다. 갈조류에는 Hg와 Cd, 녹조류는 Cr, Cu, Mn, Ni, Pb가, 홍조류에는 Zn이 많았다. 비식용 해조류 중 지충이는 Cd와 Mn의 biomonitor, 애기마디잘록이와 지누아리는 Ni와 Zn의 biomonitor, 식용 갈조류인 고리매는 Cr과 Pb의 biomonitor로 사용할수 있을 것으로 판단된다.

건강기능성 식품과 해조류 소비 : 경북 대학생 281명을 대상으로 해조류 건강기능 식품의 구매 의도와 소비 가치를 조사한 결과, 구매 장소는 24시간 편의점이고, 낱개 포장으로, 구매 목적은 영양 보충과 체중 조절이며, 구매 의도가 높은군과 낮은군의 차이가 현저하였고, 식품, 영양 및 건강 관련 과목 수강 경험자 중 기능 가치와 인식 가치가 높았다.

✻ 효능과 이용

1) 식용 : 우무를 만들어 식용한다. Agar 제조

참고문헌

1) 김영동, 김영명, 강통삼, **한국식품연구소 연구보고,** 1981, 163 (해조류의 다각적 이용에 관한 연구)

2) 김지희, 목종수, 박희연, **식품영양과학회지**, 2005, 34(7), 104 (한국 연안 해조류의 미량 금속 함량 – 파래, 청각, 매생이, 미역, 다시마, 김, 모자반, 톳, 고리매, 우뭇가사리, 꼬시래기, 서실, 불등가사리, 지누아리, 애기마디잘록이, 지충이)

3) 도정룡, 남윤주, 박진희, 조진호, **수산학회지,** 1997, 30(3), 428 (국내산 홍조류의 구성 성분에 관한 연구 – 우뭇가사리, 꼬시래기, 돌가사리, 붉은까막살, 애기곱슬이, 붉은잎, 애기마디잘록이, 부챗살, 진두발, 풀가사리, 석묵)

4) 서군학, 안갑환, 조문철, 김병진, 진형주, 홍용기 **생물공학회지,** 1998,

13(4), 444 (해조류를 이용한 Pb 및 Cu의 흡착 – 가시우무)
5) 오윤식, 이인규, 부성민, **Algae**, 1990, 5(1), 57 (한국산 유용 해조 특히 식용, 약용 및 공업용 해조에 대한 주해)
6) 윤승제, 조연숙, 남주현, 이형호, Kim Eliya, 홍용기, **수산학회지**, 2008, 41(1), 68 (각종 해조류 추출물들의 인간 피부세포주 HaCaT에 대한 활력 영향 – 비틀대모자반, 돌가사리, 참그물바탕말, 참도박, 구멍파래, 잎파래, 청각, 납작파래, 딕티오타, 감태, 곰피, 톳, 패, 다시마, 모자반류, 고리매, 미역, 진두발, 꼬시래기, 부챗살)
7) 이용필, 강서영, **Algae**, 2002, 17(1), 69 (한국산 해조류의 목록)
8) 차명화, 김유경, **식생활문화학회지**, 2008, 23(4), 462 (해조류 건강기능성 식품에 대한 소비 가치 분석)
9) Amano, H., **Marine Biochemistry**, Yamaguchi, K. ed., Tokyo University Press, Japan, 1999, pp.170~171 (Biochemistry and biotechnology of seaweed)
10) Babu, J. M. et al, **Phytochemistry**, 1989, 28, 3237 (isol, Gigartinine, Cholest-3-ene-7,11-dione)
11) Babu, M. et al, **Phytochemistry**, 1990, 29, 3965 (isol, 11, 20-Dihydroxy -23-methyl cholesta-1,22-dien-7-one)
12) Baker, J. T., **Proc. Intl. Seaweed Symp.**, 1984, 11, 29 (Seaweeds in pharmaceutical studies and application)
13) Chapman, V. J., Chapman, D. J., **Seaweeds and Their Uses**, Chapman and Hall, London, 1980, 334
14) Chengki, Z., Junfu, Z., **Proc. Intl. Seaweed Symp.** 1984, 11, 151 (Chinese seaweeds in herbal medicine)
15) Cole, K. M., **Biology of the Red Algae**, Cole, K. M., Sheath, R. G. (eds.), Cambridge Univ. Press. Cambridge, 1990, p.517
16) Hosokawa, M., Okada, T., Mikami, N., Konishi, I., Miyashita, K., **Food Sci. Biotechnol.**, 2009, 18(1), 1 (Bio-function of Marine Carotenoids)
17) Hunt, S. et al, **Biochem. Biophys. Acta**, 1971, 252, 401 (isol, 4-Amino

-7-(5-deoxyribosyl)-5-iodopyrrolo[2,3-d] pyrimidine)

18) Leusch, A., Holan, Z. R., Volesky, B., **J. Chem. Tech. Biotechnol.**, 1995, 62, 279 〔Biosorption of Heavy Metals (Cd, Cu, Ni, Pb, Zn) by chemically Reinforced Biomass Marine Algae〕

19) Mabeau, S., Fleurence, J., **Trends Food Sci. Technol.**, 1993, 4, 103 (Seaweed in the food products : Biochemical and nutritional aspects)

20) Marlett, J. A., **Intern. Med. Special.**, 1984, 5, 99 (Dietary fiber and mineral bioavailabitity)

21) Noda, H., **Science of Marine Algae**, Oishi, K. ed. Asakura-Shoten, Tokyo, 1993, pp.14~29 (Chemistry of marine algae)

22) Ohta, K., **Proc. Intl. Seaweed Symp.**, 1979, 9, 401 (Chemical studies on biologically active substances in seaweeds)

23) Osada, H., **Toyo Junior College of Food Technol.**, 1967, 8, 297 (Studies on the organic acids in marine products-II. Contents of organic acids in seaweed and their changes during drying)

24) Parkash, O. et al, **J. Nat. Prod.** (Lloydia), 1989, 52, 686 (isol, 20-Hydroxy cholest-1-ene-7,11-dione)

25) Sato, S., **Bull. Jpn. Soc. Sci. Fish.**, 1975, 41(11), 1177 (Fatty acid compositioin of lipid in some species of marine algae)

26) Tamura, T. et al, **Can. J. Biochem.**, 1964, 42, 1331 (22Z- Dehydrocholesterol)

27) Van der Meer, J. P., **Biology of the Red algae**, Cole, K. M., Sheath, R. G. eds., Cambridge Univ. Press, Cambridge, 1990, pp.103~121 (Genetics)

28) Volesky, B., **Biosorption of Heavy Metals**, CRC Press, 1990

29) Wakamiya, T. et al, **Tetrahedron**, 1984, 40, 235 (Gigartinine)

30) Zaneveld, J. S., **Ind. Pac. Fish Counc. Spec. Publ. 3.**, 1955 (Economic marine algae of tropical south and east Asia and their utilization)

Enteromorpha prolifera
(Müller) J. Agardh

가시파래 2

녹조류 · Ulvaceae (갈파래과)

• 영명 | Green laver, Green string lettuce
• 일명 | Suji-aonori
• 중국명 | 青海苔
• 분포 | 전 세계에 분포, 우리나라 각지
• 용도 | 식용

식물학적 특성

녹조류로 갈파래과에 속하며, 모양이나 크기가 매우 크게 변하고, 긴 것은 수미터에 이름. 몸 전체가 통상(筒狀). 많은 가지가 나 있고, 가지는 다시 가지를 낸다. 가지 끝은 일열 세포로 되어 있지 않고, 세포의 길이는 표면에서 볼 때 10~12μ이며, 머리 부분은 세포가 종렬하고, 노성부(老成部)에서 불규칙, 몸은 15~18μ로 두껍다. 간조 시에 오래 노출하지 않고, 담수의 영향이 많은 조용한 곳에 많이 난다.

동속 식물에는 납작파래(*Enteromorpha compressa*), 창자파래(*E. intestinalis*), 격자파래(*E. clathrata*), 잎파래(*E. linza*)가 있고, 모두 식용한다.

성분

1) 영양성분

① **가시파래 (말린것, 12060)** : 가식부 100g 중 수분 12.80%, 열량 216.0 kcal, 단백질 20.0g, 지질 0.7g, 당질 42.2g, 조섬유 4.30g, Ca 646.0㎎,

P 274.0㎎, Fe 37.20㎎, Zn(1.73)㎎, vitamin A 345.0 RE, β-caroten 2070.0 ㎍, B_1 0.290㎎, B_2 1,340㎎, B_6 0.96㎎, niacin 4.0㎎, C 36.0㎎, 엽산 1364.0㎍, E 4.30㎎.

② 홑 파래 (말린 것 12063) : 가식부 100g 중 수분 15.50%, 열량 241.0 kcal, 단백질 17.2g, 지질 1.1g, 당질 48.3g, 조섬유 4.90g, Ca 630.0㎎, P 185.0 ㎎, Fe 10.30㎎, Zn(1.73)㎎, vitamin A 630.0 RE, β-caroten 3780.0㎎, B_1 0.330㎎, B_2 0.210㎎, B_6 0.96㎎, niacin 3.1㎎, C 53.0㎎, 엽산 1364.0 ㎍, E 4.30㎎.

2) 특수성분

*E. intestinalis*에서 (2-Carboxyethyl)dimethylsulfonium(C-00385)가, *E. linza*에서 N^2-Arginylglutamine(LL, A-02720), Cysteinolic acid(S, A- 01435)가 분리.

✲ 생리 활성

해조류와 당뇨쥐의 장기능① : 상용하는 해조류 4종(김파래, 다시마, 미역, 한천)을 당뇨 환자 치료식의 고식이섬유 보충을 STZ유도 당뇨쥐에 분말시료 7%(에너지 밀도 동일) 실험식을 6주간 투여한 결과, 체중, 장기능 및 증세 호전도에서, 정상군보다 체중 증가는 낮았으나, pectin 투여군보다 시료 효율과 체중 유지는 호전되었고, 해조류 중 다시마는 pectin보다 약하나 당뇨 동물에서 전형적 당뇨 증세는 호전 경향을 보였다. 해조류의 투여는 pectin 투여와 같이 장 통과 시간의 유의적 단축, 분변 배설량의 증가, 장 길이 증가 등 당뇨 동물의 소화흡수 장 기능의 변화를 보였다.
해조류와 당뇨쥐의 당, 지질대사② : STZ유도 당뇨 쥐에 각 해조류(미역, 김파래, 다시마, 한천) 분말 시료 7% 포함 식이를 6주간 투여한 결과, 다시마, 미역, 한천군은 경구 내당능 검사에서 당뇨군보다 공복시 혈당 수준이 감소와 내당능 개선 효과를 보였다(pectin군보다는 낮았다). 김파래는 당뇨균의 혈중 cholesterol을 현저히 낮추었다(pectin과 비슷). 해조류는 변 중 steroid 물질의 배설을 증가, 특히 김파래와 미역은 변 중 cholesterol 배설을 pectin과 같이 증가, 담즙산의 배설량은 pectin보다 높았다.

해조류의 Aldose Reductase 억제 활성 : 해산 식물의 MeOH ex aldose reductase 억제 활성을 측정한 결과, 가시파래(*Enteromorpha prolifera*), 감태(*Ecklonia cava*), 뜸부기(*Pelvetia wrightii*)및 함초(*S. herbacea*)에서 나타났고, 그들의 IC_{50}은 각각 3.04㎍·ml^{-1}, 8.84㎍·ml^{-1}, 11.42㎍·ml^{-1}, 4.99 ㎍·ml^{-1}이었다. 가시파래의 MeOH 분획(IC_{50} 4.53㎍·ml^{-1}), 감태의 BuOH 분획(IC_{50} : 4.83㎍·ml^{-1}) 순이었고, 뜸부기의 hexane 분획(IC_{50} 17.6㎍·ml^{-1})이 가장 강하였다.

Polyphenol과 항산화 물질 : 동해 주문진 해안에 생육하는 김, 파래, 미역, 다시마, 지누아리, 서실, 넓미역 등 12가지 식용 해조류에서 항산화 물질을 분리하였다. 항산화 측정(AOM법, DPPH법)과 UV, HPLC, GC/MS로 분석한 결과, 12종 식용 해조류를 hot-MeOH 추출 AOM법으로 활성을 측정한 결과, 김 > 미역, BHT > 다시마 > 넓미역 > 지누아리 > 서실 순이었고, 나머지 해조류는 활성이 나타나지 않았다. 또한 석유에텔, Et_2O, $CHCl_3$, MeOH, H_2O로 순차 추출, 색소 제거후 농축하여 DPPH법으로 항산화를 측정한 결과, H_2O-MeOH 가용분획에서 강한 활성을 보였고, 김 > 미역 > 다시마 > BHA > 파래 > Tocopherol > 넓미역 > BHT 순이었다. 특히, 김, 미역, 다시마, 파래는 같은 양에서 BHT, BHA보다 높거나 비슷한 항산화 활성을 보였다. 활성 물질 회수율은 1.82%, 극성 용매 분획에서 강한 활성을 보였다. 추출 물질의 흡수 파장은 235±5nm, 270±5nm(λmax), HPLC 분석 결과 다시마, 미역, 파래의 retention time(RT)이 8.5분, 10분인 극성 물질이 분리되었고, 김에서는 25분의 비극성 물질로 BHA, BHT와 비슷한 RT에서 분리되었다.

항산화 효과 : 상용되는 해조류 5종 – 미역, 다시마, 톳, 파래, 김의 항산화 활성과 총 flavonoid 및 polyphenol 함량을 알고자, 해조 EtOH ex를 Fe유도 지방 과산화 억제율, DPPH 라디칼 소거율 및 MDA-BSA 결합 저

해율을 3가지 방법으로 측정하였다. 녹조류인 파래의 항산화 효과가 가장 우수하였고, 특히 지질 과산화물이 단백질과 결합 반응을 저해하였고, 김, 다시마의 항산화 효과가 우수하였으며 미역과 톳은 거의 없었다. 총 flavonoid는 미역 11.63㎎/g으로 높았고, 총 polyphenol은 파래가 8.97㎎/g으로 가장 높았다. 3가지 방법의 항산화 효과는 총 phenol량과 관계가 깊었으며, 지질 과산화 억제율과 매우 높은 상관성을 보였다. 해조류의 항산화 효과에 polypenol 성분의 기여도가 큰 것으로 나타났다.

항돌연변이 활성 및 암세포 성장 억제 : 톳, 다시마, 미역, 김, 파래 5종의 해조류 EtOH 추출물의 2-anthramine에 대한 돌연변이 억제 효과를 *Sal. thypimurium* TA98에서 측정 결과, 톳(100%), 다시마(94.2%)가 3.5㎎/plate에서, 파래(68.5%)가 4.5㎎/plate에서 억제능을 보였고, TA100에서 파래(100%), 톳(100%), 다시마(94.1%)가 각각 1.5, 2.5, 4.5㎎/plate에서 최대 억제 효과를 보였으나 미역과 김은 간접 돌연변이 억제는 없었다. 직접 항돌연변이는 TA98에서 톳, 미역, 파래 모두 4.5㎎/plate에서 각각 83%, 73%, 73% 억제되어 2-nitrofluorene의 돌연변이능 저해율이 비교적 높았다. 또한 TA100에서 sodium-azide의 돌연변이 저해가 가장 큰 해조류는 톳, 다시마 및 파래로 3.5㎎/plate에서 모두 100% 저해율을 보였다. TA98에서 미역과 김은 4.5㎎/plate에서 각각 73%, 50% 저해하였고, TA100에서 저해능이 없었다. HeLa cell과 MCF-7 cell, SNU-638 cell 암세포 성장 억제를 MTT assay로 관찰한 결과, 5종 모두 억제 효과를 보였다. HeLa cell 성장을 90% 이상 저해는 파래〉미역〉다시마〉톳 순이었고, 김은 56% 저해하였다. MCF-7 cell에는 90% 이상 저해는 파래〉미역〉다시마〉톳 순이었고, 김은 50% 저해율을 보였다. SNU-638 cell 세포 성장 억제는 HeLa cell과 MCF-7 cell보다 낮았다. 저해율 70% 이상은 파래, 미역, 다시마, 톳이었고, 김은 68%이었다. 이상에서 Ames test와 MTT assay 결과, 톳, 파래, 다시마는 항돌연변이 효과와 암세포 성장 억제 효과가 우수한 것으로 나타났다.

충치균에 대한 항균 활성 : 우리나라 연안에서 채취한 해조류 가시파래 등

27종의 80% EtOH 추출물이 충치균 *Streptococcus mutans* KCTC 3300의 증식에 미치는 영향을 조사한 결과, 해조류 중 다시마가 가장 강하였고(+++), 갈파래, 청각, 감태, 곰피, 미역도 비교적 활성이 높았으며(++), 홍조류보다 갈조류와 녹조류가 대체로 강하였다. 다시마의 항균 활성은 용매에 따른 추출물의 차이는 나타나지 않았다. *S. mutans* KCTC 3300과 *S. sobrinus* KCTC 3307에 대한 해조류의 80% EtOH 추출물의 MIC는 해조류 종뿐 아니라, 동일 해조류 추출물에서도 균 종에 따라 차이가 있었다. 다시마의 80% EtOH의 Et_2O 분획에서 MIC는 105㎍/㎖, 수용성 분획은 약 5,500㎍/㎖에서 균의 증식이 억제되지 않았다. 가시파래도 항균성을 보였다(+).

Angiotensin-1 전환 효소 저해 : 해조류(김, 파래, 미역, 우뭇가사리, 청각, 톳, 다시마) 추출물과 가수 분해물의 성분과 ACE 저해 효과를 조사하였다. 단백질의 함량은 김 39.6%, 파래 22.1%, 미역 21.1%, 우뭇가사리 18.3%, 청각 15.7%, 톳 12.4%, 다시마 8.2% 순이었고, 추출물의 ACE저해 효과는 50, 70, 98℃에서 추출한 결과, 70℃ 추출 시료 모두에서 가장 높았으며, 70℃를 기준 ACE 저해율은 우뭇가사리 10.9%, 김 9.3%, 파래 8.9%, 미역 8.2%, 톳 7.5%, 다시마 7.1%, 청각 7.0% 순이었다. maxayme과 papain 가수 분해 물의 ACE 저해 효과는 김이 파래, 미역, 우뭇가사리보다 현저히 높았고, peptide-nitrogen 함량 역시 높았다. 김 8시간 가수 분해 후, ACE 저해 효과가 maxazyme 31.3%, papain 27.9%로 가장 높았고, peptide-nitrogen 함량도 가장 높았다. 파래의 ACE 저해 효과 역시 8시간에서 maxazyme 9.6%, papain 8.5%로 다른 시간대보다 높았으며, peptide-nitrogen 함량이 16시간까지 완만히 증가하였다.

저분자 Peptide 의 기능성 : 해조류의 이용성을 높이고자 pepsin으로 가수분해한 peptide를 정제, 쇠미역, 파래, 지누아리는 3개의 peptide, 김은 2개의 peptide를 얻어 항산화 활성을 검사한 결과, 김은 peak 1이 높았고, 다음 peak 2가 높았다. ACE 저해 활성은 김 peak 1, 파래 peak 3, peak 2 순으로 높았으며, 항갈변 활성은 김 peak 1과 2, 파래 peak 2가,

파래 peak 3이 높았다. 항암 활성은 파래 peak 1〉쇠미역 peak 2〉파래 peak 3〉지누아리 peak 3 순이었다. 전반적으로 김의 기능성이 높았고, 또한 단백질 함량도 높았다.

채취 시기별 성분 변화 : 매생이와 가시파래 수확기인 12월~3월, 청각은 6~8월까지 월별로 채취하여 성분 변화를 측정한 결과, 매생이와 가시파래는 조단백질이 많아 각각 34.1~43.8% 및 22.5~35.7%, amino acid는 glutamic acid, aspartic acid, leucine 순으로 많았고, 매생이의 유리 amino acid는 proline과 alanine 함량이 가장 많았다. 가시파래는 asparagine과 glutamic acid가 많았으며, 3월에 asparagine이 현저히 감소하였으나 sarcosine은 크게 증가하였다. 청각의 주요 유리 amino acid는 hydroxy proline, glutamic acid 및 alanine이었다. 매생이, 가시파래와 청각의 polyenic acid 비율은 각각 63.91~74.05%, 62.87~68.23%, 40.26~ 44.61%이었다. 대표적인 무기질은 Ca, K, Mg, Fe이었으며, 매생이와 가시파래의 chlorophyll a와 b는 3월에 크게 감소하였고, 매생이와 가시파래는 고단백질 해조 식품으로 개발이 기대되며, 특히 가시파래에 다량 함유된 asparagine은 약리 성분으로 개발이 기대되었다.

수용성 다당의 추출과 조성 : 가시파래의 효율적 이용을 목적으로, 수용성 다당을 추출한 결과, 수율은 23.7%, 총당 68.8%, 단백질 6.7%, 황산기 23.9%이었고, 수용성 다당을 CPC 처리로 얻은 산성 다당인 DPD-PS는 주요 구성 성분인 xylose : rhamnose : glucose의 비는 1: 3.1: 0.2이었고, 음ion 교환 수지로 분획한 3개 fraction(Fr-1, Fr-2, Fr-3)은 서로 조성 차이는 없었다. CPC-Ps의 분자량은 620,000, Fr-1은 710,000(84%), 90,000(14%), 70,000(2%), Fr-2는 510,000, Fr-3는 830,000 dalton. Fr-1과 Fr-3은 단일 band로 나타났다.

산성 수용성 다당의 구성당 : 국내 양식 가시파래의 수용성 다당의 구성당을 분석한 결과, uronic acid가 대부분이었고, 주로 황산기 함유 rhamnose, xylose, glucuronic acid로 구성된 다당이었다. 다시 GC/MSD로 분석한 결과, 황산기는 rhamnose의 C-3과 xylose의 C-2에 결합되어 있었으며,

주 결합 구조는 C-3에 황산기가 결합한 1, 4-, 1, 2, 4-결합된 rhamnose, C-2에 황산기가 결합한 1, 4-결합된 xylose, 1, 4-결합된 glucuronic acid였다. 또 일부는 미량의 1, 4-결합 rhamnose, 1, 4, 6-결합 galactose도 분리되었다.

미량 금속과 안전성 평가 : 우리나라 연안에서 수집한 김(33점), 미역(88점), 다시마(12점), 파래(43점) 등 총 176점 해조류의 미량 금속을 조사한 결과, Zn, Mn, Cu 순으로 많았고, 다음 Cr, Ni, Cd, Hg 순이었다. 김에는 Cd, Zn이, 파래에는 Cr, Ni, Pb가 많았으며, 다시마에는 Hg가 가장 많았다. Cd와 Zn 농축 계수는 김에서 각각 약 12,000과 14,000으로 높았으며 Cr과 Pb는 파래에서 각각 약 23,000 및 2,500으로 가장 많았다. Cu는 김과 파래에서 약 5,500으로 가장 많이 농축되어 있었다. 다시마에는 Mn과 Pb가 많았고, 갈조류인 미역과 녹조류인 파래에는 전혀 다른 경향이었다. 우리나라 국민의 식용 해조류에서 Hg 섭취는 평균 0.03㎎/일로 PTWI(5㎎/kg b.w/wk)의 0.07%이었고, Cd 섭취량은 평균 2.15㎎/일로 PTWI(7㎎/kg b.w/wk)의 3.57%, Pb의 섭취량은 평균 2.65㎎/일로 PTWI (25㎎/kg b.w/wk)의 1.20%이었다. 이로써 우리국민이 해조류로 섭취하는 Hg, Pb, Cd/주의 함량은 PTWI 0.07~3.57%이며, 유해금속 섭취는 매우 안전하며, Cu, Zn, Mn, Cr의 섭취량은 영양소 기준치의 각각 1.35, 0.89, 4.28, 9.18%이었다.

지방산 조성 : 녹조류(파래, 청각), 갈조류(다시마, 톳, 곰피, 모자반, 미역), 홍조류(김) 등 8종의 식용 해조류의 지방산을 GLC로 분석한 결과, 녹조류 1.51%, 갈조류 2.81%, 홍조류 1.02% 이었고, 지방산 조성은 녹조류는 $C_{16:0}$산이 가장 많았고, $C_{18:1}$, $C_{18:2}$, $C_{18:3}$산도 많았다. 갈조류는 $C_{16:0}$, $C_{18:1}$, $C_{18:2}$, $C_{18:3}$산이 많았으나 $C_{18:0}$산은 적었다. 홍조류는 $C_{16:0}$산이 많았고, $C_{14:0}$, $C_{18:1}$, $C_{18:2}$, $C_{18:3}$은 매우 적었다. 녹조류 C_{16}, C_{18}산이, 갈조류는 C_{16}, C_{18}, C_{22}산이, 홍조류는 C_{15}, C_{16}, C_{18}산이 각각 많았다.

기장산과 완도산 해조류의 무기질 함량 : 기장과 완도에서 채집한 갈조류인 미역, 다시마, 톳, 녹조류인 가시파래, 참홑파래의 무기질과 중금속을 측정한 결과, 녹조류의 총 회분은 13.8~24.8%, sulfate는 1.08~3.25%이었고, 갈조류의 총 회분은 24.5~24.8%로 녹조류보다 많았으며, 완도와 기장의 무기질 함량은 5종의 무기질이 각각 달랐다. 갈조류의 대량 무기질; Ca, Mg, Na, K가 657~13,947㎎/100g, 미량 무기질 ; Fe, Al, Zn, Mn, Cr, Cu, Ni 0.27~12.98㎎/100g으로 많았고, 녹조류에서도 대량 무기질이 233~5,279㎎/100g과 미량 무기질 0.26~10.6㎎/100g으로 모두 다량 함유하였다.

파래설기떡의 품질 특성 : 파래 분말을, 0, 4, 8, 12, 16% 첨가, 설기떡을 제조, 실온에서 4일간 저장하면서 수분, 색도, 기계적 품질 특성 및 관능검사를 실시한 결과, 수분은 시료 첨가량 증가에 따라 감소하였고, 4일 저장에서 대조군은 3.9%, 12%군은 2.46%로 감소, 색도는 시료 첨가 증가에 따라 L값(명도)은 낮아 졌으나, a값(적색도)은 증가, 황색도 b는 4%군이 가장 높았다. 견고성은 2일째 대조군의 4.4배, 12%군은 1.21배 증가하였다. 부드러운 정도는 제조 직후 8%군이, 2일째는 16%군이 가장 좋았다. 쫄깃한 정도는 저장 기간 중 대조군이 가장 높았다. 이 결과로 파래설기는 멥쌀 가루 184g, 파래 분말 16g, 소금 2g, 설탕 2g, 물 8g의 배합비가 가장 좋았고, 수분 함량은 39.23%이었다.

건강기능성 식품과 해조류 소비 : 경북대 학생 281명을 대상으로 해조류 건강기능 식품의 구매 의도와 소비 가치를 조사한 결과, 구매 장소는 24시간 편의점이고, 낱개 포장으로, 구매 목적은 영양 보충과 체중 조절이며, 구매 의도가 높은군과 낮은군의 차이가 현저하였고, 식품, 영양 및 건강 관련 과목 수강 경험자 중 기능가치와 인식가치가 높았다.

✻ 효능과 이용

1) 효능 : 조갑염(손톱에 염증), cholesterol 저하, 림프부종, 갑상선종, 기관지염, 천식, 코피, 해열, 편도선염

2) 식용 : 식재료

참고문헌

1) 곽충실, 김성애, 이미숙, **식품영양과학회지,** 2005, 34(8), 1143 (한국산 5종 해조류의 항산화 효과와 총 폴리페놀 함량의 관련성 – 미역, 다시마, 톳, 파래, 김)

2) 구재근, 최용석, 하진환, **수산학회지,** 2002, 35(5), 524 (가시파래 산성 수용성 다당의 구성당 결합 특성)

3) 김광용, 안영신, 이인규, **Algae,** 1991, 6(1), 31 (해산 녹조 잎파래와 가시파래의 생장과 형태)

4) 김성애, 김진, 우미경, 곽충실, 이미숙, **식품영양과학회지,** 2005, 34(4), 451 (다섯 가지 해조류 에탄올 추출물의 항돌연변이 활성 및 암세포 성장 억제 효과 – 톳, 다시마, 미역, 김, 파래)

5) 김은미, 우순자, 지규만, **영양학회지,** 1996, 29(3), 251 (주요 당류 및 해조류의 대사 에너지 함량 평가에 관한 연구)

6) 김지희, 임치원, 박희연, 이두석, 박정흠, **수산학회지,** 2002, 35(2), 191 〔충치균(*Streptococcus mutans*)에 대한 다시마 추출물의 항균 활성 – 갈파래, 청각, 감태, 곰피, 미역, 다시마 등〕

7) 목종수, 박희연, 김지희, **식품영양과학회지,** 2005, 34(9), 1464 (한국산 주요 식용 해조류의 미량 금속 함량 및 안전성 평가 – 김, 미역, 다시마, 파래 등 176종)

8) 박재한, 강규찬, 백상봉, 이윤형, 이규순, **식품과학회지,** 1991, 23(3), 256 (식용 해조류에서 항산화 물질의 분리 – 김, 파래, 미역, 다시마, 지누아리, 서실, 넓미역)

9) 이연실. 이상현, 김박광, 신국현, **Algae,** 2004, 19(4), 349 (한국산 해산 식물의 추출물로부터 Aldose Reductase 억제 활성 검색 – 가시파래, 감태, 뜸부기, 함초)

10) 이지연, 윤숙자, **식품조리과학회지,** 2008, 24(1), 39 (파래 분말을 첨가한 설기떡의 품질 특성)

11) 이헌옥, 김동수, 도정룡, 고영수, **수산학회지,** 1999, 32(4), 427 (해조류의 Angiotensin – 1. 전환 효소 저해 작용: 김 파래, 미역, 우뭇가사리,

청각, 톳, 다시마)

12) 이혜성, 최명숙, 이연경, 박수현, 김유정, **영양학회지,** 1996, 29(3), 286 〔당뇨병 환자를 위한 고 식이섬유 보충물의 개발을 위한 연구(1). 해조류 투여가 당뇨쥐의 장기능과 증세 호전에 미치는 영향〕

13) 이혜성, 최명숙, 이연경, 박수현, 김유정, **영양학회지,** 1996, 29(3), 296 〔당뇨병 환자를 위한 고 식이 섬유 보충물의 개발을 위한 연구(2). 해조류 (미역, 김파래, 다시마, 한천) 투여가 당뇨쥐의 당질과 지질 대사에 미치는 영향〕

14) 임영근, 최진석, 김동수, **수산학회지,** 2006, 39(1), 16 (기장산과 완도산 식용 해조류 중의 미네랄 함량 – 미역, 다시마, 톳, 홑파래, 가시파래)

15) 정규진, 정춘희, 변재형, 최영준, **식품영양과학회지,** 2005, 34(5), 687 (채취 시기에 따른 매생이, 가시파래 및 청각 식품 성분의 변화 – 매생이, 가시파래, 청각)

16) 조용철, 박지원, 진형주, 남보혜, 손철현, 홍용기, **수산학회지,** 1997, 30(3), 388 〔RAPD 기법을 이용한 갈파래목 해조류(참홑파래, 구멍갈파래, 잎파래, 실파래, 가시파래)의 유전 변이 분석〕

17) 차명화, 김유경, **식생활문화학회지,** 2008, 23(4), 462 (해조류 건강 기능성 식품에 대한 소비 가치 분석)

18) 최용석, 구재근, 하지환, 윤장택, **수산학회지,** 2002, 35(5), 519 (가시파래 수용성 다당의 추출 및 하향적 조성)

19) 최용석, 구재근, 하진환, **수산학회지,** 2002, 35(5), 524 (가시파래 산성 수용성 다당의 구성당 결합 특성)

20) 최창근, **수산학회지,** 2008, 41(5), 371 (한려 해상 국립공원의 해조상 – 파래류, 청각, 패, 고리매, 곰피, 감태, 부챗말, 참 그물바탕말, 톳, 모자반류, 지충이, 김, 시나이아 등)

21) 하봉석, **수산학회지,** 1997, 10(4), 199 〔수산물의 지질에 관한 연구 (제2보), 해조류 지질의 지방산 조성에 대하여 – 파래, 청각, 다시마, 톳, 곰피, 모자반, 미역, 김〕

22) Abe, S., Kaneda, T., **Bull. Jpn. Soc. Sci. Fish.,** 1973b, 39, 391

(Studies on the effect of marine products on cholesterol metabolism in rats. IX. Effect of betaines on the plasma and liver cholesterol levels)

23) Abe, S., Kaneda, T., **Bull. Jpn. Soc. Sci. Fish.**, 1973a, 39, 383 (Studies on the effect of marine products on cholesterol metabolism in rats. VIII. The isolation of hypercholesterolemic substance from green laver)

24) Amano, H., **Marine Biochemistry**, Yamaguchi, K. ed., Tokyo University Press, Japan, 1999, pp.170~171 (Biochemistry and biotechnology of seaweed)

25) Baker, J. T., **Proc. Intl. Seaweed Symp.**, 1984, 11, 29 (Seaweeds in pharmaceutical studies and application)

26) Chapman, V. J., Chapman, D. J., **Seaweeds and Their Uses,** Chapman and Hall, London, 1980, 334

27) Chengkui, Z., Junfu, Z., **Proc. Intl. Seaweed Symp.**, 1984, 11, 151 (Chinese seaweeds in herbal medicine)

28) Hiroyuki, N., Hideomi, A., Koichi, A., Kazutosi, N., **Hydrobiologia**, 1990, 204/205, 577 (Antitumor activity of marine algae)

29) Innes, D. J., Yarish, C., **Phycologia,** 1984, 23, 331 〔Genetic evidence for the occurrence of sexual reproduction in populations of *Enteromorpha linza* (Chlorophyta, Ulvales) from Long Island Sound〕

30) Jimenz-Escrig, A., Goni Ganbrodon, I., **Arch. Latinoam. Nutr.**, 1999, 49, 114 (Nutritional evaluation and physiological effects of edible seaweeds)

31) Jung, K. J., Jung, C. H., Pyeun, J. H., Choi, Y. J., **J. Kor. Soc. Food Sci. Nutr.**, 2005, 34(5), 687 〔Changes of food components in Mesangi (*Capsosiphon fulvescens*), Gashiparae (*Enteromorpha prolifera*) and cheonggak(*Codium fragile*) depending on harvest time〕

32) Kaneda, T. P., Kamasastri, V., Tokuda, S., **Bull. Jpn. Fish. Sci. Soc.**,

1965, 31, 1026 [Studies on the effects of marine products on cholesterol metabolism in rat. V. The effect of edible seaweed (supplement)]

33) Kim, K. Y., Lee, I. K., **Kor. J. Bot.**, 1991, 35, 69 [Phenology of marine *Enteromorpha compressa* L. Greville (Ulvales, Chlorophyceae) growing along tidal levels]

34) Kwak, C. S., Kim, S. A., Lee, M. S., **J. Kor. Soc. Food Sci. Nutr.**, 2005, 34, 1143 (The correlation of antioxidative effects of 5 Korean common edible seaweeds and total polyphenol content)

35) Mabeau, S., Fleurence, J., **Trends Food Sci. Technol.**, 1993, 4, 103 (Seaweed in the food products : Biochemical and nutritional aspects)

36) Nakazawa, S., Abe, F., Kuroda, H., Kohno, K., Hiashi, T., Umezaki, I., **Chemotheraphy**, 1976, 22, 1435 [Antitumor effect of water extracts from marine algae(1)]

37) Noda, H., Amano, H., Arashima, K., Nishizawa, K., **Hydrobiologia**, 1990, 204/205, 577 (Antitumor activity of marine algae)

38) O'Brien, M. C., Wheeler, P. A., **J. Phycol.**, 1987, 23, 547 [Short term uptake of nutrients by *Enteromorpha prolifera* (Chlorophyceae)]

39) Okai, Y., Okai, K. H., **Intl. J. Immunopharmacol.**, 1997, 19, 355 [Potent anti-inflammatory activity of pheophytin a derived from edible green alga, *Enteromorpha prolifera* (sujiao-nori)]

40) Reddy, C. R. K., Fujita, Y., **J. Appl. Phycol.**, 1991, 3, 265 [Regeneration of platelets from *Enteromorpha* (Ulvales, chlorophyta) Protoplasts in axenic culture]

41) Reddy, C. R. K., Lima, M., Fujita, Y., **J. Appl. Phycol.**, 1992, 4, 57 [Induction of fast-growing and morphologically different strains through intergenetic protoplast fusions of *Ulva* and *Enteromorpha* (Ulvales, Chlorophyta)]

42) Ren, D., Noda, H., Amano, H., Nishino, T., Nishizawa, K., **Fish. Sci.**, 1994, 60, 83 (Study on antihypertensive and antihyperlipidemic

effect of marine algae)

43) Zaneveld, J. S., **Ind. Pac. Fish Counc. Spec. Publ. 3,** 1955 (Economic marine algae of tropical south and east Asia and their utilization)

44) Zavodnik, N., **Bot. Mar.,** 1987, 30, 71 (Seasonal variations in the rate of photosynthetic activity and chemical composition of the litteral seaweeds *Ulva rigida* and *Porphyra leucoticta* from the North Adriatic)

Meristotheca papulosa
(Montagne) J. Agardh

갈래곰보 3

홍조류 · Solieriaceae (솔리에리아과)

• 영명 | Seaweed papulosa
• 일명 | Tosakanori
• 분포 | 한국(제주도), 일본 남부, 대만 폴리네시아, 인도양
• 용도 | 식용

❋ 식물학적 특성

홍조류로 솔리에리아과에 속하며, 몸은 적은 뿌리가 있는 평편한 막질 입새 모양, 불규칙하게 가지가 나고 몸의 모양이 변화가 많다. 표면에는 돌기가 나있으며, 높이 10~30㎝, 폭 1~5㎝, 대개 주머니 모양의 과실이 붙었다. 색은 선홍색이며, 어린 것은 엷고, 매끈하나, 자라면 두꺼워진다. 중국에서는 식용하나 우리나라에는 이용이 드물다.

동과 식물에는 가는솔리에리아(*Solieria mollis*)가 있다.

❋ 성분

1) 영양성분

① **갈래곰보 (생것, 12001)** : 가식부 100g 중 수분 93.50%, 열량 20.0kcal, 단백질 0.9g, 지질 0.2g, 당질 4.3g, 조섬유 0.30g, Ca 79.0㎎, P 8.0㎎, Fe 1.2㎎, K 48.0㎎, Zn 0.08㎎, vitamin B 0.030㎎, B_6 0.0001㎎, E 1.00㎎, 엽산 14.6㎍.

✲ 생리 활성

지질대사 촉진 : 고지방 식이를 급여한 흰쥐에 해조류 갈래곰보 5%, 10% 식이로 4주간 사육한 후 조사한 결과, 식이 효율은 고지방 식이로 증가하였으나, 시료 투여로 감소하였고 간의 무게는 고지방 식이로 증가하였으나, 시료 투여로 감소, 신장, 심장 및 고환은 차이가 없었다. 시료 투여는 혈청 중 총지질 중성지질, 총 choesterol을 감소시킨 반면, HDL-cholesterol을 증가시켜 동맥경화 지수 저하를 보였다. 간장 내 총 지질, 중성 지질량은 고지방 식이로 증가되었으나, 시료 투여로 감소하여, 갈래곰보가 지질 대사 촉진 효과가 있는 것으로 나타났다.

Marine carotenoid의 생물학적 기능 : 자연계에서 생성되는 색소 중 carotenoid (CA)는 가장 중요하며 인체 건강에 유용한 효과를 갖고 있어 관심이 증가되고 있다. 해산 CA는 그들이 주는 화학적, 생물학적 이익의 영향은 중요하다. 해산 CA 중 astaxanthin과 fucoxanthin은 해양 동물이나 해양식물 중에서 비교적 강력한 생물학적 활성이 있다. 즉 이 둘 CA는 quenching siglet oxygen과 scavenging free radical의 강한 항산화 작용이 있기 때문이며, 식이성 항산화 작용이 있는 이들 강력한 작용의 CA는 항암 작용과 항염 작용이 있다. 특히 fucoxanthin이 근래 항비만과 항당뇨 효과가 인정되면서부터 주목받게 되었다. 이러한 작용은 mitochondria의 백색지방(WAT)에서 uncoupling protein(UCP1)을 만들어 WAT에서 지방산을 산화시켜 WAT에서 열을 생산하기 때문이다. fucoxanthin은 insulin 저항을 개선하여 혈당을 낮추며, 동물의 WAT에서 종양괴사 인자 α(TNFα)를 감소시키기 때문이다.

피부세포주 HaCaT에 대한 해조류의 영향 : 한국 연안 해조류를 채집, 이들 중 잎파래 등 녹조류 4종, 톳 등 갈조류 18종, 갈래곰보 등 홍조류 14종을 수세, 음건하여 80% MeOH로 4회 추출, 37℃에 건조한 시료를 인체 피부세포 HaCaT와 24시간 배양을 조사한 결과, 36종의 해조 시료 중 비틀대모자반과 돌가사리가 대조구보다 1.6배 활력이 증가되었고, 참그물바탕말(*Dictyota dichotoma*), 참도박(*Pachymeniopsis elliptica*) 및 잎파래(*Enteromorpha linza*)의 추출물은 대조구보다 각각 0.2, 0.4, 0.4배 정도 활력을 억제시켰다.

충치균에 대한 항균 활성 : 우리나라 연안에서 채취한 해조류 갈래곰보, 갈파래, 감태 등 27종의 80% EtOH 추출물이 충치균 *Streptococcus mutans* KCTC 3300의 증식에 미치는 영향을 조사한 결과, 해조류 중 다시마가 가장 강하였고, 갈파래, 청각, 감태, 곰피, 미역도 비교적 활성이 높았으며, 홍조류보다 갈조류와 녹조류가 대체로 강하였다. 다시마의 항균 활성은 용매에 따른 추출물의 차이는 나타나지 않았다. *S. mutans* KCTC 3300과 *S. sobrinus* KCTC 3307에 대한 해조류의 80% EtOH 추출물의 MIC는 해조류 종뿐 아니라, 동일 해조류 추출물에서도 균 종에 따라 차이가 있었다. 다시마의 80% EtOH의 Et_2O 분획에서 MIC는 105㎍/㎖, 수용성 분획은 약 5,500㎍/㎖에서 균의 증식이 억제되지 않았다. 갈래곰보는 항균성이 나타나지 않았다.

홍조류의 성분 : 국내 연안에 서식하는 13종의 홍조류를 채취, 구성 성분을 분석한 결과, 채취 장소에 따라 차이가 있었고, 우뭇가사리의 회분은 9.02~13.30%, 단백질 19.99~20.47%, 지방 0.31~0.11%, 탄수화물 66.02~69.88%, sulfate는 2.35~1.62%, 돌가사리의 회분은 29.48, 단백질 27.42, 지방 0.90, 탄수화물 42.20, sulfate 19.48%, 부챗살의 회분 17.32, 단백질 31.15, 지방 0.24, 탄수화물 48.71, sulfate 1.92%, 깃꼴진두발의 회분 12.91, 단백질 22.47, 지방 0.22, 탄수화물 64.40, sulfate 17.96%, 풀가사리의 회분 19.20, 단백질 18.11, 지방 0.64, 탄수화물 62.05, sulfate 18.23%, 석묵의 회분은 11.41, 단백질 31.69, 지방 0.53, 탄수화물 60.71, sulfate 4.43%였으며, 수용성 구성당은 3, 6-anhydrogalactose, galactose, 6-methylgalactose, rhamnose, fucose, ribose, arabinose, xylose, mannose, glucose였고, 가장 많은 당은 galactose, 다음 3, 6-anhydrogalactose, glucose, xylose 순이었다.

동해 영일만 중심 해조류의 해조상, 분포, 군집 구조 : 1995년 7월~1996년 6월까지 계절별, 남조류 5종(3.5%), 녹조류 18종(12.5%), 갈조류 20종(13.9%), 홍조류 101종(70.1%)로 144종이었고, 봄 77종, 여름 78종, 가을 92종, 겨울 81종이 출현하였다. 연중 4계절 출현하는 것은 구멍파래, 참그물바탕말, 우뭇가사리, 진두발, 돌가사리, 폴리시포니아, 보라색우무, 단박, 서실 등 29종이 출현, 연중 비교적 높은 빈도 출현은 구멍파래, 우뭇가사리, 보라색우무이며, 중요한 것은 지충이, 클라도포라, 모자반, 납작파래 등이 있었다.

건강기능성 식품과 해조류 소비 : 경북대 학생 281명을 대상으로 해조류 건강기능 식품의 구매 의도와 소비 가치를 조사한 결과, 구매 장소는 24시간 편의점이고, 낱개 포장으로, 구매 목적은 영양 보충과 체중 조절이며, 구매 의도가 높은군과 낮은군의 차이가 현저하였고, 식품, 영양 및 건강 관련 과목 수강 경험자 중 기능가치와 인식가치가 높았다.

✻ 효능과 이용

1) 식용 : 식재료
2) 기타 : 식품안정제

참고문헌

1) 김영동, 김영명, 강통삼, **한국식품연구소 연구보고,** 1981, 163 (해조류의 다각적 이용에 관한 연구)
2) 김지희, 임치원, 박희연, 이두석, 박정흠, **수산학회지,** 2002, 35(2), 191 〔충치균(*Streptococcus mutans*)에 대한 다시마 추출물의 항균 활성 - 갈파래, 청각, 감태, 곰피, 미역, 다시마 등〕
3) 남기완, 김영식, 김영환, 손철현, **수산학회지,** 1996, 29(5), 727 (한국 동해안 연안역의 저서 해조류 - 해조상, 분포 및 군집 구조)
4) 도정룡, 남윤주, 박진희, 조진호, **수산학회지,** 1997, 30(3), 428 (국내산

홍조류의 구성 성분에 관한 연구 – 우뭇가사리, 꼬시래기, 돌가사리, 붉은까막살, 애기곱슬이, 붉은잎, 애기마디잘록이, 부챗살, 진두발, 풀가사리, 석묵)

5) 박희연, 윤호동, 오은경, **식품영양과학회지,** 2001, 30(1), 107 (해조류 갈래곰보가 고지방 식이를 급여한 흰쥐의 혈액 및 간장 지질 농도에 미치는 영향)

6) 차명화, 김유경, **식생활문화학회지,** 2008, 23(4), 462 (해조류 건강기능성 식품에 대한 소비 가치 분석)

7) 오윤식, 이인규, 부성민, **Algae,** 1990, 5(1), 57 (한국산 유용 해조 특히 식용, 약용 및 공업용 해조에 대한 주해)

8) 윤승제, 조연숙, 남주현, 이형호, Kim Eliya, 홍용기, **수산학회지,** 2008, 41(1), 68 (각종 해조류 추출물들의 인간 피부세포주 HaCaT에 대한 활력 영향 – 비틀대모자반, 돌가사리, 참그물바탕말, 참도박, 구멍파래, 잎파래, 청각, 납작파래, 딕티오타, 감태, 갈래곰보, 보라색우무, 곰피, 톳, 패, 다시마, 모자반류, 고리매, 미역, 진두발, 꼬시래기, 부챗살)

9) 이용필, 강서영, **Algae,** 2002, 17(1), 69 (한국산 해조류의 목록)

10) Amano, H., **Marine Biochemistry,** Yamaguchi, K. ed., Tokyo University Press, Japan, 1999, pp.170~171 (Biochemistry and biotechnology of seaweed)

11) Baker, J. T., **Proc. Intl. Seaweed Symp.,** 1984, 11, 29 (Seaweeds in pharmaceutical studies and application)

12) Boney, A. D., Corner, E. D. S., **J. Mar. Biol. Assoc. U. K.,** 1962, 42, 579 (On the effects of some carcinogenic hydrocarbons on the growth of sporelings of marine red algae)

13) Chapman, V. J., Chapman, D. J., **Seaweeds and Their Uses,** Chapman and Hall, London, 1980, 334

14) Cole, K. M., **Biology of the Red Algae,** Cole, K. M., Sheath, R. G., (eds.), Cambridge Univ. Press, Cambridge, 1990, 517

15) Coombe, D. R., Parish, C. R., Ramshow, I. A., Snowden, J. M., **Intl.**

J. Cancer, 1987, 39, 82 (Analysis of the inhibition of tumor metastasis by sulfated polysaccharides)

16) Efimor, V. S., Usov. A. I., Ol'kaya, T. S., Baliunis, A., Roskin, M. Y., **Farmakol. Toksikol.,** 1983, 46(3), 61 (Comparative study of anti-coagulant activity of Sulfated polysaccharides obtained from red sea algae)

17) Hosokawa, M., Okada, T., Mikami, N., Konishi, I., Miyashita, K., **Food Sci. Biotechnol.**, 2009, 18(1), 1 (Bio-function of Marine Carotenoids)

18) Kaneda, T. P., Kamasastri, V., Tokuda, S., **Bull. Jpn. Fish. Sci. Soc.,** 1965, 31, 1026 〔Studies on the effects of marine products on cholesterol metabolism in rat. V. The effect of edible seaweed (supplement)〕

19) Mabeau, S., Fleurence, J., **Trends Food Sci. Technol.,** 1993, 4, 103 (Seaweed in the food products : Biochemical and nutritional aspects)

20) Nishizawa, K., Murasugi, S., **The Sea Vegetable Book,** Kensei Press, Tokyo, 1988, 57 (in Japanese)

21) Noda, H., **Science of Marine Algae,** Oishi, K. ed., Asakura-Shoten, Tokyo, 1993, pp.14~29 (Chemistry of marine algae)

22) Ohta, K., **Proc. Intl. Seaweed Symp.,** 1979, 9, 401 (Chemical studies on biologically active substances in seaweeds)

23) Tseng, C. K., Zhang, J. F., **Proc. Intl. Seaweed Symp.,** 1984, 11, 152 (Chinese seaweeds in herbal medicine)

24) Yan, X. J., Nagata, T., Fan, X., **Plant Foods for Hum. Nutr.,** 1998, 52, 253 (Antioxidative activities in some common seaweeds)

25) Van der Meer, J. P., **Biology of the Red algae,** Cole, K. M., Sheath, R. G. eds., Cambridge Univ. Press, Cambridge, 1990, pp.103~121 (Genetics)

26) Zaneveld, J. S., **Ind. Pac. Fish Counc. Spec. Publ. 3,** 1955 (Economic marine algae of tropical south and east Asia and their utilization)

Ulva lactuca Linné

갈파래 4

녹조류 · Ulvaceae (갈파래과)

• 영명 | Sea-lattuce

• 일명 | Aosa

• 별명 | 참갈파래(이인규, 1986)

• 분포 | 전세계, 한국(부산)

• 용도 | 식재료, 비료, 사료

✻ 식물학적 특성

녹조류로 갈파래과에 속하며, 몸은 피침상 또는 대잎 모양의 엽상체이며, 분기 하지 않는다. 가장자리에는 주름이 많다. 크기는 길이 15~30㎝, 폭 5~10㎝, 색은 짙은 녹색, 조금 단단하며, 관상의 중공(中空)이나, 편평하고 실질이다.

동속 해조류에는 초록갈파래(*Ulva japonica*), 구멍갈파래(*U. pertusa*), 모란갈파래(*U. conglobata*)등이 있다.

✻ 성분

1) 영양성분

① **갈파래 (말린것, 12061)** : 가식부 100g 중 수분 13.70%, 열량 216.0kcal, 단백질 23.1g, 지질 0.5g, 당질 40.1g, 조섬유 3.40g, Ca 1015.0㎎, P 194.0㎎, Fe 8.70㎎, Zn 1.73㎎, vitamin A 129.0 RE, β-caroten 774.0㎎,

B_1 0.040㎎, B_2 0.390㎎, B_6 0.96㎎, niacin 11.4㎎, C 13.0㎎, 엽산 1364.0㎍, E 4.30㎎

2) 특수성분

갈파래 *Ulva lactuca*에서 (2-Carboxyethyl)dimethylsulfonium (1+, C-00385)이, 구멍갈파래 *U. pertusa*에서 N^2-Arginyl glutamine (L, L, A-02720), Cysteinolic acid(S. A-01435)가 분리.

✻ 생리 활성

PhIP와 MeIQx 돌연변이의 원성 억제 : 갈조류 9종, 홍조류 5종, 녹조류 2종을 대상으로 돌연변이 유발물질 PhIP와 MeIQx에 대한 돌연변이 원성 억제를 조사한 결과, 갈조류가 녹조류(갈파래, 납작파래, 청각 등)와 홍조류보다 우수하였고, 특히 갈조류 감태, 곰피, 다시마, 미야베모자반이 우수하였다. 그중 곰피의 Et_2O, $CHCl_3$, EtOAc및 수용성 획분 중 비극성 획분의 억제가 강하였고, 특히 EtOAc 획분이 가장 강하였다. 곰피의 EtOAc 획분을 sephadex LH20로 분리한 결과, 활성 획분 A-7은 PhIP에 90%/㎎ 이상, MeIQx에 80%/㎎의 억제를 보였고, 207.7 및 232nm에서 흡수 파장을 보였다.

충치균에 대한 항균 활성 : 우리나라 연안에서 채취한 해조류 27종의 80% EtOH 추출물이 충치균 *Streptococcus mutans* KCTC 3300의 증식에 미치는 영향을 조사한 결과, 해조류 중 다시마가 가장 강하였고, 갈파래, 청각, 감태, 곰피, 미역도 비교적 활성이 높았으며, 홍조류보다 갈조류와 녹조류가 대체로 강하였다. 다시마의 항균 활성은 용매에 따른 추출물의 차이는 나타나지 않았다. *S. mutans* KCTC 3300과 *S. sobrinus* KCTC 3307에 대한 해조류의 80% EtOH 추출물의 MIC는 해조류 종뿐 아니라, 동일 해조류 추출물에서도 균 종에 따라 차이가 있었다. 다시마의 80% EtOH의 Et_2O 분획에서 MIC는 105㎍/㎖, 수용성 분획은 약 5,500㎍/㎖에서 균의 증식이 억제되지 않았다.

항돌연변이 활성 및 암세포 성장 억제 : 톳, 다시마, 미역, 김, 파래 등 5종의 해조류 EtOH 추출물의 2-anthramine에 대한 돌연변이 억제 효과를 *Sal. thypimurium* TA98에서 측정 결과, 톳(100%), 다시마(94.2%)가 3.5㎎/plate에서, 파래(68.5%)가 4.5㎎/plate에서 억제능을 보였고, TA100에서 파래(100%), 톳(100%), 다시마(94.1%)가 각각 1.5, 2.5, 4.5㎎/plate에서 최대 억제 효과를 보였으나 미역과 김은 간접 돌연변이 억제는 없었다. 직접 항돌연변이는 TA98에서 톳, 미역, 파래 등 모두 4.5㎎/plate에서 각각 83%, 73%, 73% 억제되어 2-nitrofluorene의 돌연변이능 저해율이 비교적 높았다. 또한 TA100에서 sodium-azide의 돌연변이 저해가 가장 큰 해조류는 톳, 다시마 및 파래로 3.5㎎/plate에서 모두 100% 저해율을 보였다. TA98에서 미역과 김은 4.5㎎/plate에서 각각 73%, 50% 저해하였고, TA100에서 저해능이 없었다. HeLa cell과 MCF-7 cell, SNU-638 cell 암세포 성장 억제를 MTT assay로 관찰한 결과, 5종 모두 억제 효과를 보였다. HeLa cell 성장을 90% 이상 저해는 파래〉미역〉다시마〉톳 순이었고, 김은 56% 저해하였다. MCF-7 cell에는 90% 이상 저해는 파래〉미역〉다시마〉톳 순이었고, 김은 50% 저해율을 보였다. SNU-638 cell 세포 성장 억제는 HeLa cell과 MCF-7 cell보다 낮았다. 저해율 70% 이상은 파래, 미역, 다시마, 톳이었고, 김은 68%이었다. 이상에서 Ames test와 MTT assay 결과, 톳, 파래, 다시마는 항돌연변이 효과와 암세포 성장 억제 효과가 우수한 것으로 나타났다.

항산화 물질 : 동해 주문진 해안에 생육하는 김, 파래, 미역, 다시마 등 12가지 식용 해조류에서 항산화 물질을 분리하였고, 항산화 측정(AOM법, DPPH법)과 UV, HPLC, GC/MS로 분석하였다. 12종 식용 해조류를 hot-MeOH 추출, AOM법으로 활성을 측정한 결과, 김〉미역, BHT〉다시마〉넓미역〉지누아리〉서실 순이었고, 나머지 해조류는 활성이 나타나지 않았다. 또한 석유에텔, Et_2O, $CHCl_3$, MeOH, H_2O로 순차 추출, 색소제거 후, 농축하여 DPPH법으로 항산화를 측정한 결과, H_2O-MeOH 가용분획에서

강한 활성을 보였고, 김〉미역〉다시마〉BHA〉파래〉Tocopherol〉넓미역〉BHT 순이었다. 특히, 김, 미역, 다시마, 파래는 같은 양에서 BHT, BHA보다 높거나 비슷한 항산화 활성을 보였다. 활성 물질 회수율은 1.82%, 극성 용매 분획에서 강한 활성을 보였다. 추출 물질의 흡수 파장은 235±5nm, 270±5nm(λmax), HPLC 분석 결과 다시마, 미역, 파래의 retention time (RT)이 8.5분, 10분인 극성 물질이 분리되었고, 김에서는 25분의 비극성 물질로 BHA, BHT와 비슷한 RT에서 분리되었다.

아질산염 소거활성 : Nitrosamine의 직접 생성 인자인 아질산염 소거 작용을 검토한 결과, 갈조류가 녹조류(갈파래 포함) 및 홍조류에 비해 우수한 분해 효과를 보였으며, 갈조류 중 감태, 곰피, 구멍쇠미역이 뛰어났고, 모두 pH의 조성이 커 pH 4.2 및 6.0보다 pH 1.2에서 아질산염 분해 효과가 컸다.

저분자 Peptide 의 기능성 : 해조류의 이용성을 높이고자 pepsin으로 가수분해한 peptide 를 정제, 쇠미역, 파래, 지누아리는 3개의 peptide, 김은 2개의 peptide 를 얻어 항산화 활성을 검사한 결과, 김은 peak 1이 높았고, 다음 peak 2가 높았다. ACE 저해 활성은 김 peak 1, 파래 peak 3, peak 2 순으로 높았으며, 항갈변 활성은 김 peak 1과 2, 파래 peak 2가, 파래 peak 3이 높았다. 항암 활성은 파래 peak 1〉쇠미역 peak 2〉파래 peak 3〉지누아리 peak 3 순이었다. 전반적으로 김의 기능성이 높았고, 또한 단백질 함량도 높았다.

생장과 영양염 흡수 : 갈파래의 무기 영양염 흡수는 시간 경과에 따라 증가하였고, 매우 짧은 시간에 포화된 후, 다시 초기 상태로 감소하였다. 갈파래 생장은 상대적으로 시간이 경과함에 따라, 큰 변화를 보이지 않았다. 갈파래의 엽록소 a 함량과 기질의 질산염 농도나 조직 내 질소 함량과의 관계에서 갈파래의 질소 저장 능력이 적었다. 질산염과 인산염의 농도에 따라 다양한 생물학적 상관관계로 갈파래가 최적 생장 유지를 위해 조직내 영양염 균형의 중요성을 보였다.

중금속 축적 : 해조류의 질산 추출물의 중금속 평균 축적은 아연〉구리〉크

롬〉납〉카드뮴 순이었고, 아연은 *Ulva pertusa*에, 구리는 *Sargassum horneri*에, 카드뮴은 *Erythrocladia carnea*에, 납은 *Laminaria religiosa*에, 크롬은 *Sargassum horneri*에 가장 높게 측정되었다.

식이섬유 함량과 추출 조건 : 미역, 다시마, 톳, 갈파래(*U. lactuca*), 우뭇가사리, 꼬시래기에서 가용성 식이섬유를 추출코자, 산, 알칼리 및 효소를 사용한 결과, 미역은 1.5% Na_2CO_3나 2.0% Na_2EDTA가, 다시마는 1.0% Na_2EDTA, 톳은 2.0% Na_2CO_3, 우뭇가사리와 꼬시래기는 2.0% Na_2EDTA, 파래는 Na_2CO_3, NaOH, Na_2EDTA의 2%, 17.49~18.46% 식이섬유를 얻었다. 추출 시간과 온도는 100℃에서 추출 시간이 길수록 추출율이 높았다. 우뭇가사리와 꼬시래기는 110℃ 이상에서 1시간 추출이 각각 38.48%, 42.11%의 높은 수율을 보였다. 분석 결과, 식이섬유 함량은 갈파래 40.0%, 미역 47.2%, 다시마 50.07%, 톳 42.6%, 우뭇가사리 48.8%, 꼬시래기 44.5%이었다.

미량 금속과 안전성 평가 : 우리나라 연안에서 수집한 김(33점), 미역(88점), 다시마(12점), 파래(43점) 등 총 176점 해조류의 미량 금속을 조사한 결과, Zn, Mn, Cu 순으로 많았고, 다음 Cr, Ni, Cd, Hg 순이었다. 김에는 Cd, Zn이, 파래에는 Cr, Ni, Pb가 많았으며, 다시마에는 Hg가 가장 많았다. Cd와 Zn 농축 계수는 김에서 각각 약 12,000과 14,000으로 높았으며 Cr과 Pb는 파래에서 각각 약 23,000 및 2,500으로 가장 많았다. Cu는 김과 파래에서 약 5,500으로 가장 많이 농축되어 있었다. 다시마에는 Mn과 Pb가 많았고, 갈조류인 미역과 녹조류인 파래에는 전혀 다른 경향이었다. 우리나라 국민의 식용 해조류에서 Hg 섭취는 평균 0.03㎎/일로 PTWI(5㎎/kg b.w/wk)의 0.07%이었고, Cd 섭취량은 평균 2.15㎎/일로 PTWI(7㎎/kg b.w/wk)의 3.57%, Pb의 섭취량은 평균 2.65㎎/일로 PTWI (25㎎/kg b.w/wk)의 1.20%이었다. 이로써 우리국민이 해조류로 섭취하는 Hg, Pb, Cd/주의 함량은 PTWI 0.07~3.57%이며, 유해금속 섭취는 매우 안전하며, Cu, Zn, Mn, Cr의 섭취량은 영양소 기준치의 각각 1.35, 0.89, 4.28, 9.18%이었다.

해조류의 콜린 함량 : 김, 다시마, 미역, 파래의 가식부 100g당 choline 함량은 각각 179.47, 76.70, 11.53, 112.74, 2.46 ㎎%로 미역〉김〉다시마〉파래 순이었다.

발효식품과 해조류의 비타민 B_{12} : 전통법으로 제조한 된장의 비타민 B_{12}함량은 1.85㎍%, 공장 된장은 0.04~0.86%, 전통 청국장은 0.69㎍%, 공장 청국장은 0.06~0.15㎍이었고, 전통식 고추장은 0.11㎍%, 국 간장은 0.04㎍%이었으나 진간장에서는 검출되지 않았다. 시판 배추김치의 B_{12}는 0.02~ 0.03㎍%, 열무김치 0.013㎍%, 갓김치 0.02㎍%, 깍두기는 0.004㎍%이었고 새우젓 0.78㎍, 멸치액젓 1.52㎍%이었다. 김의 B_{12}함량은 66.76㎍, 파래 84.74㎍, 다시마 0.36㎍, 미역 1.90㎍%이었다.

오동도 해조 군락 : 1982년 6월~1983년 5월까지 오동도 해조 군락 특성을 5개의 line transect를 설치, 연간 계절별로 조사 분석한 결과, 수직분포의 상부군이 *Gelidium divaricatum*, *Enteromorpha linza*, *Porphyra yezoensis*, *Scytosiphon lomentaria*, *Blidingia nana*, *Ectocarpus confervoides*, 중부군이 *Ulva pertusa*, *Chondria crassicaulis*, 하부군은 *Sargassum sagamianum*, *Undaria pinnatifida*, *Sargassum thunbergii* 및 *Gelidium amansii* 등의 홍조류로 대표되었다. 출현 해조 종수는 4월에 최대, 8월에 최소였다.

연화도의 해조 군집 및 변동의 정량적 분석 : 1984년 12월~1986년 1월 사이 연화도 해조군을 조사한 결과, 남조류 2종(1.8%), 녹조류 18종(15.8%), 갈조류 25종(21.9%), 홍조류 69종(60.5%), 모두 114종이었다. 해조류의 기능형 군별 구성비는 봄, 겨울에는 사상형과 막상형이 우세, 여름과 가을에는 직립 분기형과 다육질 형이 우세하였으며, 파도가 적은 내만에는 막상형과 각상형이, 파도가 강한 곳은 직립 분기형과 다육질 형이 우세하였다. 전 조사 기간 중 각 지점에서 중요도 10 이상인 종은 *Porphyra suborbiculata*(30.1), *Corallina pilulifera*(27.8), *Hizikia fusiforme*(27.7), *Sargassum thurnbergii*(27.5), *Undaria pinnatifida*(22), *Ishige okamurai* (20.6), *Chondria crassicaulis*(20), *Ulva pertusa*(16), *Pseudulvella con-*

sociata(15.7), *Urospora penicilliformis*(15), *Sargassum sagamianum*(14.9), *Caulacanthus okamurai*(12.8), *Gloiopeltis furcata*(12.7), *Sargassum microcanthum*(11.7), *Myelophycus simplex* (11.2) 이었고, Melobesioideae가 25.7이었다.

파래설기떡의 품질 특성 : 파래분말을, 0, 4, 8, 12, 16% 첨가, 설기떡을 제조, 실온에서 4일간 저장하면서 수분, 색도, 기계적 품질 특성 및 관능검사를 실시한 결과, 수분은 시료 첨가량 증가에 따라 감소하였고, 4일 저장에서 대조군은 3.9%, 12%군은 2.46%로 감소, 색도는 시료 첨가 증가에 따라 L값(명도)은 낮아 졌으나, a값(적색도)은 증가, 황색도 b는 4%군이 가장 높았다. 견고성은 2일째 대조군의 4.4배, 12%군은 1.21배 증가하였다. 부드러운 정도는 제조 직후 8%군이, 2일째는 16%군이 가장 좋았다. 쫄깃한 정도는 저장 기간 중 대조군이 가장 높았다. 이 결과로 파래설기는 멥쌀가루 184g, 파래분말 16g, 소금 2g, 설탕 2g, 물 8g의 배합비가 가장 좋았고, 수분 함량은 39.23%이었다.

건강기능성 식품과 해조류 소비 : 경북대 학생 281명을 대상으로 해조류 건강기능 식품의 구매 의도와 소비 가치를 조사한 결과, 구매 장소는 24시간 편의점이고, 낱개 포장으로, 구매 목적은 영양 보충과 체중 조절이며, 구매 의도가 높은군과 낮은군의 차이가 현저하였고, 식품, 영양 및 건강관련 과목 수강 경험자 중 기능가치와 인식가치가 높았다.

✻ 효능과 이용

1) 효능 : 이수소종(利水消腫), 소담연견(消痰軟堅)
2) 식용 : 국, 조림, 튀각 등에 쓰인다.
3) 약용 : 제약업계에서는 동맥경화, 간경변, 신경통, 고혈압, 갑상선 비대증, 림프절 염증, 간장염, 고환염, 부증, 변비, 심장병, 통풍, 위장병 등 만성 질병에도 쓴다.
4) 기타 : Alginic acid, mannit, Iode의 원료.

참고문헌

1) 공정애, 한태준, 한영석, Algae, 2002, 17(4), 259 〔녹조 구멍갈파래 (*Ulva pertusa*)에서 나타나는 리듬 현상에 관한 연구〕
2) 곽충실, 황진용, 와다나베 후미오, 박상철, **영양학회지,** 2008, 41(5), 439 (한국 장류, 김치 및 식용 해조류를 중심으로 하는 일부 상용 식품의 비타민 B_{12} 함량 분석 연구 – 파래, 다시마, 미역)
3) 김성애, 김진, 우미경, 곽충실, 이미숙, **식품영양과학회지,** 2005, 34(4), 451 (다섯 가지 해조류 에탄올 추출물의 항돌연변이 활성 및 암세포 성장 억제 효과 – 톳, 다시마, 미역, 김, 파래)
4) 김영동, 김영명, 강통삼, **한국식품연구소 연구보고,** 1981, 163 (해조류의 다각적 이용에 관한 연구)
5) 김지희, 임치원, 박희연, 이두석, 박정흠, **수산학회지,** 2002, 35(2), 191 〔충치균(*Streptococcus mutans*)에 대한 다시마 추출물의 항균 활성 – 갈파래, 청각, 감태, 곰피, 미역, 다시마 등〕
6) 도정룡, 김은미, 구재근, 조길석, **수산학회지,** 1997, 30(2), 291 (국내산 주요 해조류의 식이섬유소 함량과 추출 조건 – 미역, 다시마, 톳, 갈파래(*U. lactuca*), 우뭇가사리, 꼬시래기)
7) 목종수, 박희연, 김지희, **식품영양과학회지,** 2005, 34(9), 1464 (한국산 주요 식용 해조류의 미량 금속 함량 및 안전성 평가 – 김, 미역, 다시마, 파래 등 176종)
8) 박영범, 김인수, 유승재, 인종관, 이태기, 박덕천, 김선봉, **수산학회지,** 1998, 31(4), 581 (해조류 중의 anti-tumor initiator 및 promoter의 해석 -2: PhIP와 MeIQx의 돌연변이 원성을 억제하는 해조 추출물 소재 연구 – 미역, 곰피, 감태, 다시마, 모자반, 괭생이모자반, 미야베모자반, 지충이, 납작파래, 청각, 갈파래, 구멍쇠미역, 톳, 방사무늬김, 참도박, 마디잘록이, 참곱슬이, 꼬시래기)
9) 박영범, **식품영양과학회지,** 2005, 34(8), 1293 (해조류에 의한 아질산염 소거 활성 분석 – 곰피, 감태, 미역, 구멍쇠미역, 다시마, 모자반, 김, 꼬시래기, 청각, 갈파래)

10) 박재한, 강규찬, 백상봉, 이윤형, 이규순, **식품과학회지,** 1991, 23(3), 256 (식용 해조류에서 항산화 물질의 분리 – 김, 파래, 미역, 다시마, 지누아리, 서실)

11) 손철현, **수산학회지,** 1983, 16(4), 368 (오동도 해조 군락에 관한 연구 – 참김, 잎파래, 고리매, 미역, 서실, 모자반, 지층이, 우뭇가사리)

12) 손철현, 이인규, 강제원, **수산학회지,** 1986, 19(3), 265 (한국 남해안 동부 해역 해조 군집 구조 및 변동의 정량적 분석 – 1. 연화도)

13) 오윤식, 이인규, 부성민, **Algae,** 1990, 5(1), 57 (한국산 유용 해조 특히 식용, 약용 및 공업용 해조에 대한 주해)

14) 이용필, 강서영, **Algae,** 2002, 17(1), 69 (한국산 해조류의 목록)

15) 이지연, 윤숙자, **식품조리과학회지,** 2008, 24(1), 39 (파래 분말을 첨가한 설기떡의 품질 특성)

16) 조효정, 나진석, 정한옥, 정영진, **영양학회지,** 2008, 41(5), 428 (한국인 상용식품의 콜린 함량 – 두류, 채소류, 버섯류, 과실류, 육류, 난류, 생선류, 조개류, 해조류 미역, 다시마, 김, 파래)

17) 차명화, 김유경, **식생활문화학회지,** 2008, 23(4), 462 (해조류 건강기능성 식품에 대한 소비 가치 분석)

18) 최태섭, 김광용, **Algae,** 2002, 17(4), 249 〔잘피밭에서 생육하는 구멍갈파래 (*Ulva pertusa* Kjellman)의 생장과 영양염 흡수의 시간적 변화〕

19) Alamsjah, M. A., Hirao, S., Ishibashi, F., Fujita, Y., **Biosci. Biotechnol. Biochem.,** 2005, 69, 2186 (Isolation and Structure determination of algicidal compounds from *Ulva fasciata*)

20) Altamirano, M., Flores-Moya, A., Conde, F., Figueroa, F. L., **Phycologia,** 2000, 39, 50 〔Growth seasonality photosynthetic pigments and carbon and nitrogen content in relation to environmental factors : a field study of *Ulva olivascens* (Ulvales, Chlorophyta)〕

21) Baker, J. T., **Proc. Intl. Seaweed Symp.,** 1984, 11, 29 (Seaweeds in pharmaceutical studies and application)

22) Beach, K. S., Smith, C. M., Michael, T., Shin, H. W., **Mar. Ecol.**

Prog. Ser., 1995, 125, 229 (Photosynthesis in reproductive unicells of *Ulva fasciata* and *Enteromorpha flexuosa* : implication for ecological success)

23) Brinkhuis, B. H., **Mar. Biol.**, 1977, 44, 177 (Seasonal variations in salt-marsh macroalgae phothosynthesis. II. *Fucus vesiculosus* and *Ulva lactuca*)

24) Britz, S. J., Seliger, H. H., **Biol. Bull.**, 1973, 144, 12 (Endogenous and photoperiodic diurnal rhythms of in vivo light absorption and scattering in the green alga *Ulva lactuca*)

25) Chapman, V. J., Chapman, D. J., **Seaweeds and Their Uses,** Chapman and Hall, London, 1980, 334

26) Choi, C. G., Kim, H. G., Jun, B. O., **Kor. J. Phycol.**, 1994, 9, 247 (On the nitrate uptake an *Ulva pertusa*)

27) De Casabinca, M. -L., Posada, F., **Bot. Mar.**, 1998, 41, 157 〔Effect of environmental parameters on the growth of *Ulva rigida* (Thau Lagoon, France)〕

28) Del Rio, M, J., Ramazanov, Z., Garcia-Reina, G., **Hydrobiologia,** 1996, 326, 61 〔*Ulva rigida*(Ulvales) tank culture as biofilters for dissolved inorganic nitrogen from fishpond effluents〕

29) Duke, C. S., Litaker, R. W., Ramus, J., **J. Exp. Mar. Biol. Ecol.**, 1987, 112, 145 〔Seasonal variation in Ru BPCase activity and N allocation in the chlorophyte seaweeds *Ulva currata*(Kutc) de Toni and *Codium decorticatum* (Wood) Howe〕

30) Duke, C. S., Litaker, R. W., Ramus, J., **J. Phycol.**, 1989, 25, 113 (Effects of temperature, nitrogen supply and tissue nitrogen on ammonium uptake rates of the chlorophyte seaweeds *Ulva carva* and *Codium fragile*)

31) Floreto, E. A. T., Hirata, H., Ando, S., Yamasaki., S., **Bot. Mar.**, 1993, 36, 149 (Effects of temperature, light intensity, salinity and

source of nitrogen on the growth, total lipid and fatty acid composition of *Ulva pertusa*)

32) Gomez Pinchetti, J. L., del Campo Fernandez, E., Moreno Diez, P., Reina, G. G., **J. Appl. Phycol.**, 1998, 10, 383 〔Nitrogen availability influences the biochemical composition and photosynthesis of tank-cultured *Ulva rigida* (Chlorophyta)〕

33) Hang, A., **Acta Chem. Scand.**, 1976, B30, 562 (The influence of borate and calcium on the gel formation of a sulfated polysaccharide from *Ulva lactuca*)

34) Henley, W. J., Levavasseur, G., Franklin, L. A., Osmond. C. B., Ramus, J., **Planta,** 1991, 184, 235 (Photoacclimation and photoinhibition in *Ulva rotundata* as influenced by nitrogen availability)

35) Jimenz-Escrig, A., Goni Ganbrodon, I., **Arch. Latinoam. Nutr.**, 1999, 49, 114 (Nutritional evaluation and physiological effects of edible seaweeds)

36) Kaeffer, B., Bènard, C., Lahyae, M., Blottière, H. M., Cherbut, C., **Planta Med.**, 1999, 65, 527 (Biological properties of ulvan, a new source of green seaweed sulfated polysaccharide, on cultured normal and cancerous colonic epithelial cells)

37) Kaneda, T. P., Kamasastri, V., Tokuda, S., **Bull. Jpn. Fish. Sci. Soc.**, 1965, 31, 1026 〔Studies on the effects of marine products on cholesterol metabolism in rat. V. The effect of edible seaweed (supplement)〕

38) Lapointe, B. E., Tenore, K. R., **J. Exp. Mar. Biol. Ecol.**, 1981, 53, 135 (Experimental outdoor studies with *Ulva fasciata* Delile, 1. Interactions of light and nitrogen on nutrient uptake, growth and biochemical compopsition)

39) Mabeau, S., Fleurence, J., **Trends Food Sci. Technol.**, 1993, 4, 103 (Seaweed in the food products : Biochemical and nutritional aspects)

40) Markham, J. W., Kremer, B. P., Sperling, K. -R., **Helgol. Meeresunters,** 1980, 33, 103 (Cadmium effects on growth and physiology of *Ulva lactuca*)

41) Matsuyama, K., Serisawa, Y., Nakashima, T., **Algae,** 2003, 18(2), 129 [Effects of Deep seawater on the Growth of Green Alga, *Ulva* sp. (Ulvaphyceae, Chlorophyta)]

42) Mckinnel, J. P., Percival, E., **J. Chem. Sci.,** 1962, 2082 (The acid polysaccharide from the green seaweed, *Ulva lactuca*)

43) Mishkind, M., Mauzerall, D., Beale, S. I., **Plant Physiol.,** 1979, 64, 896 (Diurnal variation in situ of photosynthesis capacity of *Ulva* is caused by a dark reaction)

44) Naldi, M., Viaroli, P., **J. Exp. Mar. Bio. Ecol.,** 2002, 269, 65 [Nitrate uptake and storage in the seaweed *Ulva rigida* C. Agardh in relation to nitrate availity and thallus nitrate content in a eutrophic coastal lagoon (Sacca di Goro, Po River Pelta, Italy)]

45) Nishizawa, K., Murasugi, S., **The Sea Vegetable Book,** Kensei Press, Tokyo, 1988, 57 (in Japanese)

46) Ohta, K., **Proc. Intl. Seaweed Symp.,** 1979, 9, 401 (Chemical studies on biologically active substances in seaweeds)

47) Percival, E., Wold, J. F., **J. Chem. Sci.,** 1963, 5459 (The acid polysaccharide from the green seaweed *Ulva lactuca* part II. The site of the ester sulfate)

48) Ramus, J., Venable, M., **J. Phycol.,** 1987, 23, 518 [Temporal ammonium patchiness and growth rate in *Codium* and *Ulva* (Ulvaphyceae)]

49) Ray, B., Lahaye, M., **Carbohydr. Res.,** 1995a, 274, 251 [Cell-wall polysaccharide from the marine green alga *Ulva rigida* (Ulvales, Chlorophyta)-Extraction and chemical composition]

50) Ray, B., Lahaye, M., **Carbohydr. Res.,** 1995b, 274, 313 [Cell-wall polysaccharide from the marine green alga *Ulva rigida* (Ulvales,

Chlorophyta)-Structure of ulvan]

51) Reddy, C. R. K., Lima, M., Fujita, Y., **J. Appl. Phycol.**, 1992, 4, 57 [Induction of fast-growing and morphologically different strains through intergenetic protoplast fusions of *Ulva* and *Enteromorpha* (Ulvales, Chlorophyta)]

52) Reddy, C. R. K., Migita, S., Fugita, Y., **Bot. Mar.**, 1989, 32, 483 (Protophase isolation and regeneration of three species of *Ulva* axenic culture)

53) Rivers, J. S., Peckol, P., **J. Phycol.**, 1995, 31, 223 [Summer decline of *Ulva lactuca* (Chlorophyta) in an eutrophic embayment : intractive effects of temperature and nitrogen availability]

54) Rosenberg, G., Ramus, J., **Bot. Mar.**, 1981, 26, 583 [Ecological growth strategies in the seaweeds *Gracilaria foliifera* (Rhodophyceae) and *Ulva* sp. (Chlorophyceae) : The rate and tining of growth]

55) Sand-Jensen, K., **Mar. Ecol. Prog. Ser.**, 1988, 50, 195 (Photosynthetic respones of *Ulva lactuca* at very low light)

56) Shin, H. W., Kim, G. H., **Algae**, 1997, 12(1), 17 [Characterization of UV-absorbing compound in Korean macrophytes, *Ulva pertusa* (Chlorophyta) *Hizikia fusiformis* (Phaeophyta) and *Pterocladia capillaceae* (Rhodophyta)]

57) Shin, H. W., Smith, C. M., **J. Phycol.**, 1995, 31, 8 (supplment.) (Characterization of pigments in motile cells of *Ulva fasciata* : in vivo absorption, in vivo fluorescence emission and HPLC determination)

58) Titlyanov, E. A., Titlyanov, T. A., Luening, K., **Eur. J. Phycol.**, 1996, 31, 181 (Diurenal and circadian periodicty of mitosis and growth in marine macroalgae II. The green alga *Ulva pseudocurvata*)

59) Waite, T. D., Mitchell, R., **Bot. Mar.**, 1972, 15, 151 (The effect of nutrient fertilization on benthic alga *Ulva lactuca*)

60) Zavodnik, N., **Bot. Mar.**, 1987, 30, 71 (Seasonal variations in the rate

of photosynthetic activity and chemical composition of the littoral seaweeds *Ulva rigida* and *Porphyra leucoticta* from the North Adriatic)

Ecklonia cava Kjellman

감태 5

갈조류 · Alariaceae (미역과)

• 영명 | Sea trumpet
• 일명 | Kajime
• 중국명 | 甘苔
• 분포 | 한국(남해안 제주도), 일본
• 용도 | Alginic acid 원료, 사료

✻ 식물학적 특성

갈조류로 미역과에 속하며, 줄기는 원주상, 충분히 자란 것은 1m 이상. 중앙부가 좀 굵고, 어릴 때는 모두 실질(實質)이나, 후에는 중앙부가 다소 가운데가 비었다. 점액은 줄기의 피층에 환상으로 1층 배열되었다. 줄기 상부는 차차 평편하게 되고, 양측에서 우상엽이 나고, 여기서 다시 마주나와 우상(羽狀)의 소엽편을 내며, 중앙엽은 좀 두터워져 3~5㎜가 된다. 입사귀 표면에는 주름이 없다. 색은 갈색이나 건조하면 가죽질이 된다. 어린 것은 봄에 나타나고, 초년에는 몸 줄기가 5~10㎝, 지름 5㎜, 중앙엽의 길이는 20~30㎝, 폭은 4㎝ 정도, 2년째 가을에서 겨울 동안 중앙엽에서 형성된 자낭군에서 포자를 방출한 후 중앙엽은 소실. 일단 줄기 만으로 남았다가 줄기 꼭대기에서 구엽 자리에 새로운 중앙엽이 만들어 진다. 이와 같이 자라는데 2, 3년이 걸린다.

동속 해조류에는 곰피(*E. stolonifera*)와 검은감태(*E. kurome*)가 있다.

✻ 성분

1) 특수성분

감태에서 Eckol(E-00042), 8, 8'-Bieckol(D-00923), Phlorofucofuroeckol A(E-00042), Dieckol(D-00923) 등이 확인되었다.

✻ 생리 활성

해조류의 Aldose Reductase 억제 활성 : 해산식물의 MeOH ex에서 aldose reductase 억제 활성을 측정한 결과, 가시파래(*Enteromorpha prolifera*), 감태(*Ecklonia cava*), 뜸부기(*Pelvetia wrightii*) 및 함초(*S. herbacea*)에서 나타났고, 그들의 IC_{50}은 각각 3.04㎍·ml^{-1}, 8.84㎍·ml^{-1}, 11.42㎍·ml^{-1}, 4.99㎍·ml^{-1} 이었다. 가시 파래의 MeOH 분획(IC_{50} 4.53㎍·ml^{-1}), 감태의 BuOH 분획(IC_{50} : 4.83㎍·ml^{-1})순이었고, 뜸부기의 hexane 분획(IC_{50} 17.6 ㎍·ml^{-1})이 가장 강하였다.

Prolyl Endopeptidase, Tyrosinase 저해 및 항응고 활성 : 40여 종 해조류의 MeOH ex에 대하여 prolyl endopeptidase(PEase), tyrosinase(Tyase) 및 혈액응고 저해 활성을 측정한 결과, 항치매 활성 지표인 PEase에 대하여 40ppm에서 쌍발이모자반, 짝잎모자반, 큰잎모자반, 지충이, 감태, 패, 톳이 90% 이상 저해 활성이 있었고, 항암 및 미백 효과 활성 지표인 tyrosinase에는 꽈배기모자반, 감태가 각각 40ppm에서 51%, 76% 저해 효과를 보여 시료 중 가장 강하였다. 강력한 항응고 활성 해조류는 없었으나, 약 367ppm에서 APTT assay에서는 큰잎모자반, 개우무 및 톳이 대조구에 비해 210, 211, 198% 응고 시간 연장 효과를 보였고, TT assay에서는 마디잘록이, 쌍발이서실 및 톳이 각각 216, 197, 251%의 연장 효과를 보였다.

피부세포주 HaCaT에 대한 해조류의 영향 : 한국 연안 해조류를 채집, 이들 중 녹조류 4종, 갈조류 18종(감태, 곰피, 톳 등), 홍조류 14종을 수세, 음건하여 80% MeOH로 4회 추출, 37℃에 건조한 시료를 인체 피부세포 HaCaT와 24시간 배양을 조사한 결과, 36종의 해조 시료 중 비틀대모자반과 돌가사리가 대조구보다 1.6배 활력이 증가되었고, 참그물바탕말(*Dictyota dichotoma*), 참도박(*Pachymeniopsis elliptica*) 및 잎파래(*Enteromorpha linza*)의 추출물은 대조구보다 각각 0.2, 0.4, 0.4배 정도 활력을 억제시켰다.

아질산염 소거활성 : Nitrosamine의 직접 생성 인자인 아질산염 소거 작용을 검토한 결과, 갈조류가 녹조류 및 홍조류에 비해 우수한 분해 효과를 보였으며, 갈조류 중 감태, 곰피, 구멍쇠미역이 뛰어났고, 모두 pH의 조성이 커 pH 4.2 및 6.0보다 pH 1.2에서 아질산염 분해 효과가 컸다.

데침조건과 생리활성 : 데침시간에 따라 감태의 다량 무기질인 K, Ca, Mg, Na와 미량 무기질 Fe, Mn, Zn, Cu 함량이 감소하였고, 특히 Na량의 손실이 컸다. vitamin C와 β-carotene은 시간이 길어지면서 감소하였으나, α-tocopherol은 변화가 없었다. 감태의 비린 맛, 떫은 맛을 제거키 위한 데침과정에서 여러 성분의 손실이 있었다. 항산화 활성은 미량 무기질인 Fe, Mn, Cu 및 vitamin C, β-carotene, 총 polyphenol 함량과 상관성이 높았다.

갈조류 추출물의 항혈액 응고 활성 : 갈조류 18종에 대하여 항혈액 응고를 조사한 결과, 미역, 다시마, 감태, 대황, 곰피, 톳, 괭생이모자반의 열수 추출물의 APTT가 190.0초 이상으로 항응고 활성이 높았으며, 이때 추출온도는 90℃였다. 감태의 EtOH 불용성분의 항혈액 응고활성은 500㎍/㎖에서 EtOH 가용성 물질에 비하여 2배 이상 증가하였으며, EtOH 불용성 성분의 분자량에 따른 항혈액 응고활성은 100㎍/㎖에서 EKJ(검둥 감태) EtOH insoluble(eim)2(100-50kDa) 및 EKJ-eim 3(50-10kDa)에 비해 좋았으며, 이 분획의 화학적 구성 성분은 fucose, xylose, mannose, galactose, glucose, sulfate로 Mol비는 1: 0.05: 0.10: 0.15: 0.17: 1.46으로 2mole의 fucose에 3mole의 황산기가 결합되있는 산성 다당체임을 확인하였다.

녹조류와 갈조류의 항고혈압 활성 : 제주 연안에 서식하는 녹조류와 갈조류

(감태, 모자반, 미역, 톳, 다시마)의 항고혈압 활성을 조사하기위해 해조류 MeOH와 H_2O로 20℃와 70℃에서 추출, 각 분획의 활성을 조사한 결과, 녹조류에서는 비교적 활성이 낮았으나, 갈조류에서는 70℃ MeOH ex 중 잇바디괭생이모자반, 말미역, 바위 주름, 넓패, 톳, 다시마 및 70℃ H_2O 감태 추출물에서 ACE 저해 활성이 높았다. 또한 70℃ H_2O 추출 감태의 가수 분해물은 2.33~3.56㎍/㎖의 IC_{50}값을 보여, 매우 ACE 저해 활성이 높았다. H_2O 추출물과 MeOH 추출물에서도 ACE 활성이 나타난 것은 해조류에는 fucoxanthin, phlorotannin 및 polyphenol계 물질이 있기 때문으로 보인다.

ACE 활성 저해 : 갈조류 중 *Ecklonia cava*(감태), *Sargassum fulvellum*(모자반), *S. thunbergii*(지충이), *S. horneri*(괭생이모자반), *S. coreanum*, *Scytosiphon lomentaria*(고리매), *Ishige okamurae*(패)를 protamex, kojizyme, nuetrase, flavourzyme(F), alcalase 등 5종으로 가수분해시켜 ACE 활성을 검색한 결과, 대부분 양호한 활성을 보였으며, 특히 감태가 가장 강하였다. flavourzyme으로 감태를 가수분해한 것이 0.3㎍/㎖에서 ACE IC_{50}을 보였고, captopril은 ~0.05㎍/㎖에서 IC_{50}을 보였다. F가수 분해물을 5, 10, 30KDa MWCO로 초원심 분리하여 분자량에 따라 3분획을 얻었고, 〉30KD분획에 가장 많은 단백질(27%)과 phenolic compound(261㎍/100㎖)가 다른 소분자량 분획보다 많았다. 이 분획이 활성 물질이 포함된 protein(glycoprotein)과 polyphenol 분획이며, 감태의 항고혈압 물질이 포함된 분획이었다.

항암 작용 : 제주산 갈조류 27종. 녹조류 10종 총 37종의 해조류 MeOH와 H_2O로 20℃와 70℃에서 추출하여 4종 암세포 U937(human monoblastoid leukemia cell line), HL60(human promyclocytic leukemia cell line), HeLa (woman cervical carcinoma cell line) 및 CT26(mouse colon carcinoma line)에 대해 세포 독성을 실험한 결과, 담배 산말(*Desmrestia tabacoides*)과 *Dictyota dichotoma* MeOH ex에서 모든 암세포에 강력한 세포 독성을 보였으나, H_2O ex에서는 없었으며, 감태(*Ecklonia cava*) 20℃ H_2O ex

는 HeLa cell을 제외한 3종 암세포에서 강력한 세포 독성을 보였다. *Sargassum coreanum*과 *S. siliquastrum*의 20℃ H_2O ex에서 U937, HL60, HeLa cell에 대해 강력한 세포 독성을 보였다. 녹조류인 청각(*Codium fragile*)과 *C. contractum*의 20℃ H_2O ex에서 HL60과 CT26 cell에 대해 강력한 세포 독성을 보였다. 갈조류보다는 녹조류가 비교적 약한 세포 독성을 보였다.

Osteoarthritis 치료와 항산화 및 항염성 : 골관절염은 주로 노인에 발생되는 비염증성 관절 질환으로 관절 연골의 변성, 골변연의 비후 및 활액막의 특징으로 생기며, 동통이나 경직이 장기간 활동 후에 수반된다. 염증은 산소종, cytokine, prostaglandins의 증가로 발생된다. 지상에서는 발견되지 않고 갈조류인 *Ecklonia*와 *Eisenia* family에만 있는 특정 polyphenolic 화합물로 dibenzo-1, 4-dioxin skeleton의 phlorotannins가 있다. phlorotannins은 LAD 103을 함유한 감태 추출물에 많았으며, DPPH 라디칼 제거, Fe^{+3}환원, peroxynitrite 제거 및 LDL 산화 억제 같은 특별한 항산화이며 골관절 염증이나 전단계에서 항산화를 방해하는 것으로 알려졌다. LAD 103 역시 LPS-처리 RAW 264.7 cell에서 PGE_2 생산을 현저히 감소시킴을 보여 주었고, interleukin-1α-유도 proteoglycan을 현저히 파괴시켜 골관절염의 병리생리학적 결과를 편리하게 알 수 있게 되어 앞으로 이 mechanism 규명에 도움이 될 것이다. LAD 103은 in vitro 실험에서 강력한 관절염 치료제로 알려졌고, 이는 mechanism 규명에 효과적인 연구가 될 것이다.

감태의 수확 기간과 항산화 작용의 변화 : 수확 기간에 따른 linoleic acid peroxidation 억제와 DPPH 라디칼 superoxide anion radical, hydroxy radical 및 hydrogen peroxide 제거 효과를 조사한 결과, 총 phenolic 함량과 항산화 효과는 어린 조류보다는 성장후에 높았으나, reproduction기간에는 감소되었다. 감태의 조 MeOH ex의 BuOH분획에서 phenol 함량이 가장 많았고, 항산화 효과도 높았다. 이 작용은 합성 항산화제인 vitamin C, BHA, BHT보다 훨씬 강하였다. 총 phenol 함량은 항산화 효과를 나타내었고, 감태 수확기는 여름철로, 항산화 효과가 가장 높았고, 강력한 천연 항산화제로 생각되었다.

감태 효소추출물의 항염증 효과 : 갈조류인 감태의 효소 추출물의 항염증 작용을 쥐의 귀에 12-*O*-tetradecanoylphorbol acetate(TPA)로 염증을 일으켜 관찰한 결과, kojienzyme(ECK) 감태 추출물이 쥐귀의 염증에 항염증 효과는 dexamethasone과 유사하였다. 더구나 IL-Iβ, IFN-γ, TNF-α 및 cyclo-oxygenase-2(COX-2)는 mRNA표현 농도와 inducible nitric oxide synthase(iNOS)와 COX-2가 주로 염증 세포에서 ECK에 의해 감소 조절 효과가 있는 것으로 나타났다. 이러한 결과는 ECK가 TPA유도 귀의 염증에서 Th cytokine과 2개의 유도물을 억제함으로써 항염증 작용이 나타나는 것으로 보였다.

갈조류 항미생물작용과 온도 및 pH의 영향 : 30종 해조류 수침 ex와 EtOH ex 한천 분산법으로 항미생물 활성 최저 억제 농도(MIC)를 측정하였다. 한천 분산법에서 12종 해조류가 실험미생물에 대해 성장 억제 효과가 있었고, 특히 패, 곰피, 모자반(*S. siliquastrum*), 지충이, 긴불레기말 및 감태에 4㎎/㎖에서 Gram 양성 미생물에 대해 강한 항bacteria 활성을 보였다. *S. siliquastrum*은 *Listeria monocytogens, Clostridium perfringens* 및 *Bacillus subtilis*에 MIC가 0.005~0.0075%에서 가장 강한 항균성을 보였다. 열 안정성 시험에서 패, 지충이, 모자반, 감태, 긴불레기말의 EtOH ex는 121℃에서 15분간 안전하였으며, 모자반 EtOH ex의 항균 활성은 pH 2~10에서 안전하였으나, 다른 종류는 pH 10 이하에서는 불안정하였다.

충치균에 대한 항균 활성 : 우리나라 연안에서 채취한 해조류 27종의 80% EtOH 추출물이 충치균 *Streptococcus mutans* KCTC 3300의 증식에 미치는 영향을 조사한 결과, 해조류 중 다시마가 가장 강하였고, 갈파래, 청각, 감태, 곰피, 미역도 비교적 활성이 높았으며, 홍조류보다 갈조류와 녹조류가 대체로 강하였다. 다시마의 항균 활성은 용매에 따른 추출물의 차이는 나타나지 않았다. *S. mutans* KCTC 3300과 *S. sobrinus* KCTC

3307에 대한 해조류의 80% EtOH 추출물의 MIC는 해조류 종뿐 아니라, 동일 해조류 추출물에서도 균 종에 따라 차이가 있었다. 다시마의 80% EtOH의 Et_2O 분획에서 MIC는 105㎍/㎖, 수용성 분획은 약 5,500㎍/㎖에서 균의 증식이 억제되지 않았다.

Nitrite degradation : Nitrite는 발암성 물질 nitrosamine 형성에 중요한 역할을 하며, 인체의 위액 pH 같은 산성에서 nitrosamine이 잘 형성되므로 nitrite 제거가 중요하다. 해조류인 미역, 감태, 곰피, 모자반, 청각, 납작파래, 참김 등의 1㎏을 4L MeOH에 24시간 실온에서 2번 추출하여, 감태 등의 활성 분획을 nitrite 제거 실험을 실행한 결과, 다시마과와 감태, 곰피 같은 *Eklonia* 속 해조류에서 pH 1.2와 3.0에서 강한 nitrite 제거 작용을 보였고, 특히 Et_2O(90%/㎎)와 EtOAc(94%/㎎) 분획에서 특히 강하였다. 감태의 Rf 0.9, 0.82, 0.58 및 0.15 즉 A, B, C 및 D 물질 중 C물질(Rf 0.58)이 pH 1.2와 3.0에서 95%/5㎎ nitrite 제거 기능이 가장 강하였다.

감태 알긴산의 우론산 조성① : 감태에서 추출한 알긴산의 계절별, 부위별 우론산을 분석 검토하였다. 알긴산 함량은 경남 양산군, 일광면 이천리 이동 연안의 월별로 일 년간 채취 한 결과, 2~4월에 최대 알긴산 함량을, 8~10월에 최소 함량을 보였고, 근경부가 엽상부보다 알긴산 함량이 높았으며, 계절별 변화는 엽상부가 근경부보다 큰 경향이었다. 알긴산의 우론산 조성비(M/G비)의 변화는 대체로 동계에 M/G비가 높고, 하계에 낮았다. 최대 최소기의 M/G/비 평균치는 감태 엽상부 알긴산을 각각 3.08, 2.64이었고, 엽상부 및 근경부 알긴산의 M/G 연평균 비는 각각 3.22와 2.18로 엽상부가 근경부보다 높았다. (M: mannuroic acid, G:glucuronic acid)

알긴산 분자 Block 배열과 그물성② : 우론산 분자 배열비는 M block과 G block이 엽상부는 51.6%, 32.3%, 근경부 45.7%, 38.6%, 대체로 엽상부가 근경부보다 M block이 많았다. 알긴산의 정도는 M/G비와 상관성이 있어, 여름, 가을에 높았고, 겨울에 최저치를 보였으며, 엽상부 알긴산이 근경부보다 컸다. 점도의 온도 의존성은 M/G비에서 M이 적은 것이 큰 경향이었다. 알긴산의 금속이온 교환능은 분자 block 배열비와 상관성이 있어 G block이 클 때 금속 이온 교환능이 컸다. 금속이온과의 친화력은 Pb〉Cu〉Co〉Zn 순이었다.

산화적 Stress에 대한 Fucoidan과 Alginic acid의 보호 효과 : Radical-유도 산화적 stress에 대한 fucoidan과 alginic acid(갈조류 함유 활성 다당류)의 보호 작용을 in vitro에서 실험한 결과, fucoidan은 NO와 O_2(superoxide) 제거능이 강력하였으나, alginic acid는 이러한 작용이 없었다. 그러나 alginic acid는 fucoidan보다 -OH 제거능은 높았다. fucoidan과 alginic acid는 AAPH 유도 산화적 stress에 대하여 세포의 활성을 향상시켰다. fucoidan과 alginic acid 1,000㎎/㎖에서 세포의 활성은 각각 16.4%에서 85.9%와 67.7%로 증가하였다. 또한 fucoidan과 alginic acid는 AAPH에 의해 용량 의존적으로 LLC-PKI 세포에서 지질 과산화를 개선시켰다. 이 결과로 fucoidan과 alginic acid는 free radical로 인한 산화적 stress에 대해 항 산화제로 작용하는 것으로 생각되었다.

알긴산과 3T3-L1 세포의 분화 : 3T3-L1 세포가 지방 세포로 분화되는 과정 중 혈청 중 분화촉진 인자(insulin, prostaglandin F2α 등) 첨가로 분화가 촉진되고, 분화억제 인자(actinomycin D, tumor necrosis factor α 등)로 억제될 수도 있다. 3T3-L1 세포는 세포 내 지방 축적으로 지방 세포 형태를 나타낸다. 3T3-L1 세포의 특성을 이용, 해조류에 많은 알긴산이 지방 세포로의 분화 과정에 어떤 영향을 주는지 실험한 결과, 3T3-L1 세포 분화를 억제하였다. 또 분화촉진 물질 IGF-1(insulin-like growth factor-1)과 insulin을 이용, 알긴산 분화에 미치는 영향을 검토한 결과, 알긴산은 insulin의 분화촉진 작용을 특이적으로 억제하였다. 본 연구는 알긴산을 이용, 알긴산의 지질 감소 효과를 세포 수준에서 검증하였다.

알긴산의 에스테르화의 적정 조건 : 알긴산에 propylene oxide(Pox)를 가하여 PGA 제조 시 에스테르화 조건을 구하고 이때 만든 제품의 이화학적 특성을 조사하였다. 알긴산에 Pox(1:4) mol을 가할 때까지 에스테르화가 증가하였으나 그 후에는 큰 변화가 없었고, 에스테르화가 잘 일어나는 알긴산의 함수량은 30% 이상이었으며, 수분 함량이 70% 이상에서는 제품의 탈수가 잘 되지 않아 수분은 30~70%가 적당하였다. 수분 44.15%의 알긴산에 Pox 4 mol을 가해 1시간 반응 시, 반응이 최대인 온도는 70℃이었다. 수분 50.5%의 알긴산에 Pox 4 mol을 가해 70℃에서 반응, 1시간까지 에스테르화가 급격히 증가, 그 후 차이가 없었다. 2%와 3% propylene glycol alginate(PGA) 용액의 pH 안정성은 pH 3.0까지 점도가 거의 없었으나 그 이하에서는 감소하였으며, 1, 2, 3 및 5% PGA 용액은 의가소성 유체의 특성을 보였고, pH를 변화시켰으나 의가소성은 유지되었다.

알긴산의 비만 억제 효과 : 미역, 다시마 등 갈조류에 20~30% 함유되어 있는 알긴산을 agar, cellulose, CMC, chitin, lignin 등의 식이섬유의 비만 억제 작용을 magarine 유도 비만 쥐에 비교 검토하였다. 사료에 식이섬유 10%를 가하여 비만 억제 효과를 보면, lignin이 가장 크고, 다음 Na-alginate, cellulose, CMC 순이었다. 간장과 부고환 및 난소 주위의 지방 조직의 비만 억제 효과는 lignin이 가장 크고, Na-alginate, cellulose, CMC 순. 또 Lee index의 비만 억제는 Na-alginate〉lignin〉CMC〉chitin〉cellulose 순. 간의 지질 분석에서 지방 축적 억제 효과는 agar〉CMC〉cellulose〉Na-alginate〉chitin〉lignin 순이었다. 혈청 glucose 감소 효과는 CMC가 가장 크고, 다음 Na-alginate, lignin 순. 혈청 cholesterol 저하 효과는 Na-alginate가 가장 크고, 다음이 lignin, cellulose 순. 그밖에 chitin을 제외한 대부분이 효과가 있었다. 또 lipase 활성의 상승 작용은 Na-alginate가 가장 효과적이며 다음 chitin이었다. 이상으로 갈조류 중 알긴산 20~30%가 있는 미역, 다시마 등은 비만 예방과 치료에 가장 효과적인 것으로 생각되었다.

조류와 생약 성분의 비만 억제 비교 : 해조류의 알긴산, 담수 녹조 chlorella, 생약 인삼 saponin, 마늘 alliin과 scordinin 첨가, 비만 억제 효과를 검토한 결과, Na-alginate(71%)가 크고, 다음 scordinin(76%), chlorella(76%), alliin(86%) 순으로 체중 증가가 있었다. 사료 효율과 비교, 체중 증가량은 Na-alginate(68%)가 가장 효과적이고, alliin(79%)도 인정되었다. 간의 지방 축적 억제 효과는 Na-alginate(84%)가 가장 효과적, 부고환 및 난소 주변의 지방 축적 억제 효과는 Na-alginate(54%)가 가장 효과적, 다음 alliin(64%), saponin(66%) 순이었다. 또 Lee index 비만 억제 효과를 비교하면 Na-alginate(91%)에서만 인정되었다. 간 중 지방 축적 억제 효과는 alliin(40%)〉saponin(58%)〉Na-alginate(62%)〉chlorella(64%)〉scordinin(74%) 순. 혈청 glucose 감소 효과는 Na-alginate(67%)가 가장 크고, 다음 saponin(73%), scordinin(74%), alliin(83%) 순. 혈청 cholesterol 저하 작용은 Na-alginate(82%)가 가장 크고, 다음 alliin(84%), chlorella(86%), saponin(87%) 순이었다. 또한 혈청 lipase 활성 증가에 의한 비만 억제 작용은 Na-alginate(109%)와 saponin(104%)의 첨가가 효과적. 따라서 갈조류 성분 알긴산이 chlorella, 인삼 saponin, 마늘 alliin 및 scordinin보다 비만 예방과 치료에 효과적이었다.

PhIP와 MeIQx 돌연변이의 원성억제 : 갈조류 9종, 홍조류 5종, 녹조류 2종을 대상으로 돌연변이 유발물질 PhIP와 MeIQx에 대한 돌연변이 원성 억제를 조사한 결과, 갈조류가 녹조류와 홍조류보다 우수하였고, 특히 갈조류 감태, 곰피, 다시마, 미야베모자반이 우수하였다. 그중 곰피의 Et_2O, $CHCl_3$ EtOAc및 수용성 획분 중 비극성 획분의 억제가 강하였고, 특히 EtOAc 획분이 가장 강하였다. 곰피의 EtOAc 획분을 sephadex LH 20으로 분리한 결과, 활성 획분 A-7은 PhIP에 90%/㎎ 이상, MeIQx에 80%/㎎의 억제를 보였고, 207.7 및 232nm에서 흡수 파장을 보였다.

Phlorotannin의 Elastase 저해 활성 및 Hyaluronidase 저해 활성 : 제주도에서 채집한 감태에서 6종의 phlorotannin을 분리하였고, 이는 갈조류에서 분리되었으나, 감태에서는 처음 분리되었으며, lekstolonol(3)과 triphorethol A(4)로 동정되었다. elastase 억제 효과는 분리된 6개 물질 중 분자량이 가장 큰 dieckol(5)로, IC_{50} 14.7㎍/㎖, 대조물질 ursolic acid(IC_{50} 12.5㎍/㎖)와 유사 억제 효과가 있어 천연 주름 억제로의 사용 가능성을 확인하였다. hyaluronidase 억제 효과는 dieckol(5)(IC_{50} 14.9㎍/㎖)은 대조물질

disodium chromoglycate(IC_{50} 12.3㎍/㎖)와 유사 효과로 천연 염증억제 및 노화 억제제로 사용 가능성을 보였다.

EtOH-처리 생쥐에서 Dieckol, Phlorofucoeckol의 기억력 개선 효과 : 대황과 감태의 polyphenolic compound인 phlorotannins은 항염과 같은 약리학적 효과가 있다. 근래에 이들 물질의 신경 퇴화성 질병에 개선 효과가 연구되었다. 감태의 diekol과 phlorofucofuroeckol(PFF)의 기억력 향상이 연구되었다. dieckol과 PFF는 EtOH 섭취로 인한 latency의 억제를 용량 의존적으로 감소시켰다. 실험쥐의 striatum, hippocampus, frontal cortex 3 부위에서 중추 신경 전달 물질의 기억력을 향상시켰다. 몇 신경 전달 물질은 EtOH 투여로 현저히 변화되었다. dieckol과 PFF는 EtOH 투여로 몇 신경 전달 물질의 양이 변화를 보였다. 이 두 물질은 acetylcholine을 증가시켜 acetylcholinestrase 작용을 견제시켰다. 결과적으로 dieckol과 PFF는 acetylcholinestrase 억제로 뇌에 acetylcholine를 증가시켜 기억력 향상 효과를 초래하였다.

유리당과 비휘발성 유기산의 조성과 계절적 변화 : 감태, 큰잎모자반, 외톨개모자반의 유리당과 비휘발성 유기산을 GLC로 분석한 결과, 모두 floridoside, galactose, glucose 및 xylose가 동정되었고, 그중 floridoside가 가장 많아 각각 53.4%, 52.8% 및 58.8%, xylose가 가장 작아 각각 8.3%, 7.5%, 6.8%이었다. 계절적 변화에서 3시료 모두 변화가 크지 않았으며, 유리당 총량은 감태〉큰잎모자반〉외톨개모자반 순이었다. 유기산 조성에 있어 감태는 9종이 동정, 그중 lactic, oxalic, fumaric, succinic, malic 및 citric acid가 중요하며, 그중 succinic acid가 30.6%로 가장 많았고, 큰잎모자반과 외톨개모자반에서 8종의 유기산이 동정, 그 조성은 동일하였다. 양 시료 모두 succinic, malic 및 citric acid로 그중 succinic acid 함량이 30.9%와 31.2%로 가장 많았다. 계절적 유기산의 변화는 3시료 모두 뚜렷치 않았으나, 유기산 총량에서 감태 191.6㎎/100g으로 가장 많았고, 큰잎모자반 103.5㎎/100g, 외톨개모자반은 76.2㎎/100g으로 가장 적었다.

Marine carotenoid의 생물학적 기능 : 자연계에서 생성되는 색소 중 carotenoid

(CA)는 가장 중요하며 인체 건강에 유용한 효과를 갖고 있어 관심이 증가되고 있다. 해산 CA는 그들이 주는 화학적, 생물학적 이익의 영향은 중요하다. 해산 CA 중 astaxanthin과 fucoxanthin은 해양 동물이나 해양 식물 중에서 비교적 강력한 생물학적 활성이 있다. 즉 이들 CA는 quenching siglet oxygen과 scavenging free radical의 강한 항산화 작용이 있기 때문이며, 식이성 항산화 작용이 있는 이들 강력한 작용의 CA는 항암 작용과 항염 작용이 있다. 특히 fucoxanthin이 근래 항비만과 항당뇨 효과가 인정되면서부터 주목받게 되었다. 이러한 작용은 mitochondria의 백색지방(WAT)에서 uncoupling protein(UCP1)을 만들어 WAT에서 지방산을 산화시켜 WAT에서 열을 생산하기 때문이다. fucoxanthin은 insulin 저항을 개선하여 혈당을 낮추며, 동물의 WAT에서 종양괴사 인자 α(TNFα)를 감소시키기 때문이다.

남해 하계 조하대 군집 : 조하대 해조 군집은 뚜렷하지 않으나, 상부에는 *Sargassum saganmianum, P. lanceolat, Gigartina tenella, Pachymeniopsis capillacea* 등 직립 분기형을 구성, 깊이 3~5m에 분포, 중부는 5~20m 사이로 *Eklonia cava, Sargassum* spp. 등 대형 갈조류가 대표 종이었다.

건강기능성 식품과 해조류 소비 : 경북대 학생 281명을 대상으로 해조류 건강기능 식품의 구매 의도와 소비 가치를 조사한 결과, 구매 장소는 24시간 편의점이고, 낱개 포장으로, 구매 목적은 영양 보충과 체중 조절이며, 구매 의도가 높은군과 낮은군의 차이가 현저하였고, 식품, 영양 및 건강 관련 과목 수강 경험자 중 기능가치와 인식가치가 높았다.

✻ 효능과 이용

1) 효능 : antihypertensives

2) 식용 : 식재료

3) 기타 : Alginic acid 원료로 사용. 전복 사료로 많이 이용.

참고문헌

1) 강대선, 제종길, 손철현, **수산학회지,** 1993, 26(2), 182 (남해의 하계 해조 군집 – II. 조하대의 군집: 비틀대모자반, 도박, 감태, 모자반, 돌가사리)

2) 김규동, 강진훈, 윤호동, 변한석, 김동수, 김선봉, 박영호, **수산학회지,** 1986, 19(3), 227 (감태, 큰잎모자반 및 외톨개모자반의 유리당 및 비휘발성 유기산의 조성과 그 계절적인 변화)

3) 김동수, 박영호, **수산학회지,** 1984, 17(5), 391 (알긴산의 화학적 조성 및 그물성에 관한 연구 – 1. 감태 알긴산의 우론산 조성)

4) 김동수, 박영호, **수산학회지,** 1984, 17(6), 492 (알긴산의 화학적 조성 및 그물성에 관한 연구 – 2. 감태 알긴산의 우론산 분자 Block 배열과 그물성)

5) 김영동, 김영명, 강통삼, **한국식품연구소 연구보고,** 1981, 163 (해조류의 다각적 이용에 관한 연구)

6) 김영명, 김동수, 최용석, **식품과학회지,** 2004, 36(6), 1008 (국내산 주요 갈조류 추출물의 항혈액 응고 활성 – 미역, 다시마, 감태, 대황, 곰피, 톳, 괭생이모자반 등)

7) 김지희, 임치원, 박희연, 이두석, 박정흠, **수산학회지,** 2002, 35(2), 191 〔충치균(*Streptococcus mutans*)에 대한 다시마 추출물의 항균 활성 - 갈파래, 청각, 감태, 곰피, 미역, 다시마 등〕

8) 김진아, 이종미, **식생활문화학회지,** 2004, 19(4), 369 (데침조건에 따른 감태의 생리활성 성분 및 항산화 활성의 변화)

9) 박영범, 김인수, 유승재, 인종관, 이태기, 박덕천, 김선봉, **수산학회지,** 1998, 31(4), 581 (해조류 중의 anti-tumor initiator 및 promoter의 해석 2: PhIP와 MeIQx의 돌연변이 원성을 억제하는 해조 추출물 소재 연구 – 미역, 곰피, 감태, 다시마, 모자반, 괭생이모자반, 미야베모자반, 지충이, 납작파래, 청각, 갈파래, 구멍쇠미역, 톳, 방사무늬김, 참도박, 마디잘록이, 참곱슬이, 꼬시래기)

10) 박영범, **식품영양과학회지,** 2005, 34(8), 1293 (해조류에 의한 아질산염 소거 활성 분석 – 곰피, 감태, 미역, 구멍쇠 미역, 다시마, 모자반, 김,

꼬시래기, 청각, 갈파래)

11) 부희경, 함영민, 김정미, 이선주, 현진원, 이남호, **생약학회지,** 2006, 37(2), 26 〔감태 (*Ecklonia cava*)에서 분리한 Phlorotannin성분의 Elastase 저해 활성 및 Hyaluronidase저해 활성〕

12) 오윤식, 이인규, 부성민, **Algae,** 1990, 5(1), 57 (한국산 유용 해조 특히 식용, 약용 및 공업용 해조에 대한 주해)

13) 위미경, 함은경, 김성철, 황미숙, 백재민, 박찬선, **수산학회지,** 2008, 41(5), 381 〔대형 갈조류 감태 (*Ecklonia cava* Kjellman) 유리 배우체의 재생 및 성숙 유도〕

14) 윤승제, 조연숙, 남주현, 이형호, Kim Eliya, 홍용기, **수산학회지,** 2008, 41(1), 68 (각종 해조류 추출물들의 인간 피부세포주 HaCaT에 대한 활력 영향 – 비틀대모자반, 돌가사리, 참그물바탕말, 참도박, 구멍파래, 잎파래, 청각, 납작파래, 딕티오타, 감태, 곰피, 톳, 패, 다시마, 모자반류, 고리매, 미역, 진두발, 꼬시래기, 부챗살)

15) 이용필, 강서영, **Algae,** 2002, 17(1), 69 (한국산 해조류의 목록)

16) 이현진, 김진희, 이주현, 김종식, 곽상태, 이경복, 송경식, 최병욱, 이봉호, **생약학회지,** 1999, 30(3), 231 (해조류 메탄올 추출물의 Prolyl Endopeptidase, Tyrosinase 저해 및 항 응고활성 스크리닝 – 톳, 지충이, 감태, 우뭇가사리)

17) 차명화, 김유경, **식생활문화학회지,** 2008, 23(4), 462 (해조류 건강기능성 식품에 대한 소비 가치 분석)

18) 차선희, 안긴내, 허수진, 김길남, 이기와, 송춘복, 김소미, 전유진, **식품영양과학회지,** 2006, 35(3), 307 (제주 자생 해양 녹조류와 갈조류 추출물로 부터의 항 고혈압 활성 – 감태, 모자반, 미역, 톳, 다시마)

19) 최진호, 임채환, 김재연, 양종순, 최재수, 변대석, **수산학회지,** 1986, 19(4), 303 (비만 치료식 개발을 위한 기초연구 – 1. 식이섬유로서의 알긴산의 비만 억제 효과)

20) 최진호, 최재수, 변대석, 양달선, **수산학회지,** 1986, 19(5), 485 (비만 치료식 개발을 위한 기초연구 – 2. 조류와 생약 성분의 비만 억제 작

용 비교)

21) 최창근, **수산학회지**, 2008, 41(5), 371 (한려 해상 국립공원의 해조상 – 파래류, 청각, 패, 고리매, 곰피, 감태, 부챗말, 참그물바탕말, 톳, 모자반류, 지충이, 김, 시나이아 등)

22) 하재호, 허우덕, 신동화, **수산학회지**, 1987, 20(3), 202 (알긴산의 적정 에스테르화의 조건)

23) 황혜정, 변재형, 남택정, **수산학회지**, 2000, 33(6), 541 (알긴산이 3T3-L1 세포의 분화에 미치는 영향)

24) Ahn, G., Paris, E, Kim, D. S., Jeon, Y. J., Shim, T., Park, J. W., Woo. H. C., Lee, K. W., Jee, Y., **Food Sci. Biotechnol.**, 2008, 17(4), 745 〔Anti-inflammattory Effects of Enzymatic Extract from *Ecklonia cava* on TPA-induced Ear skin Edema〕

25) Ahn, M. J., Yoon, K. D., Min, S. Y., Lee, J. S., Kim, J. H., Kim, T. G., Kim, S. H., Kim, N. K., Huh, H., Kim, J. W., **Biol. Pharm. Bull.**, 2004, 27, 544 (Inhibitation of HIV-1 reverse Transcriptase and Protease by phlorotannins from the brown alga *Ecklonia cava*)

26) Alhukorala, Y., Jeon, Y. J., **J. Food Sci. Nutr.**, 2005, 10, 134 (Screening for Angiotensin 1-Converting enzyme Inhibitory Activity of *Ecklonia cava*)

27) Alhukorala, Y., Lee, K. W., Kim, S. K., Jeon, Y. J., **Food Chem. Toxicol.**, 2006, 44, 1065 (Anticoagulant activity of marine green and brwon algae collected from Jeju Island in Korea)

28) Amano, H., **Marine Biochemistry,** Yamaguchi, K. ed., Tokyo University Press, Japan, 1999, pp.170~171 (Biochemistry and biotechnology of seaweed)

29) Athukorala, Y., Jung, W. K., Vàsanthan, T., Jeon, Y, J., **Carbohydr. Polym.**, 2006, 66, 184 (An anticoagulative polysaccharide from and enzymatic hydrolysate of *Ecklonia cava*)

30) Baker, J. T., **Proc. Intl. Seaweed Symp.**, 1984, 11, 29 (Seaweeds in

pharmaceutical studies and application)

31) Bolton, J. M., Levitt, G. J., **Mar. Biol.**, 1985, 87, 131 [Light and temperature requirements for growth and reproduction in gametophytes of *Ecklonia maxima* (Alariacea, Laminariales)]

32) Chapman, V. J., Chapman, D. J., **Seaweeds and Their Uses**, Chapman and Hall, London, 1980, 334

33) Granert, C., Raud, J., Waage, A., Lindguist, H., **Infect. Immuno.**, 1999, 67, 2071, (Effects of polysaccharide fucoidin on cerebrospinal fluid interleukin-1 and tumor necrosis factor a in pneumococcal meningitis in the rabbit.)

34) Heo, S, J., Park, E. J., Lee, K. W., Jeon, Y. J., **Food Sci. Biotechnol.**, 2005, 14, 614 (Antioxidative effect of proteolytic hydrolysates from *Ecklonia cava* on radical scavenging using ESR and H_2O_2-induced DNA damage)

35) Heo, S. J., Jeon, Y. J., Lee, J. H., Kim, H. T., Lee, K. W., **Algae**, 2003, 18, 341 (Antioxidant effect of ezymatic hydrolysate from a kelp, *Ecklonia cava*)

36) Hosokawa, M., Okada, T., Mikami, N., Konishi, I., Miyashita, K., **Food Sci. Biotechnol.**, 2009, 18(1), 1 (Bio-function of Marine Carotenoids)

37) Jennings, J. G., Steinberg, P. D., **Oncologia**, 1997, 109, 461, (Phlorotannins versus other factors affecting epiphyte abundance on the kelp *Ecklonia radiata*)

38) Jimenz-Escrig, A., Goni Ganbrodon, I., **Arch. Latinoam. Nutr.**, 1999, 49, 114 (Nutritional evaluation and physiological effects of edible seaweeds)

39) Kang, K. A., Lee, K. H., Chae, S. W., Zhang, R., Jung, M. S., Lee, Y. G., Kim, S. Y., Kim, H. S., **FEBS Lett.**, 2005, 579, 6295 (Eckol isolated from *Ecklonia cava* attenuates oxidative stress induced cell damage in lung fibroblast cells)

40) Kang, K. A., Lee., K. H., Chae, S. W., Koh, Y. S., Yoo, B. S., Kim, J. H., Han, Y. M., Baik, J. S., Lee, N. H., Hyun, J. W., **Free Radical Research**, 2005, 39, 883 (Triphlorethol-A from *Ecklonia cava* protects V79-4 lung fibroblast against hydrogen peroxide induced cell damage)

41) Kang, R. S., Won, K. S., Hong, K. P., Kim, J. M., **Algae**, 2001, 16(2), 209 (Population studies on the Kelp *Ecklonia* and *Eisenia bicyclis* in Dokdo, Korea)

42) Kim, J. -A., Lee, J. -M., Shin, D. -B., **Food Sci. Biotechnol.**, 2004, 13(3), 362 (Changes of Antioxidant Activities of *Ecklonia cava* with Harvesting period)

43) Kim, K. N., Heo, S. J., Song, C. B., Lee, J., Heo, M. S., Yeo, I. K., Kang, K. A., Hyun, J. W., Jeon, Y. J., **Process Biochem.**, 2006, 41, 2393 (Protective effect of *Eklonia cava* enzymatic extracts on hydrogen peroxide-induced cell damage)

44) Kim, K. -N., Lee, K. -W., Song, C. -B., Jeon, Y. -J., **J. Food Sci. Nutr.**, 2006, 11, 17 (Cytotoxic Activities of Green and Brown Seaweeds collected from Jeju Island against Four tumor cell Lines: *E. cava, Dictyota, Sagrassum*)

45) Kim, M. M., Ta, Q. V., Mendis, E., Rajapakse, N., Jung, W. K., Byun, H. G., Jeon, Y. J., Kim, S. K., **Life Sci.**, 2006, 79, 1436 (Phlorotannins in *Ecklonia cava* extract inhibit matrix metalloproteins activity)

46) Kim, O. K., Park, Y. B., Lee, T. G., Kim, I. S., Kang, J. H., Jun, K. S., Park, D. E., Kim, S. B., **J. Kor. Fish. Soc**, 1996, 29(6), 914 〔Degradation of Nitrite as a Nitrosamine Precursor by Brown Algae, *Ecklonia cava*, (감태, 청각, 모자반, 납작파래, 김, 다시마, 미역, 곰피)〕

47) Lee, S. Y., Kim, J. H., Song, E. J., Kim, K. B. W. R., Hong, Y. K., Lim, S. M., Ahn, D. H., **Food Sci. Biotechnol.**, 2009, 18(2), 506

(Investigation of Antimicrobial Activity of Brown Algae Extracts and the thermal and pH effects on their activity; 패 곰피, 모자반, 지충이, 긴불레기말, 감태)

48) Lucas, M. I., Newell, R. C., Velimirov, B., **Mar. Ecol. Prog. Ser.**, 1981, 4, 43 〔Heterotrophic utilization of mucilage released during fragmentation of Kelp (*Ecklonia maxima* and *Laminaria pallida*) II. Differential utilization of disolved organic components from Kelp mucilage〕

49) Mabeau, S., Fleurence, J., **Trends Food Sci. Technol.**, 1993, 4, 103 (Seaweed in the food products : Biochemical and nutritional aspects)

50) Matsukawa, R., Dubinsky, Z., Kishimoto, E., Masak, K., Masuda, Y., Takeuchi, T., Chihara, M., Yamamoto, Y., Niki, E., Karube, I., **J. Appl. Phycol.**, 1997, 9, 29 (A comparison of screening methods for antioxidant activity in seaweeds)

51) Mazure, H. G. F., Field, J. G., **J. Exp. Mar. Biol. Ecol.**, 1980, 43, 173 (Density and ecological importance of bacteria on Kelp fronds in an upwelling region)

52) Myung, C. S., Shin, H. C., Bao, H. R., Yeo, S. J., Lee, B. H., Kang, J. S., **Arch. Pharm. Res.**, 2005, 28(6), 691 (Improvment of Memory by Dieckol and Phlorofucoeckol in Ethanol-Treated Mice ; Possible Involvement of the Inhibition of Acetylcholinesterase-*Eisenia, Ecklonia*)

53) Nishino T., Aizu, Y., Nagumo, T., **Thromb. Res.**, 1991, 64, 765 (Antithrombin activity of a fucan sulfate from brown seaweed *Ecklonia kurome*)

54) Nishino, T., Aizu, Y., Nagumo, T., **Agric. Biol. Chem.**, 1991, 55(6), 791 (The relation between the molecular weight and the anti-coagulant activity of fucan sulfates from brown seaweed, *Ecklonia kurome*)

55) Nishino, T., Aizu, Y., Nagumo, T., **Thrombo. Res.**, 1991, 64, 723

(The influence of sulfate content and molecular weight of a fucan sulfate from the brown seaweed *Ecklonia kurome* on its antithrombin activity)

56) Nishino, T., Kiyohara, H., Yamada, H., Nagumo, T., **Phytochemistry,** 1991, 30, 535 (An Anticoagulant fucoidan from the brown seaweed *Ecklonia kurome*)

57) Nishino, T., Nagumo, T., **Carbohydr. Res.,** 1991, 211, 77 (Structural characterization of new anticoagulant fucan sulfate from the brown seaweed *Ecklonia kurome*)

58) Nishino, T., Nagumo, T., **Carbohydr. Res.,** 1991, 314, 193 (The sulfate-content dependence of the anticoagulant activity of a fucan sulfate from the brown seaweed *Ecklonia kurome*)

59) Nishino, T., Yokoyama, G., Dabashi, K., Fujihara, M., Nagumo, T., **Carbohydr. Res.,** 1989, 186(2), 119 (Isolation, Purification and characterization of fucose-containing sulfated polysaccharides from the brown seaweed *Ecklonia kurome* and their blood anticoagulant activities)

60) Nishizawa, K., Murasugi, S., **The Sea Vegetable Book,** Kensei Press, Tokyo, 1988, 57 (in Japanese)

61) Novaczak, I., **Mar. Biol.,** 1984, 81, 189 (Development an phenology of *Ecklonia radiata* at two depths in Goat Island Bay, New Zealand)

62) Ohta, K., **Proc. Intl. Seaweed Symp.,** 1979, 9, 401 (Chemical studies on biologically active substances in seaweeds)

63) Omata, M., Matsui, N., Inomata, N., Ohno, T., **J. Cardiovasc. Pharm.,** 1997, 30, 717 (Protective effects of polysaccharide fucoidin on myocardial ischemic - reperfusion injury in rats)

64) Shibata, T., Fujimoto, K., Nagatama, K., Yamaguchi, K., Nakamura, T., **Intl. J. Food Sci. Technol.,** 2002, 37, 703 (Inhibitory activity of brown algae phlorotannins against hyaluronidase)

65) Shin, H. -C., Hwang, H. J., Kang, K. J., Lee, B. H., **Arch. Pharm. Res.**, 2006, 29(2), 165 (An Antioxidative and Antiinflammatory Agent for potential Treatment of Osteoarthritis from *Ecklonia cava; Eisenia*)
66) So, M. J., Kim, B. K., Choi, M. J., Park, K. Y., Rhee, S. H., Cho, E. J., **J. Food Sci. Nutr.**, 2007, 12, 191 (Protective Activity of Fucoidan and Alginic Acid against Free Radical-Induced Oxidative Stress under in vitro and Cellular System)
67) Wood, W. F., **Mar. Biol.**, 1987, 96, 143 (Effect of solar ultra-violet radiation on the kelp, *Ecklonia radiata*)
68) Yan, X. J., Nagata, T., Fan, X., **Plant Foods for Hum. Nutr.**, 1998, 52, 253 (Antioxidative activities in some common seaweeds)
69) Yasantha, A., Jeon, Y. J., **J. Food Sci. Nutr.**, 2005, 10, 134 (Screening for angiotensin -1 converting enzyme inhibitory activity of *Ecklonia cava*)

Kjellmaniella crassifolia Miyabe

개다시마 6

갈조류 · Laminariaceae (다시마과)

• 영명 | Sea kelp
• 일명 | Gagome
• 별명 | 토종다시마
• 분포 | 강릉 이북 동해안, 사할린, 북해도
• 용도 | 식용

✻ 식물학적 특성

갈조류의 하나로 다시마과에 속하며 뿌리는 섬유상, 기부에서 윤생, 줄기는 실질(實質), 미끈하다. 하부는 거의 원주상. 차차 위쪽은 편원(扁圓)이고, 길이는 4~6㎝, 지름 10~12㎜, 줄기는 이어서 넓은 긴 대잎 꼴의 잎사귀 모양이나 밑부분은 둥글며, 중대부는 전체폭의 1/3~1/4로 두껍다. 중대부의 양측에는 용의 무늬가 크고, 오래되면 좀 불명확하게 된다. 질이 억세고 점질이다. 식용하나 다시마보다는 맛이 없다.

우리나라에 서식하고 있는 다시마과의 다시마류는 애기다시마(*L. religiosa*), 다시마(*L. japonica*) 및 개다시마(*K. crassifolia*) 3종이 있다.

✻ 생리 활성

Fucoidan의 활성과 이용 : 미역, 다시마, 톳 등 갈조류에 많은 fucoidan은 90여 년 전에 추출 확인되었으며 항혈액 응고, 항혈전, 항암, 면역조절, 항virus, 줄기세포의 활성화 등의 생리 활성이 연구되어, 이와 관련된 각종 질병의 완화 및 치료제로 활용 가능성이 인식되고 있다. 갈조류의 양식은 잘 발달되었고, 전남 완도 지역은 청정 지역으로 수질오염이 낮아 다시마, 미역 포자엽의 수확량이 풍부, fucoidan 추출 원료 수급이 용이하다.

CCl_4- 유도 간손상과 Fucoidan 효과 : CCl_4- 산화 stress 손상 간에 fucoidan extracts(FE)의 항산화성을 GOT, GPT, ALP, LDH, MDA, SOD, CAT, GPx 수준으로 알 수 있는지 실험 하였다. SD계rat(♀)에 Fe 100㎎/㎏을 14일간 투여하고 15일째 CCl_4를 준 후 희생시켰다. rat 혈청 중 GDT, GPT, ALP 및 LDH를 총 간의 균질액에서 MDA, SOD, CAT 및 GPx와 같이 측정한 결과 CCl_4처리에서는 GDT, GPT, ALP, LDH, 및 MDA가 증가하였고, SOD, CAT 및 GPx는 현저히 감소하였으나, FE로 전처리 한 rat은 CCl_4 처리 rat에서 SOD, CAT 및 GPx량이 회복되는 것과 같이 GOT, GPT, ALP, LDH 및 MDA의 증가가 억제되었다. 더구나 FE처리 rat의 간에서는 괴저나 경화 발생이 현저히 감소하였다. 이러한 결과로 FE의 항산화성이 CCl_4-유도 산화적 stress에 효과 있음을 알게 되었다.

AAPH- 손상 LLC-PK1세포와 Fucoidan : AAPH-손상 LLC-PK1 세포의 산화적 stress에 fucoidan의 보호 효과를 실험하였다. LLC-PK1세포를 1㎜ 2,2'-azo-bis(2-aminopropane)-dihydrochloride(AAPH)에 24시간 노출시켜 산화적 stress에 생활력이 현저히 감소하였으나, fucoidan은 용량 의존적으로 이를 보호하였다. 이러한 fucoidan의 작용은 superoxide anion radical과 hydroxyl radical의 작용을 제거하는 것과 같이 fucoidan이 지질 과산화와 항 산화효소의 작용과 같은 양상이다. fucoidan의 AAPH-유도 LLC-PK1 손상에 보호 효과는 특히 superoxide radical을 강하게 제거함을 보였다. fucoidan의 IC_{50}은 48.37±1.54㎍/㎖ superoxide anion radical 제거능과 hydroxyl radical 제거 능력은 IC_{50} 32.03㎍/㎖로 강하였다. 그러므로 fucoidan의 AAPH-손상 LLC-PK1 세포 보호는 지질 과산화를 방해하고, 항산화 효소 작용을 증가시켜 과산화 radical을 제거함에 있다 (LLC-PK1 cell: Procine kidney epitheial celll).

Fucoidan의 항혈액 응고활성 : 국내 연안의 갈조류, 미역포자엽, 다시마, 톳, 모자반을 묽은 염산(pH 2.0)으로 65℃에서 추출 crude fucoidan을 CPC 처리로 침전시킨 후 $CaCl_2$(1.0M, 1.5M, 3.0M)를 증가시켜 분리하였다. APTT 활성으로 비교한 결과, 분획물의 항혈액 응고활성은 황산기 함량의 증가에 따라 증가하였으며, 분획물 시료 중 미역포자엽을 3.0M $CaCl_2$로 분획한 것이 가장 활성이 우수하였다. 이 분획물을 다시 pronase와 laminase로 수식한 결과, 각각 단백질과 glucose가 감소하였으나 수식 전에 비해 APTT 활성이 증가하였다. pronase와 laminase로 수식한 fucoidan의 fucose : galactose : mannose : sulfate : uronic acid의 mole%는 1 : 1.3 : 0.03 : 2.7 : 0.08이었으며, 효소 처리에 따른 미역포자엽의 결합 구조는 변화가 없었다.

산화적 Stress에 대한 Fucoidan과 Alginic acid의 보호 효과 : Peroxyl radical-유도 산화적 stress에 대한 fucoidan과 alginic acid(갈조류 함유 활성 다당류)의 보호 작용을 in vitro에서 실험한 결과, fucoidan은 NO와 O_2(superoxide) 제거능이 강력하였으나, alginic acid는 이러한 작용이 없었다. 그러나 alginic acid는 fucoidan보다 -OH 제거능은 높았다. fucoidan과 alginic acid는 AAPH 유도 산화적 stress에 대하여 세포의 활성을 향상시켰다. fucoidan과 alginic acid 1,000㎎/㎖에서 세포의 활성은 각각 16.4%에서 85.9%와 67.7%로 증가하였다. 또한 fucoidan과 alginic acid는 AAPH에 의해 용량 의존적으로 LLC-PKI 세포에서 지질 과산화를 개선시켰다. 이 결과로 fucoidan과 alginic acid는 free radical로 인한 산화적 stress에 대해 항 산화제로 작용하는 것으로 생각되었다.

알긴산의 비만 억제 효과① : 미역, 다시마 등 갈조류에 20~30% 함유되어 있는 알긴산을 agar, cellulose, CMC, chitin, lignin 등의 식이섬유의 비만 억제 작용을 magarine 유도 비만 쥐로 비교 검토하였다. 사료에 식이섬유 10%를 가하여 비만 억제 효과를 보면, lignin이 가장 크고, 다음 Na-alginate, cellulose, CMC 순이었다. 간장과 부고환 및 난소 주위의 지방 조직의 비만 억제 효과는 lignin이 가장 크고, Na-alginate, cellulose,

CMC 순. 또 Lee index의 비만 억제는 Na-alginate〉lignin〉CMC〉chitin〉cellulose 순. 간의 지질 분석에서 지방 축적 억제 효과는 agar〉CMC〉cellulose〉Na-alginate〉chitin〉lignin 순이었다. 혈청 중 glucose 감소 효과는 CMC가 가장 크고, 다음 Na-alginate, lignin 순. 혈청 중 cholesterol 저하 효과는 Na-alginate가 가장 크고, 다음이 lignin, cellulose 순. 그밖에 chitin을 제외한 대부분이 효과가 있었다. 또 lipase 활성의 상승 작용은 Na-alginate가 가장 효과적이며 다음 chitin이었다. 이상으로 갈조류 중 알긴산 20~30%가 있는 미역, 다시마 등은 비만 예방과 치료에 가장 효과적인 것으로 생각된다.

조류와 생약 성분의 비만 억제 비교[②] : 해조류의 알긴산, 담수 녹조 chlorella, 생약 인삼 saponin, 마늘 alliin과 scordinin 첨가, 비만 억제 효과를 검토한 결과, Na-alginate(71%)가 크고, 다음 scordinin(76%), chlorella(76%), alliin(86%) 순으로 체중 증가가 있었다. 사료 효율과 비교, 체중 증가량은 Na-alginate(68%)가 가장 효과적이고, alliin(79%)도 인정되었다. 간의 지방 축적 억제 효과는 Na-alginate(84%)가 가장 효과적, 부고환 및 난소 주변의 지방 축적 억제 효과도 Na-alginate(54%)가 가장 효과적, 다음 alliin(64%), saponin(66%) 순이었다. 또 Lee index 비만 억제 효과를 비교하면 Na-alginate(91%)에서만 인정되었다. 간 중 지방 축적 억제 효과는 alliin(40%)〉saponin(58%)〉Na-alginate(62%)〉chlorella(64%)〉scordinin (74%) 순. 혈청 glucose 감소 효과는 Na-alginate(67%)가 가장 크고, 다음 saponin(73%), scordinin(74%), alliin(83%) 순. 혈청 cholesterol 저하 작용은 Na-alginate(82%)가 가장 크고, 다음 alliin(84%), chlorella(86%), saponin(87%) 순이었다. 또한 혈청 lipase 활성 증가에 의한 비만 억제 작용은 Na-alginate(109%)와 saponin(104%)의 첨가가 효과적. 따라서 미역, 다시마, 톳 등 갈조류 성분 알긴산이 chlorella, 인삼 saponin, 마늘 alliin 및 scordinin보다 비만 예방과 치료에 효과적이었다.

Alginate의 항돌연변이와 Cholesterol, Glucose, Cd 결합능[①] : Alginate의 평균 분자량 약 10,000(HAG-10), 50,000(HAG-50), 100,000(HAG-100)의 저분

자 alginate를 만들어 Ames test로 항돌연변이 효과를 측정한 결과, AFB_1에 대한 간접 돌연변이 원성과 MNNG 에 대한 직접 돌연변이 원성의 항돌연변이 효과는 HAG-10이 가장 높았고, 다음 HAG-50, HAG-100 및 alginate 순으로 분자량이 적을수록 증가하였다. 저분자 alginate의 cholesterol, glucose 및 Cd 결합능은 alginate가 가장 높았고, 다음 HAG-50과 HAG-100은 유사하였으며, HAG-10은 결합능이 없었다.

Alginate의 Cholesterol, Glucose 및 Cd 배출 효과[2] : Alginate의 기능성을 개선하고자 저분사 alginate를 만들어 rat에 HAG-10, HAG-50, HAG-100 및 alginate를 투여, cholesterol의 체외 배출 효과를 조사한 결과, HAG-50과 HAG-100이 높았고, 다음 alginate이며, HAG-10은 나타나지 않았다. 혈청 중 glucose양은 HAG-50에서 가장 낮았고, 이후에도 계속 혈당이 저하하였으며, 혈청 중 insulin도 HAG-50에서 초기에 증가한 후 계속 저하되었다. Cd의 체외 배출은 HAG-50에서 가장 높았고, 다음 HAG-100, alginate, HAG-10순이나 HAG-10은 거의 효과가 없었다. 이로써 HAG-50은 rat에서 cholesterol과 Cd 체외 배출이 촉진되었으며, 혈중 glucose 저하 효과가 뚜렷하였다.

알긴산과 3T3-L1 세포의 분화[3] : 3T3-L1 세포가 지방 세포로 분화되는 과정에서 혈청 중 분화촉진 인자(insulin, prostaglandin F2α 등) 첨가로 분화가 촉진되고, 분화억제 인자(actinomycin D, tumor necrosis factor α 등)로 억제될 수도 있다. 3T3-L1 세포는 세포 내 지방 축적으로 지방 세포 형태를 나타낸다. 3T3-L1 세포의 특성을 이용, 해조류에 많은 알긴산이 지방 세포로의 분화 과정에 어떤 영향을 주는지 실험한 결과, 3T3-L1 세포분화를 억제하였다. 또 분화촉진 물질 IGF-1(insulin-like growthfactor-1)과 insulin을 이용, 알긴산 분화에 미치는 영향을 검토한 결과, 알긴산은 insulin의 분화촉진 작용을 특이적으로 억제하였다. 본 연구는 알긴산을 이용, 알긴산의 지질 감소 효과를 세포 수준에서 검증하였다.

Marine carotenoid의 생물학적 기능 : 자연계에서 생성되는 색소 중 carotenoid (CA)는 가장 중요하며 인체 건강에 유용한 효과를 갖고 있어 관심이 증가되고 있다. 해산 CA는 그들이 주는 화학적, 생물학적 이익의 영향은 중요하다. 해산 CA 중 astaxanthin과 fucoxanthin은 해양 동물이나 해양 식물 중에서 비교적 강력한 생물학적 활성이 있다. 즉 이들 CA는 quenching siglet oxygen과 scavenging free radical의 강한 항산화 작용이 있기 때문이며, 식이성 항산화 작용이 있는 이들 강력한 작용의 CA는 항암 작용과 항염 작용이 있다. 특히 fucoxanthin이 근래 항비만과 항당뇨 효과가 인정되면서부터 주목받고 있다. 이러한 작용은 mitochondria의 백색 지방(WAT)에서 uncoupling protein(UCP1)을 만들어 WAT에서 지방산을 산화시켜 WAT에서 열을 생산하기 때문이다. fucoxanthin은 insulin 저항을 개선하여 혈당을 낮추며, 동물의 WAT에서 종양괴사 인자 *α*(TNF *α*)를 감소시키기 때문이다.

알긴산의 에스테르화의 적정 조건 : 알긴산에 propyleneoxide(Pox)를 가하여 PGA 제조 시 에스테르화 조건을 구하고 이때 만든 제품의 이화학적 특성을 조사하였다. 알긴산에 Pox(1:4) mol을 가할 때까지 에스테르화가 증가하였으나 그 후에는 큰 변화가 없었고, 에스테르화가 잘 일어나는 알긴산의 함수량은 30% 이상이었으며, 수분 함량이 70% 이상에서는 제품의 탈수가 잘 되지 않아 수분은 30~70%가 적당하였다. 수분 44.15%의 알긴산에 Pox를 4mol을 가해 1시간 반응 시 반응이 최대인 온도는 70℃이었다. 수분 50.5%의 알긴산에 Pox 4mol을 가해 70℃에서 반응, 1시간까지 에스테르화가 급격히 증가, 그 후 차이가 없었다. 2%와 3% propylene glycol alginate(PGA) 용액의 pH 안정성은 pH 3.0까지 점도가 거의 없었으나 그 이하에서는 감소하였으며, 1, 2, 3 및 5% PGA 용액은 의가소성 유체의 특성을 보였고, pH를 변화시켰으나 의가소성은 유지되었다.

칼슘흡수, 혈액 및 분변조성 : 동해산 재래종 다시마(*Kjellemaniella crassifolia*)를 3주령 SD계 흰쥐에 0, 0.5, 1.0, 1.5% 첨가 식이로 8주간 사육, 4주 간격으로 골격 성장, 칼슘흡수, 혈액 조성, 분변 성분을 알아본 결과, 대조군과 식이 섭취량에는 차이가 없었고, 혈액검사 결과, 영양 상태가 양호하였으며, GPT, GOT 활성 조사에서도 독성 부작용도 보이지 않았다. 대조군에 비해 체중은 시료군이 낮았고, 변 중량은 높았다. 대퇴골 분석 결과, 중량과 길이는 사육 기간 중 무게와 길이는 증가, 수분은 감소, 회분과 칼슘은 증가, 성장 중 골밀도 상승으로 강도가 높아짐을 보였다. 다시마가 칼슘 흡수를 도와 특히 0.5% 시료군의 뼈의 수분은 낮고, 회분 및 칼슘 함량이 높아 대퇴골의 강도를 높인 것으로 나타났다 (시료 다시마의 칼슘 함량은 760㎎/100g).

초기 배양과 생장 특성 : 동해안의 개다시마 배양은 가치 있는 해조류 양식이나, 근래 환경의 변화는 해조류 성장, 종의 복구를 위한 기술개발 진전이 이루어지지 않고 있다. 생물학적 정보를 포함한 연중 종의 생장 현상을 관찰한 결과, 개다시마의 엽장은 6월부터 11월까지 최대 110±45㎝ 자라며, 최적 양식 조건은 10℃에서 42일간에 20μmol/m^2/s가 1,732.5±143.3μm 자라고, 9월부터 11월까지 85%, 12월에 89% 성장하였다. 수심은 5m 깊이에서 가장 잘 자라서 엽장이 8월에 75.9±18.9㎝에 이르렀다.

해조 소금의 기능성① : 톳, 김, 다시마로 소금을 제조, 그 특성을 조사한 결과, 톳해조소금은 대조군과 수분에서 별 차이 없었으나, fucoidan(다시마)과 laver(김)소금은 높았고, 염도는 해조소금 3종이 모두 대조군보다 낮았고, pH는 톳소금 11.34, fucoidan소금과 laver소금은 6.88과 6.33이었으며, ORP는 -229mV에서 38mV로 매우 낮았다. 시료소금은 모두 L, a, b 값이 대조군보다 어두운 색을 띄었다. 톳소금은 K량이 많았고, laver소금은 54.8%의 ACE 저해 활성을, fucoidan소금은 54.1~80.7%의 높은 bile acid 결합 특성을 보여 cholesterol 대사 및 혈압 조절 기능성을 갖고 있는 것으로 사료되었다.

미역, 다시마 - 해조소금 제조② : 미역과 다시마를 이용, 회화와 건조 조건을 달리하여 제조한 해조소금의 이화학적 특성과 무기성분을 조사하였다. 회화온도가 높아지면 소금의 수율과 물 불용성분은 감소하였고, pH는 저하하여 알칼리도와 ORP(산화환원전위)는 감소하였다. 다시마 해조소금이 미역소금보다 pH가 높아 알칼리도가 높았고, 소금의 ORP는 700℃

이상의 회화로 저하되었으며 다시마소금은 낮았다. 소금의 무기물 조성은 회화온도의 증가에 따라 K와 Ca이 증가, Mg는 감소하였다. 해조소금은 K와 Ca이 현저히 증가하였으나, Mg는 감소하였고, K는 미역보다 다시마 소금에 많았다. 회화시간의 증가는 해조소금의 수율은 감소, pH는 중성에 가까워지며, ORP는 증가하였다. 다시마소금은 미역소금보다 pH가 높았고, ORP는 낮았으며, 해조소금의 K량은 회화시간 경과와 함께 증가되었으나, Ca은 8시간 이상, Na는 4시간 이상 회화에서 감소하였다. 건조법으로 제조한 해조소금의 수율은 바닷물의 첨가 횟수의 증가에 따라 증가하였고, 해조소금의 pH는 미역이 다시마보다 높았다. 3회 건조로 제조한 해조소금의 ORP는 -128.8mV로 회화소금에 비해 현저히 낮았으나 그 이상 건조에서는 증가하였다. 해조소금의 무기물 조성은 건조 횟수 증가에 따라 Mg는 현저히 증가, Ca는 감소, 다시마소금에서 K가 많았고, 건조법으로 해조소금 제조 후, 남은 잔사를 회화시킨 경우에 바닷물 첨가 횟수가 증가됨에 따라 pH는 증가, ORP는 감소하였다.

건강기능성 식품과 해조류 소비 : 경북대 학생 281명을 대상으로 해조류 건강기능 식품의 구매 의도와 소비 가치를 조사한 결과, 구매 장소는 24시간 편의점이고, 낱개 포장으로, 구매 목적은 영양 보충과 체중 조절이며, 구매 의도가 높은군과 낮은군의 차이가 현저하였고, 식품, 영양 및 건강 관련 과목 수강 경험자 중 기능가치와 인식가치가 높았다.

참고문헌

1) 구재근, 최용석, 곽중기, **수산학회지,** 2001, 34(5), 515 (국내산 미역포자엽, 다시마, 톳, 모자반 Fucoidan의 항혈액 응고 특성)

2) 권대중, 임승택, 정용준, 박상후, 권동권, **식품과학과 산업,** 2006, 39(3), 73 (갈조류에서 추출한 푸코이단의 이해와 활용)

3) 김동한, 이상복, 임종환, **식품과학회지,** 2004, 36(6), 937 (해조소금의 제조에 관한 연구 – 미역과 다시마를 이용)

4) 김영대, 송홍인, 김진희, 홍정표, 전창영, 한형균, 김수경, 김동삼, 김영래, 진형주, **수산학회지,** 2007, 40(5), 315 〔동해안 개다시마 *Kjellmaniella crassifolia* Miyabe (Phaeophyta)의 초기 배양과 생장특성 연구〕
5) 김영동, 김영명, 강통삼, **한국식품연구소 연구보고,** 1981, 163 (해조류의 다각적 이용에 관한 연구)
6) 김영면, 변지영, 남궁배, 조진호, 도정룡, 인재평, **식품과학회지,** 2007, 39(2), 152 (해조성분 강화 기능성 소금에 대한 연구 – 톳, 다시마, 김)
7) 김육용, 이근우, 김건배, 조영제, **수산학회지,** 2000, 33(5), 388 (다시마 Alginate 의 가열 가수분해에 따른 물리, 화학적 및 생물학적 특성에 관한 연구 3. 랫드의 Cholesterol, Glucose 및 Cd 체의 배출 효과)
8) 김진희, 김영대, 송홍인, 공용근, 이상범, 진형주, **수산학회지,** 2007, 40(6), 387 〔개다시마 *Kjellmaniella crassifolia* Miyabe (phaeophyta)의 암·수 배우체 분리 및 보존〕
9) 오윤식, 이인규, 부성민, **Algae,** 1990, 5(1), 57 (한국산 유용 해조 특히 식용, 약용 및 공업용 해조에 대한 주해)
10) 이용필, 강서영, **Algae,** 2002, 17(1), 69 (한국산 해조류의 목록)
11) 차명화, 김유경, **식생활문화학회지,** 2008, 23(4), 462 (해조류 건강기능성 식품에 대한 소비 가치 분석)
12) 최진호, 임채환, 김재연, 양종순, 최재수, 변대석, **수산학회지,** 1986, 19(4), 303 (비만 치료식 개발을 위한 기초연구 – 1. 식이섬유로서의 알긴산의 비만 억제 효과)
13) 최진호, 최재수, 변대석, 양달선, **수산학회지,** 1986, 19(5), 485 (비만 치료식 개발을 위한 기초연구 – 2. 조류와 생약 성분의 비만 억제 작용 비교)
14) 하재호, 허우덕, 신동화, **수산학회지**, 1987, 20(3), 202 (알긴산의 적정 에스테르화의 조건)
15) 황혜정, 변재형, 남택정, **수산학회지**, 2000, 33(6), 541 (알긴산이 3T3-L1 세포의 분화에 미치는 영향)
16) Amano, H., **Marine Biochemistry,** Yamaguchi, K. ed., Tokyo University

Press, Japan, 1999, pp.170~171 (Biochemistry and biotechnology of seaweed)

17) Baker, J. T., **Proc. Intl. Seaweed Symp.**, 1984, 11, 29 (Seaweeds in pharmaceutical studies and application)

18) Chapman, V. J., Chapman, D. J., **Seaweeds and Their Uses**, Chapman and Hall, London, 1980, 334

19) Hosokawa, M., Okada, T., Mikami, N., Konishi, I., Miyashita, K., **Food Sci. Biotechnol.**, 2009, 18(1), 1 (Bio-function of Marine Carotenoids)

20) Jimenz-Escrig, A., Goni Ganbrodon, I., **Arch. Latinoam. Nutr.**, 1999, 49, 114 (Nutritional evaluation and physiological effects of edible seaweeds)

21) Kaneda, T. P., Kamasastri, V., Tokuda, S., **Bull. Jpn. Fish. Sci. Soc.**, 1965, 31, 1026 〔Studies on the effects of marine products on cholesterol metabolism in rat. V. The effect of edible seaweed (supplement)〕

22) Kang, K. S., Kim, I. D., Kwon, R. H., Lee, J. Y., Kang, J. S., Ha, B. J., **Arch. Pharm. Res.**, 2008, 31(5), 622 (The effect of Fucoidan Extracts on CCl_4-Induced Liver Injury)

23) Kim, H. G., Lee, J. I., Lee, S. B., Park, J. G., **Bull. Inst. Environ. Technol.**, Samchuk Nat. Univ., 1999, 1, 153 (Distribution and standing crops of *Laminaria* and *Kjellmaniella* in the coast of Kangnung province)

24) Kim, H. G., Park, J. G., Kim, D. S., **J. Aquacult.**, 2005, 18, 299 (Comparative laboratory culture studies of the native kelp *Kjellmaniella crassifolia* and the introduced kelp *Laminaria japonica* in east cost of Korea)

25) Kim, H. G., **Proc. 6th Korea-Japan Fish. Seminar**, 2003, 25 (Environmental adaptation of native kelp *Kjellmaniella crassifolia* and marine environment in Gangwon coast)

26) Kitazume, H., Oishi, K., **Bull. Fac. Fish., Hokkaido Univ.**, 1987, 38,

156 (Arsenic distribution in two species Kombu, *Laminaria japonica* and *Kjellmaniella crassifolia* from Hakodate)

27) Lee, J. G., Lim, Y. S., Joo, D. S., Jeong, I. H., **Kor. J. Fish. Soc.**, 2002, 35, 601 〔Effects of diet with sea tangle (*Kjellmaniella crassifolia*) on calcium absorption, serum composition and feces in rats〕

28) Nishide, E., Tsukayama, K., **Nippon Suisan Gakkaishi,** 1982, 48(12), 1771 (in Japanese) (Elimination of water-soluble alginate from the fucose-containing polysaccharides of brown alga *Kjellmaniella crassifolia*)

29) Nishizawa, K., **Food Develop.**, 1989a, 24, 54 〔Physiological substances of seaweeds(I)〕

30) Nishizawa, K., **Food Develop.**, 1989b, 24, 59 〔Physiological substances of seaweeds(II)〕

31) Nishizawa, K., Murasugi, S., **The Sea Vegetable Book,** Kensei Press, Tokyo, 1988, 57 (in Japanese)

32) Notoya, M., Kim, H. G., **Algae,** 1996, 11, 179 〔Influence of light intenity and temperature on callus cell propagation and differentiation to bladelets from the explants of young sporophyte of *Kjellmaniella crassifolia* Miyabe (Phaeophyta, Laminariales)〕

33) Ohta, K., **Proc. Intl. Seaweed Symp.**, 1979, 9, 401 (Chemical studies on biologically active substances in seaweeds)

34) Ozski, A., Mizuta, H., Yamamoto, H., **Fish. Sci.**, 2001, 67, 415 〔Physiological differences between the nutrient uptakes of *Kjellmaniella crassifolia and Laminaria japonica* (Phaeophyceae)〕

35) Park, M. J., Han, J. S., **J. Food Sci. Nutr.**, 2008, 13(4), 259, (Fucoidan protects LLC-PK1 cells against AAPH-induced Damage)

36) Seki, H., Suzuki, A., **J. Colloid Interface Sci.**, 1998, 206, 297 (Biosorption of heavy metal ion to brown algae, *Macrocysis pyrifera, Kjellmaniella crassifolia,* and *Undaria pinnatifida*)

37) Seki, H., Suzuki, A., **J. Colloid Interface Sci.**, 2002, 246, 259 (Kinetic study of metal biosorption to a brown alga, *Kjellmaniella crassifolia*)

38) Shiomi, K., **Suisangaku Shiriizu,** 1983, 45, 120 (Agglutinins of marine algae)

39) So, M. J., Kim, B. K., Choi, M. J., Park, K. Y., Rhee, S. H., Cho, E. J., **J. Food Sci. Nutr.**, 2007, 12, 191 (Protective Activity of Fucoidan and Alginic Acid against Free Radical-Induced Oxidative Stress under in vitro and Cellular System)

40) Yamamoto, H., **Proc. Hokkaido Univ.**, 1986, 37, 165 (Monthly changes in the occurrence and growth of *Kjellmaniella crassifolia* Miyabe)

Scytosiphon lomentaria
(Lyngbye) J. Agardh

고리매 7

갈조류 · Scytosiphonaceae (고리매과)

- 영명 | Whip tube
- 일명 | Kayamonori
- 중국명 | 古理摩
- 분포 | 한국 전 연안, 세계에 분포
- 용도 | 식용

✻ 식물학적 특성

갈조류로 고리매과에 속하며 몸은 뭉쳐서 나고 원주상, 어릴 때는 가는 실 모양, 성장하면 군데군데 관절처럼 잘록해진다. 길이 15~30㎝, 긴 것은 60㎝, 직경은 1~5㎜, 어린 유체는 몸의 전체에 털이 있으나, 자라면 없어진다. 조간대 상부에 군락을 이루며, 특히 겨울에 번성한다.

동속 해조류에는 꼬인고리매(*S. dotyi*)가 있고 모두 식용한다.

✻ 생리 활성

Fucoidan의 생리기능과 활용 : 미역, 다시마, 톳 등 갈조류에 많은 fucoidan은 90여 년 전에 추출 확인되었으며 항혈액 응고, 항혈전, 항암, 면역조절, 항virus, 줄기세포의 활성화 등의 생리 활성이 연구되어, 이와 관련된 각종 질병의 완화 및 치료제로 활용 가능성이 인식되고 있다. 갈조류의 양식은 잘 발달되었고, 전남 완도지역은 청정지역으로 수질오염이 낮아 다시마, 미역 포자엽의 수확량이 풍부, fucoidan 추출 원료 수급이 용이하다.

Fucoidan의 항혈액 응고활성 : 국내 연안의 갈조류, 미역포자엽, 다시마, 톳, 모자반을 묽은 염산(pH 2.0)으로 65℃에서 추출 crude fucoidan을 CPC 처리로 침전시킨 후, $CaCl_2$(1.0M, 1.5M, 3.0M)를 증가시켜 분리하였다. APTT 활성으로 비교한 결과, 분획물의 항혈액 응고활성은 황산기 함량의 증가에 따라 증가하였으며, 분획물 시료 중 미역포자엽을 3.0M $CaCl_2$로 분획한 것이 가장 활성이 우수하였다. 이의 분획을 다시 pronase와 laminase로 수식한 결과, 각각 단백질과 glucose가 감소하였으나 수식 전에 비해 APTT 활성이 증가하였다. pronase와 laminase로 수식한 fucoidan의 fucose : galactose : mannose : sulfate : uronic acid의 mole%는 1 : 1.3 : 0.03 : 2.7 : 0.08 이었으며, 효소처리에 따른 미역포자엽의 결합 구조는 변화가 없었다.

CCl_4- 유도 간손상과 Fucoidan 효과① : CCl_4-산화 stress 손상 간에 fucoidan extracts(FE)의 항산화성을 GOT, GPT, ALP, LDH, MDA, SOD, CAT, GPx 수준으로 알 수 있는지 실험하였다. SD계rat(♀)에 FE 100㎎/㎏을 14일간 투여하고 15일째 CCl_4를 준 후 희생시켰다. rat 혈청 중 GDT, GPT, ALP 및 LDH를 총 간의 균질액에서 MDA, SOD, CAT 및 GPx와 같이 측정한 결과, CCl_4처리에서는 GDT, GPT, ALP, LDH, 및 MDA가 증가하였고, SOD, CAT 및 GPx는 현저히 감소하였으나, FE로 전처리한 rat은 CCl_4 처리 rat에서 SOD, CAT 및 GPx양이 회복되는 것과 같이 GOT, GPT, ALP, LDH 및 MDA의 증가가 억제되었다. 더구나 FE처리 rat의 간에서는 괴저나 경화 발생이 현저히 감소하였다. 이러한 결과로 FE의 항산화성이 CCl_4-유도 산화적 stress에 효과 있음을 알게 되었다.

AAPH-손상 LLC-PK1세포와 Fucoidan② : AAPH손상 LLC-PK1세포의 산화적 stress에 fucoidan의 보호 효과를 실험하였다. LLC-PK1세포를 1㎜ 2,2'-azo-bis(2-aminopropane) dihydrochloride(AAPH)에 24시간 노출시켜 산화적 stress에 생활력이 현저히 감소하였으나, fucoidan은 용량 의존적으로 이를 보호하였다. 이러한 fucoidan의 작용은 superoxide anion radical

과 hydroxyl radical의 작용을 제거하는 것과 같이 fucoidan이 지질 과산화와 항 산화효소의 작용과 같은 양상이다. fucoidan의 AAPH-유도 LLC-PK1 손상에 보호 효과는 특히 superoxide radical을 강하게 제거함을 보였다. fucoidan의 IC_{50}은 48.37±1.54㎍/㎖ superoxide anion radical 제거능과 hydoxyl radical 제거 능력은 IC_{50} 32.03㎍/㎖로 강하였다. 그러므로 fucoidan의 AAPH-손상 LLC-PK1 세포 보호는 지질 과산화를 방해하고, 항산화 효소 작용을 증가시켜 과산화 radical을 제거함에 있다 (LLC-PK1 cell: Procine kidney epitheial celll).

산화적 Stress에 대한 Fucoidan과 Alginic acid의 보호 효과③ : Peroxyl radical - 유도 산화적 stress에 대한 fucoidan과 alginic acid(갈조류 함유 활성 다당류)의 보호 작용을 in vitro에서 실험한 결과, fucoidan은 NO와 O_2 (superoxide) 제거능이 강력하였으나, alginic acid는 이러한 작용이 없었다. 그러나 alginic acid는 fucoidan보다 -OH 제거능은 높았다. fucoidan과 alginic acid는 AAPH 유도 산화적 stress에 대하여 세포의 활성을 향상시켰다. fucoidan과 alginic acid 1,000㎎/㎖에서 세포의 활성은 각각 16.4%에서 85.9%와 67.7%로 증가하였다. 또한 fucoidan과 alginic acid는 AAPH에 의해 용량 의존적으로 LLC-PKI 세포에서 지질 과산화를 개선시켰다. 이 결과로 fucoidan과 alginic acid는 free radical로 인한 산화적 stress에 대해 항산화제로 작용하는 것으로 생각되었다.

Phenol성 물질과 항산화 효과 : 다시마, 모자반, 곰피, 구멍쇠미역, 고리매, 김, 지누아리 등 상용 해조류를 75% MeOH로 상온에서 추출한 후에 다시 MeOH 가용분획(SF)과 불용분획(ISF)으로 분획하여 각 분획의 항산화성을 DPPH, hydroxy radical 소거능을 측정한 결과, SF는 구멍쇠미역, 고리매, 괭생이모자반이 26.60~23.40%로 높았으며, 재래종 다시마와 김이 9.26%와 8.66%로 낮았다. ISF이며 수용성 분획은 재래종 다시마와 김이 29.70%와 21.01%로 높았고, 그 외 지누아리 8.76%, 곰피 6.46%, 고리매 4.87%, 구멍쇠미역 2.05%, 괭생이모자반 1.95%로 낮았다. DPPH와 hydroxy radical 소거능 평가에서 SF 분획이 높은 구멍쇠미역과 괭생이모자반은 항산화 효과가 높았으며, 총 phenol 함량이 높은것과 일치하였다. 곰피는 전자 공여능이 우수하였으나 hydroxy radical 소거능은 없었다. ISF분획에서 7종의 해조 모두 총 phenol이 거의 없는 것으로 전자공여능과 hydroxy radical 소거능은 보이지 않았다. 이 결과로 해조의 항산화능은 MeOH 용해 성분이 강한 항산화 효과가 있는 것으로, 이 효과는 phenol성 물질과 관련이 깊은 것으로 나타났다.

알긴산과 3T3-L1 세포의 분화 : 3T3-L1 세포가 지방 세포로 분화되는 과정 중 혈청 중 분화촉진 인자(insulin, prostaglandin F2α 등) 첨가로 분화가 촉진되고, 분화억제 인자(actinomycin D, tumor necrosis factor α 등)로 억제될 수도 있다. 3T3-L1 세포는 세포 내 지방 축적으로 지방 세포 형태를 나타낸다. 3T3-L1 세포의 특성을 이용, 해조류에 많은 알긴산이 지방 세포로의 분화 과정에 어떤 영향을 주는지 실험한 결과, 3T3-L1 세포분화를 억제하였다. 또 분화촉진 물질 IGF-1(insulin-like growth factor-1)과 insulin을 이용, 알긴산 분화에 미치는 영향을 검토한 결과, 알긴산은 insulin의 분화촉진 작용을 특이적으로 억제하였다. 본 연구는 알긴산을 이용, 알긴산의 지질 감소 효과를 세포 수준에서 검증하였다.

Alginate의 항돌연변이와 Cholesterol, Glucose, Cd 결합능① : Alginate 의 평균 분자량 약 10,000(HAG-10), 50,000(HAG-50), 100,000(HAG-100)의 저분자 alginate를 만들어 Ames test로 항돌연변이 효과를 측정한 결과, AFB_1에 대한 간접 돌연변이 원성과 MNNG에 대한 직접 돌연변이 원성의 항돌연변이 효과는 HAG-10이 가장 높았고, 다음 HAG-50, HAG-100 및 alginate 순으로 분자량이 적을수록 증가하였다. 저분자 alginate의 cholesterol, glucose 및 Cd 결합능은 alginate가 가장 높았고, 다음 HAG-50과 HAG-100은 유사하였으며, HAG-10은 결합능이 없었다.

Alginate의 Cholesterol, Glucose 및 Cd 배출 효과② : Alginate의 기능성을 개선하고자 저분자 alginate를 만들어 rat에 HAG-10, HAG-50, HAG-100 및 alginate를 투여, cholesterol의 체외 배출 효과를 조사한 결과, HAG-50과 HAG-100이 높았고, 다음 alginate이며, HAG-10은 나타나지 않았

다. 혈청 중 glucose양은 HAG-50에서 가장 낮았고, 이후에도 계속 혈당이 저하하였으며, 혈청 중 insulin도 HAG-50에서 초기에 증가한 후 계속 저하되었다. Cd의 체외 배출은 HAG-50에서 가장 높았고, 다음 HAG-100, alginate, HAG-10순이나 HAG-10은 거의 효과가 없었다. 이로써 HAG-50은 rat에서 cholesterol과 Cd 체외 배출이 촉진되었으며, 혈중 glucose 저하 효과가 뚜렷하였다.

ACE 활성 저해 : 갈조류 중 *Ecklonia cava*(감태), *Sargassum fulvellum*(모자반), *S. thunbergii*(지충이), *S. horneri*(괭생이모자반), *S. coreanum*, *Scytosiphon lomentaria*(고리매), *Ishige okamurae*(패)를 protamex, kojizyme, nuetrase, flavourzyme(F), alcalase 등 5종의 효소로 가수분해시켜 ACE 활성을 검색한 결과, 대부분 양호한 활성을 보였으며, 특히 감태가 가장 강하였다. flavourzyme으로 감태를 가수분해한 것이 0.3㎍/㎖에서 ACE IC_{50}을 보였고, captopril은 ~0.05㎍/㎖에서 IC_{50}을 보였다. F 가수 분해물을 5, 10, 30KDa MWCO로 초원심 분리하여 분자량에 따라 3분획을 얻었고, 〉30KD분획에 가장 많은 단백질(27%)과 phenol성 물질(261㎍/100㎖)이 다른 소분자량 분획보다 많았다. 이 분획이 활성 물질이 포함된 protein(glycoprotein)과 polyphenol 분획이며, 감태의 항고혈압 물질이 포함된 분획이었다.

해조류 항염증기전 : 해조류 *Desmarestia viride*(Dv), *Dictyopretis divaricata* (Dd), 모자반, 고리매, 패 추출물로 자극된 Raw 264.7cell에서 (NF)kβ인 pro-inflammatory mediator에 대하여 실험한 결과, 이 추출물들은 전사단계에서 iNOS와 interleukin(IL)-1β expressin을 감소시켰다. Dd, 고리매, 패의 3종 추출물은 translation level에서 COX-2 expression을 저해하였고, Dd와 고리매 추출물은 Ikβ-α 변화를 저해하였다. Dd와 고리매의 항염증 효과는 NF-kβ 활성화를 차단하여 murine macrophage의 활성이 방해될 수 있음을 알 수 있었다.

Marine carotenoid의 생물학적 기능 : 자연계에서 생성되는 색소 중 carotenoid (CA)는 가장 중요하며 인체 건강에 유용한 효과를 갖고 있어 관심이 증가되고 있다. 해산 CA는 그들이 주는 화학적, 생물학적 이익의 영향은 중요하다. 해산 CA 중 astaxanthin과 fucoxanthin은 해양 동물이나 해양 식물 중에서 비교적 강력한 생물학적 활성이 있다. 즉 이들 CA는 quenching siglet oxygen과 scavenging free radical의 강한 항산화 작용이 있기 때문이며, 식이성 항산화 작용이 있는 이들 강력한 작용의 CA는 항암 작용과 항염 작용이 있다. 특히 fucoxanthin이 근래 항비만과 항당뇨 효과가 인정되면서부터 주목받게 되었다. 이러한 작용은 mitochondria의 백색지방(WAT)에서 uncoupling protein(UCP1)을 만들어 WAT에서 지방산을 산화시켜 WAT에서 열을 생산하기 때문이다. fucoxanthin은 insulin 저항을 개선하여 혈당을 낮추며, 동물의 WAT에서 종양괴사 인자 α(TNFα)를 감소시키기 때문이다.

조류와 생약 성분의 비만 억제 비교① : 해조류의 알긴산, 담수 녹조 chlorella, 생약 인삼 saponin, 마늘 alliin과 scordinin 첨가, 비만 억제 효과를 검토한 결과, Na-alginate(71%)가 크고, 다음 scordinin(76%), chlorella(76%), alliin(86%) 순으로 체중 증가가 있었다. 사료 효율과 비교, 체중 증가량은 Na-alginate(68%)가 가장 효과적이고, alliin(79%)도 인정되었다. 간의 지방 축적 억제 효과는 Na-alginate(84%)가 가장 효과적, 부고환 및 난소 주변의 지방 축적 억제 효과도 Na-alginate(54%)가 가장 효과적, 다음 alliin(64%), saponin(66%) 순이었다. 또 Lee index 비만 억제 효과를 비교하면 Na-alginate(91%)에서만 인정되었다. 간 중 지방 축적 억제 효과는 alliin(40%)〉saponin(58%)〉Na-alginate(62%)〉chlorella(64%)〉scordinin (74%) 순. 혈청 glucose 감소 효과는 Na-alginate(67%)가 가장 크고, 다음 saponin(73%), scordinin(74%), alliin(83%) 순. 혈청 cholesterol 저하 작용은 Na-alginate(82%)가 가장 크고, 다음 alliin(84%), chlorella(86%), saponin(87%) 순이었다. 또한 혈청 lipase 활성 증가에 의한 비만 억제 작용은 Na-alginate(109%)와 saponin(104%)의 첨가가 효과적. 따라서 미역, 다시마, 톳 등 갈조류 성분 알긴산이 chlorella, 인삼 saponin, 마늘 alliin 및 scordinin보다 비만 예방과 치료에 효과적이었다.

알긴산의 비만 억제 효과[②] : 미역, 다시마 등 갈조류에 20~30% 함유되어 있는 알긴산을 agar, cellulose, CMC, chitin, lignin 등의 식이섬유의 비만 억제 작용을 magarine 유도 비만 쥐로 비교 검토하였다. 사료에 식이섬유 10%를 가하여 비만 억제 효과를 보면, lignin이 가장 크고, 다음 Na-alginate, cellulose, CMC 순이었다. 간장과 부고환 및 난소 주위의 지방 조직의 비만 억제 효과는 lignin이 가장 크고, Na-alginate, cellulose, CMC 순. 또 Lee index의 비만 억제는 Na-alginate〉lignin〉CMC〉 chitin〉cellulose 순. 간의 지질 분석에서 지방 축적 억제 효과는 agar〉CMC〉cellulose〉Na-alginate〉chitin〉lignin 순이었다. 혈청 glucose 감소 효과는 CMC가 가장 크고, 다음 Na-alginate, lignin 순. 혈청 cholesterol 저하 효과는 Na-alginate가 가장 크고, 다음이 lignin, cellulose 순. 그밖에 chitin을 제외한 대부분이 효과가 있었다. 또 lipase 활성의 상승 작용은 Na-alginate가 가장 효과적이며 다음 chitin이었다. 이상으로 갈조류 중 알긴산 20~30%가 있는 미역, 다시마 등은 비만 예방과 치료에 가장 효과적인 것으로 생각되었다.

피부세포주 HaCaT에 대한 해조류의 영향 : 한국 연안 해조류를 채집, 이들 중 녹조류 4종, 갈조류 18종, 홍조류 14종을 수세, 음건하여 80% MeOH로 4회 추출, 37℃에 건조한 시료를 인체 피부세포 HaCaT와 24시간 배양을 조사한 결과, 36종의 해조 시료 중 비틀대모자반과 돌가사리가 대조구보다 1.6배 활력이 증가되었고, 참그물바탕말(*Dictyota dichotoma*), 참도박(*Pachymeniopsis elliptica*) 및 잎파래(*Enteromorpha linza*)의 추출물은 대조구보다 각각 0.2, 0.4, 0.4배 정도 활력을 억제시켰다.

미량 금속 함량 : 우리나라 연안에서 수집한 해조류 총 620건 시료, 즉 녹조류(파래 등 113건), 갈조류(고리매 등 275건), 홍조류(애기마디잘록이 등 232건)의 미량 금속 함량을 비교 분석한 결과, Hg은 갈조류에, Cd는 홍조류에, Cu, Cd는 녹조류에 많았고, Mn과 Ni은 녹조류와 홍조류에서, Pb는 녹조류에서, Zn은 홍조류에 많았다. 지역별로는 Hg, Cd, Ni, Mn은 충남 태안 지역에서, Cr은 영덕, Cu는 통영, Pb와 Zn은 울산 지역에서

많았다. 갈조류에는 Hg와 Cd, 녹조류는 Cr, Cu, Mn, Ni, Pb가, 홍조류에는 Zn이 많았다. 비식용 해조류 중 지충이는 Cd와 Mn의 biomonitor, 애기마디잘록이와 지누아리는 Ni와 Zn의 biomonitor, 식용 갈조류인 고리매는 Cr과 Pb의 biomonitor로 사용할수 있을 것으로 판단되었다.

미이용 해조류의 성분과 단백질 추출 : 갈조류 14종(18시료), 녹조류 3종(3시료), 홍조류 15종(19시료)을 분석한 결과, 홍조류에 조단백이 많았고, 조지방은 적었으며, 갈조류와 녹조류는 조단백은 낮고, 조지방이 높았다. 단백질 자원으로는 지충이, 부채꼴아크로소리움, 꿩꼬리, 오카므라서실, 검은서실, 지누아리, 진두발, 불등가사리, 돌가사리, 딕티오타, 고리매 등이나, 큰딕티오타, 코르다리아, 비틀대모자반, 알쏭이모자반, 외톨개모자반, 도박, 털도박, 미끌도박, 납작파래, 구멍갈파래, 거머리말은 단백질이 극히 적었다. 추출액 중 단백질 침전법은 MeOH 처리법이 가장 양호하였으며, 알쏭이모자반이 가장 좋았고, 다음이 지누아리, 거머리말 순이었다.

오동도 해조 군락 : 1982년 6월~1983년 5월까지 오동도 해조 군락 특성을 5개의 line transect를 설치, 연간 계절별로 조사 분석한 결과, 수직분포의 상부군이 *Gelidium divaricatum*, *Enteromorpha linza*, *Porphyra yezoensis*, *Scytosiphon lomentaria*, *Blidingia nana*, *Ectocarpus confervoides*, 중부군이 *Ulva pertusa*, *Chondria crassicaulis*, 하부군은 *Sargassum sagamianum*, *Undaria pinnatifida*, *Sargassum thunbergii* 및 *Gelidium amansii* 등의 홍조류로 대표되었다. 출현 해조 종수는 4월에 최대, 8월에 최소였다.

건강기능성 식품과 해조류 소비 : 경북대 학생 281명을 대상으로 해조류 건강기능 식품의 구매 의도와 소비 가치를 조사한 결과, 구매 장소는 24시간 편의점이고, 낱개 포장으로, 구매 목적은 영양 보충과 체중 조절이며, 구매 의도가 높은군과 낮은군의 차이가 현저하였고, 식품, 영양 및 건강 관련과목 수강 경험자 중 기능가치와 인식가치가 높았다.

✻ 효능과 이용

1) 효능 : dry cough, laryngitis, lymphatic tuberculosis, antimitotic

2) 식용 : 식재료

참고문헌

1) 구재근, 최용석, 곽중기, **수산학회지,** 2001, 34(5), 515 (국내산 미역포자엽, 다시마, 톳, 모자반 Fucoidan의 항혈액 응고 특성)

2) 권대중, 임승택, 정용준, 박상후, 권동권, **식품과학과 산업,** 2006, 39(3), 73 (갈조류에서 추출한 푸코이단의 이해와 활용)

3) 김병목, 전준영, 박영범, 정인학, **식품영양과학회지,** 2006, 35(8), 1097 (해조류 메탄올 추출물의 항산화 효과 – 다시마, 모자반, 곰피, 미역, 고리매, 김, 지누아리)

4) 김영동, 김영명, 강통삼, **한국식품연구소 연구보고,** 1981, 163 (해조류의 다각적 이용에 관한 연구)

5) 김육용, 이근우, 김건배, 조영제, **수산학회지,** 2000, 33(5), 388 (다시마 Alginate 의 가열 가수분해에 따른 물리, 화학적 및 생물학적 특성에 관한 연구 – 3. 랫드의 Cholesterol, Glucose 및 Cd 체의 배출 효과)

6) 김지희, 목종수, 박희연, **식품영양과학회지**, 2005, 34(7), 104 (한국 연안 해조류의 미량 금속 함량 - 파래, 청각, 매생이, 미역, 다시마, 김, 모자반, 톳, 고리매, 우뭇가사리, 꼬시래기, 서실, 불둥가사리, 애기잘록이, 지누아리)

7) 박영호, 변재형, 오후규, 강영주, **수산학회지,** 1976, 9(3), 155 (미이용 해조류의 이용화에 관한 연구 – 1. 미이용 해조류의 성분 조성과 조류 단백질 추출)

8) 손철현, **수산학회지,** 1983, 16(4), 368 (오동도 해조 군락에 관한 연구 – 참김, 잎파래, 고리매, 미역, 서실, 모자반, 지층이, 우뭇가사리)

9) 오윤식, 이인규, 부성민, **Algae,** 1990, 5(1), 57 (한국산 유용 해조 특히 식용, 약용 및 공업용 해조에 대한 주해)
10) 윤승제, 조연숙, 남주현, 이형호, Kim Eliya, 홍용기, **수산학회지,** 2008, 41(1), 68 (각종 해조류 추출물들의 인간 피부세포주 HaCaT에 대한 활력 영향 – 비틀대모자반, 돌가사리, 참그물바탕말, 참도박, 구멍파래, 잎파래, 청각, 납작파래, 딕티오타, 감태, 곰피, 톳, 패, 다시마, 모자반류, 고리매, 미역, 진두발, 꼬시래기, 부챗살)
11) 이용필, 강서영, **Algae,** 2002, 17(1), 69 (한국산 해조류의 목록)
12) 차명화, 김유경, **식생활문화학회지,** 2008, 23(4), 462 (해조류 건강기능성 식품에 대한 소비 가치 분석)
13) 최진호, 임채환, 김재연, 양종순, 최재수, 변대석, **수산학회지,** 1986, 19(4), 303 (비만 치료식 개발을 위한 기초연구 – 1. 식이섬유로서의 알긴산의 비만 억제 효과)
14) 최진호, 최재수, 변대석, 양달선, **수산학회지,** 1986, 19(5), 485 (비만 치료식 개발을 위한 기초연구 – 2. 조류와 생약 성분의 비만 억제 작용 비교)
15) 최창근, **수산학회지,** 2008, 41(5), 371 (한려 해상 국립공원의 해조상 – 파래류, 청각, 패, 고리매, 곰피, 감태, 부챗말, 참그물바탕말, 톳, 모자반류, 지충이, 김, 시나이아 등)
16) 황혜정, 변재형, 남택정, **수산학회지,** 2000, 33(6), 541 (알긴산이 3T3-L1 세포의 분화에 미치는 영향)
17) Ahn, C. B., Jeon, Y. J., Kang, D. S., Shin, T. S., Jung, B. M., **Food Res. Intern.,** 2004, 37, 253 (Free radacal Scavenging activity of enzymatic extracts from a brown seaweed *Scytosiphon lomentaria* by electron spin resonance spectrometry)
18) Alhukorala, Y., Jeon, Y. J., **J. Food Sci. Nutr.,** 2005, 10, 134 (Screening for Angiotensin 1-Converting enzyme Inhibitory Activity of *Ecklonia cava*)
19) Amano, H., **Marine Biochemistry,** Yamaguchi, K. ed., Tokyo University

Press, Japan, 1999, pp.170~171 (Biochemistry and biotechnology of seaweed)

20) Baker, J. T., **Proc. Intl. Seaweed Symp.**, 1984, 11, 29 (Seaweeds in pharmaceutical studies and application)

21) Chapman, V. J., Chapman, D. J., **Seaweeds and Their Uses**, Chapman and Hall, London, 1980, 334

22) Correa, I., Navaczek, I., Mclachlan, J., **Phycologia**, 1986, 25, 469 〔Effect of temperature and day length on morphogenesis of *Scytosiphon lomentaria* (Scytosiphonales, Phaeophyta) from eastern Canada〕

23) Dring, M. J., Hüning, K., **Z. Pflanzenphysiol.**, 1975, 75, 107 (Induction of two-dimensional growth and hair formation by blue light in the brown alga *Scytosiphon lomentaria*)

24) Hosokawa, M., Okada, T., Mikami, N., Konishi, I., Miyashita, K., **Food Sci. Biotechnol.**, 2009, 18(1), 1 (Bio-function of Marine Carotenoids)

25) Ismael Amin, Tan Siew Hong, **Mal. J. Nutr.**, 2002, 82, 167 (Antioxidant activity of selected commercial seaweeds)

26) Jimenz-Escrig, A., Goni Ganbrodon, I., **Arch. Latinoam. Nutr.**, 1999, 49, 114 (Nutritional evaluation and physiological effects of edible seaweeds)

27) Kang, K. S., Kim, I. D., Kwon, R. H., Lee, J. Y., Kang, J. S., Ha, B. J., **Arch. Pharm. Res.**, 2008, 31(5), 622 (The effect of Fucoidan Extracts on CCl_4-Induced Liver Injury)

28) Kuda, T., Tsunekawa, M., Hishi, T., Araki, Y., **Food Chem.**, 2005, 89, 617 〔Antioxidant properties of dried 'Kayamo-nori', a brown alga *Scytosiphon lomentaria* (Scytosiphonales, Phaeophyceae)〕

29) Mabeau, S., Fleurence, J., **Trends Food Sci. Technol.**, 1993, 4, 103 (Seaweed in the food products : Biochemical and nutritional aspects)

30) Nishizawa, K., Murasugi, S., **The Sea Vegetable Book**, Kensei Press, Tokyo, 1988, 57 (in Japanese)

31) Ohta, K., **Proc. Intl. Seaweed Symp.**, 1979, 9, 401 (Chemical studies on biologically active substances in seaweeds)

32) Pan, C. H., Kim, E. S., Um, B. H., Lee, J. K., **Food Sci. Biotechnol.**, 2009, 18(3), 813 (Anti-inflammatory Mechanism of seaweeds in Murine Macrophage — 고리매, 패, 그물바탕말, 모자반)

33) Park, M. J., Han, J. S., **J. Food Sci. Nutr.**, 2008, 13(4), 259, (Fucoidan protects LLC-PK1 cells against AAPH-induced Damage)

34) So, M. J., Kim, B. K., Choi, M. J., Park, K. Y., Rhee, S. H., Cho, E. J., **J. Food Sci. Nutr.**, 2007, 12, 191 (Protective Activity of Fucoidan and Alginic Acid against Free Radical-Induced Oxidative Stress under in vitro and Cellular System)

35) Tatewaki, M., **Phycologia**, 1966, 6, 62 (Formation of a crustaceous sporophyte with unilocular sporangia in *Scytosiphon lomentaria*)

36) Yamamoto, L., Takahashi, M., Tarmura, E., Maruyama, H., Mori, H., **Hydrobiologia**, 1984, 116, 145 (Antitumor activity of edible marine algae : Effect of crude fucoiden fraction prepared from edible brown seaweeds against L1210 leukemia)

37) Yan, X. J., Nagata, T., Fan, X., **Plant Foods for Hum. Nutr.**, 1998, 52, 253 (Antioxidative activities in some common seaweeds)

Ecklonia stolonifera Okamura

곰피 8

갈조류 · Alariaceae (미역과)

• 영명 | Kelp
• 일명 | Tsuru-arame
• 분포 | 한국 남해, 제주도, 일본
• 용도 | 식용, Alginic acid 원료, 사료

✻ 식물학적 특성

갈조류로 미역과에 속하며, 줄기는 원주상, 길이 10~25㎝, 굵기 3~5 ㎜, 실질이며, 단면에는 다소 불규칙하게 배열된 2층의 점액 강도(腔道)가 있다. 잎은 대상(帶狀)이고, 길이 30㎝~1m 또는 그 이상, 폭은 5~30 ㎝, 대개는 단조(單條)이나, 또 1회 우상(羽狀)으로 열편(裂片)일 수도 있다. 잎의 기부(基部)는 쇄기꼴, 주름이 있고, 가장 자리는 톱니가 있다. 뿌리는 포복경, 사방으로 길게 뻗어나서, 그 끝에 새로운 엽상체(葉狀体)를 만들어 다수가 큰 군락을 이룬다.

동속 해조에는 감태(*Ecklonia cava*)가 있고, 식용한다.

✻ 성분

1) 영양성분

① **곰피 (말린것, 12002),** 가식부 100g 중 수분 15.80%, 열량 238.0kcal, 단백질 12.9g, 지질 1.3g, 당질 54.7g, 조섬유 0.00g, Ca 921.0㎎, P

93.0mg, Fe 20.60mg, Zn(0.54)mg, vitamin A 3.0 RE, β-carotene (18.0μg), B_1 0.180mg, B_2 0.14mg, B_6(9.7mg), 엽산(1364.0μg), E(4.30mg).

② **곰피 (분말, 12003),** 가식부 100g 중 수분 7.90%, 열량 220.0 kcal, 단백질 10.0g, 지질 1.4g, 당질 46.1g, 조섬유 5.30g, Ca(1106.7mg), P(594.1mg), Fe 8.17mg, Zn(0.60)mg, vitamin A 2339.6 RE, β-caroten (14037.8mg), B_1(0.45mg), B_2(1.04mg), B_6(0.4mg), 엽산(67933.4μg), E(7.4mg).

2) 특수성분

곰피(*E. stolonifera*)에서 Ecklonialactone A(E-00039), B(E-00039)가, *E. kurome*에서 Dieckol(D-00923), Eckol(E-00042), 2-Phloroeckol(E-00042), Triphlorethol B(T-02932)가, *E. radiata*에서 3[(5-Deoxy-5-(dimethylarsinyl) ribofranosy)[oxy]-1-propanesulfonic acid(β, D, D-00457), 2', 3'-Dihydroxypropyl [5-deoxy-5-(demethylarsinyl)]ribofuranoside(D-02751)등이 분리되었다.

✻ 생리 활성

돌연변이 원성 억제 : 가열식품 유래 돌연변이 물질 PhIP 와 MeIQx 의 돌연변이 억제는 갈조류가 녹조류나 홍조류보다 우수하였고, 특히 갈조류 중 감태, 곰피, 다시마 및 미야베모자반에서 우수하였다. 그중 곰피의 Et_2O, $CHCl_3$, EtOAc 및 수용성 획분 중 수용성 획분을 제외한 모든 분획에서 억제 효과가 강하였고, EtOAc 획분이 가장 강하여, Sephadex LH20로 분리한 결과, 활성 획분 A-7이 PhIP에 대해 90%/mg 이상, MeIQx에 대해 80%/mg의 억제 효과를 보였으며, 207.7 및 232mm에서 흡수 파장을 보였다.

발암 Promotion 억제 : 곰피, 미역 및 다시마의 용매 추출액의 발암 promotion 억제 효과를 조사한 결과, 곰피가 강하였고, 활성 성분을 조사한 결과, bromophenol, phloroglucinol 등의 phenol, chlorophyll 및 carotenoid 화합물에서 억제 효과가 높았다. 곰피의 chlorophyll a 및 pheophorbide a에서 5μM 첨가 시 77.4% 및 66.6%의 억제 효과를 보였으며, 곰피의 carotenoid 화합물 중, lutein, α-cryptoxanthin 및 β-carotene 이 주요 억제 인자로 밝혀졌다. lutein과 α-cryptoxanthin의 발암 promotion 억제 효과는 20㎍ 첨가에 의해 각각 76.9% 및 84.4%로 우수하였고, 세포 생잔율도 높게 나타났다.

갈조류 추출물의 항혈액 응고 활성① : 갈조류 18종에 대하여 항혈액 응고를 조사한 결과, 미역, 다시마, 감태, 대황, 곰피, 톳, 괭생이모자반의 열수추출물의 APTT가 190.0초 이상으로 항응고 활성이 높았으며, 이때 추출 온도는 90℃였다. 감태의 EtOH 불용성분의 항혈액 응고활성은 500㎍/㎖에서 EtOH 가용성 물질에 비하여 2배 이상 증가하였으며, EtOH 불용성 성분의 분자량에 따른 항혈액 응고활성은 100㎍/㎖에서 EKJ(검둥 감태) EtOH insoluble(eim) 2(100-50kDa) 및 EKJ-eim 3(50-10kDa)에 비해 좋았으며, 이 분획의 화학적 구성 성분은 fucose, xylose, mannose, galactose, glucose, sulfate로 mole 비는 1: 0.05: 0.10: 0.15: 0.17: 1.46으로 2 mole의 fucose에 3 mole의 황산기가 결합되어 있는 산성 다당체임을 확인하였다.

Fucoidan의 항혈액 응고활성② : 국내 연안의 갈조류, 미역포자엽, 다시마, 톳, 모자반을 묽은 염산(pH 2.0)으로 65℃에서 추출 crude fucoidan을 CPC 처리로 침전시킨 후, $CaCl_2$(1.0M, 1.5M, 3.0M)를 증가시켜 분리하였다. APTT 활성으로 비교한 결과, 분획물의 항혈액 응고활성은 황산기 함량의 증가에 따라 증가하였으며, 분획물 시료 중 미역포자엽을 3.0M $CaCl_2$로 분획한 것이 가장 활성이 우수하였다. 이 분획을 다시 pronase와 laminase로 수식한 결과, 각각 단백질과 glucose가 감소하였으나, 수식 전에 비해 APTT 활성이 증가하였다. pronase와 laminase로 수식한 fucoidan의 fucose : galactose : mannose : sulfate : uronic acid의 mole%는 1 : 1.3 : 0.03 : 2.7 : 0.08이었으며, 효소처리에 따른 미역포자엽의 결합 구조는 변화가 없었다.

아질산염 소거활성① : Nitrosamine의 직접 생성인자인 아질산염 소거 작용을 검토한 결과, 갈조류가 녹조류 및 홍조류에 비해 우수한 분해 효과를 보였으며, 갈조류 중 감태, 곰피, 구멍쇠미역이 뛰어났고, 모두 pH의 조성이 커 pH 4.2 및 6.0보다 pH 1.2에서 아질산염 분해 효과가 컸다.

Nitrite 제거 해조류 검색과 곰피의 활성② : 녹조류 (파래-*Enteromorpha, Ulva*), 갈조류(톳, 미역, 모자반류, 곰피), 홍조류(우뭇가사리, 진두발, 도박, 서실, 보라우무, 지누아리, 꼬시래기, 돌가사리) 등에 대하여 NO 제거 활성을 검색한 결과, 곰피의 MeOH ex가 가장 강하였고, 추출 정제한 활성 물질은 phlorotannin A였다. phloroglucinol(IC_{50}=3.9㎎/㎖)의 활성은 ascorbic acid(IC_{50}=65.0㎎/㎖)보다 강하였다. 이상의 결과로 곰피에서 추출한 활성 물질 phlorotannin A와 phloroglucinol은 발암성 N-nitroso 화합물의 전구물질 nitrite제거제로 응용될 수 있을 것으로 생각되었다.

Nitrite degradation③ : Nitrite는 발암성 물질 nitrosamine 형성에 중요한 역할을 하며, 인체의 위액 pH같은 산성에서 nitrosamine이 잘 형성되므로 nitrite 제거가 중요하다. 해조류인 미역, 감태, 곰피, 모자반, 청각, 납작파래, 참김 등의 1㎏을 4L MeOH에 24시간 실온에서 2번 추출하여, 감태 등 활성 분획의 nitrite 제거 실험을 실행한 결과, 다시마 이외 감태, 곰피 같은 *Eklonia* 속 해조류에서 pH 1.2와 3.0에서 강한 nitrite 제거 작용을 보였고, 특히 Et_2O(90%/㎎)와 EtOAc(94%/㎎)분획에서 특히 강하였다. 감태의 Rf 0.9, 0.82, 0.58 및 0.15 즉 A, B, C 및 D 물질 중 C물질 (Rf 0.58)이 pH 1.2와 3.0에서 95%/5㎎ nitrite 제거 기능이 가장 강하였다.

Phenol성 물질의 간보호 활성① : 16종 해조류 MeOH 추출물을 대상으로 시험관 내에서 bromobenzene 유도 흰쥐의 지질 과산화 생성을 관찰한 결과, *Enteromorpha compressa*(납작파래) *Capsosiphon fulvescens*(매생이), *Gelidium amansii*(우뭇가사리), *Hizikia fusiformis*(톳), *Sargassum siliquastrum*(꽈배기모자반), *Sargassum thunbergii*(지충이) 추출물이 10^{-1}m/㎖에서 각각 22%, 32%, 21%, 41%, 54%, 40%, 1㎎/㎖에서 26%,

45%, 26%, 66%, 79%, 59% 지질 과산화의 생성을 감소시켰고, 이 중 꽈배기모자반 n-BuOH층의 억제활성이 가장 강하였다. bromobenzene 유도 xanthine oxidase와 aldehyde oxidase 활성은 추출물 1㎎/㎖에서 모두 억제되었다. 위의 6종 해조류 추출물은 xanthine oxidase와 aldehyde oxidese 활성을 저해, free radical 생성을 방해, 지질 과산화의 생성을 억제하는 것으로 생각되었다. 곰피(*Ecklonia stolonifera*)에서 분리된 phloroglucinol의 경구 투여 시에도 bromobenzene 유도 과산화 지질을 감소시켰다. 이 화합물의 약리 기전은 glutathione-S-transferase, N-demethylase, aniline hydroxylase 활성 변화는 없었으나, epoxide hydrolase 농도를 대조군의 76%로 회복시켜 phloroglucinol에 의한 bromobenzene-유도 흰 쥐의 지질 과산화 억제활성은 epoxide hydrolase가 관여하는 것으로 사려되었다.

간 보호 작용②: Acetaminophen(AC)-유도 간 독성 동물에 곰피, 참도박, 오만둥이 MeOH ex를 투여한 결과, 오만둥이(*S. plicata*) 처리에서 증가된 지질 과산화량이 억제되었고, 간 cytochrome P-450, aminopyrine, N-demetlylase 및 anilline hydroxylase 활성의 변동은 없었다. glutathione -S-transferase(GST) 활성은 AC군은 대조군보다 약 40% 활성이 감소되었으며, *S. plicata* 전처리군은 대조군보다 못하나 AC 단독 투여군보다 현저히 증가되었다. 간 조직중 G 함량은 *S. plicata* 전처리 군에서 AC 단독 투여군보다 현저히 증가되었다. G-reductase 활성은 AC군은 대조군보다 49% 활성이 감소되었으며, *S. plicata* 전 처리군은 acetaminophen 단독 투여군보다 현저히 증가되었으나, *E. stolonifera*(곰피), *P. elliptica*(참도박)군에는 영향이 없었다. 그러므로 오만둥이 투여는 GST 활성을 증가시켜 AC 대사를 촉진, 이로 유발된 지질 과산화 생성을 억제하는 것으로 추정되었다.

간보호 물질③: Tacrine-유도 $HepG_2$ 세포에 세포 특성을 일으키고 이에 대한 18종의 해조류 EtOH ex의 간보호작용을 조사한 결과, 이 중 곰피(*Ecklonia stolonifera*) EtOH ex만이 간보호 효과를 보였다. 곰피의 EtOH ex를 분획한 결과, EtOAc분획에서 phlorotanins; phloroglucinol, eckstolonol, eckol, phlorofucofuroeckol A, dieckol 등이 분리되었고, 이 중 eckstolonol과 phlorofucofuro-eckol이 HepG$_2$ 세포에 tacrine-유도 세포독성에 보호작용을 보였고, 각각 EC$_{50}$은 62.0과 79.2㎍/㎖이였다. 간 보호 물질로 잘 알려진 silybin을 positive control로 사용하였을 때, EC$_{50}$이 50.0㎍/㎖이므로 phlorotannin을 함유한 갈조류의 하나인 곰피를 간 보호제로의 개발이 바람직하다고 생각되었다.

CCl$_4$- 유도 간손상과 Fucoidan 효과[④] : CCl$_4$- 산화 stress 손상 간에 fucoidan extracts(FE)의 항산화성을 GOT, GPT, ALP, LDH, MDA, SOD, CAT, GPx수준으로 알 수 있는지 실험하였다. SD계 rat(♀)에 FE 100㎎/㎏을 14일간 투여하고 15일째 CCl$_4$를 준 후 희생시켰다. rat 혈청 중 GDT, GPT, ALP 및 LDH를 총 간의 균질액에서 MDA, SOD, CAT 및 GPx와 같이 측정한 결과, CCl$_4$처리에서는 GDT, GPT, ALP, LDH, 및 MDA가 증가하였고, SOD, CAT 및 GPx는 현저히 감소하였으나, FE로 전처리한 rat은 CCl$_4$ 처리 rat에서 SOD, CAT 및 GPx량이 회복되는 것과 같이 GOT, GPT, ALP, LDH 및 MDA의 증가가 억제되었다. 더구나 FE처리 rat의 간에서는 괴저나 경화 발생이 현저히 감소하였다. 이러한 결과로 FE의 항산화성이 CCl$_4$-유도 산화적 stress에 효과있음을 알게 되었다.

Phenol성 물질과 항산화 효과 : 다시마, 모자반, 곰피, 미역, 고리매, 김, 지누아리 등 상용 해조류를 75% MeOH로 상온에서 추출한 후, 다시 MeOH 가용분획(SF)과 불용분획(ISF)으로 분획하여 각 분획의 항산화성을 DPPH, hydroxy radical 소거능을 측정한 결과, SF은 구멍쇠미역, 고리매, 괭생이모자반이 26.60~23.40%로 높았으며, 재래종 다시마와 김이 9.26%와 8.66%로 낮았다. ISF이며 수용성 분획은 재래종 다시마와 김이 29.70%와 21.01%로 높았고, 그 외 지누아리 8.76%, 곰피 6.46%, 고리매 4.87%, 구멍쇠미역 2.05%, 괭생이모자반 1.95%로 낮았다. DPPH와 hydroxy radical 소거능 평가에서 SF 분획이 높은 구멍쇠미역과 괭생이모자반은 항산화 효과가 높았으며, 총 phenol 함량이 높은것과 일치하였다. 곰피는 전자 공여능이 우수하였으나 hydroxy radical 소거능은 없었다. ISF분획에서 7종의 해조 모두 총 phenol이 거의 없는 것으로 전자공여능과 hydroxy radical 소거능은 보이지 않았다. 이 결과로 해조의 항산화능은 MeOH 용해 성분이 강한 항산화 효과가 있는 것으로, 이 효과는 phenol성 물질과 관련이 깊은 것으로 나타났다.

Fucoidan의 활성과 이용 : 미역, 다시마, 톳 등 갈조류에 많은 fucoidan은 90여 년 전에 추출 확인되었으며 항혈액 응고, 항혈전, 항암, 면역 조절, 항virus, 줄기세포의 활성화 등의 생리 활성이 연구되어, 이와 관련된 각종 질병의 완화 및 치료제로 활용 가능성이 인식되고 있다. 갈조류의 양식은 잘 발달되었고, 전남 완도지역은 청정지역으로 수질오염이 낮아 다시마, 미역 포자엽의 수확량이 풍부, fucoidan 추출 원료 수급이 용이하다.

AAPH-손상 LLC-PK1세포와 Fucoidan : AAPH-손상 LLC-PK1세포의 산화적 stress에 fucoidan의 보호 효과를 실험하였다. LLC-PK1세포를 1㎜ 2.2'-azo-bis(2-aminopropane)dihydroehloride(AAPH)에 24시간 노출시켜 산화적 stress에 생활력이 현저히 감소하였으나, fucoidan은 용량 의존적으로 이를 보호하였다. 이러한 fucoidan의 작용은 superoxide anion radical과 hydroxyl radical의 작용을 제거하는 것과 같이 fucoidan이 지질 과산화와 항산화 효소의 작용과 같은 양상이다. fucoidan의 AAPH-유도 LLC-PK1 손상에 보호 효과는 특히 superoxide radical을 강하게 제거함을 보였다. fucoidan의 IC_{50}은 48.37±1.54㎍/㎖ superoxide anion radical 제거능과 hydoxyl radical 제거 능력은 IC_{50} 32.03㎍/㎖로 강하였다. 그러므로 fucoidan의 AAPH-손상 LLC-PK1 세포 보호는 지질 과산화를 방해하고, 항산화 효소 작용을 증가시켜 과산화 radical을 제거함에 있다. (LLC-PK1 cell: Procine kidney epitheial celll)

Alginate의 항돌연변이와 Cholesterol, Glucose, Cd 결합능① : Alginate의 평균 분자량 약 10,000(HAG-10), 50,000(HAG-50), 100,000(HAG-100)의 저분자 alginate를 만들어 Ames test로 항돌연변이 효과를 측정한 결과, AFB_1

에 대한 간접 돌연변이 원성과 MNNG에 대한 직접 돌연변이 원성의 항돌연변이 효과는 HAG-10이 가장 높았고, 다음 HAG-50, HAG-100 및 alginate 순으로 분자량이 적을수록 증가하였다. 저분자 alginate의 cholesterol, glucose 및 Cd 결합능은 alginate가 가장 높았고, 다음 HAG-50과 HAG-100은 유사하였으며, HAG-10은 결합능이 없었다.

Alginate의 Cholesterol, Glucose 및 Cd 배출 효과② : Alginate의 기능성을 개선하고자 저분자 alginate를 만들어 rat에 HAG-10, HAG-50, HAG-100 및 alginate를 투여, cholesterol의 체외 배출 효과를 조사한 결과, HAG-50과 HAG-100이 높았고, 다음 alginate이며, HAG-10은 나타나지 않았다. 혈청 중 glucose양은 HAG-50에서 가장 낮았고, 이후에도 계속 혈당이 저하하였으며, 혈청 중 insulin도 HAG-50에서 초기에 증가한 후 계속 저하되었다. Cd의 체외 배출은 HAG-50에서 가장 높았고, 다음 HAG-100, alginate, HAG-10순이나 HAG-10은 거의 효과가 없었다. 이로써 HAG-50은 rat에서 cholesterol과 Cd 체외 배출이 촉진되었으며, 혈중 glucose 저하 효과가 뚜렷하였다.

저분자 Alginate 와 Cholesterol 및 지방산 대사 : 미역과 큰다시마에서 추출한 수용성 알긴산 및 산·알칼리 가용성 알긴산과 그 염산 부분 가수분해에서 얻어진 alginic acid(미역, 약 4,000kDa→약 38kDa ; 큰다시마 약 1283 kDa → 약 341 kDa 와 약 45 kDa)을 함유한 실험 자료를 흰쥐(SD계, 4주령)에 4주간 급여 후, alginic acid 급여군의 식이 효율은 0.37~0.44로 기초 식이군에 비해 0.03~0.05의 낮은 값을 보였고, cholesterol 급여에 의한 간의 중량 증가도 억제되었다. 수용성 alginic acid는 산·알칼리 가용성 alginic acid에 비해 혈청 및 간 지질 중 총 cholesterol, 유리 cholesterol, LDL-cholesterol(LDL), triglyceride(TG) 및 인지질에 현저한 저감 효과를 보였고, 각각의 효과는 저분자화에 의해 현저히 증대되었다(저분자에 의한 저감 효과 ; 수용성 alginic acid-혈청 지질, 총 cholesterol 59%, 유리 cholesterol 65%, LDL 96%, TG 50%, 인지질 36%, 간장 지질 ; 총 cholesterol 42%, 유리 cholesterol 62%, LDL 44%, TG 33%,

인지질 44%, 산·알칼리 가용성 알긴산·혈청 지질 ; 총 cholesterol 52%, 유리 cholesterol 97%, LDL 78%, TG 32%, 인지질 64%, 간장 지질 ; 총 cholesterol 11%, 유리 cholesterol 12%, LDL 10%, TG 27%, 인지질 21%) 저분자 alginic acid는 혈청 및 간지질 조성을 현저히 개선시켰다.

산화적 Stress에 대한 Fucoidan과 Alginic acid의 보호 효과 : Peroxyl radical - 유도 산화적 stress에 대한 fucoidan과 alginic acid(갈조류 함유 활성 다당류)의 보호 작용을 in vitro에서 실험한 결과, fucoidan은 NO와 O_2 (superoxide) 제거능이 강력하였으나, alginic acid는 이러한 작용이 없었다. 그러나 alginic acid는 fucoidan보다 -OH 제거능은 높았다. fucoidan과 alginic acid는 AAPH 유도 산화적 stress에 대하여 세포의 활성을 향상시켰다. fucoidan과 alginic acid 1,000㎎/㎖에서 세포의 활성은 각각 16.4%에서 85.9%와 67.7%로 증가하였다. 또한 fucoidan과 alginic acid는 AAPH에 의해 용량 의존적으로 LLC-PKI 세포에서 지질 과산화를 개선시켰다. 이 결과로 fucoidan과 alginic acid는 free radical로 인한 산화적 stress에 대해 항산화제로 작용하는 것으로 생각되었다.

알긴산과 3T3-L1 세포의 분화 : 3T3-L1 세포가 지방 세포로 분화되는 과정 중 혈청 중 분화촉진 인자(insulin, prostaglandin F2α 등) 첨가로 분화가 촉진되고, 분화억제 인자(actinomycin D, tumor necrosis factor α 등)로 억제될 수도 있다. 3T3-L1 세포는 세포 내 지방 축적으로 지방 세포 형태를 나타낸다. 3T3-L1 세포의 특성을 이용, 해조류에 많은 알긴산이 지방 세포로의 분화 과정에 어떤 영향을 주는지 실험한 결과, 3T3-L1 세포 분화를 억제하였다. 또 분화촉진 물질 IGF-1(insulin-like growth factor-1)과 insulin을 이용, 알긴산 분화에 미치는 영향을 검토한 결과, 알긴산은 insulin의 분화촉진 작용을 특이적으로 억제하였다. 본 연구는 알긴산을 이용, 알긴산의 지질 감소 효과를 세포 수준에서 검증하였다.

갈조류 항미생물 작용과 온도 및 pH의 영향 : 30종 해조류 수침 ex와 EtOH ex에 대하여 한천 분산법으로 항미생물 활성 최저 억제 농도(MIC)를 측정하였다. 한천 분산법에서 12종 해조류가 실험미생물에 대해 성장 억제 효과가 있었고, 특히 패, 곰피, 모자반(*S. siliquastrum*), 지충이, 긴불레기말 및 감태에 4㎎/㎖에서 Gram 양성 미생물에 대해 강한 항bacteria 활성을 보였다. *S. siliquastrum*은 *Listeria monocytogens, Clostridium perfringens* 및 *Bacillus subtilis*에 MIC가 0.005~0.0075%에서 가장 강한 항균성을 보였다. 열 안정성 시험에서 패, 지충이, 모자반, 감태, 긴불레기말의 EtOH ex는 121℃에서 15분간 안전하였으며, 모자반 EtOH ex의 항균활성은 pH 2~10에서 안전하였으나, 다른 종류는 pH 10이하에서는 불안정하였다.

충치균에 대한 항균 활성 : 우리나라 연안에서 채취한 해조류 27종의 80% EtOH 추출물이 충치균인 *Streptococcus mutans* KCTC 3300의 증식에 미치는 영향을 조사한 결과, 해조류 중 다시마가 가장 강하였고, 갈파래, 청각, 감태, 곰피, 미역도 비교적 활성이 높았으며, 홍조류보다 갈조류와 녹조류가 대체로 강하였다. 다시마의 항균 활성은 용매에 따른 추출물의 차이는 나타나지 않았다. *S. mutans* KCTC 3300과 *S. sobrinus* KCTC 3307에 대한 해조류의 80% EtOH 추출물의 MIC는 해조류 종뿐 아니라, 동일 해조류 추출물에서도 균 종에 따라 차이가 있었다. 다시마의 80% EtOH의 Et_2O 분획에서 MIC는 105㎍/㎖, 수용성 분획은 약 5,500㎍/㎖에서 균의 증식이 억제되지 않았다.

항고지혈증 효과와 그 효과 성분 : 곰피 EtOH ex와 이의 phlorotannin이나 eckol과 dieckol이 cholesterol식이나 EtOAc와 BuOH 분획이 TG, TC 및 LDL 농도가 고지혈증 rat에서 HDL을 현저히 증가시킨 것과 같이 현저히 감소시켰으나, H_2O ex는 이러한 작용이 없었다. 더구나 eckol과 dieckol 동맥지수(AI)에서와 같이 TG, TC, 및 LDL양을 확실히 감소시켰다. 나아가 eckol이나 lovastin이 HDL양을 증가시킨 것 같이 고지혈증 rats에서 dieckol은 TG, TC 및 LDL을 현저히 감소시켰다. 이러한 결과는 eckol이나 dieckol과 같이 phlorotannin도 고지혈성 동맥경화 예방이 강력할 것으로 생각되었다.

Marine carotenoid의 생물학적 기능 : 자연계에서 생성되는 색소 중 carotenoid

(CA)는 가장 중요하며 인체 건강에 유용한 효과를 갖고 있어 관심이 증가되고 있다. 해산 CA는 그들이 주는 화학적, 생물학적 이익의 영향은 중요하다. 해산 CA 중 astaxanthin과 fucoxanthin은 해양 동물이나 해양 식물 중에서 비교적 강력한 생물학적 활성이 있다. 즉 이들 CA는 quenching siglet oxygen과 scavenging free radical의 강한 항산화 작용이 있기 때문이며, 식이성 항산화 작용이 있는 이들 강력한 작용의 CA는 항암 작용과 항염 작용이 있다. 특히 fucoxanthin이 근래 항비만과 항당뇨 효과가 인정되면서부터 주목받고 있다. 이러한 작용은 mitochondria의 백색 지방(WAT)에서 uncoupling protein(UCP1)을 만들어 WAT에서 지방산을 산화시켜 WAT에서 열을 생산하기 때문이다. fucoxanthin은 insulin 저항을 개선하여 혈당을 낮추며, 동물의 WAT에서 종양괴사 인자 α(TNF α)를 감소시키기 때문이다.

건강기능성 식품과 해조류 소비 : 경북대 학생 281명을 대상으로 해조류 건강기능 식품의 구매 의도와 소비 가치를 조사한 결과, 구매 장소는 24시간 편의점이고, 낱개 포장으로, 구매 목적은 영양 보충과 체중 조절이며, 구매 의도가 높은군과 낮은군의 차이가 현저하였고, 식품, 영양 및 건강 관련 과목 수강 경험자 중 기능가치와 인식가치가 높았다.

✻ 효능과 이용

1) 효능 : 이수소종(利水消腫), 소담연견(消痰軟堅)
2) 식용 : 국, 조림, 튀각 등에 쓰인다.
3) 약용 : 제약업계에서는 간경변, 신경통, 동맥경화, 고혈압, 갑상선 비대증, 림프절 염증, 간장염, 고환염, 부종, 변비, 심장병, 위장병 등 만성 질병에도 쓴다. Alginic acid, mannit, Iode 원료로 채취.

참고문헌

1) 구재근, 최용석, 곽중기, **수산학회지,** 2001, 34(5), 515 (국내산 미역포자엽, 다시마, 톳, 모자반 Fucoidan의 항혈액 응고 특성)

2) 권대중, 임승택, 정용준, 박상후, 권동권, **식품과학과 산업,** 2006, 39(3), 73 (갈조류에서 추출한 푸코이단의 이해와 활용)

3) 김병목, 전준영, 박영범, 정인학, **식품영양과학회지,** 2006, 35(8), 1097 (해조류 메탄올 추출물의 항산화 효과 – 다시마, 모자반, 곰피, 미역, 고리매, 김, 지누아리)

4) 김영명, 김동수, 최용석, **식품과학회지,** 2004, 36(6), 1008 (국내산 주요 갈조류 추출물의 항혈액 응고 활성 – 미역, 다시마, 감태, 대황, 곰피, 톳, 괭생이모자반 등)

5) 김영옥, 김구택, 김현국, 김대경, 허성희, 공인수, **수산학회지,** 1996, 29(5), 637 (해양 미생물 *Pseudomonas* sp. 의 유전자 재조합 Alginate Lyase 의 특성)

6) 김육용, 이근우, 김건배, 조영제, **수산학회지,** 2000, 33(5), 388 (다시마 Alginate 의 가열 가수분해에 따른 물리, 화학적 및 생물학적 특성에 관한 연구 – 3. 랫드의 Cholesterol, Glucose 및 Cd 체의 배출 효과)

7) 김지희, 임치원, 박희연, 이두석, 박정흠, **수산학회지,** 2002, 35(2), 191 〔충치균(*Streptococcus mutans*)에 대한 다시마 추출물의 항균 활성 – 갈파래, 청각, 감태, 곰피, 미역, 다시마 등〕

8) 박영범, 김인수, 유승재, 안종관, 이태기, 박덕천, 김선봉, **수산학회지,** 1998, 31(4), 581 (해조류 중의 Antitumor initiator 및 Promoter 의 해석 2. PhIP 와 MeIQx 의 돌연변이 원성을 억제하는 해조 추출물 소재의 연구 – 곰피, 감태, 모자반, 다시마)

9) 박영범, 김인수, 유승재, 안종관, 이태기, 박덕천, 김선봉, **수산학회지,** 1998, 31(4), 587 (해조류 중의 Antitumor initiator 및 Promoter 의 해석 – 3. 곰피 추출물 중의 발암 Promotion 억제 인자)

10) 박영범, **식품영양과학회지,** 2005, 34(8), 1293 (해조류에 의한 아질산염 소거 활성 분석 – 곰피, 감태, 미역, 구멍쇠 미역, 다시마, 모자반, 김,

꼬시래기, 청각, 갈파래)

11) 박종철, 최재수, 송상호, 최영락, 김광용, 최종원, **생약학회지,** 1997, 28(4), 239 (해조류 추출물과 페놀성 화합물의 in vitro 및 in vivo 간 보호 활성 – 매생이, 참가막살, 붉은가막살, 주름진두발, 개그물바탕말, 납작파래, 우뭇가사리, 톳, 패, 마디잘록이, 바위수염, 알쏭이모자반, 괭생이모자반, 꽈배기모자반, 지충이, 곰피, 구멍갈파래)

12) 박찬선, 황은경, 이수정, 노경환, 손철현, **수산학회지,** 1994, 27(3) [부산만 인근 해역 곰피(*Ecklonia stolonifera* Okamura)의 생장과 연령 조성]

13) 이동수, 남태정, 변재형, **수산학회지,** 1998, 31(3), 399 (저분자와 알긴산이 콜레스테롤 식이 흰쥐의 혈청과 간장 지질의 콜레스테롤 및 지방산 조성에 미치는 영향 – 다시마, 미역)

14) 차명화, 김유경, **식생활문화학회지,** 2008, 23(4), 462 (해조류 건강기능성 식품에 대한 소비 가치 분석)

15) 최종원, 박종철, **약학회지,** 1996, 40(5), 574 [아세트 아미노펜 유도 흰쥐에서 수산 생물자원 (곰피, 참도박, 오만둥이)추출물의 in vivo 간 보호 작용]

16) 최창근, 김형근, 손철현, **수산학회지,** 2002, 35(6), 608 (순간 접착제를 이용한 곰피의 이식 효과)

17) 최창근, **수산학회지,** 2008, 41(5), 371 (한려 해상 국립공원의 해조상 – 파래류, 청각, 패, 고리매, 곰피, 감태, 부챗말, 참그물바탕말, 톳, 모자반류, 지충이, 김, 시나이아 등)

18) 황혜정, 변재형, 남택정, **수산학회지**, 2000, 33(6), 541 (알긴산이 3T3-L1 세포의 분화에 미치는 영향)

19) Ara, J., Sultana, V., Qasim, R., Ahmad, V. U., **Phytother. Res.,** 2002, 16, 479 (Hypolipidemic activity of seaweed from Karachi Coast)

20) Choi, J. S., Lee, J. H., Jung, J. H., **J. Kor. Fish. Soc.,** 1997, 30(6), 909 (The screening of Nitrite scavenging Effect of marine Algae and Active principles of *Eklonia stolonifera*)

21) Davidson, I. W., Sutherland, I. W., Lawson, C. J., **J. Biochem.,**

1976, 159, 707 (Purification and properties of an alginate lyase from marine bacterium)

22) Fujikawa, T., Nakashima, K., **Nippon Nogeikagaku Kaishi,** 1975, 49, 455 (Occurence of fucoidan analogues in brown seaweed)

23) Fukuyama, Y. et al, **Chem. Lett.,** 1985, 739 (isol. *E. kurome*, Dieckol, 2-Phloroeckol, Eckol, α_2-Macroglobulin inhibitor)

24) Fukuyama, Y., Kodama, M., Miura, I., Kinzyo, Z., Kido, M., Mori, H., Nakayama, Y., Takahashi, M., **Chem. Pharm. Bull.,** 1989a, 37, 349 (Structure of an anti-plasmin inhibitor, eckol, isolated from the brown alga *Ecklonia kurome* Okamura and inhibitory activities of its derivatives on plasma inhibitors)

25) Fukuyama, Y., Kodama, M., Miura, I. Kinzyo, Z., Kido, M., Mori, H., Nakayama, Y., Takahashi, M., **Chem. Pharm. Bull.,** 1990, 38(1), 133 (Anti-plasmin inhibitor. VI. Structure of phlorofucofuroeckol A, a novel phlorotannin with both dibenzo-1, 4-dioxin and dibenzofuran elements, from the brown alga *Ecklonia kurome* Okamura)

26) Fukuyama, Y., Kodama, M., Miura, I., Kinzyo, Z., Kido, M., Mori, H., Nakayama, Y., Takahashi, M., **Chem. Pharm. Bull.,** 1989b, 37, 2438 (Anti-plasmin inhibitor. Ⅴ. Structurs of novel dimeric eckols isolated from the brown alga *Ecklonia kurome* Okamura)

27) Fukuyama, Y., Miura, I, Kinzyo, Z., Mori, H., Kido, M., Nakayama, Y., Takahashi, M., Ochi, M., **Chem. Lett.,** 1985, 739 (Eckols, novel phlorotannins with dibenzo-*p*-dioxin skeleton processing inhibitory effects on α_2-macroglobulin from the brown algae *Ecklonia kurome* Okamura)

28) Gacesa, P., **Carbohydr. Polymers,** 1988, 8, 161 (Alginates)

29) Gacesa, P., Wusteman, F. S., **Appl. Environ. Microbiol.,** 1990, 56, 2265 (Plate assay for simultaneous detection of alginate lyase and determination of substrate specificity)

30) Goedheer, J. C., **Photosynthetica,** 1970, 4, 97 (On the pigment system of brown algae)

31) Han, E. S., Kim, J. W., Eom, M. O., Kang, I. H., Kang, H. J., Choi, J. S., Ha, K. W., Oh, H. Y., **Environ. Mutagen. Carcinogen.**, 2000, 20, 104 (Inhibitory effects of *Ecklonia stolonifera* on gene mutation on mouse lymphoma $tk^{+/-}$ locus in L5178Y-3,7,2C cell and bone marrow micronuclei formation in ddY mice)

32) Heo, S. J., Lee, K. W., Song, C. B., Jeon, Y. J., **Algae,** 2003, 18(1), 71 (Antioxidant Activity of Enzymatic Extract from Brown Seaweeds)

33) Higa, T., **Marine Natural Products,** Chemical and Biological Perspective vol. IV, Academic press, New York, 1981, 119~123, (ed), Scheuer, P. J., (Phenolic substances)

34) Hosokawa, M., Okada, T., Mikami, N., Konishi, I., Miyashita, K., **Food Sci. Biotechnol.**, 2009, 18(1), 1 (Bio-function of Marine Carotenoids)

35) Jin, K. et al, **Agric. Biol. Chem.**, 1988, 52, 1965 (isol. 3 〔(5-Deoxy-5 -(dimethylarsinyl ribofranosy)-〔oxy〕-1-propanesulfonic acid from *E. radiata*, *Hizikia fusiforme*, *Laminaria japonica*)

36) Jung. H. A., Hyun, S. K., Kim, H. R., Choi, J. S., **Fish. Sci.**, 2006, 72, 1292 (Angiotensin-converting enzyme I inhibitory activity of phlorotannins from *Ecklonia stolonifera*)

37) Kang, K. S., Kim, I. D., Kwon, R. H., Lee, J. Y., Kang, J. S., Ha, B. J., **Arch. Pharm. Res.**, 2008, 31(5), 622 (The effect of Fucoidan Extracts on CCl_4-Induced Liver Injury)

38) Kang. H. S., Chung, H. Y., Jung, J. H., Son, B.W., Jung, H. A., Choi, J. S., **Arch. Pharm. Res.**, 2003, 26, 1012 (A new phlorotannin from the brown alga *Ecklonia stolonifera*)

39) Kang. H. S., Chung, H. Y., Kim, J. Y., Son, B.W., Jung, H. A., Choi, J. S., **Arch. Pharm. Res.**, 2004, 27, 194 〔Inhibitory phlorotannins from the edble brown alga *Ecklonia stolonifera* on total re-

active oxygen species(ROS) generation]

40) Kim, O. K., Park, Y. B., Lee, T. G., Kim, I. S., Kang, J. H., Jun, K. S., Park, D. E., Kim, S. B., **J. Kor. Fish. Soc.**, 1996, 29(6), 914 (Degradation of Nitrite as a Nitrosamine Precursor by Brown Algae, *Ecklonia cava,* 감태, 청각, 모자반, 납작파래, 김, 다시마, 미역, 곰피)

41) Kim, Y. C., An, R. B., Yoon, N. Y., Nam, T. J., Choi, J. S., **Arch. Pharm. Res.**, 2005, 28(12), 1376 (Hepatoprotective constituents of Edible Brown Alga *Ecklonia stolonifera* on Tacrine-induced cytotoxicity in $HepG_2$ cells)

42) Kinoshita, S. K., Yasushi, O., Atsumi, T., Yoshida, T., Kasai, N., **J. Ferment. Bioeng.**, 1991, 72(2), 74 (Isolation of alginate-degrading organism and purification of its alginate lyase)

43) Kurata, K., Taniguchi, K., Shiraishi, K., Hayama, N., Tanaka, I., Suzuki, M., **Chem. Lett.**, 1989, 267 (Ecklonialactone-A and -B, two unusual metabolites from the brown algae *Ecklonia stolonifera* Okamura)

44) Kurata, K., Taniguchi, K., Shiraishi, K., Suzuki, M., **Phytochemistry,** 1993, 33, 155 (Ecklonia- lactones C~F from the brown alga *Ecklonia stolonifera*)

45) Lee, J. H., Kim, N. D., Choi, J. S., Kim, Y. J., Moon, Y. H., Lim, S. Y., Park, K. Y., **Nat. Prod. Sci.**, 1998, 4, 105 [Inhibitory effects of the methanolic extract of an edible brown alga *Ecklonia stoloniafera* and its component, phloroglucinol on aflatoxin B, mutagencity in vitro(Ames test) and on Benzo(a)pyrene or N-methyl-N-nitrosourea clastogenicity (mouse micronucleus test)]

46) Lee, J. H., Park, J. C., Choi, J. S., **Arch. Pharm. Res.**, 1996, 19, 223 (The antioxidant activity of *Ecklonia stolonifera*)

47) Lee, S. Y., Kim, J. H., Song, E. J., Kim, K. B. W. R., Hong, Y. K., Lim, S. M., Ahn, D. H., **Food Sci. Biotechnol.**, 2009, 18(2), 506

(Investigation of Antimicrobial Activity of Brown Algae Extracts and the thermal and pH effects on their activity — 패, 곰피, 모자반, 지충이, 긴불레기말, 감태)

48) Lenley, E. A. S., Newell, R. C., Bosam, S. A., **Mar. Ecol. Prog. Ser.**, 1981, 4, 31 〔Heterotrophic utilzation of mucilage released during fragmentation of kelp (*Ecklonia maxima* and *Laminaria pallida*). I. Development of microbial communites associated with the degradation of kelp mucilage〕

49) Means, W. J., Clarke, A. D., Sofos, J. N., Schmidt, G. R., **J. Food Sci.**, 1987, 52(2), 252 (Binding sensory and storage properties of algin/calcium structural beaf steak)

50) Means, W. J., Schmidt, G. R., **J. Food Sci.**, 1986, 51(1), 60 (Algin/calcium gel as a raw and cooked binder in structure and beaf steaks)

51) Muramatsu, T., Sogi, T., **Biochem. Physiol.**, 1990, 978, 103 (Characterization of alginate lyase from marine bacterium)

52) Nagayama, K., Iwamura, Y., Shibara, T., Hirayama, I., Wakamura, T., **J. Antimicrob. Chemoth.**, 2002, 50, 889 (Bactericidal activity phlorotannins from the brown alga *Ecklonia kurome*)

53) Nakayama, Y. et al, **Agric. Biol. Chem.**, 1989, 53, 3025 (props, Triphlorethol B)

54) Nishino, T., Aizu, Y., Nagumo, T., **Agric. Biol. Chem.**, 1991, 55, 791 (Tokyo) (The relationship between the molecular weight and the anticoagulant activity of two types of fucan sulfates from the brown sea weed *Ecklonia kurome*)

55) Nishino, T., Aizu, Y., Nagumo, T., **Thrombosis Res.**, 1991, 64, 723 (The influence of sulfate content and molecular weight of a fucan sulfate from the brown seaweed *Ecklonia kurome* on its antithrombin activity)

56) Nishino, T., Kiyohara, H., Yamada, H., Nagumo, T., **Phytochemistry**,

1991, 30, 535 (An anticoagulant fucoidan from the brown seaweed *Ecklonia kurome*)

57) Nishino, T., Nagumo, T., **Carbohydr. Res.**, 1991, 314, 193 (The sulfate-content dependence of the Anticoagulant activity of Fucan sulfate from the brwon seaweed *Ecklonia kurome*).

58) Nishino, T., Yokoyama, G., Dobashi, K., Fujihara, M., Nagumo, T., **Carbohydr. Res.**, 1989, 186, 119 (Isolation, purification and characterization of fructose-containging sulfated polysaccharides from the brown seaweed *Ecklonoia kurome* and their blood anticoagulant activities)

59) Okamura, K., **Bot. Mag. (Tokyo)**, 1899 (Contribution to the knowledge of marine alage of Japan)

60) Park, C. S., Hwang, E. K., Lee, S. J., Roh, K. W., Sohn, C. H., **Bull. Kor. Fish. Soc.**, 1994, 27, 390 (Age of growth of *Ecklonia stolonifera* Okamura in Pusan bay, Korea)

61) Park, J. H., Kang, K. C., Baek, S. B., Lee, Y. H., Rhee, K. S., **Kor. J. Food Sci. Technol.**, 1991, 23, 256 (Separation of antioxidant compounds from edible algae)

62) Park, M. J., Han, J. S., **J. Food Sci. Nutr.**, 2008, 13(4), 259, (Fucoidan protects LLC-PK1 cells against AAPH-induced Damage)

63) Park, Y. B., Ahn, J. K., Yoo, S. J., Park, D. C., Kim, I. S., Park, Y. H., Kim, S. B., **J. Kor. Soc. Food Sci. Nutr.**, 1998, 27, 537 (Elucidation of anti-tumor initiator and promoter derived from seaweed-4: Desmutagenic principles of *Ecklonia stolonifera* extracts against carcinogenic heterocyclic amines)

64) Romeo, T., Peston, F., **Biochem.**, 1986, 25, 8285 (Purification and structural properties of an extracellulra (1→4)-β-D-mannuronan-specific alginate lyase from a marine bacterium)

65) Saga, N., **Bull. Hokkaido Reg. Fish Res. Lab.**, 1989, 53, 43 (Further

study on determining cell viability in marine red and brown algae by using staining dyes)

66) Shibata, Y. et al, **Agric. Biol. Chem.**, 1987, 51, 391 (isol, 3'-Dihydroxypropyl [5-deoxy-5-(demethylarsinyl)]-ribofuranoside, *E. radiata*)

67) Shiraiwa, Y., Abe, K., Sasaki, S. F., Ikawa, J., Nishizawa, K., **Bot. Mar.**, 1975, 18, 97 (Alginate lyase activities in the extracts from several brown algae)

68) So, M. J., Kim, B. K., Choi, M. J., Park, K. Y., Rhee, S. H., Cho, E. J., **J. Food Sci. Nutr.**, 2007, 12, 191 (Protective Activity of Fucoidan and Alginic Acid against Free Radical-Induced Oxidative Stress under in vitro and Cellular System)

69) Steel, R. L., Hanisak, **Proc. 9th Intl. Seaweed Symp.**, 1978, 181 (Sensitivity of some brown algal reproductive stages to oil pollution)

70) Stewart, C. M., Higgins, H., G., Austin, S., **Nature**, 1961, 192, 1208 (Seasonal variation in Alginic acid, Mannitol, Haminarin and Fucoidin in brown alga, *Eklonia radiata*)

71) Takahi, N., Hiroaki, K., Haruki, Y., Terukazu, N., **Phytochemistry**, 1991, 30, 535 (An anticoagulant fucoidan from the brown seaweed *Ecklonia kurome*)

72) Takashi, N., Terkazu, N., **Carbohydr. Res.**, 1991, 214, 193 (The sulfate content dependence of the anticoagulant activity of a fucan sulfate from the brown seaweed *Ecklonia kurome*)

73) Taniguchi, K., Kurata, K., Suzuki, M., **Nippon Suisan Gakkaishi.**, 1991, 57, 2065 (Feeding-detergent effect of phlorotannins from the brown alga *Ecklonia stolonifera* against the abalone *Haliotis discus* Hannai)

74) Wong, C. K., Ooi, V. E., Anq, P. O., **Chemosphere**, 2000, 41, 173 (Protective effects of seaweeds against liver injury caused by CCl_4 in rats)

75) Yan, X., Nagata, T., Fan, X., **Plant Foods for Human Nutr.**, 1998, 52, 253 (Anti-oxidative activities in some common seaweeds)

76) Yoon, N. Y., Kim, H. R., Chung, H. Y., Choi, J. S, **Arch. Pharm. Res.**, 2008, 31(12) 1564 (Aniti-hyperlipidemic Effect of an Edible brwon algae, *Ecklonia stolonifera* and its constituents on poloxamer 407-Induced Hyperlipidemic and cholesterol-fed Rats)

Sargassum hornei
(Turner) C. Agardh

괭생이 모자반 9

갈조류 · Sargassaceae (모자반과)

- 영명 | Sea lentil
- 일명 | Akamoku
- 분포 | 한국 전 연안, 일본
- 용도 | 사료

식물학적 특성

갈조류의 하나로 모자반과에 속하며, 뿌리는 비교적 작은 가반상근(假盤狀根)이며, 그 중심에서 원주상의 줄기가 하나 나오고 줄기 측면에서 가지가 나온다. 몸은 보통 3~5m, 줄기의 중앙부와 상부는 원주상이며 미끈해도 줄기의 하지와 가지에는 가시가 있다. 줄기에는 잎의 기부에서 세로로 홈이 있고 다소 비틀어진다. 잎 전체의 윤곽은 긴 타원형, 선상 또는 깃털 모양이다. 높이는 1~4m, 중심가지는 납작하고, 양 가장자리가 엷고, 세로로 중륵처럼 한쪽에서 융기, 가장자리에 짧은 가지가 있다. 작은 가지는 삼각형 또는 원주상. 하부잎은 넓고, 상부잎은 가늘고 길며, 가장자리에 톱니가 있다. 조간대 하부에서 점심대에 걸쳐 나며 다년생이다.

동속 식물에는 모자반(*S. fulvellum*)과 꽈배기모자반(*S. tortile*)이 있다.

✻ 성분

1) 특수성분

팽생이모자반에서 Sarohornene(O-00229), Sarohonene B(O-00228), C(O-00228)와 큰잎모자반(*S. ringgoidienum*)에서 Sargasterol(S-01326), Saringosterol(S-01314)이 분리 확인되었다.

✻ 생리 활성

산화적 Stress에 대한 Fucoidan과 Alginic acid의 보호 효과[①] : Peroxyl radical-유도 산화적 stress에 대한 fucoidan과 alginic acid(갈조류 함유 활성 다당류)의 보호 작용을 in vitro에서 실험한 결과, fucoidan은 NO와 O_2 (superoxide)제거능이 강력하였으나, alginic acid는 이러한 작용이 없었다. 그러나 alginic acid는 fucoidan보다 -OH 제거능은 높았다. fucoidan과 alginic acid는 AAPH 유도 산화적 stress에 대하여 세포의 활성을 향상시켰다. fucoidan과 alginic acid 1,000㎎/㎖에서 세포의 활성은 각각 16.4%에서 85.9%와 67.7%로 증가하였다. 또한 fucoidan과 alginic acid는 AAPH에 의해 용량 의존적으로 LLC-PKI 세포에서 지질 과산화를 개선시켰다. 이 결과로 fucoidan과 alginic acid는 free radical로 인한 산화적 stress에 대해 항산화제로 작용하는 것으로 생각되었다.

AAPH-손상 LLC-PK1세포와 Fucoidan[②] : AAPH-손상 LLC-PK1세포의 산화적 stress에 fucoidan의 보호 효과를 실험하였다. LLC-PK1세포를 1㎜ 2,2'-azo-bis(2-aminopropane)-dihydrochloride(AAPH)에 24시간 노출시 산화적 stress에 생활력이 현저히 감소하였으나, fucoidan은 용량 의존적으로 이를 보호하였다. 이러한 fucoidan의 작용은 superoxide anion radical과 hydroxyl radical의 작용을 제거하는 것과 같이 fucoidan이 지질 과산화와 항산화 효소의 작용과 같은 양상이다. fucoidan의 AAPH-유도 LLC-PK1 손상에 보호 효과는 특히 superoxide radical을 강하게 제거

함을 보였다. fucoidan의 IC_{50}은 48.37±1.54㎍/㎖ superoxide anion radical 제거능과 hydoxyl radical 제거 능력은 IC_{50} 32.03㎍/㎖로 강하였다. 그러므로 fucoidan의 AAPH-손상 LLC-PK1세포 보호는 지질 과산화를 방해하고, 항산화 효소 작용을 증가시켜 과산화 radical을 제거함에 있다(LLC-PK1 cell: Procine kidney epitheial celll).

항산화 효과[③] : 다시마, 모자반, 곰피, 미역, 고리매, 김, 지누아리 등 상용 해조류를 75% MeOH로 상온에서 추출한 후, 다시 MeOH 가용분획(SF)과 불용분획(ISF)으로 분획하여 각 분획의 항산화성을 DPPH, hydroxy radical 소거능으로 측정한 결과, SF는 구멍쇠미역, 고리매, 괭생이모자반이 26.60~23.40%로 높았으며, 재래종 다시마와 김이 9.26%와 8.66%로 낮았다. ISF이며 수용성 분획은 재래종 다시마와 김이 29.70%와 21.01%로 높았고, 그 외 지누아리 8.76%, 곰피 6.46%, 고리매 4.87%, 구멍쇠미역 2.05%, 괭생이모자반 1.95%로 낮았다. DPPH와 hydroxy radical 소거능 평가에서 SF 분획이 높은 구멍쇠미역과 괭생이모자반은 항산화 효과가 높았으며, 총 phenol 함량이 높은 것과 일치하였다. 곰피는 전자공여능이 우수하였으나 hydroxy radical 소거능은 없었다. ISF분획에서 7종의 해조 모두 총 phenol이 거의 없는 것으로 전자공여능과 hydroxy radical 소거능은 보이지 않았다. 이 결과로 해조의 항산화능은 MeOH 용해 성분이 강한 항산화 효과가 있는 것으로, 이 효과는 phenol성 물질과 관련이 깊은 것으로 나타났다.

알긴산의 화학적 조성과 물성 : 알긴산의 연평균 량은 외톨개모자반과 괭생이모자반이 각각 25.2%, 26.5%, 연평균 M/G비는 외톨개모자반이 1.97, 괭생이모자반이 1.38, 또 M/G비는 외톨개모자반은 최대치는 12~1월, 최소치는 5~6월과 10~11월, 괭생이모자반은 1월에 최대치, 3~4월에 최소치를 보였다. 우론산 block 배열비 alternating, M, G block이 외톨개모자반은 각각 18.4, 40.4, 41.2%, 괭생이모자반은 9.8, 33.3, 56.9%이었다. 알긴산의 점도는 외톨개모자반 11월의 시료 45.3cp로 최고이었고, 괭생이모자반은 1월에 26.0cp이었다. 또 점도의 온도 의존성은 외톨개모자반은 11월 시료가, 괭생이모자반은 6월 시료가 컸으며, 금속 ion 교환량은 외톨개모자반은 11월 시료가 최고, 그 교환량은 Pb^{2+}4.4, Cu^{2+}1.8, Zn^{2+}2.5, Co^{2+}2.0meq/g, Ag-Alg.이었고 괭생이모자반은 6월 시료가 최고, 그 교환량은 Pb^{2+}4.5, Cu^{2+}2.2, Zn^{2+}2.4, Co^{2+}2.1meq/g, Na-Alg. 이었다. 대체로 금속 ion에 교환능은 우론산 block비와 관련성이 있는 것으로 보였다.

알긴산과 3T3-L1 세포의 분화① : 3T3-L1 세포가 지방 세포로 분화되는 과정에서 혈청 중 분화촉진 인자(insulin, prostaglandin F2α 등) 첨가로 분화가 촉진되고, 분화억제 인자(actinomycin D, tumor necrosis factor α 등)로 억제될 수도 있다. 3T3-L1 세포는 세포 내 지방 축적으로 지방 세포 형태를 나타낸다. 3T3-L1 세포의 특성을 이용, 해조류에 많은 알긴산이 지방 세포로의 분화 과정에 어떤 영향을 주는지 실험한 결과, 3T3-L1 세포분화를 억제하였다. 또 분화촉진 물질 IGF-1(insulin-like growth factor-1)과 insulin을 이용, 알긴산 분화에 미치는 영향을 검토한 결과, 알긴산은 insulin의 분화촉진 작용을 특이적으로 억제하였다. 본 연구는 알긴산을 이용, 알긴산의 지질 감소 효과를 세포 수준에서 검증하였다.

알긴산의 비만 억제 효과② : 미역, 다시마 등 갈조류에 20~30% 함유되어 있는 알긴산을 agar, cellulose, CMC, chitin, lignin 등의 식이섬유의 비만 억제 작용을 magarine 유도 비만 쥐에 비교 검토하였다. 사료에 식이섬유 10%를 가하여 비만 억제 효과를 본 결과, lignin이 가장 크고, 다음 Na-alginate, cellulose, CMC 순이었다. 간장과 부고환 및 난소 주위의 지방 조직의 비만 억제 효과는 lignin이 가장 크고, Na-alginate, cellulose, CMC 순. 또 Lee index의 비만 억제는 Na-alginate〉lignin〉CMC〉chitin〉cellulose 순. 간의 지질 분석에서 지방 축적 억제 효과는 agar〉CMC〉cellulose〉Na-alginate〉chitin〉lignin 순이었다. 혈청 glucose 감소 효과는 CMC가 가장 크고, 다음 Na-alginate, lignin 순. 혈청 cholesterol 저하 효과는 Na-alginate가 가장 크고, 다음이 lignin, cellulose 순. 그밖에 chitin을 제외한 대부분이 효과가 있었다. 또 lipase 활성의 상승 작용은

Na-alginate가 가장 효과적이며 다음 chitin이었다. 이상으로 갈조류 중 알긴산 20~30%가 있는 미역, 다시마 등은 비만 예방과 치료에 가장 효과적인 것으로 생각되었다.

조류와 생약 성분의 비만 억제 비교③ : 해조류의 알긴산, 담수 녹조 chlorella, 생약 인삼 saponin, 마늘 alliin과 scordinin 첨가, 비만 억제 효과를 검토한 결과, Na-alginate(71%)가 크고, 다음 scordinin(76%), chlorella(76%), alliin(86%) 순으로 체중 증가가 있었다. 사료 효율과 비교, 체중 증가량은 Na-alginate(68%)가 가장 효과적이고, alliin(79%)도 인정되었다. 간의 지방 축적 억제 효과는 Na-alginate(84%)가 가장 효과적, 부고환 및 난소 주변의 지방 축적 억제 효과는 Na-alginate(54%)가 가장 효과적, 다음 alliin(64%), saponin(66%) 순이었다. 또 Lee index 비만 억제 효과를 비교하면 Na-alginate(91%)에서만 인정되었다. 간 중 지방 축적 억제 효과는 alliin(40%)〉saponin(58%)〉Na-alginate(62%)〉chlorella(64%)〉scordinin (74%) 순. 혈청 glucose 감소 효과는 Na-alginate(67%)가 가장 크고, 다음 saponin(73%), scordinin(74%), alliin(83%) 순. 혈청 cholesterol 저하 작용은 Na-alginate(82%)가 가장 크고, 다음 alliin(84%), chlorella(86%), saponin(87%) 순이었다. 또한 혈청 lipase 활성 증가에 의한 비만 억제 작용은 Na-alginate(109%)와 saponin(104%)의 첨가가 효과적. 따라서 미역, 다시마, 톳 등 갈조류 성분 알긴산이 chlorella, 인삼 saponin, 마늘 alliin 및 scordinin보다 비만 예방과 치료에 효과적이었다.

Alginate의 항돌연변이와 Cholesterol, Glucose, Cd 결합능① : Alginate 의 평균 분자량 약 10,000(HAG-10), 50,000(HAG-50), 100,000(HAG-100)의 저분자 alginate를 만들어 Ames test로 항돌연변이 효과를 측정한 결과, AFB_1에 대한 간접 돌연변이 원성과 MNNG에 대한 직접 돌연변이 원성의 항돌연변이 효과는 HAG-10이 가장 높았고, 다음 HAG-50, HAG-100 및 alginate 순으로 분자량이 적을수록 증가하였다. 저분자 alginate의 cholesterol, glucose 및 Cd 결합능은 alginate가 가장 높았고, 다음 HAG -50과 HAG-100은 유사하였으며, HAG-10은 결합능이 없었다.

Alginate의 Cholesterol, Glucose, 및 Cd 배출 효과② : Alginate의 기능성을 개선하고자 저분자 alginate를 만들어 rat에 HAG-10, HAG-50, HAG-100 및 alginate를 투여, cholesterol의 체외 배출 효과를 조사한 결과, HAG-50과 HAG-100이 높았고, 다음 alginate이며, HAG-10은 나타나지 않았다. 혈청 중 glucose양은 HAG-50에서 가장 낮았고, 이후에도 계속 혈당이 저하하였으며, 혈청 중 insulin도 HAG-50에서 초기에 증가한 후 계속 저하되었다. Cd의 체외 배출은 HAG-50에서 가장 높았고, 다음 HAG-100, alginate, HAG-10 순이나 HAG-10은 거의 효과가 없었다. 이로써 HAG-50은 rat에서 cholesterol과 Cd 체외 배출이 촉진되었으며, 혈중 glucose 저하 효과가 뚜렷하였다.

저분자 Alginate 와 Cholesterol 및 지방산 대사 : 미역과 큰다시마에서 추출한 수용성 알긴산 및 산·알칼리 가용성 알긴산과 염산으로 부분 가수분해하여 얻어진 alginic acid(미역, 약 4,000kDa→약 38kDa ; 큰 다시마 약 1283 kDa → 약 341 kDa 와 약 45 kDa)을 함유한 실험 자료를 흰쥐(SD계, 4주령)에 4주간 급여한 결과, alginic acid 급여군의 식이 효율은 0.37~0.44로 기초 식이군에 비해 0.03~0.05의 낮은 값을 보였고, cholesterol 급여에 의한 간의 중량 증가도 억제되었다. 수용성 alginic acid 는 산·알칼리 가용성 alginic acid 에 비해 혈청 및 간 지질 중 총 cholesterol, 유리 cholesterol, LDL-cholesterol(LDL), triglyceride(TG) 및 인지질에 현저한 저감 효과를 보였고, 각각의 효과는 저분자화에 의해 현저히 증대되었다(저분자에 의한 저감 효과 ; 수용성 alginic acid- 혈청 지질, 총 cholesterol 59%, 유리 cholesterol 65%, LDL 96%, TG 50%, 인지질 36%, 간장 지질 ; 총 cholesterol 42%, 유리 cholesterol 62%, LDL 44%, TG 33%, 인지질 44%, 산·알칼리 가용성 알긴산·혈청 지질 ; 총 cholesterol 52%, 유리 cholesterol 97%, LDL 78%, TG 32%, 인지질 64%, 간장 지질 ; 총 cholesterol 11%, 유리 cholesterol 12%, LDL 10%, TG 27%, 인지질 21%) 저분자 alginic acid는 혈청 및 간 지질 조성을 현저히 개선시켰다.

Fucoidan의 활성과 활용 : 미역, 다시마, 톳 등 갈조류에 많은 fucoidan은 90여 년 전에 추출 확인되었으며 항혈액 응고, 항혈전, 항암, 면역조절, 항virus, 줄기세포의 활성화 등의 생리 활성이 연구되어, 이와 관련된 각종 질병의 완화 및 치료제로 활용 가능성이 인식되고 있다. 갈조류의 양식은 잘 발달되었고, 전남 완도지역은 청정지역으로 수질오염이 낮아 다시마, 미역 포자엽의 수확량이 풍부, fucoidan 추출 원료 수급이 용이하다.

갈조류의 Fucoidan 추출, 정제 및 특성 : 갈조류인 다시마, 미역, 톳, 모자반에서 수용성 식이 섬유인 fucoidan 추출은 pH 2.0, 65℃, 1시간씩 3회 추출, cetylpyridium chloride로 부분 정제한 결과, 다시마 2.71%, 미역포자엽 6.65%, 톳 2.51%, 모자반 1.56%, 미역엽상체 0.40%였고, DEAE-Sepadex A-25 이온 교환으로 정제한 fucoidan 분획은 다시마, 미역포자엽, 톳, 모자반 모두 3종의 분획으로, 전기 영동에서 2종 이상의 band가 검출되어 불균일성을 보였다. 알코올 분별 침전법으로 재분획한 결과, 다시마, 미역 포자엽, 톳은 60~70% EtOH에서, 모자반은 60~65%에서 침전된 분획이 cellulose acetate 전기 영동 및 gel filteration chromatography 상에서 균일하였다. 이 fucoidan은 fucose: galactose: sulfate의 mole 조성비는 다시마, 미역포자엽, 톳, 모자반이 각각 1:0.31:2.43, 1:0.87:1.99, 1:0.66:2.74, 1:0.24:1.46이었고, 분자량은 다시마 31,000, 미역포자엽 38,000, 톳 26,000, 모자반 105,000이었다. 구성당의 위치는 다시마, 톳, 모자반의 주결합은 1, 3 fucose, 미역포자엽은 1, 3 fucose 외 1, 3 galactose, 황산기는 fucose 및 galactose C-4에, 미역포자엽과 톳은 C-4 외에 C-2에 결합되었고, 이들의 항혈액 응고력은 다시마〉톳〉모자반〉미역포자엽이었다. 특히 다시마의 항응고력은 18㎎/㎖에서 70초로 heparin의 약 15% 활성을 보였다. 또한 다시마, 톳, 모자반의 정제 fucoidan의 항응고력은 황산기 함량 증가에 따라 증가하였다.

CCl_4- 유도 간손상과 Fucoidan 효과 : CCl_4- 산화 stress 손상 간에 fucoidan extracts(FE)의 항산화성을 GOT, GPT, ALP, LDH, MDA, SOD, CAT,

GPx 수준으로 알 수 있는 지 실험 하였다. SD계rat(♀)에 Fe 100㎎/㎏을 14일간 투여하고 15일째 CCl_4를 준 후 희생시켰다. rat 혈청 중 GDT, GPT, ALP 및 LDH를 총 간의 균질액에서 MDA, SOD, CAT 및 GPx와 같이 측정한 결과, CCl_4처리에서는 GDT, GPT, ALP, LDH, 및 MDA가 증가하였고, SOD, CAT 및 GPx는 현저히 감소하였으나, FE로 전처리 한 rat은 CCl_4 처리 rat에서 SOD, CAT 및 GPx량이 회복되는 것과 같이 GOT, GPT, ALP, LDH 및 MDA의 증가가 억제되었다. 더구나 FE처리 rat의 간에서는 괴저나 경화 발생이 현저히 감소하였다. 이러한 결과로 FE의 항산화성이 CCl_4-유도 산화적 stress에 효과 있음을 알게 되었다.

PhIP 와 MeIQx 돌연변이의 원성억제① : 괭생이모자반 등 갈조류 9종, 참도박 등 홍조류 5종, 청각 등 녹조류 2종을 대상으로 돌연변이 유발물질 PhIP와 MeIQx에 대한 돌연변이 원성 억제를 조사한 결과, 갈조류가 녹조류와 홍조류보다 우수하였고, 특히 갈조류 감태, 곰피, 다시마, 미야베모자반이 우수하였다. 그중 곰피의 Et_2O, $CHCl_3$, EtOAc및 수용성 획분 중 비극성 획분의 억제가 강하였고, 특히 EtOAc 획분이 가장 강하였다. 곰피의 EtOAc 획분을 sephadex LH-20으로 분리한 결과, 활성 획분 A-7은 PhIP에 90%/㎎ 이상, MeIQx에 80%/㎎의 억제를 보였고, 207.7 및 232nm에서 흡수 파장을 보였다.

해조류의 항암 Initiator와 Promoter② : 항암 initiater와 promoter를 갈조류 9종, 홍조류 5종, 녹조류 2종에 대해 실험한 결과, 갈조류가 홍조류나 녹조류보다 강하였고, 갈조류 중 미역(83.5%/20M)이 가장 강하였고, 다시마, 지충이, 괭생이모자반 순이었다. 다시마는 EBV(Epstein-Barr Virus) 활성을 강력히 저해하였으나 세포 독성은 낮았다.

해조류 추출물의 화학적 암 예방 효과③ : 동해와 남해안에서 미역, 다시마, 감태 등 30종의 해조류에 대하여 phase II 해독 효소 유도 및 염증 반응 방지 효과로 화학적 암 예방 효과를 시험한 결과, *Dictyota coriacea*(그물바탕말), *Cutleria cylindrica*(채찍말)에서 4.36과 4.66의 강한 암 예방수치를 얻었고, 이 추출액 100㎎/㎖에서 3배의 항산화 효과를 얻었다. 패

(*Ishige okamurae*), 산말류(*Desmarestia ligulata, D. viridis*), 딕티오프레티스(*Dictyopretis divaricata, D. coriacea*), 모자반류(*S. horneri, S yezoense*) 등에서 NO에 대해 현저한 방해와 5~20㎎/*ml*에서 농도 의존적 prostaglandin E_2 생산을 억제하였다. 이들 해조류들은 화학적 암 예방 효과가 있는 식품으로 이용될 수 있다. 특히 *Dictyota coriacea*는 ARE의존 기작으로 gene을 조절할 뿐 아니라 NO와 PGE_2 생산을 방해하여 염증을 예방하는 강력한 화학적 암 예방 물질을 함유하고 있을 것으로 생각되었다.

Nitrite 제거 해조류 검색과 활성 : 녹조류 (파래-*Enteromorpha, Ulva*), 갈조류(톳, 미역, 모자반류, 곰피), 홍조류(우뭇가사리, 진두발, 도박, 서실, 보라우무, 지누아리, 꼬시래기, 돌가사리)등에 대하여 NO 제거 활성을 검색한 결과, 곰피의 MeOH ex가 가장 강하였고, 추출 정제한 활성 물질은 phlorotannin A였다. phloroglucinol(IC_{50}=3.9㎎/*ml*)의 활성은 ascorbic acid(IC_{50}=65.0㎎/*ml*)보다 강하였다. 이상의 결과로 곰피에서 추출한 활성 물질 phlorotannin A와 phloroglucinol은 발암성 N-nitroso 화합물의 전구물질 nitrite제거제로 응용될 수 있을 것으로 생각되었다.

피부세포주 HaCaT에 대한 해조류의 영향 : 한국 연안 해조류를 채집, 이들 중 녹조류 잎파래 등 4종, 갈조류 모자반류(괭생이모자반, 비틀대모자반, 모자반, 딕티오타) 등 18종, 홍조류 돌가사리, 도박 등 14종을 수세, 음건하여 80% MeOH로 4회 추출, 37℃에 건조한 시료를 인체 피부세포 HaCaT와 24시간 배양을 조사한 결과, 36종의 해조 시료 중 비틀대모자반과 돌가사리가 대조구보다 1.6배 활력이 증가되었고, 참그물바탕말(*Dictyota dichotoma*), 참도박(*Pachymeniopsis elliptica*) 및 잎파래(*Enteromorpha linza*)의 추출물은 대조구보다 각각 0.2, 0.4, 0.4배 정도 활력을 억제시켰다.

ACE 활성 저해 : 갈조류 중 *Ecklonia cava*(감태), *Sargassum fulvellum*(모자반), *S. thunbergii*(지충이), *S. horneri*(괭생이모자반), *S. coreanum*, *Scytosiphon lomentaria*(고리매), *Ishige okamurae*(패)를 protamex, kojizyme, nuetrase, flavourzyme(F), alcalase 등 5종을 가수분해시켜 ACE 활성을 검색한 결과, 대부분 양호한 활성을 보였으며, 특히 감태가 가장 강하였다. flavourzyme(F)으로 감태를 가수분해 한 것이 0.3㎍/㎖에서 ACE IC_{50}을 보였고, captopril은 ~0.05㎍/㎖에서 IC_{50}을 보였다. F 가수분해물을 5, 10, 30KDa MWCO로 초원심 분리하여 분자량에 따라 3분획을 얻었고, 〉30KD분획에 가장 많은 단백질(27%)과 phenol성 물질(261 ㎍/100㎖)이 다른 소분자량 분획보다 많았다. 이 분획이 활성 물질이 포함된 protein(glycoprotein)과 polyphenol 분획이며, 감태의 항고혈압 물질이 포함된 분획이었다.

갈조류 추출물의 항혈액 응고 활성[①] : 갈조류 18종에 대하여 항혈액 응고를 조사한 결과, 미역, 다시마, 감태, 대황, 곰피, 톳, 괭생이모자반의 열수추출물의 APTT가 190.0초 이상으로 항응고 활성이 높았으며, 이때 추출온도는 90℃였다. 감태의 EtOH 불용성분의 항혈액 응고활성은 500㎍/㎖에서 EtOH 가용성 물질에 비하여 2배 이상 증가하였으며, EtOH 불용성 성분의 분자량에 따른 항혈액 응고활성은 100㎍/㎖에서 EKJ(검둥 감태) EtOH insolable(eim) 2(100-50kDa) 및 EKJ-eim 3(50-10kDa)에 비해 좋았으며, 이 분획의 화학적 구성 성분은 fucose, xylose, mamnose, galactose, glucose, sulfate로 mole비는 1: 0.05: 0.10: 0.15: 0.17: 1.46으로 2mole의 fucose에 3mole의 황산기가 결합되있는 산성 다당체임을 확인하였다.

Fucoidan의 항혈액 응고활성[②] : 국내 연안의 갈조류, 미역포자엽, 다시마, 톳, 모자반을 묽은 염산(pH 2.0)으로 65℃에서 추출, crude fucoidan을 CPC 처리로 침전시킨 후, $CaCl_2$(1.0M, 1.5M, 3.0M)를 증가시켜 분리하였다. APTT 활성으로 비교한 결과, 분획물의 항혈액 응고활성은 황산기 함량의 증가에 따라 증가하였으며, 분획물 시료 중 미역포자엽을 3.0M $CaCl_2$로 분획한 것이 가장 활성이 우수하였다. 이 분획을 다시 pronase와 laminase로 수식한 결과, 각각 단백질과 glucose가 감소하였으나 수식 전에 비해 APTT 활성이 증가하였다. pronase와 laminase로 수식한

fucoidan의 fucose : galactose : mannose : sulfate : uronic acid의 mole%는 1 : 1.3 : 0.03 : 2.7 : 0.08이었으며, 효소 처리에 따른 미역포자엽의 결합 구조는 변화가 없었다.

녹조류와 갈조류의 항고혈압 활성 : 제주 연안에 서식하는 녹조류와 갈조류(감태, 모자반, 미역, 톳, 다시마)의 항고혈압 활성을 조사하기위해 해조류 MeOH와 H_2O로 20℃와 70℃에서 추출, 각 분획의 활성을 조사한 결과, 녹조류에서는 비교적 활성이 낮았으나, 갈조류에서는 70℃ MeOH ex 중 잇바디괭생이모자반, 말미역, 바위주름, 넓패, 톳, 다시마 및 70℃ H_2O 감태 추출물에서 ACE 저해 활성이 높았다. 또한 70℃ H_2O 추출 감태의 가수 분해물은 2.33~3.56㎍/㎖의 IC_{50}값을 보여, 매우 ACE 저해 활성이 높았다. H_2O 추출물과 MeOH 추출물에서도 ACE 활성이 나타난 것은 해조류에는 fucoxanthin, phlorotannin 및 polyphenol계 물질이 있기 때문으로 보인다.

Marine carotenoid의 생물학적 기능 : 자연계에서 생성되는 색소 중 carotenoid(CA)는 가장 중요하며 인체 건강에 유용한 효과를 갖고 있어 관심이 증가되고 있다. 해산 CA는 그들이 주는 화학적, 생물학적 이익의 영향은 중요하다. 해산 CA 중 astaxanthin과 fucoxanthin은 해양 동물이나 해양 식물 중에서 비교적 강력한 생물학적 활성이 있다. 즉 이들 CA는 quenching siglet oxygen과 scavenging free radical의 강한 항산화 작용이 있기 때문이며, 식이성 항산화 작용이 있는 이들 강력한 작용의 CA는 항암 작용과 항염 작용이 있다. 특히 fucoxanthin이 근래 항비만과 항당뇨 효과가 인정되면서부터 주목받고 있다. 이러한 작용은 mitochondria의 백색지방(WAT)에서 uncoupling protein(UCP1)을 만들어 WAT에서 지방산을 산화시켜 WAT에서 열을 생산하기 때문이다. fucoxanthin은 insulin 저항을 개선하여 혈당을 낮추며, 동물의 WAT에서 종양괴사 인자 α(TNF α)를 감소시키기 때문이다.

미량 금속 함량 : 우리나라 연안에서 수집한 해조류 총 620건 시료 즉 녹조류(113건), 갈조류(275건), 홍조류(232건)의 미량 금속 함량을 비교 분석

한 결과, Hg은 갈조류에서, Cd는 홍조류에서, Cu, Cd는 녹조류에 많았고, Mn과 Ni은 녹조류와 홍조류에서, Pb는 녹조류에서, Zn은 홍조류에 많았다. 지역별로는 Hg, Cd, Ni, Mn은 충남 태안 지역에서 Cr은 영덕, Cu는 통영, Pb와 Zn은 울산 지역에서 많았다. 갈조류에는 Hg와 Cd, 녹조류는 Cr, Cu, Mn, Ni, Pb가, 홍조류에는 Zn이 많았다. 비식용 해조류 중 지충이는 Cd와 Mn의 biomonitor, 애기마디잘록이와 지누아리는 Ni와 Zn의 biomonitor, 식용 갈조류인 고리매는 Cr과 Pb의 biomonitor로 사용할수 있을 것으로 판단되었다.

해조류지방산 조성 : 녹조류(파래, 청각), 갈조류(다시마, 톳, 곰피, 모자반, 미역), 홍조류(김) 등 8종의 식용 해조류의 지방산을 GLC로 분석한 결과, 녹조류 1.51%, 갈조류 2.81%, 홍조류 1.02% 이었고, 지방산 조성은 녹조류에 $C_{16:0}$산이 가장 많았고, $C_{18:1}$, $C_{18:2}$, $C_{18:3}$산도 많았다. 갈조류에 $C_{16:0}$, $C_{18:1}$, $C_{18:2}$, $C_{18:3}$산이 많았으나, $C_{18:0}$산은 적었다. 홍조류는 $C_{16:0}$산이 많았고, $C_{14:0}$, $C_{18:1}$, $C_{18:2}$, $C_{18:3}$은 매우 적었다. 녹조류에 C_{16}, C_{18}산이, 갈조류는 C_{16}, C_{18}, C_{22}산이, 홍조류는 C_{15}, C_{16}, C_{18}산이 각각 많았다.

✻ 효능과 이용

1) 효능 : goiter, fodder, alginates
2) 식용 : 식재료

참고문헌

1) 구재근, **박사학위논문,** 고려대학교, 1994 (한국산 갈조류 중의 Fucoidan 추출, 정제 및 그 특성에 관한 연구 – 다시마, 미역, 톳 모자반)
2) 구재근, 최용석, 곽중기, **수산학회지,** 2001, 34(5), 515 (국내산 미역포자엽, 다시마, 톳, 모자반 Fucoidan의 항혈액 응고 특성)
3) 권대중, 임승택, 정용준, 박상후, 권동권, **식품과학과 산업,** 2006, 39(3),

73 (갈조류에서 추출한 푸코이단의 이해와 활용)
4) 김동수, 박영호, **수산학회지,** 1985, 18(2), 124 (알긴산의 화학적 조성 및 그 물성에 관한 연구 – 4. 외톨개모자반 및 괭생이모자반의 알긴산)
5) 김병목, 전준영, 박영범, 정인학, **식품영양과학회지,** 2006, 35(8), 1097 (해조류 메탄올 추출물의 항산화 효과 – 다시마, 모자반, 곰피, 미역, 고리매, 김, 지누아리)
6) 김영동, 김영명, 강통삼, **한국식품연구소, 연구보고,** 1981, 163 (해조류의 다각적 이용에 관한 연구)
7) 김영명, 김동수, 최용석, **식품과학회지,** 2004, 36(6), 1008 (국내산 주요 갈조류 추출물의 항혈액 응고 활성 – 미역, 다시마, 감태, 대황, 곰피, 톳, 괭생이모자반 등)
8) 김육용, 이근우, 김건배, 조영제, **수산학회지,** 2000, 33(5), 388 (다시마 Alginate 의 가열 가수분해에 따른 물리, 화학적 및 생물학적 특성에 관한 연구 – 3. 랫드의 Cholesterol, Glucose 및 Cd 체의 배출 효과)
9) 김지희, 목종수, 박희연, **식품영양과학회지**, 2005, 34(7), 104 (한국 연안 해조류의 미량 금속 함량 – 파래, 청각, 매생이, 미역, 다시마, 김, 모자반, 톳, 고리매, 우뭇가사리, 꼬시래기, 서실, 불둥가사리)
10) 박영범, 김인수, 유승재, 인종관, 이태기, 박덕천, 김선봉, **수산학회지,** 1998, 31(4), 581 (해조류 중의 anti-tumor initiator 및 promoter의 해석 – 2. PhIP와 MeIQx의 돌연변이 원성을 억제하는 해조 추출물 소재 연구: 미역, 곰피, 감태, 다시마, 모자반, 괭생이모자반, 미야베모자반, 지충이, 납작파래, 청각, 갈파래, 구멍쇠미역, 톳, 방사무늬김, 참도박, 마디잘록이, 참곱슬이, 꼬시래기)
11) 오윤식, 이인규, 부성민, **Algae,** 1990, 5(1), 57 (한국산 유용 해조 특히 식용, 약용 및 공업용 해조에 대한 주해)
12) 윤승제, 조연숙, 남주현, 이형호, Kim Eliya, 홍용기, **수산학회지,** 2008, 41(1), 68 (각종 해조류 추출물들의 인간 피부세포주 HaCaT에 대한 활력 영향 – 비틀대모자반, 돌가사리, 참그물바탕말, 참도박, 구멍파래, 잎파래, 청각, 납작파래, 딕티오타, 감태, 곰피, 톳, 패, 다시마, 모자반

류, 고리매, 미역, 진두발, 꼬시래기, 부챗살)
13) 이동수, 남태정, 변재형, **수산학회지,** 1998, 31(3), 399 (저분자와 알긴산이 콜레스테롤 식이 흰쥐의 혈청과 간장 지질의 콜레스테롤 및 지방산 조성에 미치는 영향 – 다시마, 미역)
14) 이용필, 강서영, **Algae,** 2002, 17(1), 69 (한국산 해조류의 목록)
15) 차선희, 안긴내, 허수진, 김길남, 이기와, 송춘복, 김소미, 전유진, **식품영양과학회지,** 2006, 35(3), 307 (제주 자생 해양 녹조류와 갈조류 추출물로 부터의 항고혈압 활성 – 감태, 모자반, 미역, 톳, 다시마)
16) 최진호, 임채환, 김재연, 양종순, 최재수, 변대석, **수산학회지,** 1986, 19(4), 303 (비만 치료식 개발을 위한 기초연구 – 1. 식이섬유로서의 알긴산의 비만 억제 효과)
17) 최진호, 최재수, 변대석, 양달선, **수산학회지,** 1986, 19(5), 485 (비만 치료식 개발을 위한 기초연구 – 2. 조류와 생약 성분의 비만 억제 작용 비교)
18) 하봉석, **수산학회지,** 1997, 10(4), 199 〔수산물의 지질에 관한 연구 (제2보), 해조류 지질의 지방산 조성에 대하여 – 녹조류, 갈조류, 홍조류〕
19) 황혜정, 변재형, 남택정, **수산학회지**, 2000, 33(6), 541 (알긴산이 3T3-L1 세포의 분화에 미치는 영향)
20) Alhukorala, Y., Jeon, Y. J., **J. Food Sci. Nutr.,** 2005, 10, 134 (Screening for Angiotensin 1-Converting enzyme Inhibitory Activity of *Ecklonia cava*, 모자반류, 패, 고리매 등)
21) Amano, H., **Marine Biochemistry,** Yamaguchi, K. ed., Tokyo University Press, Japan, 1999, pp.170~171 (Biochemistry and bio-technology of seaweed)
22) Ang, P. O. Jr., **Proc. 12th Intl. Seaweed Symp.,** 1984, 11, 547 (Preliminary study on the alginate contents of *Sargassum* spp. in Balibago, Calatagan, Philippines)
23) Anggadiredja, J., Andyani, R., Hayati, Muawana, H., **J. Appl. Phycol.,** 1997, 9, 477 〔Antioxidant activity of *Sargassum polycystum* (Phaeophyta)

and *Laurencia obtusa* (Rhodophyta) from Seribu Islands]

24) Arai, A., Miura, A., **Suisan Zoshoku,** 1991, 39, 315 (Effects of salinity and light intensity on the growth alga, *Sargassum ringgoldianum*)

25) Baker, J. T., **Proc. Intl. Seaweed Symp.,** 1984, 11, 29 (Seaweeds in pharmaceutical studies and application)

26) Baldwin, J. E., et al, **J. Org. Chem.,** 1988, 53, 1129 (Sarohornene A)

27) Chapman, V. J., Chapman, D. J., **Seaweeds and Their Uses,** Chapman and Hall, London, 1980, 334

28) Choi, J. S., Lee, J. H., Jung, J. H., **J. Kor. Fish. Soc.,** 1997, 30(6), 909 (The screening of Nitrite scavenging Effect of marine Algae and Active principles of *Eklonia stolonifera, Sargassums*)

29) Colliec, S., Fischer, A. M., Tapon, B. J., Boisson, C., Durand, P., Jozefonvicz, J., **Thromb. Res.,** 1991, 64, 143 (Anticoagulant properties of a fucoidan fraction)

30) Cote, R. H., **J. Chem. Soc.,** 1959, 2248 (Disaccharides from fucoidan)

31) Dawczynaki, C., Schubert, R., Jahreis, G., **Food Chem.,** 2006, 9, 41 (Amino acids and dietary fibre in edible seaweed products)

32) Holan, Z. R., Volesky, B., Prasetyo, I., **Biotechnol. Bioeng.,** 1993, 41, 819 (Biosorption of cadmium by biomass of marine algae)

33) Hosokawa, M., Okada, T., Mikami, N., Konishi, I., Miyashita, K., **Food Sci. Biotechnol.**, 2009, 18(1), 1 (Bio-function of Marine Carotenoids)

34) Hu, J, F., Geng, M, Y., Zhang, J. T., Jiang, H. D., **J. Asian Nat. Prod. Res.,** 2001, 3, 353 (An in vitro study of the structure - activity relationships of sulfated polysaccharide from brown algae to its antioxidant effect)

35) Ikekawa, N., et al, **Chem. Ind.** (London), 1966, 1179 (Saringosterol)

36) Janicke, L. et al, **Angew. Chem. Int.** (ed. Engl.), 1982, 21, 643 (rev, Sarohornene B, C)

37) Jimenz-Escrig, A., Goni Ganbrodon, I., **Arch. Latinoam. Nutr.**, 1999, 49, 114 (Nutritional evaluation and physiological effects of edible seaweeds)

38) Kaneda, T. P., Kamasastri, V., Tokuda, S., **Bull. Jpn. Fish. Sci. Soc.**, 1965, 31, 1026 [Studies on the effects of marine products on cholesterol metabolism in rat. V. The effect of edible seaweed (supplement)]

39) Kang, K. S., Kim, I. D., Kwon, R. H., Lee, J. Y., Kang, J. S., Ha, B. J., **Arch. Pharm. Res.**, 2008, 31(5), 622 (The effect of Fucoidan Extracts on CCl_4-Induced Liver Injury)

40) Lee, S. B., Lee, J. Y., Song, D. G., Pan, C. H., Nho, C. W., Kim, M. C., Lee E. H., Jung, S. H., Kim, H. S., Kim. Y. S., Um, B. H., **Food Sci. Biotechnol.**, 2008. 17(3), 613 (Cancer chemopreventive Effects of Korean seaweed Extracts)

41) Leusch, A., Holan, Z. R., Volesky, B., **Appl. Biochem. Biotechnol.**, 1996, 61, 231 (Solution and particle effects on the biosorption of heavy metals by seaweed biomass)

42) Mabeau, S., Fleurence, J., **Trends Food Sci. Technol.**, 1993, 4, 103 (Seaweed in the food products : Biochemical and nutritional aspects)

43) Mizui, N, I., Fujihara, M., Himeno, J., Komiyama, K., Umezawa, I., Nagumo, T., **Kitasato Arch. Exp. Med.**, 1985, 58, 59 (Antitumor activity of polysaccharide fractions from the brown Seaweed *S. kjellmanianum*)

44) Nishizawa, K., Murasugi, S., **The Sea Vegetable Book,** Kensei Press, Tokyo, 1988, 57 (in Japanese)

45) Noda, H., **Science of Marine Algae,** Oishi, K. ed. Asakura-Shoten, Tokyo, 1993, pp.14~29 (Chemistry of marine algae)

46) Ohta, K., **Proc. Intl. Seaweed Symp.**, 1979, 9, 401 (Chemical studies on biologically active substances in seaweeds)

47) Park, M. J., Han, J. S., **J. Food Sci. Nutr.**, 2008, 13(4), 259,

(Fucoidan protects LLC-PK1 cells against AAPH-induced Damage)

48) Park, Y. B., Kim, I. S., Yoo, S. J., Lee, J. H., Park, D. C., Yeum, D. M., Lee, T. G., Kim, S. B., **J. Kor. Fish. Soc.**, 1996, 29(6), 917 (Elucidation of Anti-tumor Initiator and Promoter Drived from Seaweed-1: Antitumor Promoting Activity of seaweed Extracts — 지충이, 미역, 다시마, 괭생이모자반)

49) Preeprame, S., Hayashi, K., Lee, J. B., Sankawa, U., Hayashi, T., **Chem. Pharm. Bull.**, 2001, 49, 484 (A novel antivirally active fucan sulfate derived from an edible alga, *Sargassum horneri*)

50) So, M. J., Kim, B. K., Choi, M. J., Park, K. Y., Rhee, S. H., Cho, E. J., **J. Food Sci. Nutr.**, 2007, 12, 191 (Protective Activity of Fucoidan and Alginic Acid against Free Radical-Induced Oxidative Stress under in vitro and Cellular System)

51) Tsuda, K., et al, **J. Am. Chem. Soc.**, 1958, 80, 921 (Sargasterol)

52) Uchida, T., **J. Phycol.**, 1993, 29, 231 [The life cycle of *Sargassum horneri* (Phaeophyta) in laboratory culture]

53) Yamamoto, I., Nagumo, T., Takahasi, M., Fujihara, M., Suzuki, Y., Iizima, I., **J. Exp. Med.**, 1981, 51, 187 (Antitumor effect of seaweeds III. Antitumor effect of an extract from *Sargassum kjellmanianum*)

54) Yan, X. J., Li, X, C., Zhou, C. X., Fan, X., **J. Appl. Phycol.**, 1996, 8, 201 (Prevention of fish oil rancidity by phlorotannins from *Sargassum kjellmanianum*)

55) Yang, J., Volesky, B., **Environ. Sci. Technol.**, 1999, 33, 751 (Cadmium biosorption rate in protonated *Sagrassum* biomass)

Ulva pertusa Kjellman

구멍갈파래 10

녹조류 · Ulvaceae (갈파래과)

• 영명 | Sea-lattuce

• 일명 | Ana-aosa

• 중국명 | 苔菜

• 별명 | 기파래, 갈파래

• 분포 | 한국 각지 연안, 일본

• 용도 | 어린것-식용, 퇴비, 사료

✲ 식물학적 특성

녹조류로 갈파래과 속하는 구멍갈파래는 몸은 단독 또는 2~3개가 뭉쳐나고, 높이 10~30㎝ 또는 그 이상이다. 거의 줄기가 없고, 몸체의 하부는 매우 두껍고, 부착부는 두께가 0.5㎜ 정도. 상부는 엷고, 두께는 125μ 정도. 좀 단단하고 가장자리는 엷은 막상. 이 두께는 40~50μ 쯤. 모양은 불규칙. 불규칙하게 째지고, 큰 주름살은 좀 있고, 가장자리는 다소 파상. 불규칙한 구멍이 서로 연결되어 있다. 성숙하면 가장자리는 황색, 이곳에 생식세포가 형성. 어린 것은 황록색. 자라면 녹색이 되며, 질은 싱싱할 때 단단하고, 겨울에 자라 늦봄에 번창한다.

동속 식물에는 갈파래(*U. lactuca*)와 초록갈파래(*U. japonica*) 등이 있다.

✻ 성분

1) 영양성분

① **갈파래 (말린것, 12061)** : 가식부 100g 중 수분 13.70%, 열량 216.0kcal, 단백질 23.1g, 지질 0.5g, 당질 40.1g, 조섬유 3.40g, Ca 1015.0㎎, P 194.0㎎, Fe 8.70㎎, Zn 1.73㎎, vitamin A 129.0 RE, β-caroten 774.0㎎, B_1 0.040㎎, B_2 0.390㎎, B_6 0.96㎎, niacin 11.4㎎, C 13.0㎎, 엽산 1364.0㎍, E 4.30㎎

2) 특수성분

구멍갈파래에서 N^2-Arginylglutamine(A-02720), Cysteinolic acid(S, A-01435) 등이 분리되었고, *U. lactuca*에서(2-Carboxyethyl) dimethyl sulfonium(I, C-00385) 등도 확인되었다.

✻ 생리 활성

Phenol성 물질의 간 보호 활성 : 16종의 해조류 MeOH 추출물을 대상으로 시험관 내에서 bromobenzene 유도 흰쥐의 지질 과산화에 대해 관찰한 결과, *Enteromorpha compressa, Capsosiphon fulvescens, Gelidium amansii, Hizikia fusiformis, Sargassum siliquastrum, S. thunbergii* 추출물이 10^{-1}㎎/㎖에서 각각 22%, 32%, 21%, 41%, 54%, 40%, 1㎎/㎖에서 26%, 45%, 26%, 66%, 79%, 59% 지질 과산화 생성이 감소 되었다. 이 중 *S. siliquastrum* 추출물의 n-BuOH 분획이 억제율이 가장 컸다. bromobenzene 유도 xanthine oxidase 와 aldehyde oxidase 활성은 추출물 1㎎/㎖에서 모두 억제되었다. *Ecklonia stolonifera*에서 분리된 phlologlucinol 의 경구 투여도 bromobenzene 유도 과산화 지질이 감소되었으나, glutathion S-transferase, aminopyrine N-demethylase, aniline hydroxylase의 활성 변화는 없었고, epoxide hydrolase 농도를 대조군의 76%로 회복시켰다. 따라서 phloroglucinol에 의한 bromobenzene 유도 흰쥐의 지질 과산화 억제 활성은 epoxide hydroxylase가 관여하는 것으로 사료되었다.

피부세포주 HaCaT에 대한 해조류의 영향 : 한국 연안 해조류를 채집, 이들 중 녹조류 4종(구멍갈파래, 잎파래, 납작파래, 청각), 갈조류 18종(참그물바탕말 등), 홍조류 14종(참도박 등)을 수세, 음건하여 80% MeOH로 4회 추출, 37℃에 건조한 시료를 인체 피부세포 HaCaT와 24시간 배양 후 조사한 결과, 36종의 해조 시료 중 비틀대모자반과 돌가사리가 대조구보다 1.6배 활력이 증가되었고, 참그물바탕말(*Dictyota dichotoma*), 참도박(*Pachymeniopsis elliptica*) 및 잎파래(*Enteromorpha linza*)의 추출물은 대조구보다 각각 0.2, 0.4, 0.4배 정도 활력을 억제시켰다.

Angiotensin-1 전환 효소 저해 : 해조류(김, 파래, 미역, 우뭇가사리, 청각, 톳, 다시마) 추출물과 가수 분해물의 성분과 ACE 저해 효과를 조사하였다. 단백질의 함량은 김 39.6%, 파래 22.1%, 미역 21.1%, 우뭇가사리 18.3%, 청각 15.7%, 톳 12.4%, 다시마 8.2% 순이었고, 추출물의 ACE저해 효과는 50, 70, 98℃에서 추출한 결과, 70℃ 추출 시료 모두에서 가장 높았으며, 70℃를 기준 ACE 저해율은 우뭇가사리 10.9%, 김 9.3%, 파래 8.9%, 미역 8.2%, 톳 7.5%, 다시마 7.1%, 청각 7.0% 순이었다. maxayme과 papain 가수 분해 물의 ACE 저해 효과는 김이 파래, 미역, 우뭇가사리보다 현저히 높았고, peptide-nitrogen 함량 역시 높았다. 김 8시간 가수 분해 후, ACE 저해 효과가 maxazyme 31.3%, papain 27.9%로 가장 높았고, peptide-nitrogen 함량도 가장 높았다. 파래의 ACE 저해 효과 역시 8시간에서 maxazyme 9.6%, papain 8.5%로 다른 시간대보다 높았으며, peptide-nitrogen 함량이 16시간까지 완만히 증가하였다.

항돌연변이 활성 및 암세포 성장 억제 : 톳, 다시마, 미역, 김, 파래 등 5종의 해조류 EtOH 추출물의 2-anthramine에 대한 돌연변이 억제 효과를 *Sal. thypimurium* TA98에서 측정 결과, 톳(100%), 다시마(94.2%)가 3.5㎎/

plate에서, 파래(68.5%)가 4.5㎎/plate에서 억제능을 보였고, TA100에서 파래(100%), 톳(100%), 다시마(94.1%)가 각각 1.5, 2.5, 4.5㎎/plate에서 최대 억제 효과를 보였으나 미역과 김은 간접 돌연변이 억제는 없었다. 직접 항돌연변이는 TA98에서 톳, 미역, 파래 모두 4.5㎎/plate에서 각각 83%, 73%, 73% 억제되어 2-nitrofluorene의 돌연변이능 저해율이 비교적 높았다. 또한 TA100에서 sodium-azide의 돌연변이 저해가 가장 큰 해조류는 톳, 다시마 및 파래로 3.5㎎/plate에서 모두 100% 저해율을 보였다. TA98에서 미역과 김은 4.5㎎/plate에서 각각 73%, 50% 저해하였고, TA100에서 저해능이 없었다. HeLa cell과 MCF-7 cell, SNU-638 cell 암세포 성장 억제를 MTT assay로 관찰한 결과, 5종 모두 억제 효과를 보였다. HeLa cell 성장을 90% 이상 저해는 파래〉미역〉다시마〉톳 순이었고, 김은 56% 저해하였다. MCF-7 cell에는 90% 이상 저해는 파래〉미역〉다시마〉톳 순이었고, 김은 50% 저해율을 보였다. SNU-638 cell 세포 성장 억제는 HeLa cell과 MCF-7 cell보다 낮았다. 저해율 70% 이상은 파래, 미역, 다시마, 톳이었고, 김은 68%이었다. 이상에서 Ames test와 MTT assay 결과, 톳, 파래, 다시마는 항돌연변이 효과와 암세포 성장 억제 효과가 우수한 것으로 나타났다.

미량 금속과 안전성 평가 : 우리나라 연안에서 수집한 김(33점), 미역(88점), 다시마(12점), 파래(43점) 등 총 176점 해조류의 미량 금속을 조사한 결과, Zn, Mn, Cu 순으로 많았고, 다음 Cr, Ni, Cd, Hg 순이었다. 김에는 Cd, Zn이, 파래에는 Cr, Ni, Pb가 많았으며, 다시마에는 Hg가 가장 많았다. Cd와 Zn 농축 계수는 김에서 각각 약 12,000과 14,000으로 높았으며 Cr과 Pb는 파래에서 각각 약 23,000 및 2,500으로 가장 많았다. Cu는 김과 파래에서 약 5,500으로 가장 많이 농축되어 있었다. 다시마에는 Mn과 Pb가 많았고, 갈조류인 미역과 녹조류인 파래에는 전혀 다른 경향이었다. 우리나라 국민의 식용 해조류에서 Hg 섭취는 평균 0.03㎎/일로 PTWI(5㎎/kg b.w/wk)의 0.07%이었고, Cd 섭취량은 평균 2.15㎎/일로 PTWI(7㎎/kg b.w/wk)의 3.57%, Pb의 섭취량은 평균 2.65㎎/일로 PTWI

(25㎎/㎏ b.w/wk)의 1.20%이었다. 이로써 우리 국민이 해조류로 섭취하는 Hg, Pb, Cd/주의 함량은 PTWI 0.07~3.57%이며, 유해 금속 섭취는 매우 안전하며, Cu, Zn, Mn, Cr의 섭취량은 영양소 기준치의 각각 1.35, 0.89, 4.28, 9.18%이였다.

Polyphenol량과 항산화 효과① : 상용되는 해조류 5종-미역, 다시마, 톳, 파래, 김의 항산화 활성과 총 flavonoid 및 polyphenol 함량을 알고자, 해조 EtOH ex를 Fe유도 지방 과산화 억제율, DPPH 라디칼 소거율 및 MDA-BSA 결합 저해율을 3가지 방법으로 측정하였다. 녹조류인 파래의 항산화 효과가 가장 우수하였고, 특히 지질 과산화물이 단백질과 결합 반응을 저해하였고, 김, 다시마의 항산화 효과가 우수하였으며 미역과 톳은 거의 없었다. 총 flavonoid는 미역 11.63㎎/g으로 높았고, 총 polyphenol은 파래가 8.97㎎/g으로 가장 높았다. 3가지 방법의 항산화 효과는 총 phenol양과 관계가 깊었으며, 지질 과산화 억제율과 매우 높은 상관성을 보였다. 해조류의 항산화 효과에 polypenol 성분의 기여도가 큰 것으로 나타났다.

항산화 물질② : 동해 주문진 해안에 생육하는 12가지 식용 해조류에서 항산화 물질을 분리하였고, 항산화 측정(AOM법, DPPH법)과 UV, HPLC, GC/MS 로 분석하였다. 12종 식용 해조류를 hot-MeOH 추출 AOM법으로 활성을 측정한 결과, 김〉미역, BHT〉다시마〉넓미역〉지누아리〉서실 순이었고, 나머지 해조류는 활성이 나타나지 않았다. 또한 석유 에텔, Et_2O, $CHCl_3$, MeOH, H_2로 순차 추출, 색소제거 후, 농축하여 DPPH법으로 항산화를 측정한 결과, H_2O-MeOH 가용분획에서 강한 활성을 보였고, 김〉미역〉다시마〉BHA〉파래〉Tocopherol〉넓미역〉BHT 순이었다. 특히, 김, 미역, 다시마, 파래는 같은 양에서 BHT, BHA보다 높거나 비슷한 항산화 활성을 보였다. 활성 물질 회수율은 1.82%, 극성용매 분획에서 강한 활성을 보였다. 추출 물질의 흡수 파장은 235±5nm, 270±5nm(λ max), HPLC 분석 결과 다시마, 미역, 파래의 retention time(RT)이 8.5분, 10분인 극성 물질이 분리되었고, 김에서는 25분의 비극성 물질로

BHA, BHT와 비슷한 RT에서 분리되었다.

추출 조건과 면역활성 : 제주도 녹조현상 원인인 구멍갈파래 활용을 위해 고압추출 공정으로 추출한 구멍갈파래의 면역 활성을 조사한 결과, 150MPa, 80℃에서 superoxide radical소거는 90%로 활성도가 제일 높았으며, 면역세포 생육도 면에서도 BXT cell, 각각 $14.2x10^4$cells/㎖, $14.5x10^4$cells/㎖로 나타나 가장 높았다. 반면 NK cell과 NO면역능에서 100MPa, 30℃에서 각각 $11.8x10^2$cells/㎖, 30.0μM을 보였다. 이 결과로 구멍갈파래는 면역 활성이 있으며, 고압 공정 추출물이 일반 추출보다 면역 활성이 높았다.

충치균에 대한 항균 활성 : 우리나라 연안에서 채취한 해조류 27종의 80% EtOH 추출물이 충치균 *Streptococcus mutans* KCTC 3300의 증식에 미치는 영향을 조사한 결과, 해조류 중 다시마가 가장 강하였고(+++), 갈파래, 청각, 감태, 곰피, 미역도 비교적 활성이 높았으며(++), 홍조류보다 갈조류와 녹조류가 대체로 강하였다. 다시마의 항균 활성은 용매에 따른 추출물의 차이는 나타나지 않았다. *S. mutans* KCTC 3300과 *S. sobrinus* KCTC 3307에 대한 해조류의 80% EtOH 추출물의 MIC는 해조류 종뿐 아니라, 동일 해조류 추출물에서도 균 종에 따라 차이가 있었다. 다시마의 80% EtOH의 Et_2O 분획에서 MIC는 105㎍/㎖, 수용성 분획은 약 5,500 ㎍/㎖에서 균의 증식이 억제되지 않았다. 구멍갈파래도 항균 효과가 있었다.(+)

Chlorophyll a 형광 유도와 수은 : 수은 ion의 저해 작용은 1차적으로 광계 II 이후의 (Q_B 결합부위가 아닌) 전자 전달계나 산소 발생기구에서 나타났으며, Fmax, Fo, (Fv)m, qQ, qN의 감소를 수반 하였다. qN의 감소 주원인은 수소이온 농축 기능의 저해로 생각되며, Fo 의 감소는 색소 함량 저하로 생각된다. 색소 함량은 고농도의 처리구(0.6ppm 이상)에서 일정량이 유지되었으나, 고농도에서 산소 발생량이나 Fmax, Fo, (Fv)m, qQ, qN 등의 엽록소 형광 분석 지표로 보아 광합성 활성이 완전히 저해되었다.

중금속 축적 : 해조류의 질산 추출물의 중금속 평균 축적은 아연〉구리〉크롬〉납〉카드뮴 순이었고, 아연은 *Ulva pertusa*에, 구리는 *Sargassum horneri*에, 카드뮴은 *Erythrocladia carnea*에, 납은 *Laminaria religiosa*에, 크롬은 *Sargassum horneri*에 가장 높게 측정되었다.

미이용 해조류의 성분과 단백질 추출 : 갈조류 14종(18시료), 녹조류 3종(3시료), 홍조류 15종(19시료)을 분석한 결과, 홍조류는 조단백이 높고, 조지방이 낮았으며, 갈조류와 녹조류는 조단백은 낮고, 조지방이 높았다. 단백질 자원으로는 지충이, 부채꼴아크로소리움, 꿩꼬리, 오카므라서실, 검은서실, 지누아리, 진두발, 불등가사리, 돌가사리, 딕티오타, 고리매 등이나, 큰딕티오타, 코르다리아, 비틀대모자반, 알쏭이모자반, 외톨개모자반, 도박, 털도박, 미끌도박, 납작파래, 구멍갈파래, 거머리말은 단백질이 극히 적었다. 추출액 중 단백질 침전법은 MeOH 처리법이 가장 양호하였으며, 알쏭이모자반이 가장 좋았고, 다음이 지누아리, 거머리말 순이었다.

수용성 단백질 추출 : 해조류, 둥근돌김, 파래(*E. linza*), 톳, 모자반, 미역, 청각, 셀만모자반, 구멍갈파래 등 8종을 선정, 수용성 단백질을 추출한 결과, 둥근돌김 24.14%, 미역 15.7%, 톳 7.66%, 모자반 12.61%, 셀만모자반 14.08%, 잎파래 10.86%, 구멍갈파래 16.60%, 청각 9.89%이었고, 추출 조건은 구멍갈파래와 잎파래는 1시간, 둥근돌김, 톳 미역, 모자반, 셀만모자반은 2시간, 청각은 3시간이, 추출 온도는 톳 40℃, 둥근돌김, 청각, 잎파래, 미역, 모자반, 셀만모자반이 50℃, 구멍갈파래 60℃에서 최고 수율을 보였으며, pH는 9~12가 양호하였다.

식염 가용성 및 알코올 가용성 단백질 : 상용 해조류인 둥근돌김, 잎파래, 구멍갈파래, 미역, 톳, 모자반, 셀만모자반, 누운청각의 식염 가용성 단백질은 미역, 톳, 돌김, 잎파래, 구멍갈파래는 0.25M-NaCl 용액에서, 모자반, 셀만모자반, 누운청각은 1.0M-NaCl 용액에서 수율이 가장 높았고, 알코올 가용성 단백질은 전시료 모두 20% EtOH에서 수율이 높았다. 식염 가용성 단백질은 구멍갈파래, 잎파래가 1시간, 둥근돌김, 누운청각이 2시간, 미역, 톳, 모자반, 셀만모자반은 3시간이었고, 알코올 가용성 단백질은 전시료가 1시간 내외에서 수율이 높았다. 온도는 잎파래, 구멍갈파래는 40℃, 미역은 50℃, 톳, 모자반, 셀만모자반, 누운청각은 60℃에서 최고 수율을, 알코올 가용성 단백질은 잎파래 30℃, 미역, 둥근돌김, 모자반은 40℃에서 수율이 높았으며 pH는 식염 가용성은 pH 7~8, 알코올 가용성은 pH 8~9에서 성적이 양호하였다.

추출 단백질의 침전 조건과 영양 : 식용 해조인 둥근돌김, 구멍갈파래, 미역 및 모자반 단백질의 아미노산 조성과 소화율을 조사하였다. 홍조류와 녹조류는 TCA로 침전, 각 조류는 등전점으로 정제하였고 아미노산 분석결과, 둥근돌김은 lysine이 시료 중 가장 많았고, 구멍갈파래는 theronine이 많았으나, lysine이 낮았고, 미역과 모자반의 아미노산은 둥근돌김과 구멍갈파래보다 못하였다. 둥근돌김과 구멍갈파래의 chemical score는 35, 정제 단백질은 56, 미역, 모자반은 10~16, 정제한 것은 30~35, protein score는 전시료의 정제 단백질은 62~73이었다. 소화율은 원료시료가 25~40으로 낮았으나 정제 후에는 1.3~2.1배 증가, 갈조류의 소화율이 전반적으로 낮았다.

지방산 조성 : 녹조류(파래, 청각), 갈조류(다시마, 톳, 곰피, 모자반, 미역), 홍조류(김) 등 8종의 식용 해조류의 지방산을 GLC로 분석한 결과, 녹조류 1.51%, 갈조류 2.81%, 홍조류 1.02% 이었고, 지방산 조성은 녹조류에서는 $C_{16:0}$산이 가장 많았고, $C_{18:1}$, $C_{18:2}$, $C_{18:3}$산도 많았다. 갈조류에는 $C_{16:0}$, $C_{18:1}$, $C_{18:2}$, $C_{18:3}$산이 많았으나 $C_{18:0}$산은 적었다. 홍조류에는 $C_{16:0}$산이 많았고, $C_{14:0}$, $C_{18:1}$, $C_{18:2}$, $C_{18:3}$은 매우 적었다. 녹조류에는 C_{16}, C_{18}산이, 갈조류에는 C_{16}, C_{18}, C_{22}산이, 홍조류에는 C_{15}, C_{16}, C_{18}산이 각각 많았다.

미량 금속 함량 : 우리나라 연안에서 수집한 해조류 총 620건 시료 즉 녹조류(113건), 갈조류(275건), 홍조류(232건)의 미량 금속 함량을 비교 분석한 결과, Hg은 갈조류에서, Cd는 홍조류에서, Cu, Cd는 녹조류에 많았고, Mn과 Ni은 녹조류와 홍조류에서, Pb는 녹조류에서, Zn은 홍조류에 많았다. 지역별로는 Hg, Cd, Ni, Mn은 충남 태안 지역에서 Cr은 영덕,

Cu는 통영, Pb와 Zn은 울산 지역에서 많았다. 갈조류에는 Hg와 Cd, 녹조류(파래, 청각)는 Cr, Cu, Mn, Ni, Pb가, 홍조류에는 Zn이 많았다. 비식용 해조류 중 지충이는 Cd와 Mn의 biomonitor, 애기마디잘록이와 지누아리는 Ni와 Zn의 biomonitor, 식용 갈조류인 고리매는 Cr과 Pb의 biomonitor로 사용할 수 있을 것으로 판단되었다.

해조류의 콜린 함량 : 김, 다시마, 미역, 파래의 가식부 100g당 choline 함량은 각각 179.47, 76.70, 11.53, 112.74, 2.46 ㎎%로 미역〉김〉다시마〉파래 순이었다.

발효식품과 해조류의 비타민 B_{12} : 전통법으로 제조한 된장의 비타민 B_{12}함량은 1.85㎍%, 공장 된장은 0.04~0.86%, 전통 청국장은 0.69㎍%, 공장 청국장은 0.06~0.15㎍%이었고, 전통식 고추장은 0.11㎍%, 국 간장은 0.04㎍%이었으나 진간장에서는 검출되지 않았다. 시판 배추김치의 B_{12}는 0.02~0.03㎍%, 열무김치 0.013㎍%, 갓김치 0.02㎍%, 깍두기는 0.004㎍%이었고 새우젓 0.78㎍%, 멸치액젓 1.52㎍%이었다. 김의 B_{12}함량은 66.76㎍%, 파래 84.74㎍%, 다시마 0.36㎍%, 미역 1.90㎍%이었다.

저분자 Peptide 의 기능성 : 해조류의 이용성을 높이고자 pepsin으로 가수분해한 peptide를 정제, 쇠미역, 파래, 지누아리는 3개의 peptide, 김은 2개의 peptide를 얻어 항산화 활성을 검사한 결과, 김은 peak 1이 높았고, 다음 peak 2가 높았다. ACE 저해 활성은 김 peak 1, 파래 peak 3, peak 2 순으로 높았으며, 항갈변 활성은 김 peak 1과 2, 파래 peak 2가, 파래 peak 3이 높았다. 항암 활성은 파래 peak 1〉쇠미역 peak 2〉파래 peak 3〉지누아리 peak 3 순이었다. 전반적으로 김의 기능성이 높았고, 또한 단백질 함량도 높았다.

오동도 해조 군락 : 1982년 6월~1983년 5월까지 오동도 해조 군락 특성을 5개의 line transect를 설치, 연간 계절별로 조사 분석한 결과, 수직분포의 상부군이 *Gelidium divaricatum*, *Enteromorpha linza*, *Porphyra yezoensis*, *Scytosiphon lomintaria*, *Blidingia nana*, *Ectocarpus confervoides*, 중부군이 *Ulva pertusa*, *Chondria crassieaulis*, 하부군은 *Sargassum saga-*

mianum, *Undaria pinnatifida*, *Sargassum thunbergii* 및 *Gelidium amansii* 등의 홍조류로 대표되었다. 출현 해조 종수는 4월에 최대, 8월에 최소였다.

연화도의 해조 군집 및 변동의 정량적 분석 : 1984년 12월~1986년 1월 사이 연화도 해조군을 조사한 결과, 남조류 2종(1.8%), 녹조류 18종(15.8%), 갈조류 25종(21.9%), 홍조류 69종(60.5%), 모두 114종이었다. 해조류의 기능형 군별 구성비는 봄 겨울에는 사상형과 막상형이 우세, 여름과 가을에는 직립 분기형과 다육질 형이 우세하였으며, 파도가 적은 내만에는 막상형과 각상형이, 파도가 강한 곳은 직립 분기형과 다육질 형이 우세하였다. 전 조사 기간 중 각 지점에서 중요도 10 이상인 종은 *Porphyra suborbiculata*(30.1), *Corallina pilulifera*(27.8), *Hizikia fusiforme*(27.7), *Sargassum thurnbergii*(27.5), *Undaria pinnatifida*(22), *Ishige okamurai*(20.6), *Chondria crassicaulis*(20), *Ulva pertusa*(16), *Pseudulvella consociata*(15.7), *Urospora penicilliformis*(15), *Sargassum sagamianum*(14.9), *Caulacanthus okamurai*(12.8), *Gloiopeltis furcata*(12.7), *Sargassum microcanthum*(11.7), *Myelophycus simplex*(11.2) 이었고, Melobesioideae가 25.7이었다.

동해 영일만 중심 해조류의 해조상, 분포, 군집 구조 : 1995년 7월~1996년 6월까지 계절별, 남조류 5종(3.5%), 구멍갈파래 등 녹조류 18종(12.5%), 모자반 등 갈조류 20종(13.9%), 우뭇가사리 등 홍조류 101종(70.1%) 등 144종이었고, 봄 77종, 여름 78종, 가을 92종, 겨울 81종이 출현하였다. 연중 4계절 출현하는 것은 구멍갈파래, 참그물바탕말, 우뭇가사리, 진두발, 돌가사리, 폴리시포니아, 보라색우무, 단박, 서실 등 29종이 출현, 연중 비교적 높은 빈도 출현은 구멍갈파래, 우뭇가사리, 보라색우무이며, 중요한 것은 지충이, 클라도포라, 모자반, 납작파래 등이 있었다.

건강기능성 식품과 해조류 소비 : 경북대 학생 281명을 대상으로 해조류 건강기능 식품의 구매 의도와 소비 가치를 조사한 결과, 구매 장소는 24시간 편의점이고, 낱개 포장으로, 구매 목적은 영양 보충과 체중 조절이며,

구매 의도가 높은군과 낮은군의 차이가 현저하였고, 식품, 영양 및 건강 관련 과목 수강 경험자 중 기능가치와 인식가치가 높았다.

✲ 효능과 이용

1) 효능 : 비뇨계 질병, 해열, 갑상선종, 임파염, 상처치료, 고혈압, 상처, 화상, 항미생물, 혈액응고
2) 식용 : 어린 것은 무침, 국 등을 만들어 식용한다.

참고문헌

1) 공정애, 한태준, 한영석, Algae, 2002, 17(4), 259 〔녹조 구멍갈파래(*Ulva pertusa*)에서 나타나는 리듬 현상에 관한 연구〕
2) 곽충실, 김성애, 이미숙, **식품영양과학회지**, 2005, 34(8), 1143 (한국산 5종 해조류의 항산화 효과와 총 폴리페놀 함량의 관련성 – 미역, 다시마, 톳, 파래, 김)
3) 곽충실, 황진용, 와다나베 후미오, 박상철, **영양학회지**, 2008, 41(5), 439 (한국 장류, 김치 및 식용 해조류를 중심으로 하는 일부 상용 식품의 비타민 B_{12} 함량 분석 연구 – 파래, 다시마, 미역)
4) 김미경, 이춘환, 정익교, Algae, 1994, 9(2), 225 (구멍갈파래의 광합성 능력과 중금속 독성의 계절 변화)
5) 김성애, 김진, 우미경, 곽충실, 이미숙, **식품영양과학회지**, 2005, 34(4), 451 (다섯 가지 해조류 에탄올 추출물의 항돌연변이 활성 및 암세포 성장 억제 효과 – 톳, 다시마, 미역, 김, 파래)
6) 김지희, 목종수, 박희연, **식품영양과학회지**, 2005, 34(1), 104 (한국 연안 해조류의 미량 금속 함량 – 파래, 청각, 매생이, 미역, 다시마, 김, 모자반, 톳, 고리매, 우뭇가사리, 꼬시래기, 서실, 불등가사리)
7) 김지희, 임치원, 박희연, 이두석, 박정흠, **수산학회지**, 2002, 35(2), 191

〔충치균(*Streptococcus mutans*)에 대한 다시마 추출물의 항균 활성 – 갈파래, 청각, 감태, 곰피, 미역, 구멍갈파래, 다시마 등〕

8) 남기완, 김영식, 김영환, 손철현, **수산학회지,** 1996, 29(5), 727 (한국 동해안 연안역의 저서 해조류 : 해조상, 분포 및 군집 구조 – 구멍파래, 진두발, 돌가사리, 서실, 보라색우무 등)

9) 목종수, 박희연, 김지희, **식품영양과학회지,** 2005, 34(9), 1464 (한국산 주요 식용 해조류의 미량 금속 함량 및 안전성 평가 – 김, 미역, 다시마, 파래 등 176종)

10) 박병직, 한태준, **Algae,** 1999, 14(3), 155 〔녹조 구멍갈파래 (*Ulva pertusa* Kjellman) 배우자의 주화 반응에 미치는 영양염류와 엽체 추출액의 영향〕

11) 박영호, 변재형, 오후규, 강영주, **수산학회지,** 1976, 9(3), 155 (미이용 해조류의 이용화에 관한 연구 – 1. 미이용 해조류의 성분 조성과 조류 단백질 추출)

12) 박재한, 강규찬, 백상봉, 이윤형, 이규순, **식품과학회지,** 1991, 23(3), 256 (식용 해조류에서 항산화 물질의 분리 – 김, 파래, 미역, 다시마, 넓미역, 지누아리, 서실 등)

13) 박종철, 최재수, 송상호, 최명락, 김광용, 최종원, **생약학회지,** 1997, 28(4), 239 (해조류 추출물과 페놀성 화합물의 in vitro 및 in vivo 간 보호 활성 – 매생이, 톳, 우뭇가사리, 알쏭이모자반, 꽈배기모자반, 지충이, 구멍갈파래, 납작파래, 패, 주름진두발, 개그물바탕말, 마디잘록이, 바위수염)

14) 손철현, **수산학회지,** 1983, 16(4), 368 (오동도 해조 군락에 관한 연구 – 참김, 잎파래, 고리매, 미역, 서실, 모자반, 지층이, 우뭇가사리)

15) 손철현, 이인규, 강제원, **수산학회지,** 1986, 19(3), 265 (한국 남해안 동부 해역 해조 군집 구조 및 변동의 정량적 분석 – 1. 연화도: 구멍갈파래, 톳, 불등가사리, 지충이, 미역, 패 등)

16) 우순임, 유홍수, 이강호, **수산학회지,** 1979, 12(4), 225 (해조 단백질 추출에 관한 연구 – 4. 추출 단백질의 침전 조건 및 영양적 평가: 둥근돌

김, 구멍갈파래, 미역 및 모자반)

17) 유홍수, 이강호, **수산학회지,** 1997, 30(3), 151 (해조 단백질의 추출에 관한 연구 – 1. 수용성 단백질의 추출: 둥근돌김, 파래(*E. linza*), 톳, 모자반, 미역, 청각, 셀만모자반, 구멍갈파래)

18) 유홍수, 이강호, 우순임, **수산학회지,** 1997, 30(4), 189 (해조 단백질의 추출에 관한 연구 – 2. 식염 가용성 및 알코올 가용성 단밸질의 추출: 둥근돌김, 잎파래, 구멍갈파래, 미역, 톳, 모자반, 셀만모자반, 누운청각)

19) 윤승제, 조연숙, 남주현, 이형호, Kim Eliya, 홍용기, **수산학회지,** 2008, 41(1), 68 (각종 해조류 추출물들의 인간 피부세포주 HaCaT에 대한 활력 영향 – 비틀대모자반, 돌가사리, 참그물바탕말, 참도박, 구멍파래, 잎파래, 청각, 납작파래, 딕티오타, 감태, 곰피, 톳, 패, 다시마, 모자반류, 고리매, 미역, 진두발, 꼬시래기, 부챗살)

20) 이헌옥, 김동수, 도정룡, 고영수, **수산학회지,** 1999, 32(4), 427 (해조류의 Angiotensin-1 전환 효소 저해 작용 – 김 파래, 미역, 우뭇가사리, 청각, 톳, 다시마)

21) 정익교, 김미경, **Algae,** 1992, 7(1), 89 (Special issue for 2nd Japan – Korea Symposium on Phycology, Physiology and Biochemistry – Effects of Heavy metals on *Ulva pertusa* Kjellman)

22) 조효정, 나진석, 정한옥, 정영진, **영양학회지,** 2008, 41(5), 428 (한국인 상용식품의 콜린 함량 – 두류, 채소류, 버섯류, 과실류, 육류, 난류, 생선류, 조개류, 해조류)

23) 차명화, 김유경, **식생활문화학회지,** 2008, 23(4), 462 (해조류 건강기능성 식품에 대한 소비 가치 분석)

24) 최창근, 김형근, 전방욱, **Algae,** 1994, 9(2), 247 (구멍갈파래의 Nitrate 흡수에 관하여)

25) 최창근, **수산학회지,** 2008, 41(5), 371 (한려 해상 국립공원의 해조상 – 파래류, 청각, 패, 고리매, 곰피, 감태, 부챗말, 참그물바탕말, 톳, 모자반류, 지충이, 김, 시나이아 등)

26) 하봉석, **수산학회지,** 1997, 30(4), 199 〔수산물의 지질에 관한 연구 (제

2보), 해조류 지질의 지방산 조성에 대하여〕
27) 한영석, 한태준, **Algae,** 1999, 14(4), 229 〔녹조 구멍갈파래 (*Ulva pertusa* Kjellman)의 생장과 포자 형성 및 방출에 미치는 오옥신과 엽체 추출액의 영향〕
28) 한재건, 하지혜, 최영범, 고정림, 강도형, 이현용, **식품과학회지,** 2009, 41(4), 380 (구멍갈파래의 면역 활성 증진을 위한 추출 방법 비교)
29) Baker, J. T., **Proc. Intl. Seaweed Symp.,** 1984, 11, 29 (Seaweeds in pharmaceutical studies and application)
30) Bates, S. S., Craigie, J. S., **Mar. Biol.,** 1988, 98, 457 〔Fluorescence induction in the macroalgae *Chondrus crispus* (Rhodophyceae) and *Ulva* sp. (Chlorophyceae)〕
31) Beer, S., Eshel, A., **J. Exp. Mar. Biol. Ecol.,** 1983a, 70, 91 (Photosynthesis of *Ulva* sp. Ⅰ. Effects of desiccation when exposed to air)
32) Beer, S., Eshel, A., **J. Exp. Mar. Biol. Ecol.,** 1983b, 70, 99 (Photosynthesis of *Ulva* sp. Ⅱ. Utilization CO_2 and HCO_3^{3-} when submerged)
33) Britz, S. J., **Plant Physiol.,** 1976, 58, 17 (Automatic monitoring of a circadian rhythm of change in light transmittance in *Ulva*)
34) Brwon, M. R., Jeffrey S. W., **J. Exp. Mar. Biol.,** 1992m 161, 91 (Biochemical composition of microalgae from the green algal classes chlorophyceae and prasinophceae, I. Amino acids, sugars and pigments)
35) Chapman, V. J., Chapman, D. J., **Seaweeds and Their Uses,** Chapman and Hall, London, 1980, 334
36) Chengkui, Z., Junfu, Z., **Proc. Intl. Seaweed Symp.,** 1984, 11, 151 (Chinese seaweeds in herbal medicine)
37) Foyn, B., **Arch. Protistenk.,** 1959, 104, 236 (Geschlechtskontollierte vererbung bei der marinen Griinalge *Ulva mutabilis*)
38) Fujimura, T., Kawai, T., Shiga, M., Kajiwara, T., **Phytochemistry,**

1990, 29, 745 (Long chain aldelyde production in thalli culture of the marine green alga *Ulva pertusa*)

39) Goodwin, T. W., **J. Gen., Microbiol.**, 1957, 17, 467 (The nature and distribution of carotenoids in some blue-green algae)

40) Hiraoka, M., Enomoto, S., **Phycol. Res.**, 1998, 46, 199 [The induction of reproductive cell formation of *Ulva pertusa* Kjellman (Ulvales)]

41) Hiroyuki, N., Hideomi, A., Koichi, A., Kazutosi, N., **Hydrobiologia**, 1990, 204/205, 577 (Antitumor activity of marine algae)

42) Hornsey, I. S., Hide, D., **Br. Phycol. J.**, 1974, 9, 353 (The production of antimicrobial compounds by British Marine algae. I. Antibiotic-producing marine algae)

43) Jimenz-Escrig, A., Goni Ganbrodon, I., **Arch. Latinoam. Nutr.**, 1999, 49, 114 (Nutritional evaluation and physiological effects of edible seaweeds)

44) Kajiwara, T., Yoshikawa, H., Saruwatari, T., Hatanka, A., Kawai, T., Ishihara, M., Tsuneya, T., **Phytochemistry**, 2001, 27, 2193 (Enzymatic formation of unsaturated long chain fatty aldehydes in *Ulva pertusa*)

45) Kaneda, T. P., Kamasastri, V., Tokuda, S., **Bull. Jpn. Fish. Sci. Soc.**, 1965, 31, 1026 [Studies on the effects of marine products on cholesterol metabolism in rat. V. The effect of edible seaweed (supplement)]

46) Kim, I. H., Hyun, J. W., Lee, S. H., Ha, J. M., Ha, B. J., Lee, J. H., **Environ. Mutagen Carcinog.**, 2006, 3, 89 (Immunological stimulating effects of the marine macroalgae, *Ulva lactuca* with different solvents)

47) Mabeau, S., Fleurence, J., **Trends Food Sci. Technol.**, 1993, 4, 103 (Seaweed in the food products : Biochemical and nutritional aspects)

48) Marlett, J. A., **Intern. Med. Special**, 1984, 5, 99 (Dietary fiber and mineral bioavailabitity)

49) Nilsen, G., Nordby, Ø., **Planta**, 1975, 125, 127 (A sporulation- in-

hibiting substance from vegetative thalli, of the green alga *Ulva mutabilis*)

50) Nordby, Ø., **Bot. Mar.**, 1977, 20, 19 (Optimal conditions for meiotic spore formation in *Ulva mutabilis*)

51) Ohta, K., **Proc. Intl. Seaweed Symp.**, 1979, 9, 401 (Chemical studies on biologically active substances in seaweeds)

52) Pengzhan, Y., Ning., L., Xiguang, L., Gefei, Z., Quanbin, Z., Pengcheng, L., **Pharmacol. Res.**, 2003, 48, 543 〔Antihyperlipidemic effects of different molecular weight sulfated polysaccharides from *Ulva pertusa* (Chlorophyta)〕

53) Qi, H., Zhao, T., Zhang, Q., Li, Z., Zhao, Z., Xing, R., **J. Appl. Phycol.**, 2005, 17, 527 〔Antioxidant activity of different molecular weight sulfated polysaccharides from *Ulva pertusa* Kjellman (chlorophyta)〕

54) Ray, B., Lahye, M., **Carbohydr. Res.**, 1995, 247, 251 〔Cell-wall polysaccharides from the marine green alga *Ulva rigida* (Ulvaes, Chlorophyta), extraction and chemical composition〕

55) Uchida, M., Numaguchi, K., **J. Mar. Biotechnol.**, 1996, 4, 200 〔Formation of protoplasmic detritus with chracteristics favorable as food for secondary animals during microbial decomposition of *Ulva pertusa*(chlorophyta) frond〕

56) Uno, S., Sakai, Y., Yoshikawa, K., **Jpn. J. Phycol.**, 1983, 31, 148 (Distribution of *Ulva pertusa* and amount of nitrogen in Yamaguchi Bay)

57) Yamamoto, I., Maruyama, H., Takahashi, M., Komiyama, K., **Cancer Lett.**, 1996, 30, 125 (The effect of dietary or intraperitoneally injected seaweed preparations on the growth of sarcoma -180 cells subcutaneously implanted into mice)

58) Yan, X. J., Nagata, T., Fan, X., **Plant Foods for Hum. Nutr.**, 1998, 52, 253 (Antioxidative activities in some common seaweeds)

59) Yokohama, Y., Misonou, **Jpn. J. Phycol.**, 1980, 28, 219 (Chlorophyll a : b rations in marine benthic green alage)

60) Zaneveld, J. S., **Ind. Pac. Fish Counc. Spec. Publ. 3,** 1955 (Economic marine algae of tropical south and east Asia and their utilization)

61) Zavodnik, N., **Bot. Mar.**, 1987, 30, 71 (Seasonal variations in the rate of photosynthetic activity and chemical composition of the littoral seaweeds *Ulva rigida* and *Porphyra leucoticta* from the North Adriatic)

Agarum cribrosum Bory

구멍쇠미역 11

갈조류 · Laminariaceae (다시마과)

• 일명 | Aname

• 분포 | 한국 동해안 이북, 홋가이도, 쿠릴열도, 아메리카 태평양 연안, 베링해

• 용도 | 알기산 원료

✻ 식물학적 특성

갈조류로 다시마과에 속하며 뿌리는 가는 섬유상, 줄기는 원주상 내지 편원이고, 길이는 약 2~3㎝, 지름은 3~4㎜, 엽상부는 타원형이며, 길이는 30~60㎜쯤, 폭은 20~30㎝, 기부는 심장형, 물결 모양의 주름이 생긴다. 잎 표면에 크고 적은 구멍이 있고 가운데는 구멍이 크고, 가장자리와 하부, 가운데는 다소 두껍다. 엷은 갈색 가죽질이며 건조하면 흑색이 된다.

✻ 생리 활성

해조류의 항암 Initiator와 Promoter① : 항암 initiater와 promoter를 갈조류 9종, 홍조류 5종, 녹조류 2종에 대해 실험한 결과, 갈조류가 홍조류나 녹조류보다 강하였고, 갈조류 중 미역(83.5%/20M)이 가장 강하였으며, 다시마, 지충이, 괭생이모자반 순이었다. 다시마는 EBV(Epstein-Barr Virus) 활성을 강력히 저해하였으나 세포 독성은 낮았다.

PhIP 와 MeIQx 돌연변이의 원성억제② : 구멍쇠미역 등 갈조류 9종, 김 등 홍조류 5종, 청각 등 녹조류 2종을 대상으로 돌연변이 유발 물질 PhIP와

MeIQx에 대한 돌연변이 원성 억제를 조사한 결과, 갈조류가 녹조류와 홍조류보다 우수하였고, 특히 갈조류 감태, 곰피, 다시마, 미야베모자반이 우수하였다. 그중 곰피의 Et_2O, $CHCl_3$, EtOAc및 수용성 획분 중 비극성 획분의 억제가 강하였고, 특히 EtOAc 획분이 가장 강하였다. 곰피의 EtOAc 획분을 sephadex LH20으로 분리한 결과, 활성 획분 A-7은 PhIP에 90%/㎎ 이상, MeIQx에 80%/㎎의 억제를 보였고, 207.7 및 232nm에서 흡수 파장을 보였다.

발암 Promotion 억제인자[3] : 갈조류의 발암 promotion 억제인자를 규명코자, 곰피, 미역 및 다시마의 추출물에 대해 조사한 결과, 곰피, 미역, 다시마의 유기용매 분획에서 우수한 억제 효과를 보였다. 억제인자를 조사한 결과, 곰피 중 bromophenol, phloroglucinol 등 phenol 물질, chlorophyll 및 carotenoid 화합물에서 강한 억제 효과를 보였다. 곰피의 chlorophyll a와 pheophrobide a에서 5μM 첨가 시 77.4% 및 66.6% 억제 효과를 보였으며 곰피의 carotenoid 화합물 중 lutein, α-cryptoxanthin 및 β-catrotenoid의 주요 억제 인자로 규명되었다. lutein과 α-cryptoxanthin의 발암 promotion 억제 효과는 20㎍에서 각각 76.9%, 84.4%로 우수하였고, 세포 생잔율도 높았다.

항산화 효과 : 다시마, 모자반, 곰피, 미역, 고리매, 김, 지누아리 등 상용 해조류를 75% MeOH로 상온에서 추출한 후, 다시 MeOH 가용 분획(SF)과 불용 분획(ISF)으로 분획하여 각 분획의 항산화성을 DPPH, hydroxy radical 소거능으로 측정한 결과, SF는 구멍쇠미역, 고리매, 괭생이모자반이 26.60~23.40%로 높았으며, 재래종 다시마와 김이 9.26%와 8.66%로 낮았다. ISF이며 수용성 분획은 재래종 다시마와 김이 29.70%와 21.01%로 높았고, 그 외 지누아리 8.76%, 곰피 6.46%, 고리매 4.87%, 구멍쇠미역 2.05%, 괭생이모자반 1.95%로 낮았다. DPPH와 hydroxy radical 소거능 평가에서 SF 분획이 높은 구멍쇠미역과 괭생이모자반은 항산화 효과가 높았으며, 총 phenol 함량이 높은것과 일치하였다. 곰피는 전자 공여능이 우수하였으나 hydroxy radical 소거능은 없었다. ISF분획에서 7

종의 해조 모두 총 phenol이 거의 없는 것으로 전자 공여능과 hydroxy radical 소거능은 보이지 않았다. 이 결과로 해조의 항산화능은 MeOH 용해 성분이 강한 항산화 효과가 있는 것으로, 이 효과는 phenol성 물질과 관련이 깊은 것으로 나타났다.

산화적 Stress에 대한 Fucoidan과 Alginic acid의 보호 효과 : Peroxyl radical - 유도 산화적 stress에 대한 fucoidan과 alginic acid(갈조류 함유 활성 다당류)의 보호 작용을 in vitro에서 실험한 결과, fucoidan은 NO와 O_2 (superoxide) 제거능이 강력하였으나, alginic acid는 이러한 작용이 없었다. 그러나 alginic acid는 fucoidan보다 -OH 제거능은 높았다. fucoidan과 alginic acid는 AAPH 유도 산화적 stress에 대하여 세포의 활성을 향상시켰다. fucoidan과 alginic acid 1,000㎎/㎖에서 세포의 활성은 각각 16.4%에서 85.9%와 67.7%로 증가하였다. 또한 fucoidan과 alginic acid는 AAPH에 의해 용량 의존적으로 LLC-PKI 세포에서 지질 과산화를 개선시켰다. 이 결과로 fucoidan과 alginic acid는 free radical로 인한 산화적 stress에 대해 항산화제로 작용하는 것으로 생각되었다.

알긴산과 3T3-L1 세포의 분화 : 3T3-L1 세포가 지방 세포로 분화되는 과정에서 혈청 중 분화촉진 인자(insulin, prostaglandin F2α 등) 첨가로 분화가 촉진되고, 분화억제 인자(actinomycin D, tumor necrosis factor α 등)로 억제될 수도 있다. 3T3-L1 세포는 세포 내 지방 축적으로 지방 세포 형태를 나타낸다. 3T3-L1 세포의 특성을 이용, 해조류에 많은 알긴산이 지방 세포로의 분화 과정에 어떤 영향을 주는지 실험한 결과, 3T3-L1 세포분화를 억제하였다. 또 분화촉진 물질 IGF-1(insulin-like growth factor-1)과 insulin을 이용, 알긴산 분화에 미치는 영향을 검토한 결과, 알긴산은 insulin의 분화촉진 작용을 특이적으로 억제하였다. 본 연구는 알긴산을 이용, 알긴산의 지질 감소 효과를 세포 수준에서 검증하였다.

조류와 생약 성분의 비만 억제 비교 : 해조류의 알긴산, 담수 녹조 chlorella, 생약 인삼 saponin, 마늘 alliin과 scordinin 첨가, 비만 억제 효과를 검토한 결과, Na-alginate(71%)가 크고, 다음 scordinin(76%), chlorella(76%), alliin(86%) 순으로 체중 증가가 있었다. 사료 효율과 비교, 체중 증가량은 Na-alginate(68%)가 가장 효과적이고, alliin(79%)도 인정되었다. 간의 지방 축적 억제 효과는 Na-alginate(84%)가 가장 효과적, 부고환 및 난소 주변의 지방 축적 억제 효과도 Na-alginate(54%)가 가장 효과적, 다음 alliin(64%), saponin(66%) 순이었다. 또 Lee index 비만 억제 효과를 비교하면 Na-alginate(91%)에서만 인정되었다. 간 중 지방 축적 억제 효과는 alliin(40%)〉saponin(58%)〉Na-alginate(62%)〉chlorella(64%)〉scordinin(74%) 순. 혈청 glucose 감소 효과는 Na-alginate(67%)가 가장 크고, 다음 saponin(73%), scordinin(74%), alliin(83%) 순. 혈청 cholesterol 저하 작용은 Na-alginate(82%)가 가장 크고, 다음 alliin(84%), chlorella(86%), saponin(87%) 순이었다. 또한 혈청 lipase 활성 증가에 의한 비만 억제 작용은 Na-alginate(109%)와 saponin(104%)의 첨가가 효과적. 따라서 미역, 다시마, 톳 등 갈조류 성분 알긴산이 chlorella, 인삼 saponin, 마늘 alliin 및 scordinin보다 비만 예방과 치료에 효과적이었다.

알긴산의 비만 억제 효과 : 미역, 다시마 등 갈조류에 20~30% 함유되어 있는 알긴산을 agar, cellulose, CMC, chitin, lignin 등의 식이섬유의 비만 억제 작용을 magarine 유도 비만 쥐에 비교 검토하였다. 사료에 식이섬유 10%를 가하여 비만 억제 효과를 보면, lignin이 가장 크고, 다음 Na-alginate, cellulose, CMC 순이었다. 간장과 부고환 및 난소 주위의 지방 조직의 비만 억제 효과는 lignin이 가장 크고, Na-alginate, cellulose, CMC 순. 또 Lee index의 비만 억제는 Na-alginate〉lignin〉CMC〉chitin〉cellulose 순. 간의 지질 분석에서 지방 축적 억제 효과는 agar〉CMC〉cellulose〉Na-alginate〉chitin〉lignin 순이었다. 혈청 glucose 감소 효과는 CMC가 가장 크고, 다음 Na-alginate, lignin 순. 혈청 cholesterol 저하 효과는 Na-alginate가 가장 크고, 다음이 lignin, cellulose 순. 그 밖에 chitin을 제외한 대부분이 효과가 있었다. 또 lipase 활성의 상승 작용은 Na-alginate가 가장 효과적이며 다음 chitin이었다. 이상으로 갈조류 중 알긴산 20~30%가 있는 미역, 다시마 등은 비만 예방과 치료에 가장 효과적인 것으로 생각된다.

Alginate의 항돌연변이와 Cholesterol, Glucose, Cd 결합능① : Alginate 의 평균 분자량 약 10,000(HAG-10), 50,000(HAG-50), 100,000(HAG-100)의 저분자 alginate를 만들어 Ames test로 항돌연변이 효과를 측정한 결과, AFB_1에 대한 간접 돌연변이 원성과 MNNG 에 대한 직접 돌연변이 원성의 항돌연변이 효과는 HAG-10이 가장 높았고, 다음 HAG-50, HAG-100 및 alginate 순으로 분자량이 적을수록 증가하였다. 저분자 alginate의 cholesterol, glucose 및 Cd 결합능은 alginate가 가장 높았고, 다음 HAG-50과 HAG-100은 유사하였으며, HAG-10은 결합능이 없었다.

Alginate의 Cholesterol, Glucose 및 Cd 배출 효과② : Alginate의 기능성을 개선하고자 저분자 alginate를 만들어 rat에 HAG-10, HAG-50, HAG-100 및 alginate를 투여, cholesterol의 체외 배출 효과를 조사한 결과, HAG-50과 HAG-100이 높았고, 다음 alginate이며, HAG-10은 나타나지 않았다. 혈청 중 glucose양은 HAG-50에서 가장 낮았고, 이후에도 계속 혈당이 저하하였으며, 혈청 중 insulin도 HAG-50에서 초기에 증가한 후 계속 저하되었다. Cd의 체외 배출은 HAG-50에서 가장 높았고, 다음 HAG-100, alginate, HAG-10순이나 HAG-10은 거의 효과가 없었다. 이로써 HAG-50은 rat에서 cholesterol과 Cd 체외 배출이 촉진되었으며, 혈중 glucose 저하 효과가 뚜렷하였다.

Fucoidan의 이해와 활용 : 미역, 다시마, 톳 등 갈조류에 많은 fucoidan은 90여 년 전에 추출 확인되었으며 항혈액 응고, 항혈전, 항암, 면역조절, 항virus, 줄기세포의 활성화 등의 생리 활성이 연구되어, 이와 관련된 각종 질병의 완화 및 치료제로 활용 가능성이 인식되고 있다. 갈조류의 양식은 잘 발달되었고, 전남 완도지역은 청정 지역으로 수질 오염이 낮아 다시마, 미역 포자엽의 수확량이 풍부, fucoidan 추출 원료 수급이 용이하다.

CCl_4- 유도 간손상과 Fucoidan 효과① : CCl_4- 산화 stress 손상 간에 fucoidan extracts(FE)의 항산화성을 GOT, GPT, ALP, LDH, MDA, SOD, CAT, GPx

수준으로 알 수 있는지 실험하였다. SD계rat(♀)에 Fe 100㎎/㎏을 14일간 투여하고 15일째 CCl_4를 준 후 희생시켰다. rat 혈청 중 GDT, GPT, ALP 및 LDH를 총 간의 균질액에서 MDA, SOD, CAT 및 GPx와 같이 측정한 결과, CCl_4처리에서는 GDT, GPT, ALP, LDH, 및 MDA가 증가하였고, SOD, CAT 및 GPx는 현저히 감소하였으나, FE로 전처리한 rat은 CCl_4 처리 rat에서 SOD, CAT 및 GPx양이 회복되는 것과 같이 GOT, GPT, ALP, LDH 및 MDA의 증가가 억제되었다. 더구나 FE처리 rat의 간에서는 괴저나 경화 발생이 현저히 감소하였다. 이러한 결과로 FE의 항산화싱이 CCl_4-유도 산화적 stress에 효과 있음을 알게 되었다.

AAPH-손상 LLC-PK1세포와 Fucoidan② : AAPH-손상 LLC-PK1세포의 산화적 stress에 fucoidan의 보호 효과를 실험하였다. LLC-PK1세포를 1㎜ 2,2'-azo-bis(2-aminopropane) dihydrochloride(AAPH)에 24시간 노출시 산화적 stress로 생활력이 현저히 감소하였으나, fucoidan은 용량 의존적으로 이를 보호하였다. 이러한 fucoidan의 작용은 superoxide anion radical과 hydroxyl radical의 작용을 제거하는 것과 같이 fucoidan이 지질 과산화와 항산화 효소의 작용과 같은 양상이다. fucoidan의 AAPH-유도 LLC-PK1 손상에 보호 효과는 특히 superoxide radical을 강하게 제거함을 보였다. fucoidan의 IC_{50}은 48.37±1.54㎍/㎖ superoxide anion radical 제거능과 hydoxyl radical 제거 능력은 IC_{50} 32.03㎍/㎖로 강하였다. 그러므로 fucoidan의 AAPH-손상 LLC-PK1 세포 보호는 지질 과산화를 방해하고, 항산화 효소 작용을 증가시켜 과산화 radical을 제거함에 있다. (LLC-PK1 cell: Procine kidney epitheial celll)

Fucoidan의 항혈액 응고활성 : 국내 연안의 갈조류, 미역포자엽, 다시마, 톳, 모자반을 묽은 염산(pH 2.0)으로 65℃에서 추출 crude fucoidan을 CPC 처리로 침전시킨 후 $CaCl_2$(1.0M, 1.5M, 3.0M)를 증가시켜 분리하였다. APTT 활성으로 비교한 결과, 분획물의 항혈액 응고활성은 황산기 함량의 증가에 따라 증가하였으며, 분획물 시료 중 미역포자엽을 3.0M $CaCl_2$로 분획한 것이 가장 활성이 우수하였다. 이 분획을 다시 pronase와

laminase로 수식한 결과, 각각 단백질과 glucose가 감소하였으나 수식 전에 비해 APTT 활성이 증가하였다. pronase와 laminase로 수식한 fucoidan의 fucose : galactose : mannose : sulfate : uronic acid의 mole%는 1 : 1.3 : 0.03 : 2.7 : 0.08이었으며, 효소 처리에 따른 미역포자엽의 결합 구조는 변화가 없었다.

충치균에 대한 항균 활성 : 우리나라 연안에서 채취한 해조류 27종의 80% EtOH 추출물이 충치균 *Streptococcus mutans* KCTC 3300의 증식에 미치는 영향을 조사한 결과, 해조류 중 다시마가 가장 강하였고, 갈파래, 청각, 감태, 곰피, 미역도 비교적 활성이 높았으며, 홍조류보다 갈조류와 녹조류가 대체로 강하였다. 다시마의 항균 활성은 용매에 따른 추출물의 차이는 나타나지 않았다. *S. mutans* KCTC 3300과 *S. sobrinus* KCTC 3307에 대한 해조류의 80% EtOH 추출물의 MIC는 해조류 종뿐 아니라, 동일 해조류 추출물에서도 균 종에 따라 차이가 있었다. 다시마의 80% EtOH의 Et_2O 분획에서 MIC 는 105㎍/㎖, 수용성 분획은 약 5,500㎍/㎖에서 균의 증식이 억제되지 않았다. 쇠미역은 약한 항균성 (+)을 보였다.

아질산염 소거활성 : Nitrosamine의 직접 생성 인자인 아질산염 소거 작용을 검토한 결과, 갈조류가 녹조류 및 홍조류에 비해 우수한 분해 효과를 보였으며, 갈조류 중 감태, 곰피, 구멍쇠미역이 뛰어났고, 모두 pH의 조성이 커 pH 4.2 및 6.0보다 pH 1.2에서 아질산염 분해 효과가 컸다.

저분자 Peptide 의 기능성 : 해조류의 이용성을 높이고자 pepsin으로 가수분해한 peptide를 정제, 쇠미역, 파래, 지누아리는 3개의 peptide, 김은 2개의 peptide를 얻어 항산화 활성을 검사한 결과, 김은 peak 1이 높았고, 다음 peak 2가 높았다. ACE 저해 활성은 김 peak 1, 파래 peak 3, peak 2 순으로 높았으며, 항갈변 활성은 김 peak 1과 2, 파래 peak 2가, 파래 peak 3이 높았다. 항암 활성은 파래 peak 1〉쇠미역 peak 2〉파래 peak 3〉지누아리 peak 3 순이었다. 전반적으로 김의 기능성이 높았고, 또한 단백질 함량도 높았다.

Marine carotenoid의 생물학적 기능 : 자연계에서 생성되는 색소 중 carotenoid

(CA)는 가장 중요하며 인체 건강에 유용한 효과를 갖고 있어 관심이 증가되고 있다. 해산 CA는 그들이 주는 화학적, 생물학적 이익의 영향은 중요하다. 해산 CA 중 astaxanthin과 fucoxanthin은 해양 동물이나 해양 식물 중에서 비교적 강력한 생물학적 활성이 있다. 즉 이 둘 CA는 quenching siglet oxygen과 scavenging free radical의 강한 항산화 작용이 있기 때문이며, 식이성 항산화 작용이 있는 이들 강력한 작용의 CA는 항암 작용과 항염 작용이 있다. 특히 fucoxanthin이 근래 항비만과 항당뇨 효과가 인정되면서부터 주목받고 있다. 이러한 작용은 mitochondria의 백색지방(WAT)에서 uncoupling protein(UCP1)을 만들어 WAT에서 지방산을 산화시켜 WAT에서 열을 생산하기 때문이다. fucoxanthin은 insulin 저항을 개선하여 혈당을 낮추며, 동물의 WAT에서 종양괴사 인자 α(TNF α)를 감소시키기 때문이다.

건강기능성 식품과 해조류 소비 : 경북대 학생 281명을 대상으로 해조류 건강기능 식품의 구매 의도와 소비 가치를 조사한 결과, 구매 장소는 24시간 편의점이고, 낱개 포장으로, 구매 목적은 영양 보충과 체중 조절이며, 구매 의도가 높은군과 낮은군의 차이가 현저하였고, 식품, 영양 및 건강 관련 과목 수강 경험자 중 기능가치와 인식가치가 높았다.

참고문헌

1) 구재근, 최용석, 곽중기, **수산학회지,** 2001, 34(5), 515 (국내산 미역포자엽, 다시마, 톳, 모자반 Fucoidan의 항혈액 응고 특성)

2) 권대중, 임승택, 정용준, 박상후, 권동권, **식품과학과 산업,** 2006, 39(3), 73 (갈조류에서 추출한 푸코이단의 이해와 활용)

3) 김병목, 전준영, 박영범, 정인학, **식품영양과학회지,** 2006, 35(8), 1097 (해조류 메탄올 추출물의 항산화 효과 – 다시마, 모자반, 곰피, 미역, 고리매, 김, 지누아리)

4) 김영동, 김영명, 강통삼, **한국식품연구소 연구보고,** 1981, 163 (해조류의

다각적 이용에 관한 연구)
5) 김육용, 이근우, 김건배, 조영제, **수산학회지,** 2000, 33(5), 388 (다시마 Alginate 의 가열 가수분해에 따른 물리, 화학적 및 생물학적 특성에 관한 연구 — 3. 랫드의 Cholesterol, Glucose 및 Cd 체의 배출 효과)
6) 김지희, 임치원, 박희연, 이두석, 박정흠, **수산학회지,** 2002, 35(2), 191 〔충치균(*Streptococcus mutans*)에 대한 다시마 추출물의 항균 활성 — 갈파래, 청각, 감태, 곰피, 쇠미역(+), 미역(++), 다시마(+++) 등〕
7) 김희연, 홍기형, 최장덕, 박성관, 정시섭, 최우정, 안영순, 홍영표, 송옥자, 문동철, 이신호, 신일식, **식품과학회지,** 2006, 38(1), 1 (식품 중 알긴산 나트륨의 분석법 개발 — 파래, 김, 우뭇가사리, 미역, 다시마)
8) 박영범, 김인수, 유승재, 인종관, 이태기, 박덕천, 김선봉, **수산학회지,** 1998, 31(4), 581 (해조류 중의 anti-tumor initiator 및 promoter의 해석 -2: PhIP와 MeIQx의 돌연변이 원성을 억제하는 해조 추출물 소재 연구- 미역, 곰피, 감태, 다시마, 모자반, 괭생이모자반, 미야베모자반, 지충이, 납작파래, 청각, 갈파래, 구멍쇠미역, 톳, 방사무늬김, 참도박, 마디잘록이, 참곱슬이, 꼬시래기)
9) 박영범, 김인수, 유승재, 인종관, 이태기, 박덕천, 김선봉, **수산학회지,** 1998, 587 (해조류 중의 anti-tumor initiator 및 promoter의 해석 — 3. 곰피 추출물의 발암 promotion 억제인자: 미역, 다시마)
10) 박영범, **식품영양과학회지,** 2005, 34(8), 1293 (해조류에 의한 아질산염 소거 활성 분석 — 곰피, 감태, 미역, 구멍쇠미역, 다시마, 모자반, 김, 꼬시래기, 청각, 갈파래)
11) 안방원, 이동호, 여생규, 강진훈, 도정룡, 김선봉, 박영호, **수산학회지,** 1993, 26(4), 289 (천연 식품 성분에 의한 발암성 Nitrosamine의 생성 억제 작용)
12) 오윤식, 이인규, 부성민, **Algae,** 1990, 5(1), 57 (한국산 유용 해조 특히 식용, 약용 및 공업용 해조에 대한 주해)
13) 이용필, 강서영, **Algae,** 2002, 17(1), 69 (한국산 해조류의 목록)
14) 차명화, 김유경, **식생활문화학회지,** 2008, 23(4), 462 (해조류 건강기능

성 식품에 대한 소비 가치 분석)
15) 최진호, 임채환, 김재연, 양종순, 최재수, 변대석, **수산학회지,** 1986, 19(4), 303 (비만 치료식 개발을 위한 기초연구 — 1. 식이섬유로서의 알긴산의 비만 억제 효과)
16) 최진호, 최재수, 변대석, 양달선, **수산학회지,** 1986, 19(5), 485 (비만 치료식 개발을 위한 기초연구 — 2. 조류와 생약 성분의 비만 억제 작용 비교)
17) 최창근, **수산학회지,** 2008, 41(5), 371 (한려 해상 국립공원의 해조상 — 파래류, 청각, 패, 고리매, 곰피, 감태, 부챗말, 참그물바탕말, 톳, 모자반류, 지충이, 김, 시나이아 등)
18) 황혜정, 변재형, 남택정, **수산학회지**, 2000, 33(6), 541 (알긴산이 3T3-L1 세포의 분화에 미치는 영향)
19) Amano, H., **Marine Biochemistry,** Yamaguchi, K. ed., Tokyo University Press, Japan, 1999, pp.170~171 (Biochemistry and biotechnology of seaweed)
20) Baker, J. T., **Proc. Intl. Seaweed Symp.,** 1984, 11, 29 (Seaweeds in pharmaceutical studies and application)
21) Chapman, V. J., Chapman, D. J., **Seaweeds and Their Uses,** Chapman and Hall, London, 1980, 334
22) Hosokawa, M., Okada, T., Mikami, N., Konishi, I., Miyashita, K., **Food Sci. Biotechnol.**, 2009, 18(1), 1 (Bio-function of Marine Carotenoids)
23) Ismael, Amin, Tan Siew Hong, **Mal. J. Nutr.,** 2002, 82, 167 (Antioxidant activity of selected commercial seaweeds)
24) Jimenz-Escrig, A., Goni Ganbrodon, I., **Arch. Latinoam. Nutr.,** 1999, 49, 114 (Nutritional evaluation and physiological effects of edible seaweeds)
25) Kaneda, T. P., Kamasastri, V., Tokuda, S., **Bull. Jpn. Fish. Sci. Soc.,** 1965, 31, 1026 〔Studies on the effects of marine products on cholesterol metabolism in rat. V. The effect of edible seaweed (supplement)〕

26) Kang, K. S., Kim, I. D., Kwon, R. H., Lee, J. Y., Kang, J. S., Ha, B. J., **Arch. Pharm. Res.**, 2008, 31(5), 622 (The effect of Fucoidan Extracts on CCl_4-Induced Liver Injury)

27) Mabeau, S., Fleurence, J., **Trends Food Sci. Technol.**, 1993, 4, 103 (Seaweed in the food products : Biochemical and nutritional aspects)

28) Matsukawa, R., Dubinsky, Z., Kishimoto, E., Masak, K., Masuda, Y., Takeuchi, T., Chihara, M., Yamamoto, Y., Niki, E., Karube, I., **J. Appl. Phycol.**, 1997, 9, 29 (A comparison of screening methods for antioxidant activity in seaweeds)

29) Nishizawa, K., **Food Develop.**, 1989a, 24, 54 [Physiological substances of seaweeds(I)]

30) Nishizawa, K., **Food Develop.**, 1989b, 24, 59 [Physiological substances of seaweeds(II)]

31) Noda, H., **Science of Marine Algae,** Oishi, K. ed. Asakura-Shoten, Tokyo, 1993, pp.14~29 (Chemistry of marine algae)

32) Ohta, K., **Proc. Intl. Seaweed Symp.**, 1979, 9, 401 (Chemical studies on biologically active substances in seaweeds)

33) Park, M. J., Han, J. S., **J. Food Sci. Nutr.**, 2008, 13(4), 259, (Fucoidan protects LLC-PK1 cells against AAPH-induced Damage)

34) Park, Y. B., Kim, I. S., Yoo, S. J., Lee, J. H., Park, D. C., Yeum, D. M., Lee, T. G., Kim, S. B., **J. Kor. Fish. Soc.**, 1996, 29(6), 917 (Elucidation of Anti-tumor Initiator and Promoter Drived from Seaweed-1: Antitumor Promoting Activity of seaweed Extracts — 지충이, 미역, 다시마, 괭생이모자반)

35) So, M. J., Kim, B. K., Choi, M. J., Park, K. Y., Rhee, S. H., Cho, E. J., **J. Food Sci. Nutr.**, 2007, 12, 191 (Protective Activity of Fucoidan and Alginic Acid against Free Radical-Induced Oxidative Stress under in vitro and Cellular System)

36) Toma, R. B., Curtis, D. J., **Food Technol.**, 1986, 46, 111 (Dietary fi-

ber: effect on mineral bioavailability)

37) Torsdottir, I., Alpsten, M., Holm, G., Sandberg, A. S., Tolli, J., **J. Nutr.**, 1991, 121, 795 (A small dose of soluble alginate-fiber effects postprandial glycemia and gastric emptying in humans with diabetes)

38) Yamamoto, L., Takahashi, M., Tarmura, E., Maruyama, H., Mori, H., **Hydrobiologia,** 1984, 116, 145 (Antitumor activity of edible marine algae : Effect of crude fucoidan fraction prepared from edible brown seaweeds against L1210 leukemia)

Colpomenia bullosa
(Saunders) Yamada
Colpomenia sinuosa
(Roth) Derbes et Solier

긴불레기말 12

갈조류 · Scytosiphonaceae (고리매과)

• 영명 | Oyster thief, Pocket thief

• 일명 | Watamo

• 분포 | 한국 동해, 남해, 제주도, 일본, 아메리카 태평양 연안

✲ 식물학적 특성

갈조류로 고리매과에 속하며, 몸의 하부는 침상(枕狀)이며, 여기서 1~수개의 불규칙한 원주상 주머니 모양이 직립하고, 때로는 납작하다. 크기는 20~ 25㎝, 폭 1~2㎝, 꼭대기에는 둔한 원형 또는 조금 가늘게 된다. 색은 갈색, 후에 올리브녹색 및 갈색이 된다.

동속 해조류에는 불레기말(*Colpomenia sinuosa*)이 있다.

✲ 생리 활성

고 Cholesterol 증감 효과 : Triton WR-1339 유도 고콜레스테롤 혈증 동물에 긴불레기말 추출물을 투여한 결과, 간 조직에서 일부 중심 정맥, 주변부를 제외하고는 그물 구조가 덜 나타나는 것이 관찰되었다. 또한 cholesterol 입자의 분포와 cholesterol 입자의 크기도 많이 작아졌다. 이러한 긴불레기말 추출물에서 나타나는 결과는 Triton 주사 유도 지방 대사의 손실을 긴불레기말 추출물이 회복시키는 역할로 간 세포 내와 간세포관에서 cholesterol 축적이 Triton 주사군에 비해 감소된 것으로 생각 되었

다. 이로써 긴불레기말 MeOH 추출물은 항고cholesterol 작용과 아울러 동맥경화 예방인자로의 가치가 기대되었다.

항미생물 작용과 온도 및 pH의 영향 : 30종 해조류 수침 ex와 EtOH ex를 한천 분산법으로 항미생물 활성 최저 억제 농도(MIC)를 측정하였다. 한천 분산법에서 12종 해조류가 실험미생물에 대해 성장 억제 효과가 있었고, 특히 패, 곰피, 모자반(*S. siliquastrum*), 지충이, 긴불레기말 및 감태에 4㎎/㎖에서 Gram 양성 미생물에 대해 강한 항bacteria 활성을 보였다. *S. siliquastrum*은 *Listeria monocytogens, Clostridium perfringens* 및 *Bacillus subtilis*에 MIC가 0.005~0.0075%에서 가장 강한 항균성을 보였다. 열 안정성 시험에서 패, 지충이, 모자반, 감태, 긴불레기말의 EtOH ex는 121℃에서 15분간 안전하였으며, 모자반 EtOH ex의 항균 활성은 pH 2~10에서 안전하였으나, 다른 종류는 pH 10이하에서는 불안정하였다.

Fucoidan의 생리활성과 이용 : 미역, 다시마, 톳 등 갈조류에 많은 fucoidan은 90여 년 전에 추출 확인되었으며 항혈액 응고, 항혈전, 항암, 면역 조절, 항virus, 줄기세포의 활성화 등의 생리 활성이 연구되어, 이와 관련된 각종 질병의 완화 및 치료제로 활용 가능성이 인식되고 있다. 갈조류의 양식은 잘 발달되었고, 전남 완도지역은 청정 지역으로 수질 오염이 낮아 다시마, 미역포자엽의 수확량이 풍부하여 fucoidan 추출 원료 수급이 용이하다.

산화적 Stress에 대한 Fucoidan과 Alginic acid의 보호 효과 : Peroxyl radical -유도 산화적 stress에 대한 fucoidan과 alginic acid(갈조류함유 활성 다당류)의 보호 작용을 in vitro에서 실험한 결과, fucoidan은 NO와 O_2 (superoxide) 제거능이 강력하였으나, alginic acid는 이러한 작용이 없었다. 그러나 alginic acid는 fucoidan보다 -OH 제거능은 높았다. fucoidan과 alginic acid는 AAPH 유도 산화적 stress에 대하여 세포의 활성을 향상시켰다. fucoidan과 alginic acid 1,000㎎/㎖에서 세포의 활성은 각각 16.4%에서 85.9%와 67.7%로 증가하였다. 또한 fucoidan과 alginic acid

는 AAPH에 의해 용량 의존적으로 LLC-PKI 세포에서 지질 과산화를 개선시켰다. 이 결과로 fucoidan과 alginic acid는 free radical로 인한 산화적 stress에 대해 항산화제로 작용하는 것으로 생각되었다.

알긴산과 3T3-L1 세포의 분화 : 3T3-L1 세포가 지방 세포로 분화되는 과정에서 혈청 중 분화촉진 인자(insulin, prostaglandin F2α 등) 첨가로 분화가 촉진되고, 분화억제 인자(actinomycin D, tumor necrosis factor α 등)로 억제될 수도 있다. 3T3-L1 세포는 세포 내 지방 축적으로 지방 세포 형태를 나타낸다. 3T3-L1 세포의 특성을 이용, 해조류에 많은 알긴산이 지방 세포로의 분화 과정에 어떤 영향을 주는지 실험한 결과, 3T3-L1 세포분화를 억제하였다. 또 분화촉진 물질 IGF-1(insulin-like growth factor-1)과 insulin을 이용, 알긴산 분화에 미치는 영향을 검토한 결과, 알긴산은 insulin의 분화촉진 작용을 특이적으로 억제하였다. 본 연구는 알긴산을 이용, 알긴산의 지질 감소 효과를 세포 수준에서 검증하였다.

알긴산의 비만 억제 효과 : 미역, 다시마 등 갈조류에 20~30% 함유되어 있는 알긴산을 agar, cellulose, CMC, chitin, lignin 등의 식이섬유의 비만 억제 작용을 magarine 유도 비만 쥐에 비교 검토하였다. 사료에 식이섬유 10%를 가하여 비만 억제 효과를 보면, lignin이 가장 크고, 다음 Na-alginate, cellulose, CMC 순이었다. 간장과 부고환 및 난소 주위의 지방 조직의 비만 억제 효과는 lignin이 가장 크고, Na-alginate, cellulose, CMC 순. 또 Lee index의 비만 억제는 Na-alginate〉lignin〉CMC〉chitin〉cellulose 순이었고, 간의 지질 분석에서 지방 축적 억제 효과는 agar〉CMC〉cellulose〉Na-alginate〉chitin〉lignin 순이었다. 혈청 glucose 감소 효과는 CMC가 가장 크고, 다음 Na-alginate, lignin 순, 혈청 cholesterol 저하 효과는 Na-alginate가 가장 크고, 다음이 lignin, cellulose 순. 그 밖에 chitin을 제외한 대부분이 효과가 있었다. 또 lipase 활성의 상승 작용은 Na-alginate가 가장 효과적이며 다음 chitin이었다. 이상으로 갈조류 중 알긴산 20~30%가 있는 미역, 다시마 등은 비만 예방과 치료에 가장 효과적인 것으로 생각되었다.

조류와 생약 성분의 비만 억제 비교: 해조류의 알긴산, 담수 녹조 chlorella, 생약 인삼 saponin, 마늘 alliin과 scordinin 첨가, 비만 억제 효과를 검토한 결과, Na-alginate(71%)가 크고, 다음 scordinin(76%), chlorella(76%), alliin(86%) 순으로 체중 증가가 있었다. 사료 효율과 비교, 체중 증가량은 Na-alginate(68%)가 가장 효과적이고, alliin(79%)도 인정되었다. 간의 지방 축적 억제 효과는 Na-alginate(84%)가 가장 효과적, 부고환 및 난소 주변의 지방 축적 억제 효과도 Na-alginate(54%)가 가장 효과적이며, 다음 alliin(64%), saponin(66%) 순이었다. 또 Lee index 비만 억제 효과를 비교하면 Na-alginate(91%)에서만 인정되었다. 간 중 지방 축적 억제 효과는 alliin(40%)〉saponin(58%)〉Na-alginate(62%)〉chlorella(64%)〉scordinin(74%) 순. 혈청 glucose 감소 효과는 Na-alginate(67%)가 가장 크고, 다음 saponin(73%), scordinin(74%), alliin(83%) 순. 혈청 cholesterol 저하 작용은 Na-alginate(82%)가 가장 크고, 다음 alliin(84%), chlorella(86%), saponin(87%) 순이었다. 또한 혈청 lipase 활성 증가에 의한 비만 억제 작용은 Na-alginate(109%)와 saponin(104%)의 첨가가 효과적. 따라서 미역, 다시마, 톳 등 갈조류 성분 알긴산이 chlorella, 인삼 saponin, 마늘 alliin 및 scordinin보다 비만 예방과 치료에 효과적이었다.

Alginate의 항돌연변이와 Cholesterol, Glucose, Cd 결합능① : Alginate의 평균 분자량 약 10,000(HAG-10), 50,000(HAG-50), 100,000(HAG-100)의 저분자 alginate를 만들어 Ames test로 항돌연변이 효과를 측정한 결과, AFB_1에 대한 간접 돌연변이 원성과 MNNG에 대한 직접 돌연변이 원성의 항돌연변이 효과는 HAG-10이 가장 높았고, 다음 HAG-50, HAG-100 및 alginate 순으로 분자량이 적을수록 증가하였다. 저분자 alginate의 cholesterol, glucose 및 Cd 결합능은 alginate가 가장 높았고, 다음 HAG-50과 HAG-100은 유사하였으며, HAG-10은 결합능이 없었다.

Alginate의 Cholesterol, Glucose 및 Cd 배출 효과② : Alginate의 기능성을 개선코자 저분자 alginate를 만들어 rat에 HAG-10, HAG-50, HAG-100 및

alginate를 투여, cholesterol의 체외 배출 효과를 조사한 결과, HAG-50과 HAG-100이 높았고, 다음 alginate이며, HAG-10은 나타나지 않았다. 혈청 중 glucose양은 HAG-50에서 가장 낮았고, 이후에도 계속 혈당이 저하하였으며, 혈청 중 insulin도 HAG-50에서 초기에 증가한 후 계속 저하되었다. Cd의 체외 배출은 HAG-50에서 가장 높았고, 다음 HAG-100, alginate, HAG-10 순이었으나 HAG-10은 거의 효과가 없었다. 이로써 HAG-50은 rat에서 cholesterol과 Cd 체외 배출이 촉진되었으며, 혈 중 glucose 저하 효과가 현저함을 알 수 있었다.

CCl_4- 유도 간손상과 Fucoidan 효과 : CCl_4- 산화 stress 손상 간에 fucoidan extracts(FE)의 항산화성을 GOT, GPT, ALP, LDH, MDA, SOD, CAT, GPx 수준으로 알 수 있는지 실험하였다. SD계rat(♀)에 Fe 100㎎/㎏을 14일간 투여하고 15일째 CCl_4를 준 후 희생시켰다. rat 혈청 중 GDT, GPT, ALP 및 LDH를 총 간의 균질액에서 MDA, SOD, CAT 및 GPx와 같이 측정한 결과, CCl_4처리에서는 GDT, GPT, ALP, LDH, 및 MDA가 증가하였고, SOD, CAT 및 GPx는 현저히 감소하였으나, FE로 전처리 한 rat은 CCl_4 처리 rat에서 SOD, CAT 및 GPx양이 회복되는 것과 같이 GOT, GPT, ALP, LDH 및 MDA의 증가가 억제되었다. 더구나 FE처리 rat의 간에서는 괴저나 경화 발생이 현저히 감소하였다. 이러한 결과로 FE의 항산화성이 CCl_4-유도 산화적 stress에 효과 있음을 알게 되었다.

AAPH-손상 LLC-PK1세포와 Fucoidan : AAPH-손상 LLC-PK1세포의 산화적 stress에 fucoidan의 보호 효과를 실험하였다. LLC-PK1세포를 1㎜ 2.2'-azobis(2-amino-propane) dihydrochloride(AAPH)에 24시간 노출시, 산화적 stress로 생활력이 현저히 감소하였으나, fucoidan은 용량 의존적으로 이를 보호하였다. 이러한 fucoidan의 작용은 superoxide anion radical과 hydroxyl radical의 작용을 제거하는 것과 같이 fucoidan이 지질 과산화와 항산화 효소의 작용과 같은 양상이다. fucoidan의 AAPH-유도 LLC-PK1 손상에 보호 효과는 특히 superoxide radical을 강하게 제거함을 보였다. fucoidan의 IC_{50}은 48.37±1.54㎍/㎖ superoxide anion radical 제거능과 hydoxyl radical 제거 능력은 IC_{50} 32.03㎍/㎖로 강하였다. 그러므로 fucoidan의 AAPH-손상 LLC-PK1 세포 보호는 지질 과산화를 방해하고, 항산화 효소 작용을 증가시켜 과산화 radical을 제거함에 있다(LLC-PK1 cell: Procine kidney epitheial celll).

Fucoidan의 항혈액 응고활성 : 국내 연안의 갈조류, 미역포자엽, 다시마, 톳, 모자반을 묽은 염산(pH 2.0)으로 65℃에서 추출 crude fucoidan을 CPC 처리로 침전시킨 후, $CaCl_2$(1.0M, 1.5M, 3.0M)를 증가시켜 분리하였다. APTT 활성으로 비교한 결과, 분획물의 항혈액 응고활성은 황산기 함량의 증가에 따라 증가하였으며, 분획물 시료 중 미역포자엽을 3.0M $CaCl_2$로 분획한 것이 가장 활성이 우수하였다. 이 분획물을 다시 pronase와 laminase로 수식한 결과, 각각 단백질과 glucose가 감소하였으나 수식 전에 비해 APTT 활성이 증가하였다. pronase와 laminase로 수식한 fucoidan의 fucose : galactose : mannose : sulfate : uronic acid의 mole%는 1 : 1.3 : 0.03 : 2.7 : 0.08 이었으며, 효소처리에 따른 미역포자엽의 결합 구조는 변화가 없었다.

Marine carotenoid의 생물학적 기능 : 자연계에서 생성되는 색소 중 carotenoid (CA)는 가장 중요하며 인체 건강에 유용한 효과를 갖고 있어 관심이 증가되고 있다. 해산 CA는 그들이 주는 화학적, 생물학적 이익의 영향은 중요하다. 해산 CA 중 astaxanthin과 fucoxanthin은 해양 동물이나 해양 식물 중에서 비교적 강력한 생물학적 활성이 있었다. 즉 이들 CA는 quenching siglet oxygen과 scavenging free radical의 강한 항산화 작용이 있기 때문이며, 식이성 항산화 작용이 있는 이들 강력한 작용의 CA는 항암 작용과 항염 작용이 있다. 특히 fucoxanthin이 근래 항비만과 항당뇨 효과가 인정되면서부터 주목받고 있다. 이러한 작용은 mitochondria의 백색지방(WAT)에서 uncoupling protein(UCP1)을 만들어 WAT에서 지방산을 산화시켜 WAT에서 열을 생산하기 때문이다. fucoxanthin은 insulin 저항을 개선하여 혈당을 낮추며, 동물의 WAT에서 종양괴사 인자 α(TNF

α)를 감소시키기 때문이다.

건강기능성 식품과 해조류 소비 : 경북대 학생 281명을 대상으로 해조류 건강기능성 식품의 구매 의도와 소비 가치를 조사한 결과, 구매 장소는 24시간 편의점이고, 낱개 포장으로, 구매 목적은 영양 보충과 체중 조절이며, 구매 의도가 높은군과 낮은군의 차이가 현저하였고, 식품, 영양 및 건강 관련 과목 수강 경험자 중 기능가치와 인식가치가 높았다.

참고문헌

1) 구재근, 최용석, 곽중기, **수산학회지,** 2001, 34(5), 515 (국내산 미역포자엽, 다시마, 톳, 모자반 Fucoidan의 항혈액 응고 특성)
2) 권대중, 임승택, 정용준, 박상후, 권동권, **식품과학과 산업,** 2006, 39(3), 73 (갈조류에서 추출한 푸코이단의 이해와 활용)
3) 김영동, 김영명, 강통삼, **한국식품연구소, 연구보고,** 1981, 163 (해조류의 다각적 이용에 관한 연구)
4) 김육용, 이근우, 김건배, 조영제, **수산학회지,** 2000, 33(5), 388 (다시마 Alginate의 가열 가수분해에 따른 물리, 화학적 및 생물학적 특성에 관한 연구 — 3. 랫드의 Cholesterol, Glucose 및 Cd 체의 배출 효과)
5) 오윤식, 이인규, 부성민, **Algae,** 1990, 5(1), 57 (한국산 유용 해조 특히 식용, 약용 및 공업용 해조에 대한 주해)
6) 이용필, 강서영, **한국산 해조류의 목록,** 2001, 제주대학교출판부
7) 이용필, 강서영, **Algae,** 2002, 17(1), 69 (한국산 해조류의 목록)
8) 차명화, 김유경, **식생활문화학회지,** 2008, 23(4), 462 (해조류 건강기능성 식품에 대한 소비 가치 분석)
9) 최진호, 임채환, 김재연, 양종순, 최재수, 변대석, **수산학회지,**1986, 19(4), 303 (비만 치료식 개발을 위한 기초연구 — 1. 식이섬유로서의 알긴산의 비만 억제 효과)
10) 최진호, 최재수, 변대석, 양달선, **수산학회지,** 1986, 19(5), 485 (비만

치료식 개발을 위한 기초연구 — 2. 조류와 생약 성분의 비만 억제 작용 비교)

11) 홍성열, 서귀문, 박인식, 홍용기, **Algae,** 1999, 14(2), 137 (해조류 추출물에 의한 Triton WR-1339 유발 고콜레스테롤 증에 대한 감소 효과 — 긴불레기말)

12) 황혜정, 변재형, 남택정, **수산학회지**, 2000, 33(6), 541 (알긴산이 3T3-L1 세포의 분화에 미치는 영향)

13) Amano, H., **Marine Biochemistry,** Yamaguchi, K. ed., Tokyo University Press, Japan, 1999, pp.170~171 (Biochemistry and biotechnology of seaweed)

14) Baker, J. T., **Proc. Intl. Seaweed Symp.,** 1984, 11, 29 (Seaweeds in pharmaceutical studies and application)

15) Chapman, V. J., Chapman, D. J., **Seaweeds and Their Uses,** Chapman and Hall, London, 1980, 334

16) Chengkui, Z., Junfu, Z., **Proc. Intl. Seaweed Symp.** 1984, 11, 151 (Chinese seaweeds in herbal medicine)

17) Deig, E. F, Ehresmann, D. W., Hatch, M. T., Riedlinger, D. J., **Antimicrob. Agents Chemother.**, 1974, 6, 524 (Inhibition of herpes virus replication by marine algal extracts)

18) Hiroyuki, N., Hideomi, A., Koichi, A., Kazutosi, N., **Hydrobiologia**, 1990, 204/205, 577 (Antitumor activity of marine algae)

19) Hosokawa, M., Okada, T., Mikami, N., Konishi, I., Miyashita, K., **Food Sci. Biotechnol.**, 2009, 18(1), 1 (Bio-function of Marine Carotenoids)

20) Jimenz-Escrig, A., Goni Ganbrodon, I., **Arch. Latinoam Nutr.,** 1999, 49, 114 (Nutritional evaluation and physiological effects of edible seaweeds)

21) Kaneda, T. P., Kamasastri, V., Tokuda, S., **Bull. Jpn. Fish. Sci. Soc.,** 1965, 31, 1026 〔Studies on the effects of marine products on cholesterol metabolism in rat. V. The effect of edible seaweed (supple-

ment))

22) Kang, K. S., Kim, I. D., Kwon, R. H., Lee, J. Y., Kang, J. S., Ha, B. J., **Arch. Pharm. Res.**, 2008, 31(5), 622 (The effect of Fucoidan Extracts on CCl_4-Induced Liver Injury)

23) Kwak, C. S., Kim, S. A., Lee, M. S., **J. Kor. Soc. Food Sci. Nutr.**, 2005, 34, 1143 (The correlation of antioxidative effects of 5 Korean common edible seaweeds and total polyphenol content)

24) Lee, S. Y., Kim, J. H., Song, E. J., Kim, K. B. W. R., Hong, Y. K., Lim, S. M., Ahn, D. H., **Food Sci. Biotechnol.**, 2009, 18(2), 506 (Investigation of Antimicrobial Activity of Brown Algae Extracts and the thermal and pH effects on their activity; 패, 곰피, 모자반, 지충이, 긴불레기말, 감태)

25) Mabeau, S., Fleurence, J., **Trends Food Sci. Technol.**, 1993, 4, 103 (Seaweed in the food products : Biochemical and nutritional aspects)

26) Nishizawa, K., Murasugi, S., **The Sea Vegetable Book,** Kensei Press, Tokyo, 1988, 57 (in Japanese)

27) Noda, H., Amano, H., Arashima, K., Nishizawa, K., **Hydrobiologia,** 1990, 204/205, 577 (Antitumor activity of marine algae)

28) Noda, H., Amano, K., Arashima, K., **Nippon Suisan Gakkaishi,** 1989b, 55(7), 1265 (Antitumor activity of polysaccharides and lipid from marine algae)

29) Ohta, K., **Proc. Intl. Seaweed Symp.**, 1979, 9, 401 (Chemical studies on biologically active substances in seaweeds)

30) Park, M. J., Han, J. S., **J. Food Sci. Nutr.**, 2008, 13(4), 259, (Fucoidan protects LLC-PK1 cells against AAPH-induced Damage)

31) Shiomi, K., **Suisangaku Shiriizu,** 1983, 45, 120 (Agglutinins of marine algae)

32) So, M. J., Kim, B. K., Choi, M. J., Park, K. Y., Rhee, S. H., Cho, E. J., **J. Food Sci. Nutr.**, 2007, 12, 191 (Protective Activity of

Fucoidan and Alginic Acid against Free Radical-Induced Oxidative Stress under in vitro and Cellular System)

33) Tsuchiya, Y., **Proc. Intl. Seaweed Symp.**, 1969, 6, 747 (Comparative hypocholesterolemic activities of marine algae)

Gracilaria verrucosa (Hudson) Papenfuss
Gracilaria confervoides (Linné) Greville

꼬시래기 13

홍조류 · Gracilariaceae (꼬시래기과)

• 영명 | Sewing thread, Sea string, Chinese moss
• 일명 | Ogonori
• 중국명 | 尾胡, 海菜
• 분포 | 한국 각지, 일본, 사할린, 타이완 등
• 용도 | 식용, 한천의 원료

✻ 식물학적 특성

홍조류로 꼬시래기과에 속하며, 속명은 gracilis 가늘다는 뜻, 종명은 verrucosus 혹 모양 돌기라는 뜻, 몸은 적은 관상근에서 많이 모여나고, 실모양 또는 원주 모양, 높이 5~20㎝, 직경 1~2㎜. 상당히 촘촘하게 우상(羽狀)으로 분기, 가지는 편재(偏在)하는 수가 많고 가지 기부는 가늘고, 끝도 가늘다. 주머니 모양의 과실은 다수 가지의 주위에 나고 더러는 모여 나며 반구상, 색은 자갈색, 녹색 또는 황색을 띠고, 건조하면 암갈색, 질은 연골질이다.

동속에는 각시꼬시래기(*Gracilraria bursa-pastoris*), 잎꼬시래기(G. *textorii*), 개꼬시래기(*G. chorda*), 꼬불꼬시래기(*G. incurvata*) 등이 있고, 한천의 원료로 쓴다.

한국 전역에 분포, 일본, 사할린, 쿠릴열도, 타이완 등 세계 각지에 분포한다.

✲ 성분

1) 영양성분

① **꼬시래기(12015)** : 가식부 100g 중 수분 89.10g, 열량 28.0kcal, 단백질 1.8g, 지질 0.2g, 당질 5.9g, 조섬유 0.30g, Ca 630.0㎎, P 35.0㎎, Fe 6.90㎎, Zn(0.08)㎎, vitamin A 39.0 RE, β-carotene(234.0㎎), B_1(0.020㎎), B_2(0.200㎎), B_6(0.001㎎), niacin 0.5㎎, C 9.0㎎, 엽산(146.3㎍), E(1.00㎎).

2) 특수성분

*Gracilaria andersoniana*에서 Phytol(2Z, 7R, 11R, P-01210)이, *G. edulis*에서 3-Hydroxy poriferast-5-en-7-one(H-03045), Poriferasta- 3,5-diene-7-one(S-01335), Poriferasta-5-ene-3β, 7α-diol(S-01358), Poriferasta-9(11)en-3β-ol(S-01371), Stigmastane-3,6-diol(3β, 5α, 6α, 24S, S-01342)가, *G. textorii*에서 Gigartinine(S. G-00354)이 분리되었다.

✲ 생리 활성

성분과 생리활성 : 꼬시래기의 대사물질 중 prostaglandin A_2와 E_2가 분리되었고, glycerolglycoside인 GV-12, GV-5, GV-6, GV-7도 분리되었다. 특히 GV-5와 GV-6는 mouse murine leukemia L1210 cell에 세포 독성이 있었으며, human epidermoid carcinoma KB cell에 IC_{50}은 8.0㎍/㎖. 또한 GV-5와 GV-6는 F9 teratocarcinoma stem cell에 대하여 differentiating effect를 나타내었다.

PhIP 와 MeIQx 돌연변이의 원성억제 : 갈조류 9종, 홍조류 5종, 녹조류 2종을 대상으로 돌연변이 유발물질 PhIP와 MeIQx에 대한 돌연변이 원성 억제를 조사한 결과, 갈조류가 녹조류와 홍조류보다 우수하였고, 특히 갈조류 감태, 곰피, 다시마, 미야베모자반이 우수하였다. 그중 곰피의 Et_2O, $CHCl_3$, EtOAc및 수용성 획분 중 비극성 획분의 억제가 강하였고, 특히 EtOAc 획분이 가장 강하였다. 곰피의 EtOAc 획분을 sephadex LH20로 분리한 결과, 활성 획분 A-7은 PhIP에 90%/㎎이상, MeIQx에 80%/㎎의 억제를 보였고, 207.7 및 232nm에서 흡수 파장을 보였다.

충치균에 대한 항균 활성 : 우리나라 연안에서 채취한 해조류 27종의 80% EtOH 추출물이 충치균 *Streptococcus mutans* KCTC 3300의 증식에 미치는 영향을 조사한 결과, 해조류 중 다시마가 가장 강하였고(+++), 갈파래, 청각, 감태, 곰피, 미역도 비교적 활성이 높았으며(++), 홍조류보다 갈조류와 녹조류가 대체로 강하였다(+). 다시마의 항균 활성은 용매에 따른 추출물의 차이는 나타나지 않았다. *S. mutans* KCTC 3300과 *S. sobrinus* KCTC 3307에 대한 해조류의 80% EtOH 추출물의 MIC 는 해조류 종뿐 아니라, 동일 해조류 추출물에서도 균 종에 따라 차이가 있었다. 다시마의 80% EtOH의 Et_2O 분획에서 MIC 는 105㎍/㎖, 수용성 분획은 약 5,500㎍/㎖에서 균의 증식이 억제되지 않았다. 꼬시래기는 약한 항균성(+)을 보였다.

Nitrite 제거 해조류 검색과 활성① : 녹조류 (파래-*Enteromorpha, Ulva*), 갈조류(톳, 미역, 모자반류, 곰피), 홍조류(우뭇가사리, 진두발, 도박, 서실, 보라우무, 지누아리, 꼬시래기, 돌가사리) 등에 대하여 NO 제거 활성을 검색한 결과, 곰피의 MeOH ex가 가장 강하였고, 추출 정제한 활성 물질은 phlorotannin A였다. phloroglucinol(IC_{50}=3.9㎎/㎖)의 활성은 ascorbic acid(IC_{50}=65.0㎎/㎖)보다 강하였다. 이상의 결과로 곰피에서 추출한 활성 물질 phlorotannin A와 phloroglucinol은 발암성 N-nitroso 화합물의 전구물질 nitrite제거제로 응용될 수 있을 것으로 생각되었다.

아질산염소거활성② : Nitrosamine 의 직접 생성 인자인 아질산염 소거 작용을 검토한 결과, 갈조류가 녹조류 및 홍조류(꼬시래기 등)에 비해 우수한 분해 효과를 보였으며, 갈조류 중 감태, 곰피, 구멍쇠미역이 뛰어났고, 모두 pH의 조성이 커 pH 4.2 및 6.0보다 pH 1.2에서 아질산염 분해 효과가 컸다.

Marine carotenoid의 생물학적 기능 : 자연계에서 생성되는 색소 중 carotenoid (CA)는 가장 중요하며 인체 건강에 유용한 효과를 갖고 있어 관심이 증가되고 있다. 해산 CA는 그들이 주는 화학적, 생물학적 이익의 영향은 중요하다. 해산 CA 중 astaxanthin과 fucoxanthin은 해양 동물이나 해양 식물 중에서 비교적 강력한 생물학적 활성이 있었다. 즉 이둘 CA는 quenching siglet oxygen과 scavenging free radical의 강한 항산화 작용이 있기 때문이며, 식이성 항산화 작용이 있는 이들 강력한 작용의 CA는 항암 작용과 항염 작용이 있다. 특히 fucoxanthin이 근래 항비만과 항당뇨 효과가 인정되면서부터 주목받고 있다. 이러한 작용은 mitochondria의 백색 지방(WAT)에서 uncoupling protein(UCP1)을 만들어 WAT에서 지방산을 산화시켜 WAT에서 열을 생산하기 때문이다. fucoxanthin은 insulin 저항을 개선하여 혈당을 낮추며, 동물의 WAT에서 종양괴사 인자 α(TNF α)를 감소시키기 때문이다.

식이섬유 함량과 추출 조건 : 미역, 다시마, 톳, 파래(*U. lactuca*), 우뭇가사리, 꼬시래기에서 가용성 식이섬유를 추출코자, 산, 알칼리, 효소를 사용한 결과, 미역은 1.5% Na_2CO_3나 2.0% Na_2EDTA가, 다시마는 1.0% Na_2EDTA, 톳은 2.0% Na_2CO_3, 우뭇가사리와 꼬시래기는 2.0% Na_2EDTA, 파래는 Na_2CO_3, NaOH, Na_2EDTA의 2%, 17.49~18.46% 식이섬유를 얻었다. 추출 시간과 온도는 100℃에서 추출 시간이 길수록 추출률이 높았다. 우뭇가사리와 꼬시래기는 110℃ 이상에서 1시간 추출이 각각 38.48%, 42.11%의 높은 수율을 보였다. 식이섬유 함량은 갈파래 40.0%, 미역 47.2%, 다시마 50.07%, 톳 42.6%, 우뭇가사리 48.8%, 꼬시래기 44.5%이었다.

Glycerol glycoside, Floridoside의 구조 : 홍조류인 꼬시래기에서 glycerol glycoside를 분리하여 여러 분석 기기로 분석, 분석 Data를 종합한 결과 2-*O*-α-D-Galactopyranosylglycerol임을 동정하였다.

미량 금속 함량 : 우리나라 연안에서 수집한 해조류 총 620건 시료 즉 녹조

류(파래 등 113건), 갈조류(고리매 등 275건), 홍조류(꼬시래기 등 232건)의 미량 금속 함량을 비교 분석한 결과, Hg은 갈조류에서, Cd는 홍조류(꼬시래기 등)에서, Cu, Cd는 녹조류에 많았고, Mn과 Ni은 녹조류와 홍조류에서, Pb는 녹조류에서, Zn은 홍조류에 많았다. 지역별로는 Hg, Cd, Ni, Mn은 충남 태안 지역에서 Cr은 영덕, Cu는 통영, Pb와 Zn은 울산 지역에서 많았다. 갈조류에는 Hg와 Cd, 녹조류는 Cr, Cu, Mn, Ni, Pb가, 홍조류에는 Zn이 많았다. 비식용 해조류 중 지충이는 Cd와 Mn의 biomonitor, 애기마디잘록이와 지누아리는 Ni와 Zn의 biomonitor, 식용 갈조류인 고리매는 Cr과 Pb의 biomonitor로 사용할수 있을 것으로 판단된다. 한국 연안의 꼬시래기 중 미량 금속 함량은 Hg ND~0.01, Cd ND~0.40, Cr ND~1.66, Cu 2.91~6.29, Mn 3.35~169.69, Ni ND~2.28, Pb 0.10~0.60, Zn 12.45~103.86㎍/g(dry weight)이었다.

홍조류의 성분 : 국내 연안에 서식하는 13종의 홍조류를 채취, 구성 성분을 분석한 결과, 채취 장소에 따라 차이가 있었고, 우뭇가사리의 회분은 9.02~13.30%, 단백질 19.99~20.47%, 지방 0.31~0.11%, 탄수화물 66.02~69.88%, sulfate는 2.35~1.62%, 돌가사리의 회분은 29.48, 단백질 27.42, 지방 0.90, 탄수화물 42.20, sulfate 19.48%, 부챗살의 회분 17.32, 단백질 31.15, 지방 0.24, 탄수화물 48.71, sulfate 1.92%, 깃꼴진두발의 회분 12.91, 단백질 22.47, 지방 0.22, 탄수화물 64.40, sulfate 17.96%, 풀가사리의 회분 19.20, 단백질 18.11, 지방 0.64, 탄수화물 62.05, sulfate 18.23%, 석묵의 회분은 11.41, 단백질 31.69, 지방 0.53, 탄수화물 60.71, sulfate 4.43%였으며, 수용성 구성당은 3, 6-anhydrogalactose, galactose, 6-methylgalactose, rhamnose, fucose, ribose, arabiose, xylose, mannose, glucose였고, 가장 많은 당은 galactose, 다음 3, 6-anhydrogalactose, glucose, xylose 순이었다.

건강기능성 식품과 해조류 소비 : 경북대 학생 281명을 대상으로 해조류 건강기능 식품의 구매 의도와 소비 가치를 조사한 결과, 구매 장소는 24시간 편의점이고, 낱개 포장으로, 구매 목적은 영양 보충과 체중 조절이며,

구매 의도가 높은군과 낮은군의 차이가 현저하였고, 식품, 영양 및 건강 관련 과목 수강 경험자 중 기능가치와 인식가치가 높았다.

✻ 효능과 이용

1) 효능 : antimicrobial, pulmonary tuberculosis, stomach disorders, urimary disease, dropsy, goiter
2) 식용 : 한천을 만들어 제과용 등 식용으로 쓴다.

참고문헌

1) 김영동, 김영명, 강통삼, **한국식품연구소 연구보고,** 1981, 163 (해조류의 다각적 이용에 관한 연구)
2) 김지희, 목종수, 박희연, **식품영양과학회지**, 2005, 34(7), 104 (한국 연안 해조류의 미량 금속 함량 – 파래, 청각, 매생이, 미역, 다시마, 김, 모자반, 톳, 고리매, 우뭇가사리, 꼬시래기, 서실, 불둥가사리)
3) 김지희, 임치원, 박희연, 이두석, 박정흠, **수산학회지,** 2002, 35(2), 191 〔충치균(*Streptococcus mutans*)에 대한 다시마 추출물의 항균 활성 – 갈파래, 청각, 감태, 곰피, 미역, 다시마, 꼬시래기 등〕
4) 노연숙, 손병화, 임광식, 최홍대, **생약학회지,** 1994 25(2), 117 〔홍조 꼬시래기 (*Gracilaria verrucosa*)유래의 줄기 세포당 Floridoside의 화학구조〕
5) 노연숙, 손병화, 임광식, 최홍대, **생약학회지,** 1995, 26(1), 99 〔홍조 꼬시래기 (*Gracilaria verrucosa*)로부터 분리된 대사성분의 구조와 생리 활성〕
6) 도정룡, 김은미, 구재근, 조길석, **수산학회지,** 1997, 30(2), 291 (국내산 주요 해조류의 식이섬유소의 함량과 추출 조건 – 미역, 다시마, 톳, 파래(*U. lactuca*), 우뭇가사리, 꼬시래기)
7) 도정룡, 남윤주, 박진희, 조진호, **수산학회지,** 1997, 30(3), 428 (국내산 홍조류의 구성 성분에 관한 연구 – 우뭇가사리, 꼬시래기, 돌가사리, 붉

은까막살, 애기곱슬이, 붉은잎, 애기마디잘록이, 부챗살, 진두발, 풀가사리, 석묵)

8) 박영범, 김인수, 유승재, 인종관, 이태기, 박덕천, 김선봉, **수산학회지,** 1998, 31(4), 581 (해조류 중의 anti-tumor initiator 및 promoter의 해석 -2: PhIP와 MeIQx의 돌연변이 원성을 억제하는 해조 추출물 소재 연구-미역, 곰피, 감태, 다시마, 모자반, 괭생이모자반, 미야베모자반, 지충이, 납작파래, 청각, 갈파래, 구멍쇠미역, 톳, 방사무늬김, 참도박, 마디잘록이, 참곱슬이, 꼬시래기)

9) 박영범, **식품영양과학회지,** 2005, 34(8), 1293 (해조류에 의한 아질산염 소거 활성 분석 – 곰피, 감태, 미역, 구멍쇠 미역, 다시마, 모자반, 김, 꼬시래기, 청각, 갈파래)

10) 오윤식, 이인규, 부성민, **Algae,** 1990, 5(1), 57 (한국산 유용 해조 특히 식용, 약용 및 공업용 해조에 대한 주해)

11) 이용필, 강서영, **Algae,** 2002, 17(1), 69 (한국산 해조류의 목록)

12) 차명화, 김유경, **식생활문화학회지,** 2008, 23(4), 462 (해조류 건강기능성 식품에 대한 소비 가치 분석)

13) Amano, H., **Marine Biochemistry,** Yamaguchi, K. ed., Tokyo University Press, Japan, 1999, pp.170~171 (Biochemistry and biotechnology of seaweed)

14) Apt, K. E., **J. Phycol.,** 1984, 20, 138 〔Gallus-like growths of *Gracilaria epihippisora* Hole (Rhodophyta)〕

15) Baker, J. T., **Proc. Intl. Seaweed Symp.,** 1984, 11, 29 (Seaweeds in pharmaceutical studies and application)

16) Chapman, V. J., Chapman, D. J., **Seaweeds and Their Uses,** Chapman and Hall, London, 1980, 334

17) Choi, J. S., Lee, J. H., Jung, J. H., **J. Kor. Fish. Soc.,** 1997, 30(6), 909 (The screening of Nitrite scavenging Effect of marine Algae and Active principle of *Eklonia stolonifera*)

18) Craig, J. S., Wen, Z. C., **Can. J. Bot.,** 1984, 62, 1665 〔Effects of tem-

perature and tissue age on gel strengh and composition of agar from *G. tikvahiae* (Rhodophyceae)]

19) Das, B., et al, **Phytochemistry,** 1992, 31, 4371 (isol, poriferasta-5-ene-3β, 7α-diol)

20) Das, B., et al, **Phytochemistry,** 1992, 31, 4371 (isol, stigmastane-3, 6-diol, fibrinolytic)

21) Furneaux, R. H., Miller, I. J., Stevenson, T. T., **Hydrobiologia,** 1990, 204(205), 645 [Agaroids from New Zealand members of the *Gracilariaceae* (Rhodophyta) a novel dimethylated agar]

22) Gupta, M. M. et al, **Phytochemistry,** 1981, 20, 2557 [poriferast-9(11)-en-3β-ol]

23) Hosokawa, M., Okada, T., Mikami, N., Konishi, I., Miyashita, K., **Food Sci. Biotechnol.**, 2009, 18(1), 1 (Bio-function of Marine Carotenoids)

24) Jimenz-Escrig, A., Goni Ganbrodon, I., **Arch. Latinoam. Nutr.,** 1999, 49, 114 (Nutritional evaluation and physiological effects of edible seaweeds)

25) Lapointe, B. E., **J. Phycol.,** 1981, 17, 90 [The Effects of light and nitrogen on growth, pigment content, and biochemical composition of *Gracilaria foltiifera* (Rhodophyta)]

26) Lapointe, B. E., **Mar. Biol.,** 1987, 93, 561 [Phosphorus and nitrogen-limited photosynthesis and growth of *Gracilaria tikvahiae* (Rhodophyceae) in the Florida Key ; an experimental field study]

27) Lapointe, B. E., Tenore, K. R., Dawes, C. J., **Mar. Biol.,** 1984, 80, 161 [Interactions between light and temperature on the physiological ecology of *Gracilaria tikvahiae* (Gigartinales, Rhodophyta). I. Growth, photosynthesis and respiration]

28) Lewmanomont, K., Kaewsuralikhit, K., **Algae,** 1993, 8(2), 239 (Specific Issue for Asia-pacific phycological Forum : Monoline culture of *Gracilaria fisheri* in Thailand)

29) Luhan, M. R. J., **Bot. Mar.**, 1992, 35, 169 (Agar yield and gel strength of *Gracilaria heterclada* collected from Iloide, central Philipines)

30) Mabeau, S., Fleurence, J., **Trends Food Sci. Technol.**, 1993, 4, 103 (Seaweed in the food products : Biochemical and nutritional aspects)

31) Mollet, J. C., Rahaoui, A., Lemoine, Y., **J. Appl. Phycol.**, 1998, 10, 59 [Yield, Chemical composition and gel strength of agarocolloids of *Gracilaria gracilis*, *Gracilariopsis longissima* and newly reported *Gracilaria* cf. *vermiculophylla* from Roscoff(Brittany, France)]

32) Nelson, S. C., Yang, S. S., Wang, Y., Chiang, Y. M., **Bot. Mar.**, 1983, 26, 331 (Yield and quality of agar from species of *Gracilaria*)

33) Nishizawa, K., Murasugi, S., **The Sea Vegetable Book**, Kensei Press, Tokyo, 1988, 57 (in Japanese)

34) Noda, H., **Science of Marine Algae**, Oishi, K. ed. Asakura-Shoten, Tokyo, 1993, pp.14~29 (Chemistry of marine algae)

35) Ohta, K., **Proc. Intl. Seaweed Symp.**, 1979, 9, 401 (Chemical studies on biologically active substances in seaweeds)

36) Owe, J. W., **Phytochemistry**, 1965, 4, 1 (isol. Poriferasta-3,5-dine-7-one)

37) Peckol, P., DeMeo-Anderson, B., Rivers, J., Valiela, I., Maldonando, M., Yates, J., **Mar. Biol.**, 1994, 121, 179 (Growth, Nutrient uptake capacities and tissue constituents of the macro algae, *Cladophora vagabunda* and *Gracilaria tikvahiae*, related to site-specific nitrogen loading rates)

38) Pelegrin, F. Y., Robledo, D., **J. Appl. Phycol.**, 1997, 9, 533 (Influence of alkali treatment on agar from *Gracilaria cornea* from Yucatan, Mexico)

39) Pickering, T. D., Gordon, M. E., Tong, L. J., **Hydrobiologia**, 1990, 204/205, 253 [Seasonal growth, density, reproductive phenology and agar quality of *Gracilaria sorlida* (Gracilariales, Rhodophyta) Mokomoko

inlet, New Zealand]

40) Santelices, B., Westermeier, R., Bobadilla, M., **J. Appl. Phycol.**, 1993, 5, 517 (Effects of stock loading and planting distance on the growth and production of *Gracilaria chilensis* in rope culture)

41) Sims, J. J. et al, **Phytochemistry**, 1976, 15, 1076 (isol, Phytol)

42) Tseng, C. K., Zhang, J. F., **Proc. Intl. Seaweed Symp.**, 1984, 11, 152 (Chinese seaweeds in herbal medicine)

43) Van der Meer, J. P., **Can. J. Bot.**, 1981, 59, 787 [Genetics of *Gracilaria tikvahiae* (Rhodophyceae) VII. Further observation on mitotic recombination and construction of polyploids]

44) Van der Meer, J. P., Tood, E. R., **Can. J. Bot.**, 1997, 55, 2810 [Genetics *Gracilaria* sp. (Rhodophyceae, Gigartinales). IV. Mitotic recombination and its relationship to mixed phases in the life history]

45) Wakamiya, T. et al, **Tetrahedron**, 1984, 40, 235 (isol, Gigatrinine)

46) Yaphe, W., **Anal. Chem.**, 1960, 32(10), 1327 (Colorimetric determination of 3,6 - anhydrogalactose and galactose in marine algal polysaccharide)

47) Yaphe, W., Hong, K. C., Duckworth, M., **Carbohydr. Res.**, 1971, 18, 1 (The agar polysaccharides of *Gracilaria* species)

48) Zhang, X. C., Van der Meer, J. P., **Can. J. Bot.**, 1988, 66, 2022 (A genetic study on *Gracilaria sjoestedtii*)

Sargassum tortile C. Agardh

꽈배기 모자반 14

갈조류 · Sargassaceae (모자반과)

• 일명 | Yoremoku

• 분포 | 한국(청진, 울릉도, 부산, 거제, 제주도), 일본

• 용도 | 사료

✻ 식물학적 특성

갈조류의 하나로 모자반 과에 속하며, 몸의 길이는 2~3m이며, 괭생이 모자반과 매우 비슷하다. 계절과 산지에 따라 외형의 변화가 심하나, 기부의 잎의 폭은 넓고, 더러 좀 둥글게 생긴 것, 그중의 톱니가 없고 가지가 삼각형인 점이 다르고, 보통 가지가 꼬여 있어 괭생이모자반과 구별된다.

동속 식물에는 괭생이모자반(*S. horneri*)과 비틀대모자반(*S. sagamianum*)이 있다.

✻ 성분

1) 특수성분

꽈배기모자반에서 Crinitol(P-01186), 8'9'-Dihydroxy-5-methyl sargaquinone (S-00208), 8',9'-Dihydroxysaragaquinone(S-00208), 9'-Methoxysargaquinone (S-00208), 11'-Methoxy-sargaquinone(S-00208), Sargasal I(S-00209), II(S- 00209), Sargatetraol(S-00211) Sargatriol(S-00212) 등이 확인되었다.

✲ 생리 활성

Fucoidan의 활성과 이용 : 미역, 다시마, 톳 등 갈조류에 많은 fucoidan은 90여 년 전에 추출 확인되었으며 항혈액 응고, 항혈전, 항암, 면역조절, 항virus, 줄기세포의 활성화 등의 생리 활성이 연구되어, 이와 관련된 각종 질병의 완화 및 치료제로 활용 가능성이 인식되고 있다. 갈조류의 양식은 잘 발달되었고, 전남 완도지역은 청정지역으로 수질오염이 낮아 다시마, 미역포자엽의 수확량이 풍부, fucoidan 추출 원료 수급이 용이하다.

산화적 Stress에 대한 Fucoidan과 Alginic acid의 보호 효과 : Peroxyl radical -유도 산화적 stress에 대한 fucoidan과 alginic acid(갈조류 함유 활성 다당류)의 보호 작용을 in vitro에서 실험한 결과, fucoidan은 NO와 O_2 (superoxide) 제거능이 강력하였으나, alginic acid는 이러한 작용이 없었다. 그러나 alginic acid는 fucoidan보다 -OH 제거능은 높았다. fucoidan과 alginic acid는 AAPH 유도 산화적 stress에 대하여 세포의 활성을 향상시켰다. fucoidan과 alginic acid 1,000㎎/㎖에서 세포의 활성은 각각 16.4%에서 85.9%와 67.7%로 증가하였다. 또한 fucoidan과 alginic acid는 AAPH에 의해 용량 의존적으로 LLC-PKI 세포에서 지질 과산화를 개선시켰다. 이 결과로 fucoidan과 alginic acid는 free radical로 인한 산화적 stress에 대해 항산화제로 작용하는 것으로 생각되었다.

갈조류의 Fucoidan 추출, 정제 및 특성 : 갈조류인 다시마, 미역, 톳, 모자반에서 수용성 식이 섬유인 fucoidan 추출은 pH 2.0, 65℃, 1시간씩 3회 추출, cetylpyridium chloride로 부분 정제한 결과, 다시마 2.71%, 미역포자엽 6.65%, 톳 2.51%, 모자반 1.56%, 미역엽상체 0.40%였고, DEAE-Sepadex A-25 이온교환으로 정제 fucoidan 분획은 다시마, 미역포자엽, 톳, 모자반 모두 3종의 분획으로, 전기 영동에서 2종 이상의 band가 검출되어 불균일성을 보였다. 알코올 분별 침전법으로 재분획한 결과, 다시마, 미역포자엽, 톳은 60~70% EtOH에서, 모자반은 60~65%에서 침전된 분획이 cellulose acetate 전기 영동 및 gel filteration chromatography 상에서 균일하였다. 이 fucoidan은 fucose: galactose: sulfate의 mole 조성비는 다시마, 미역포자엽, 톳, 모자반이 각각 1:0.31:2.43, 1:0.87:1.99, 1:0.66:2.74, 1:0.24:1.46이었고, 분자량은 다시마 31,000, 미역포자엽 38,000, 톳 26,000, 모자반 105,000이었다. 구성당의 위치는 다시마, 톳, 모자반의 주결합은 1, 3-fucose, 미역포자엽은 1, 3-fucose 외 1, 3-galactose, 황산기는 fucose 및 galactose C-4에 , 미역포자엽과 톳은 C-4 외에 C-2 탄소에 결합되었고, 이들의 항혈액 응고력은 다시마〉톳〉모자반〉미역포자엽이었다. 특히 다시마의 항응고력은 18㎎/㎖에서 70초로 heparin의 약 15% 활성을 보였다. 또한 다시마, 톳, 모자반의 정제 fucoidan의 항응고력은 황산기 함량 증가에 따라 증가하였다.

CCl_4- 유도 간손상과 Fucoidan 효과① : CCl_4-산화 stress 손상 간에 fucoidan extracts(FE)의 항산화성을 GOT, GPT, ALP, LDH, MDA, SOD, CAT, GPx 수준으로 알 수 있는지 실험하였다. SD계rat(♀)에 Fe 100㎎/㎏을 14일간 투여하고 15일째 CCl_4를 준 후 희생시켰다. rat 혈청 중 GDT, GPT, ALP 및 LDH를 총 간의 균질액에서 MDA, SOD, CAT 및 GPx와 같이 측정한 결과 CCl_4처리에서는 GDT, GPT, ALP, LDH, 및 MDA가 증가하였고, SOD, CAT 및 GPx는 현저히 감소하였으나, FE로 전처리한 rat은 CCl_4 처리 rat에서 SOD, CAT 및 GPx량이 회복되는 것과 같이 GOT, GPT, ALP, LDH 및 MDA의 증가가 억제되었다. 더구나 FE처리 rat의 간에서는 괴저나 경화 발생이 현저히 감소하였다. 이러한 결과로 FE의 항산화성이 CCl_4-유도 산화적 stress에 효과 있음을 알게 되었다.

Phenol성 물질의 간 보호 활성② : 16종의 해조류 MeOH 추출물을 대상으로 시험관 내에서 bromobenzene 유도 흰쥐의 지질 과산화에 대해 관찰한 결과, *Enteromorpha compressa, Capsosiphon fulvescens, Gelidium amansii, Hizikia fusiformis, Sargassum siliquastrum, S. thunbergii* 추출물이 10^{-1}㎎/㎖에서 각각 22%, 32%, 21%, 41%, 54%, 40%, 1㎎/㎖에서 26%, 45%, 26%, 66%, 79%, 59% 지질 과산화 생성이 감소되었다. 이 중 *S. siliquastrum* 추출물의 n-BuOH 분획의 억제율이 가장 컸다.

bromobenzene 유도 xanthine oxidase와 aldehyde oxidase 활성은 추출물 1㎎/㎖에서 모두 억제되었다. *Ecklonia stolonifera*에서 분리된 phloroglucinol 의 경구 투여도 bromobenzene 유도 과산화 지질이 감소되었으나, glutathion-S-transferase, aminopyrine N-demethylase, aniline hydroxylase의 활성 변화는 없었고, epoxide hydrolase 농도를 대조군의 76%로 회복시켰다. 따라서 phloroglucinol에 의한 bromobenzene 유도 흰쥐의 지질 과산화 억제 활성은 epoxide hydroxylase가 관여하는 것으로 사료되었다.

AAPH-손상 LLC-PK1세포와 Fucoidan : AAPH-손상 LLC-PK1세포의 산화적 stress에 Fucoidan의 보호 효과를 실험하였다. LLC-PK1세포를 1㎜ 2,2'-azo-bis(2-aminopropane) dihydroehloride(AAPH)에 24시간 노출로 산화적 stress가 생활력을 현저히 감소하였으나, fucoidan은 용량 의존적으로 이를 보호하였다. 이러한 fucoidan의 작용은 superoxide anion radical과 hydroxyl radical의 작용을 제거하는 것과 같이 fucoidan이 지질 과산화와 항산화 효소의 작용과 같은 양상이다. fucoidan의 AAPH-유도 LLC-PK1 손상에 보호 효과는 특히 superoxide radical을 강하게 제거함을 보였다. fucoidan의 IC_{50}은 48.37±1.54㎍/㎖ superoxide anion radical 제거능과 hydoxyl radical 제거 능력은 IC_{50} 32.03㎍/㎖로 강하였다. 그러므로 fucoidan의 AAPH-손상 LLC-PK1 세포 보호는 지질 과산화를 방해하고, 항산화 효소 작용을 증가시켜 과산화 radical을 제거함에 있다 (LLC-PK1 cell: Procine kidney epitheial celll).

알긴산과 3T3-L1 세포의 분화 : 3T3-L1 세포가 지방 세포로 분화되는 과정에서 혈청 중 분화촉진 인자(insulin, prostaglandin F2α 등) 첨가로 분화가 촉진되고, 분화억제 인자(actinomycin D, tumor necrosis factor α 등)로 억제될 수도 있다. 3T3-L1 세포는 세포 내 지방 축적으로 지방 세포 형태를 나타낸다. 3T3-L1 세포의 특성을 이용, 해조류에 많은 알긴산이 지방 세포로의 분화 과정에 어떤 영향을 주는지 실험한 결과, 3T3-L1 세포분화를 억제하였다. 또 분화촉진 물질 IGF-1(insulin-like growth factor-1)과 insulin을 이용, 알긴산 분화에 미치는 영향을 검토한 결과, 알긴산은 insulin의 분화촉진 작용을 특이적으로 억제하였다. 본 연구는 알긴산을 이용, 알긴산의 지질 감소 효과를 세포 수준에서 검증하였다.

Alginate의 항돌연변이와 Cholesterol, Glucose, Cd 결합능① : Alginate의 평균 분자량 약 10,000(HAG-10), 50,000(HAG-50), 100,000(HAG-100)의 저분자 alginate를 만들어 Ames test로 항돌연변이 효과를 측정한 결과, AFB_1에 대한 간접 돌연변이 원성과 MNNG에 대한 직접 돌연변이 원성의 항돌연변이 효과는 HAG-10이 가장 높았고, 다음 HAG-50, HAG-100 및 alginate 순으로 분자량이 적을수록 증가하였다. 저분자 alginate의 cholesterol, glucose 및 Cd 결합능은 alginate가 가장 높았고, 다음 HAG-50과 HAG-100은 유사하였으며, HAG-10은 결합능이 없었다.

Alginate의 Cholesterol, Glucose 및 Cd 배출 효과② : Alginate의 기능성을 개선코자 저분자 alginate를 만들어 rat에 HAG-10, HAG-50, HAG-100 및 alginate를 투여, cholesterol의 체외 배출 효과를 조사한 결과, HAG-50과 HAG-100이 높았고, 다음 alginate이며, HAG-10은 나타나지 않았다. 혈청 중 glucose양은 HAG-50에서 가장 낮았고, 이후에도 계속 혈당이 저하하였으며, 혈청 중 insulin도 HAG-50에서 초기에 증가한 후 계속 저하되었다. Cd의 체외 배출은 HAG-50에서 가장 높았고, 다음 HAG-100, alginate, HAG-10순이나 HAG-10은 거의 효과가 없었다. 이로써 HAG-50은 rat에서 cholesterol과 Cd 체외 배출이 촉진되었으며, 혈중 glucose 저하 효과가 뚜렷하였다.

저분자 Alginate 와 Cholesterol 및 지방산 대사 : 미역과 큰 다시마에서 추출한 수용성 알긴산 및 산·알칼리 가용성 알긴산과 그 염산 부분 가수분해에서 얻어진 alginic acid(미역, 약 4,000kDa → 약 38kDa ; 큰 다시마 약 1283 kDa → 약 341 kDa 와 약 45 kDa)를 함유한 실험 자료를 흰쥐(SD계, 4주령)에 4주간 급여 후, alginic acid 급여군의 식이 효율은 0.37~0.44로 기초 식이군에 비해 0.03~0.05의 낮은 값을 보였고, cholesterol 급여에 의한 간의 중량 증가도 억제되었다. 수용성 alginic acid는 산·알칼리 가용성 alginic acid 에 비해 혈청 및 간지질 중 총 cholesterol, 유리 cholesterol, LDL-cholesterol(LDL), triglyceride(TG) 및 인지질에 현저한 저감 효과를 보였고, 각각의 효과는 저분자화에 의해 현저히 증대되었다 (저분자에 의한 저감 효과 ; 수용성 alginic acid-혈청 지질, 총 cholesterol 59%, 유리 cholesterol 65%, LDL 96%, TG 50%, 인지질 36%, 간장 지질 ; 총 cholesterol 42%, 유리 cholesterol 62%, LDL 44%, TG 33%, 인지질 44%, 산·알칼리 가용성 알긴산·혈청 지질 ; 총 cholesterol 52%, 유리 cholesterol 97%, LDL 78%, TG 32%, 인지질 64%, 간장 지질 ; 총 cholesterol 11%, 유리 cholesterol 12%, LDL 10%, TG 27%, 인지질 21%) 저분자 alginic acid는 혈청 및 간지질 조성을 현저히 개선시켰다.

Nitrite 제거 해조류 검색과 활성 : 녹조류 (파래-*Enteromorpha, Ulva*), 갈조류(톳, 미역, 모자반류, 곰피), 홍조류(우뭇가사리, 진두발, 도박, 서실, 보라우무, 지누아리, 꼬시래기, 돌가사리) 등에 대하여 NO 제거 활성을 검색한 결과, 곰피의 MeOH ex가 가장 강하였고, 추출 정제한 활성 물질은 phlorotannin A였다. phloroglucinol(IC_{50}=3.9㎎/㎖)의 활성을 ascorbic acid(IC_{50}=65.0㎎/㎖)보다 강하였다. 이상의 결과로 곰피에서 추출한 활성 물질 phlorotannin A와 phloroglucinol은 발암성 N-nitroso 화합물의 전구물질 nitrite제거제로 응용될 수 있을 것으로 생각되었다.

Fucoidan의 항혈액 응고활성[①] : 국내 연안의 갈조류, 미역포자엽, 다시마, 톳, 모자반을 묽은 염산(pH 2.0)으로 65℃에서 추출 crude fucoidan을 CPC 처리로 침전시킨 후, $CaCl_2$(1.0M, 1.5M, 3.0M)를 증가시켜 분리하였다. APTT 활성으로 비교한 결과, 분획물의 항혈액 응고활성은 황산기 함량의 증가에 따라 증가하였으며, 분획물 시료 중 미역포자엽을 3.0M $CaCl_2$로 분획한 것이 가장 활성이 우수하였다. 이 분획을 다시 pronase와 laminase로 수식한 결과, 각각 단백질과 glucose가 감소하였으나 수식 전에 비해 APTT 활성이 증가하였다. pronase와 laminase로 수식한 fucoidan의 fucose : galactose : mannose : sulfate : uronic acid의 mole%는 1 : 1.3 : 0.03 : 2.7 : 0.08 이었으며, 효소처리에 따른 미역포자엽의 결합 구조는 변화가 없었다.

Prolyl Endopeptidase, Tyrosinase 저해 및 항응고 활성② : 40여 종 해조류의 MeOH ex 에 대하여 prolyl endopeptidase(PEase), tyrosinase(Tyase) 및 혈액 응고 저해 활성을 측정한 결과, 항치매 활성 지표인 PEase 에 대하여 40ppm에서 쌍발이모자반, 짝잎모자반, 큰잎모자반, 지충이, 감태, 패, 톳이 90% 이상 저해 활성이 있었고, 항암 및 미백 효과 활성 지표인 tyrosinase에는 꽈배기모자반, 감태가 각각 40ppm에서 51%, 76% 저해 효과를 보여 시료 중 가장 강하였다. 강력한 항응고 활성 해조류는 없었으나, 약 367ppm에서 APTT assay에서는 큰모자반, 개우무 및 톳이 대조구에 비해 210, 211, 198% 응고 시간 연장 효과를 보였고, TT assay에서는 마디잘록이, 쌍발이서실 및 톳이 각각 216, 197, 251%의 연장 효과를 보였다.

항암 작용 : 제주산 갈조류 27종. 녹조류 10종 총 37종의 해조류 MeOH와 H_2O로 20℃와 70℃에서 추출하여 4종 암세포 U937(human monoblastoid leukemia cell line), HL60(human promyelocytic leukemia cell line), HeLa(woman cervical carcinoma cell line) 및 CT26(mouse colon carcinoma line)에 대해 세포 독성을 실험한 결과, 담배 산말(*Desmrestia tabacoides*)과 *Dictyota dichotoma* MeOH ex에서 모든 암세포에 강력한 세포 독성을 보였으나, H_2O ex에서는 없었으며, 감태(*Ecklonia cava*)의 20℃ H_2O ex는 HeLa cell을 제외한 3종 암세포에 강력한 세포 독성을 보였다. *Sargassum coreanum*과 *S. siliquastrum*의 20℃ H_2O ex에서 U937, HL60, HeLa cell에 대해 강력한 세포 독성을 보였다. 녹조류인 청각(*Codium fragile*)과 *C. contractum*의 20℃ H_2O ex에서 HL60과 CT26 cell에 대해 강력한 세포 독성을 보였다. 갈조류보다는 녹조류가 비교적 약한 세포 독성을 보였다.

항산화능과 감마선 조사 : 높은 점성과 짙은 색상의 꽈배기모자반 물 추출물의 감마선조사로 항산화능의 변화를 알고자 총 phenol 함량과 DPPH 라디칼 소거능을 측정한 결과, 3~20KGy 감마선 조사로 감마선량 조사 증가에 따라 총 phenol 함량이 증가하였고, DPPH 라디칼 소거능도 증가하였으며, 물 추출물의 색상과 점도는 감소하였다. 이 결과로 꽈배기모자반 물 추출물 사용 시 감마선 조사가 항산화능 향상과 색상 및 점도의 개선으로 기능성 식품재료 소재로 기대되었다.

갈조류 항미생물작용과 온도 및 pH의 영향 : 30종 해조류 수침 ex와 EtOH ex 한천 분산법으로 항미생물 활성 최저 억제 농도(MIC)를 측정하였다. 한천 분산법에서 12종 해조류가 실험미생물에 대해 성장 억제 효과가 있었고, 특히 패, 곰피, 모자반(*S. siliquastrum*), 지충이, 긴불레기말 및 감태에 4㎎/㎖에서 Gram 양성 미생물에 대해 강한 항bacteria 활성을 보였다. *S. siliquastrum*은 *Listeria monocytogens, Clostridium perfringens* 및 *Bacillus subtilis*에 MIC가 0.005~0.0075%에서 가장 강한 항균성을 보였다. 열 안정성 시험에서 패, 지충이, 모자반, 감태, 긴불레기말의 EtOH ex는 121℃에서 15분간 안전하였으며, 모자반 EtOH ex의 항균 활성은 pH 2~10에서 안전하였으나, 다른 종류는 pH 10 이하에서는 불안정하였다.

미량 금속 함량 : 우리나라 연안에서 수집한 해조류 총 620건 시료 즉 녹조류(113건), 갈조류(모자반 등 275건), 홍조류(232건)의 미량 금속 함량을 비교 분석한 결과, Hg은 갈조류에서, Cd는 홍조류에서, Cu, Cd는 녹조류에 많았고, Mn과 Ni은 녹조류와 홍조류에서, Pb는 녹조류에서, Zn은 홍조류에 많았다. 지역별로는 Hg, Cd, Ni, Mn은 충남 태안 지역에, Cr은 영덕, Cu는 통영, Pb와 Zn은 울산 지역에 많았다. 갈조류에는 Hg와 Cd, 녹조류는 Cr, Cu, Mn, Ni, Pb가, 홍조류에는 Zn이 많았다. 비식용 해조류 중 지충이는 Cd와 Mn의 biomonitor, 애기마디잘록이와 지누아리는 Ni와 Zn의 biomonitor, 식용 갈조류인 고리매는 Cr과 Pb의 biomonitor로 사용할 수 있을 것으로 판단되었다.

추출 단백질의 침전 조건과 영양 : 식용 해조인 둥근돌김, 구멍갈파래, 미역 및 모자반 단백질의 아미노산 조성과 소화율을 조사하였다. 홍조류와 녹조류는 TCA로 침전, 각조류를 등전점으로 정제하였고 아미노산을 분석한 결과, 둥근돌김은 lysine이 시료 중 가장 많았고, 구멍갈파래는 threonine이 많았으나, lysine이 적었고, 미역과 모자반의 아미노산은 둥근돌김과 구멍갈파래보다 못하였다. 둥근돌김과 구멍갈파래의 chemical score는 35, 정제 단백질은 56, 미역, 모자반은 10~16, 정제한 것은 30~35, protein score는 전시료의 정제 단백질은 62~73이었다. 소화율은 원료시료가 25~40으로 낮았으나 정제 후에는 1.3~2.1배 증가, 갈조류의 소화율이 전반적으로 낮았다.

돌산도의 조하대 해조 군락 : 1982년 6월~1983년 5월까지 계절별로 scuba잠수로 채집 분석하였다. 조하대의 수직 분포는 sheltered 지역 특성을 보였고, 상, 중, 하부 3개층 구역으로 나누어, 상부는 *Ulva pertusa, Codium fragile, Chondria crassicaulis, Gigartina tenella*의 녹조, 홍조류, 중부는 *Myagropsis myagroides*와 *Sargassum tortile*의 대형 갈조류, 하부는 *Plocamium telfairiae, Callophyllis japonica, Symphyociadia linearis*의 홍조류가 우점종이었다. Normal association analysis로 분석한 결과, 이 지역은 9개의 해조 군락으로 나누어지고, 각 군의 우점종은 각각 *Sargassum tortile, Myagropsis myagroides, Chondria crassicaulis, Codium fragile, Pterocladia tenuis, Gigartina tenella, Gracilarie textorii* 등 이었고 해종림종은 *Myagropsis myagroides*와 *Sargassum tortile*이었다. *Myagropsis myagroides*의 현존량은 봄에 2,248g/50㎡, 여름 650.4g, 가을 747.6g으로 봄에 최고치에 달한다.

참고문헌

1) 구재근, **박사학위논문,** 고려대학교, 1994 (한국산 갈조류 중의 Fucoidan 추출, 정제 및 그 특성에 관한 연구 – 다시마, 미역, 톳, 모자반)

2) 구재근, 최용석, 곽중기, **수산학회지,** 2001, 34(5), 515 (국내산 미역포자엽, 다시마, 톳, 모자반 Fucoidan의 항혈액 응고 특성)

3) 권대중, 임승택, 정용준, 박상후, 권동권, **식품과학과 산업,** 2006, 39(3),

73 (갈조류에서 추출한 푸코이단의 이해와 활용)

4) 김아람, 송유진, 김미정, 이소영, 김꽃봉우리, 김진희, 김서진, 홍용기, 박진규, 김재훈, 이주운, 변명우, 안동현, **식품영양과학회지,** 2008, 37(3), 357 (짜배기모자반 물 추출물의 항산화능과 물리적 특성에 대한 감마선 조사의 영향)

5) 김영동, 김영명, 강통삼, **한국식품연구소 연구보고,** 1981, 163 (해조류의 다각적 이용에 관한 연구)

6) 김육용, 이근우, 김건배, 조영제, **수산학회지,** 2000, 33(5), 388 (다시마 Alginate 의 가열 가수분해에 따른 물리, 화학적 및 생물학적 특성에 관한 연구 – 3. 랫드의 Cholesterol, Glucose 및 Cd 체외 배출 효과)

7) 김지희, 목종수, 박희연, **식품영양과학회지**, 2005, 34(7), 104 (한국 연안 해조류의 미량 금속 함량 – 파래, 청각, 매생이, 미역, 다시마, 김, 모자반, 톳, 고리매, 우뭇가사리, 꼬시래기, 서실, 불등가사리)

8) 박종철, 최재수, 송상호, 최명락, 김광용, 최종원, **생약학회지,** 1997, 28(4), 239 (해조류 추출물과 페놀성 화합물의 in vitro 및 in vivo 간 보호 활성 – 매생이, 톳, 우뭇가사리, 알쏭이모자반, 짜배기모자반, 지충이, 구멍갈파래, 납작파래, 패, 주름진두발, 개그물바탕말, 마디잘록이, 바위수염)

9) 손철현, 이인규, 강제원, **수산학회지,** 1983, 16(4), 379 (남해안 돌산도의 해조 – II, 조하대 해조 군락의 구조: 구멍파래, 우뭇가사리, 서실, 보라색우무, 모자반, 돌가사리)

10) 오윤식, 이인규, 부성민, **Algae,** 1990, 5(1), 57 (한국산 유용 해조 특히 식용, 약용 및 공업용 해조에 대한 주해)

11) 우순임, 유홍수, 이강호, **수산학회지,** 1979, 12(4), 225 (해조 단백질 추출에 관한 연구 – 4. 추출 단백질의 침전 조건 및 영양적 평가: 둥근돌김, 구멍갈파래, 미역 및 모자반)

12) 이동수, 남태정, 변재형, **수산학회지,** 1998, 31(3), 399 (저분자와 알긴산이 콜레스테롤 식이 흰쥐의 혈청과 간장 지질의 콜레스테롤 및 지방산 조성에 미치는 영향 – 다시마, 미역)

13) 이용필, 강서영, **Algae**, 2002, 17(1), 69 (한국산 해조류의 목록)

14) 이현진, 김진희, 이주현, 김종식, 곽상태, 이경복, 송경식, 최병욱, 이봉호, **생약학회지**, 1999, 30(3), 231 (해조류 메탄올 추출물의 Prolyl Endopeptidase, Tyrosinase 저해 및 항응고 활성 스크리닝 – 모자반, 지충이, 감태, 서실, 톳, 잘록이)

15) 황혜정, 변재형, 남택정, **수산학회지**, 2000, 33(6), 541 (알긴산이 3T3-L1 세포의 분화에 미치는 영향)

16) Amano, H., **Marine Biochemistry**, Yamaguchi, K. ed., Tokyo University Press, Japan, 1999, pp.170~171 (Biochemistry and biotechnology of seaweed)

17) Baker, J. T., **Proc. Intl. Seaweed Symp.**, 1984, 11, 29 (Seaweeds in pharmaceutical studies and application)

18) Chapman, V. J., Chapman, D. J., **Seaweeds and Their Uses**, Chapman and Hall, London, 1980, 334

19) Choi, J. S., Lee, J. H., Jung, J. H., **J. Kor. Fish. Soc.**, 1997, 30(6), 909 (The screening of Nitrite scavenging Effect of marine Algae and Active principle of *Eklonia stolonifera*)

20) Fujihara, M., Nagumo, T., **Carbohydr. Res.**, 1993a, 243, 211 (An Influence of the structure of alginate on the chemotactic activity of macrophages and the antitumor activity)

21) Fujihara, M., Nagumo, T., **Carbohydr. Res.**, 1993b, 224, 343 (The effect of the content of D-mannuronic acid and L-guluronic acid blocks in alginates on antitumor activity)

22) Hiroyuki, N., Hideomi, A., Koichi, A., Kazutosi, N., **Hydrobiologia**, 1990, 204/205, 577 (Antitumor activity of marine algae)

23) Ishitsuka, M, et al, **Chem. Lett.**, 1979, 1269, (isol, 9-Methoxysargaquinone, 8',9'-Dihydroxy sargaquinone, 8'9'-Dihydroxy-5-methylsaragaquinone)

24) Ishitsuka, M, et al, **Chem. Lett.**, 1979, 1269, (isol, struct, Saragaquinone, Sargatetroaol, 11'-Methoxysaragaquinone)

25) Jimenz-Escrig, A., Goni Ganbrodon, I., **Arch. Latinoam. Nutr.**, 1999, 49, 114 (Nutritional evaluation and physiological effects of edible seaweeds)

26) Kang, K. S., Kim, I. D., Kwon, R. H., Lee, J. Y., Kang, J. S., Ha, B. J., **Arch. Pharm. Res.**, 2008, 31(5), 622 (The effect of Fucoidan Extracts on CCl_4-Induced Liver Injury)

27) Kim, K. -N., Lee, K. -W., Song, C. -B., Jeon, Y. -J., **J. Food Sci. Nutr.**, 2006, 11, 17 (Cytotoxic Activities of Green and Brown Seaweeds collected from Jeju Island against Four tumor cell Lines: *E. cava, Dictyota, Sargassum*)

28) Kusumi, T. et al, **Chem. Lett.**, 1979, 277 (Sargaol)

29) Lee, S. Y., Kim, J. H., Song, E. J., Kim, K. B. W. R., Hong, Y. K., Lim, S. M., Ahn, D. H., **Food Sci. Biotechnol.**, 2009, 18(2), 506 (Investigation of Antimicrobial Activity of Brown Algae Extracts and the thermal and pH effects on their activity; 패 곰피, 모자반, 지충이, 긴불레기말, 감태)

30) Lim, S. N., Cheung, P. C. K., Ooi, V. E. C., Ang, P. O., **J. Agric. Food Chem.**, 2002, 50, 3562 (Evaluation of antioxidative activity of extracts from a brown seaweed, *Sargassum siliquastrum*)

31) Nakazawa, S., Abe, F., Kuroda, H., Kohno, K., Hiashi, T., Umexaki, I., **Chemotheraphy**, 1976, 22, 1435 〔Antitumor effect of water extracts from marine algae(1)〕

32) Nishizawa, K., **Food Develop.**, 1989a, 24, 54 〔Physiological substances of seaweeds(I)〕

33) Nishizawa, K., **Food Develop.**, 1989b, 24, 59 〔Physiological substances of seaweeds(II)〕

34) Noda, H., Amano, H., Arashima, K., Nishizawa, K., **Hydrobiologia**, 1990, 204/205, 577 (Antitumor activity of marine algae)

35) Numata, A., et al, **Phytochemistry**, 1992, 31, 1209 (isol, iol, Saragaol,

Sargadiol I, II)

36) Numata, A., Kanbara, S., Takahashi, C., Fujiki, R., Yoneda, M., Usami, Y., Fujita, E., **Phytochemistry**, 1992, 31, 1209 (A cytotoxic principle of the brown alga *Sargassum tortile* and structures of chromenes)

37) Numatam, A., et al, **Chem. Pharm. Bull.**, 1991, 39, 2129 (oil, Sargatriaol)

38) Ohta, K., **Proc. Intl. Seaweed Symp.**, 1979, 9, 401 (Chemical studies on biologically active substances in seaweeds)

39) Park, M. J., Han, J. S., **J. Food Sci. Nutr.**, 2008, 13(4), 259, (Fucoidan protects LLC-PK1 cells against AAPH-induced Damage)

40) Rai, L. C., Gaur, J. P., Kumar, H. D., **Biol. Rev.**, 1981, 56, 99 (Phycology and heavy metal pollution)

41) So, M. J., Kim, B. K., Choi, M. J., Park, K. Y., Rhee, S. H., Cho, E. J., **J. Food Sci. Nutr.**, 2007, 12, 191 (Protective Activity of Fucoidan and Alginic Acid against Free Radical-Induced Oxidative Stress under in vitro and Cellular System)

42) Tseng, C. K., Zhang, J. F., **Proc. Intl. Seaweed Symp.**, 1984, 11, 152 (Chinese seaweeds in herbal medicine)

43) Yamamoto, L., Takahashi, M., Tarmura, E., Maruyama, H., Mori, H., **Hydrobiologia**, 1984, 116, 145 (Antitumor activity of edible marine algae : Effect of crude fucoiden fraction prepared from edible brown seaweeds against L1210 leukemia)

Enteromorpha compressa
(Linnė) Greville

납작파래 15

녹조류 · Ulvaceae (갈파래과)

- 영명 | Green confertii
- 일명 | Hira-aonori
- 분포 | 전세계 연안
- 용도 | 식용

✻ 식물학적 특성

녹조류로 갈파래과에 속하며, 몸은 원통상, 다소 납작하고 때로 잘록하다. 크기는 매우 다양하며, 하부에서 분기하고, 가지는 보통 외가지의 원주상, 상부는 넓다. 기부는 매우 가늘고, 크기는 40㎝. 세포 직경은 10~15μ이고 일정한 순서 없이 배열되고, 두껍지 않은 막이 있다. 외해수(外海水)의 영향이 있는 바위, 돌, 말뚝 등에 착생, 시기가 이른 김발에도 붙는다.

동속 식물에는 가시파래(*E. prolifera*) 및 잎파래(*E. linza*)가 있고, 모두 식용한다.

✻ 성분

1) 영양성분 (참고)

① **가시파래 (말린것, 12060)** : 가식부 100g 중 수분 12.80%, 열량 216.0 kcal, 단백질 20.0g, 지질 0.7g, 당질 42.2g, 조섬유 4.30g, Ca 646.0㎎,

P 274.0mg, Fe 37.20mg, Zn(1.73)mg, vitamin A 345.0 RE, β-caroten 2070.0㎍, B_1 0.290mg, B_2 1,340mg, B_6 0.96mg, niacin 4.0mg, C 36.0mg, 엽산 1364.0㎍, E 4.30mg.

② **갈파래 (말린것, 12061)** : 가식부 100g 중 수분 13.70%, 열량 216.0kcal, 단백질 23.1g, 지질 0.5g, 당질 40.1g, 조섬유 3.40g, Ca 1015.0mg, P 194.0 mg, Fe 8.70mg, Zn 1.73mg, vitamin A 129.0 RE, β-caroten 774.0mg, B_1 0.040mg, B_2 0.390mg, B_6 0.96mg, niacin 11.4mg, C 13.0mg, 엽산 1364.0㎍, E 4.30mg

2) 특수성분

*E. linza*에서 N-Arginylglutamine(L, A-02720)과 Cyteinolic acid(S, A-01435)가, *E. intestinalis*에서 2-Carboxy ethyldimethylsulfonium(IT, C-00385)이 분리되었다.

✻ 생리 활성

PhIP 와 MeIQx 돌연변이의 원성억제 : 갈조류 9종, 홍조류 5종, 녹조류 2종을 대상으로 돌연변이 유발물질 PhIP와 MeIQx에 대한 돌연변이 원성 억제를 조사한 결과, 갈조류가 녹조류(납작파래, 갈파래, 청각 등)와 홍조류보다 우수하였고, 특히 갈조류 감태, 곰피, 다시마, 미야베모자반이 우수하였다. 그중 곰피의 Et_2O, $CHCl_3$, EtOAc 및 수용성 획분 중 비극성 획분의 억제가 강하였으며, 특히 EtOAc 획분이 가장 강하였다. 곰피의 EtOAc 획분을 sephadex LH20으로 분리한 결과, 활성 획분 A-7은 PhIP에 90%/mg 이상, MeIQx에 80%/mg의 억제를 보였고, 207.7 및 232nm에서 흡수 파장을 보였다.

충치균에 대한 항균 활성 : 우리나라 연안에서 채취한 해조류 27종의 80% EtOH 추출물이 충치균 *Streptococcus mutans* KCTC 3300의 증식에 미치는 영향을 조사한 결과, 해조류 중 다시마가 가장 강하였고(+++), 갈파래, 청각, 감태, 곰피, 미역도 비교적 활성이 높았으며(++), 홍조류보다 갈조류와 녹조류가 대체로 강하였다. 다시마의 항균 활성은 용매에 따른 추출물의 차이는 나타나지 않았다. *S. mutans* KCTC 3300과 *S. sobrinus* KCTC 3307에 대한 해조류의 80% EtOH 추출물의 MIC 는 해조류 종뿐 아니라, 동일 해조류 추출물에서도 균 종에 따라 차이가 있었다. 다시마의 80% EtOH의 Et_2O 분획에서는 MIC는 105㎍/㎖, 수용성 분획은 약 5,500㎍/㎖에서 균의 증식이 억제되지 않았다. 납작파래도 항균성을 보였다(+).

Nitrite degradation : Nitrite는 발암성 물질 nitrosamine 형성에 중요한 역할을 하며, 인체의 위액 같은 산성 pH에서 nitrosamine이 잘 형성되므로 nitrite제거가 중요하다. 해조류인 미역, 감태, 곰피, 모자반, 청각, 납작파래, 참김 등의 1㎏을 4L MeOH에 24시간 실온에서 2번 추출하여, 감태 등의 활성 분획을 nitrite 제거 실험을 실행한 결과, 다시마와 감태, 곰피 같은 *Eklonia* 속 해조류에서 pH 1.2와 3.0에서 강한 nitrite 제거 작용을 보였고, 특히 Et_2O(90%/㎎)와 EtOAc(94%/㎎)분획에서 특히 강하였다. 감태의 Rf 0.9, 0.82, 0.58 및 0.15 즉 A, B, C 및 D 물질 중 C물질(Rf 0.58)이 pH 1.2와 3.0에서 95%/5㎎ nitrite 제거 기능이 가장 강하였다.

Phenol성 물질의 간 보호 활성 : 16종의 해조류 MeOH 추출물을 대상으로 시험관 내에서 bromobenzene 유도 흰쥐의 지질 과산화에 대해 관찰한 결과, *Enteromorpha compressa, Capsosiphon fulvescens, Gelidium amansii, Hizikia fusiformis, Sargassum siliquastrum, S. thunbergii* 추출물이 10^{-1}㎎/㎖에서 각각 22%, 32%, 21%, 41%, 54%, 40%, 1㎎/㎖에서 26%, 45%, 26%, 66%, 79%, 59% 지질 과산화 생성이 감소되었다. 이 중 *S. siliquastrum* 추출물의 n-BuOH 분획이 억제율이 가장 컸다. bromobenzene 유도 xanthine oxidase와 aldehyde oxidase 활성은 추출물 1㎎/㎖에서 모두 억제되었다. *Ecklonia stolonifera*에서 분리된 phloroglucinol의 경구 투여도 bromobenzene 유도 과산화 지질이 감소

되었으나, glutathion-S-transferase, aminopyrine N-demethylase, aniline hydroxylase의 활성 변화는 없었고, epoxide hydrolase 농도를 대조군의 76%로 회복시켰다. 따라서 phloroglucinol에 의한 bromobenzene 유도 흰쥐의 지질 과산화 억제 활성은 epoxide hydroxylase가 관여하는 것으로 사료되었다.

피부세포주 HaCaT에 대한 해조류의 영향 : 한국 연안 해조류를 채집, 이들 중 녹조류 4종(납작파래, 구멍갈파래, 잎파래, 청각), 갈조류 18종, 홍조류 14종을 수세, 음건하여 80% MeOH로 4회 추출, 37℃에 건조한 시료를 인체 피부세포 HaCaT와 24시간 배양후 조사한 결과, 36종의 해조 시료 중 비틀대모자반과 돌가사리가 대조구보다 1.6배 활력이 증가되었고, 참그물바탕말(*Dictyota dichotoma*), 참도박(*Pachymeniopsis elliptica*) 및 잎파래(*Enteromorpha linza*)의 추출물은 대조구보다 각각 0.2, 0.4, 0.4배 정도 활력을 억제시켰다.

Angiotensin-1 전환 효소 저해 : 해조류(김, 파래, 미역, 우뭇가사리, 청각, 톳, 다시마) 추출물과 가수 분해물의 성분과 ACE 저해 효과를 조사하였다. 단백질의 함량은 김 39.6%, 파래 22.1%, 미역 21.1%, 우뭇가사리 18.3%, 청각 15.7%, 톳 12.4%, 다시마 8.2% 순이었고, 추출물의 ACE저해 효과는 50, 70, 98℃에서 추출한 결과, 70℃ 추출 시료 모두에서 가장 높았으며, 70℃를 기준 ACE 저해율은 우뭇가사리 10.9%, 김 9.3%, 파래 8.9%, 미역 8.2%, 톳 7.5%, 다시마 7.1%, 청각 7.0% 순이었다. maxayme과 papain 가수 분해 물의 ACE 저해 효과는 김이 파래, 미역, 우뭇가사리보다 현저히 높았고, peptide-nitrogen 함량 역시 높았다. 김 8시간 가수 분해 후, ACE 저해 효과가 maxazyme 31.3%, papain 27.9%로 가장 높았고, peptide-nitrogen 함량도 가장 높았다. 파래의 ACE 저해 효과 역시 8시간에서 maxazyme 9.6%, papain 8.5%로 다른 시간대보다 높았으며, peptide-nitrogen 함량이 16시간까지 완만히 증가하였다.

Polyphenol성분과 항산화 효과 : 상용되는 해조류 5종 — 미역, 다시마, 톳, 파래, 김의 항산화 활성과 총 flavonoid 및 polyphenol 함량을 알고자,

해조 EtOH ex를 Fe유도 지방 과산화 억제율, DPPH 라디칼 소거율 및 MDA-BSA 결합 저해율을 3가지 방법으로 측정하였다. 녹조류인 파래의 항산화 효과가 가장 우수하였고, 특히 지질 과산화물이 단백질과 결합 반응을 저해하였고, 김, 다시마의 항산화 효과가 우수하였으며 미역과 톳은 거의 없었다. 총 flavonoid는 미역 11.63㎎/g으로 높았고, 총 polyphenol은 파래가 8.97㎎/g으로 가장 높았다. 3가지 방법의 항산화 효과는 총 phenol성 물질의 양과 관계가 깊었으며, 지질 과산화 억제율과 매우 높은 상관성을 보였다. 해조류의 항산화 효과에 polypenol 성분의 기여도가 큰 것으로 나타났다.

Tyrosinase 억제 활성 : 납작파래를 비롯한 23종의 해조류의 MeOH ex에 대해 tyrosinase 억제 활성을 검색한 결과, 납작파래(*Enteromorpha compressa*) 53%, 큰잎모자반(*Sargassum ringgoldianum*) 50%, 잎파래 30%, 톳 24%, 매생이 21%, 참불가사리 18% 순의 억제 효과를 보였으며(dopachrome법), 이중 비교적 강한 억제 활성은 납작파래와 큰잎모자반이었다.

저분자 Peptide 의 기능성 : 해조류의 이용성을 높이고자 pepsin으로 가수분해한 peptide를 정제, 쇠미역, 파래, 지누아리는 3개의 peptide, 김은 2개의 peptide를 얻어 항산화 활성을 검사한 결과, 김은 peak 1이 높았고, 다음 peak 2가 높았다. ACE 저해 활성은 김 peak 1, 파래 peak 3, peak 2 순으로 높았으며, 항갈변 활성은 김 peak 1과 2, 파래 peak 2가, 파래 peak 3이 높았다. 항암 활성은 파래 peak 1〉쇠미역 peak 2〉파래 peak 3〉지누아리 peak 3 순이었다. 전반적으로 김의 기능성이 높았고, 또한 단백질 함량도 높았다.

해조류의 콜린 함량 : 김, 다시마, 미역, 파래의 가식부 100g당 choline 함량은 각각 179.47, 76.70, 11.53, 112.74, 2.46 ㎎%로 미역〉김〉다시마〉파래 순이었다.

미량 금속 함량 : 우리나라 연안에서 수집한 해조류 총 620건 시료 즉 녹조류(파래, 청각, 매생이 등 113건), 갈조류(275건), 홍조류(232건)의 미량 금속 함량을 비교 분석한 결과, Hg은 갈조류에서, Cd는 홍조류에서, Cu,

Cd는 녹조류에 많았고, Mn과 Ni은 녹조류와 홍조류에서, Pb는 녹조류에서, Zn은 홍조류에 많았다. 지역별로는 Hg, Cd, Ni, Mn은 충남 태안 지역에, Cr은 영덕, Cu는 통영, Pb와 Zn은 울산 지역에 많았다. 갈조류에는 Hg와 Cd, 녹조류는 Cr, Cu, Mn, Ni, Pb가, 홍조류에는 Zn이 많았다. 비식용 해조류 중 지충이는 Cd와 Mn의 biomonitor, 애기마디잘록이와 지누아리는 Ni와 Zn의 biomonitor, 식용 갈조류인 고리매는 Cr과 Pb의 biomonitor로 사용할 수 있을 것으로 판단된다.

미이용 해조류의 성분과 단백질 추출 : 갈조류 14종(18시료), 녹조류 3종(납작파래, 구멍갈파래 등 3시료), 홍조류 15종(19시료)를 분석한 결과, 홍조류의 조단백이 높고, 조지방이 낮았으며, 갈조류와 녹조류는 조단백은 낮았고, 조지방이 높았다. 단백질 자원으로는 지충이, 부채꼴아크로소리움, 꿩꼬리, 오카므라서실, 검은서실, 지누아리, 진두발, 불등가사리, 돌가사리, 딕티오타, 고리매 등이나, 큰딕티오타, 코르다리아, 비틀대모자반, 알쏭이모자반, 외톨개모자반, 도박, 털도박, 미끌도박 납작파래, 구멍갈파래, 거머리말은 단백질이 극히 적었다. 추출액 중 단백질 침전법은 MeOH 처리법이 가장 양호하였으며, 알쏭이모자반이 가장 많았고, 다음이 지누아리, 거머리말 순이었다.

지방산 조성 : 녹조류(파래, 청각), 갈조류(다시마, 톳, 곰피, 모자반, 미역), 홍조류(김) 등 8종의 식용 해조류의 지방산을 GLC로 분석한 결과, 녹조류(파래, 청각) 1.51%, 갈조류 2.81%, 홍조류 1.02%이었고, 지방산 조성은 녹조류에 $C_{16:0}$산이 가장 많았고, $C_{18:1}$, $C_{18:2}$, $C_{18:3}$산도 많았다. 갈조류는 $C_{16:0}$, $C_{18:1}$, $C_{18:2}$, $C_{18:3}$산이 많았으나 $C_{18:0}$산은 적었다. 홍조류는 $C_{16:0}$산이 많았고, $C_{14:0}$, $C_{18:1}$, $C_{18:2}$, $C_{18:3}$은 매우 적었다. 녹조류 C_{16}, C_{18}산이, 갈조류는 C_{16}, C_{18}, C_{22}산이, 홍조류는 C_{15}, C_{16}, C_{18}산이 각각 많았다.

발효식품과 해조류의 비타민 B_{12} : 전통법으로 제조한 된장의 비타민 B_{12}함량은 1.85㎍%, 공장 된장은 0.04~0.86㎍%, 전통 청국장은 0.69㎍%, 공장 청국장은 0.06~0.15㎍%이었고, 전통식 고추장은 0.11㎍%, 국 간장은 0.04㎍%이었으나 진간장에서는 검출되지 않았다. 시판 배추김치의 B_{12}는

0.02~0.03㎍%, 열무김치 0.013㎍%, 갓김치 0.02㎍%, 깍두기는 0.004㎍%이었고 새우젓 0.78㎍%, 멸치액젓 1.52㎍%이었다. 김의 B_{12}함량은 66.76㎍%, 파래 84.74㎍%, 다시마 0.36㎍%, 미역 1.90㎍%이었다.

질산 흡수, 배아 성장 및 지방산 조성에 광과 온도 : 납작파래의 질산염 흡수와 배아생장은 외부의 질산염 농도에 대해 saturation kinetics를 보였고, 광과 온도에 큰 영향을 받았으며, 18~20℃, 100~120μmol $m^{-2}S^{-1}$, 청색광의 조건에서 최대 흡수율 및 최대 배아 생장이 관찰되었다. 조체 내 지방산 조성 역시 상기 제한 요인에 영향을 받았으며, 질산염 흡수가 좋고, 배아의 생장율이 높은 조건에서는 조체 내 PUFA들이 증가하는 경향을 보여, 질소대사와 탄소대사 사이의 밀접한 상호 연관성이 관찰되었다.

파래설기떡의 품질 특성 : 파래분말 0, 4, 8, 12, 16%를 첨가, 설기떡을 제조, 실온에서 4일간 저장하면서 수분, 색도, 기계적 품질 특성 및 관능검사를 실시한 결과, 수분은 시료 첨가량 증가에 따라 감소하였고, 4일 저장에서 대조군은 3.9%, 12%군은 2.46%로 감소, 색도는 시료 첨가 증가에 따라 L값(명도)은 낮아 졌으나, a값(적색도)은 증가, 황색도 b는 4%군이 가장 높았다. 견고성은 2일째 대조군의 4.4배, 12%군은 1.21배 증가하였다. 부드러운 정도는 제조 직후 8%군이, 2일째는 16%군이 가장 좋았다. 쫄깃한 정도는 저장 기간 중 대조군이 가장 높았다. 이 결과로 파래설기는 멥쌀가루 184g, 파래분말 16g, 소금 2g, 설탕 2g, 물 8g의 배합비가 가장 좋았고, 수분 함량은 39.23%이었다.

영광 인근 해역 해조 군집의 기능형군 : 영광 원자력 발전소 주변의 해조 군집의 특성을 환경적 요소와 연관하여 해석하였다. 이 연구에 출현된 해조류는 총 51종으로, 납작파래 등 녹조류 12종, 지충이 등 갈조류 11종, 홍조류 28종이었고, 계절별로는 겨울에 42종으로 가장 많았으며, 여름에 18종으로 가장 적었다. 중요도 값이 높은 것으로는 납작파래, 지충이, *Coralliana pilulifera*와 *Carpopeltis affinis*로 조사되었다. 기능형 군별로는 직립 분기형(41.2%) 엽상형(25.5%), 사상형(19.6%), 다육질 형(7.8%), 각상형(3.9%), 유절산호말형(2.0%)으로 나타났다.

동해 영일만 중심 해조류의 해조상, 분포, 군집 구조 : 1995년 7월~1996년 6월까지 계절별, 남조류 5종(3.5%), 녹조류 18종(12.5%), 갈조류 20종(13.9%), 홍조류 101종(70.1%)으로 144종이었고, 봄 77종, 여름 78종, 가을 92종, 겨울 81종이 출현하였다. 연중 4계절 출현하는 것은 구멍파래, 참 그물바탕말, 우뭇가사리, 진두발, 돌가사리, 폴리시포니아, 보라색우무, 단박, 서실 등 29종이 출현, 연중 비교적 높은 빈도 출현은 구멍파래, 우뭇가사리, 보라색우무이며, 중요한 것은 지충이, 클라도포라, 모자반, 납작파래 등이 있었다.

건강기능성 식품과 해조류 소비 : 경북대 학생 281명을 대상으로 해조류 건강기능 식품의 구매 의도와 소비 가치를 조사한 결과, 구매 장소는 24시간 편의점이고, 낱개 포장으로, 구매 목적은 영양 보충과 체중 조절이며, 구매 의도가 높은군과 낮은군의 차이가 현저하였고, 식품, 영양 및 건강 관련 과목 수강 경험자 중 기능가치와 인식가치가 높았다.

✻ 효능과 이용

1) 효능 : Cholesterol 저하
2) 식용 : 식재료
3) 기타 : 동물사료

참고문헌

1) 곽충실, 김성애, 이미숙, **식품영양과학회지,** 2005, 34(8), 1143 (한국산 5종 해조류의 항산화 효과와 총 폴리페놀 함량의 관련성 – 미역, 다시마, 톳, 파래, 김)
2) 곽충실, 황진용, 와다나베 후미오, 박상철, **영양학회지,** 2008, 41(5), 439 (한국 장류, 김치 및 식용 해조류를 중심으로 하는 일부 상용 식품의 비타민 B_{12} 함량 분석 연구 – 파래, 다시마, 미역)

3) 김영동, 김영명, 강통삼, **한국식품연구소 연구보고**, 1981, 163 (해조류의 다각적 이용에 관한 연구)

4) 김지희, 목종수, 박희연, **식품영양과학회지**, 2005, 34(7), 104 (한국 연안 해조류의 미량 금속 함량 – 파래, 청각, 매생이, 미역, 다시마, 김, 모자반, 톳, 고리매, 우뭇가사리, 꼬시래기, 서실, 불등가사리)

5) 김지희, 임치원, 박희연, 이두석, 박정흠, **수산학회지**, 2002, 35(2), 191 〔충치균(*Streptococcus mutans*)에 대한 다시마 추출물의 항균 활성 - 갈파래, 청각, 감태, 곰피, 미역, 다시마 등〕

6) 남기완, 김영식, 김영환, 손철현, **수산학회지**, 1996, 29(5), 727 (한국 동해안 연안역의 저서 해조류 – 해조상, 분포 및 군집 구조 납작파래, 지충이, 모자반, 단박, 서실 등)

7) 박영범, 김인수, 유승재, 인조관, 이태기, 박덕천, 김선봉, **수산학회지**, 1998, 31(4), 581 (해조류 중의 anti-tumor initiator 및 promoter의 해석 – 2. PhIP와 MeIQx의 돌연변이 원성을 억제하는 해조 추출물 소재 연구: 미역, 곰피, 감태, 다시마, 모자반, 괭생이모자반, 미야베모자반, 지충이, 납작파래, 청각, 갈파래, 구멍쇠미역, 톳, 방사무늬김, 참도박, 마디잘록이, 참곱슬이, 꼬시래기)

8) 박영호, 변재형, 오후규, 강영주, **수산학회지**, 1976, 9(3), 155 (미이용 해조류의 이용화에 관한 연구 – 1. 미이용 해조류의 성분 조성과 조류 단백질 추출)

9) 박종철, 최재수, 송상호, 최명락, 김광용, 최종원, **생약학회지**, 1997, 28(4), 239 (해조류 추출물과 페놀성 화합물의 in vitro 및 in vivo 간 보호 활성 – 매생이, 톳, 우뭇가사리, 알쏭이모자반, 꽈배기모자반, 지충이, 구멍갈파래, 납작파래, 패, 주름진두발, 개그물바탕말, 마디잘록이, 바위수염)

10) 오윤식, 이인규, 부성민, **Algae**, 1990, 5(1), 57 (한국산 유용 해조 특히 식용, 약용 및 공업용 해조에 대한 주해)

11) 윤승제, 조연숙, 남주현, 이형호, Kim Eliya, 홍용기, **수산학회지**, 2008, 41(1), 68 (각종 해조류 추출물들의 인간 피부세포주 HaCaT에 대한 활

력 영향 – 비틀대모자반, 돌가사리, 참그물바탕말, 참도박, 구멍파래, 잎파래, 청각, 납작파래, 딕티오타, 감태, 곰피, 톳, 패, 다시마, 모자반류, 고리매, 미역, 진두발, 꼬시래기, 부챗살)

12) 이동훈, 이순정, 류진아, 박은정, 남기완, **수산학회지,** 2004, 37(1), 57 〔녹조 납작파래 (*Enteromorpha compressa*)의 질산염 흡수, 배아 생장 및 지방산 조성에 대한 광 및 온도의 영향〕

13) 이용필, 강서영, **Algae,** 2002, 17(1), 69 (한국산 해조류의 목록)

14) 이지연, 윤숙자, **식품조리과학회지,** 2008, 24(1), 39 (파래 분말을 첨가한 설기떡의 품질 특성)

15) 이헌옥, 김동수, 도정룡, 고영수, **수산학회지,** 1999, 32(4), 427 (해조류의 Angiotensin-1 전환 효소 저해 작용 – 김, 파래, 미역, 우뭇가사리, 청각, 톳, 다시마)

16) 조효정, 나진석, 정한옥, 정영진, **영양학회지,** 2008, 41(5), 428 (한국인 상용식품의 콜린 함량 – 두류, 채소류, 버섯류, 과실류, 육류, 난류, 생선류, 조개류, 해조류)

17) 차명화, 김유경, **식생활문화학회지,** 2008, 23(4), 462 (해조류 건강기능성 식품에 대한 소비 가치 분석)

18) 최병욱, 이봉호, 강기정, 이은석, 이남호, **생약학회지,** 1998, 29(3), 237 (해조류 및 생약의 Tyrosinase 억제 활성 검색 – 납작파래, 잎파래, 톳, 매생이, 큰잎모자반)

19) 최창근, **수산학회지,** 2008, 41(5), 371 (한려 해상 국립공원의 해조상 – 파래류, 청각, 패, 고리매, 곰피, 감태, 부챗말, 참그물바탕말, 톳, 모자반류, 지충이, 김, 시나이아 등)

20) 하봉석, **수산학회지,** 1997, 10(4), 199 〔수산물의 지질에 관한 연구(제2보) – 해조류 지질의 지방산 조성에 대하여: 파래, 청각, 다시마, 톳, 곰피, 모자반, 미역, 김〕

21) 황은경, 박찬선, 손철현, 고남표, **수산학회지,** 1996, 29(1), 97 (영광 인근 해역 해조 군집의 기능형 군별 분석 - 납작파래, 지충이)

22) Amano, H., **Marine Biochemistry,** Yamaguchi, K. ed., Tokyo University

Press, Japan, 1999, pp.170~171 (Biochemistry and biotechnology of seaweed)

23) Baker, J. T., **Proc. Intl. Seaweed Symp.**, 1984, 11, 29 (Seaweeds in pharmaceutical studies and application)

24) Chapman, V. J., Chapman, D. J., **Seaweeds and Their Uses,** Chapman and Hall, London, 1980, 334

25) Chengkui, Z., Junfu, Z., **Proc. Intl. Seaweed Symp.**, 1984, 11, 151 (Chinese seaweeds in herbal medicine)

26) Hiroyuki, N., Hideomi, A., Koichi, A., Kazutosi, N., **Hydrobiologia**, 1990, 204/205, 577 (Antitumor activity of marine algae)

27) Hong, J. S., Kwon, Y. J., Kim, Y. H., Kim, M. K., Park, I. W., Kang, K. H., **J. Kor. Soc. Food Nutr.**, 1991, 20(4), 376 〔Fatty acid composition of miyeok (*Undaria pinnatifida*) and pare (*Enteromorpha compressa*)

28) Hornsey, I. S., Hide, D., **Br. Phycol. J.**, 1976b (The production of antimicrobial compounds by British Marine algae Ⅲ. Distribution of antimicrobial activity within the algal thallus)

29) Jimenz-Escrig, A., Goni Ganbrodon, I., **Arch. Latinoam. Nutr.**, 1999, 49, 114 (Nutritional evaluation and physiological effects of edible seaweeds)

30) Kautsky, L., **Aquat. Bot.**, 1982, 12, 23 (Primary production and up-take kinetics of ammonium and phosphate by *Enteromorpha compressa* in an ammonium sulfate industry outlet area)

31) Kim, K. Y., Lee, I. K., **Kor. J. Bot.**, 1993, 36, 216 〔Combined effects of irradiance-salinity and temperature-salinity on the growth of *Enteromorpha compressa* (chlorophyta) in laboratory culture〕

32) Kim, O. K., Park, Y. B., Lee, T. G., Kim, I. S., Kang, J. H., Jun, K. S., Park, D. E., Kim, S. B., **J. Kor. Fish. Soc.**, 1996, 29(6), 914 (Degradation of Nitrite as a Nitrosamine Precursor by Brown Algae,

Ecklonia cava, 감태, 청각, 모자반, 납작파래, 김, 다시마, 미역, 곰피)

33) Mabeau, S., Fleurence, J., **Trends Food Sci. Technol.**, 1993, 4, 103 (Seaweed in the food products : Biochemical and nutritional aspects)

34) Matsukawa, R., Dubinsky, Z., Kishimoto, E., Masak, K., Masuda, Y., Takeuchi, T., Chihara, M., Yamamoto, Y., Niki, E., Karube, I., **J. Appl. Phycol.**, 1997, 9, 29 (A comparison of screening methods for antioxidant activity in seaweeds)

35) Nishizawa, K., **Food Develop.**, 1989a, 24, 54 〔Physiological substances of seaweeds(I)〕

36) Nishizawa, K., **Food Develop.**, 1989b, 24, 59 〔Physiological substances of seaweeds(II)〕

37) Noda, H., Amano, H., Arashima, K., Nishizawa, K., **Hydrobiologia,** 1990, 204/205, 577 (Antitumor activity of marine algae)

38) Noda, H., **Science of Marine Algae,** Oishi, K. ed. Asakura-Shoten, Tokyo, 1993, pp.14~29 (Chemistry of marine algae)

39) Ohta, K., **Proc. Intl. Seaweed Symp.**, 1979, 9, 401 (Chemical studies on biologically active substances in seaweeds)

40) Ren, D., Noda, H., Amano, H., Nishino, T., Nishizawa, K., **Fish. Sci.**, 1994, 60, 83 (Study on antihypertensive and antihyperlipidemic effects of marine algae)

41) Senger, H., Wagner, C., hermsmeier, D., Hohl, N., Urbig, T., Bishop. N., **J. Phytochem. Photobiol.**, 1993, 18, 273 (The influence of light intensity and wave-length on the contents of α -and β -carotene and their xanthophylls in green algae)

42) Shiomi, K., **Suisangaku Shiriizu,** 1983, 45, 120 (Agglutinins of marine algae)

43) Yan, X. J., Nagata, T., Fan, X., **Plant Foods for Hum. Nutr.**, 1998, 52, 253 (Antioxidative activities in some common seaweeds)

Polysiphonia urceolata (Dillwyn) Greville

단지꼴 폴리시포니아 16

홍조류 · Rhodomelaceae (빨간검둥이과)

• 일명 | Shôzyôkenori

• 분포 | 전세계, 한국(여수, 완도, 거제도, 남해도, 제주도)

✻ 식물학적 특성

홍조류로 빨간검둥이과에 속하며, 몸은 배게 모여나고, 높이 5~15㎝, 굵기는 하부는 270μ, 차상(叉狀), 우상(羽狀)으로 가지가 나며, 중심가지는 관절이 직경의 2~8배, 자낭은 4개로 작은 가지에 생기며, 길게 이어져 울퉁불퉁하다. 열매는 항아리 모양, 자루가 있고, 색감은 암갈색이다.

동속 해조류에는 가시폴리시포니아(*P. spinosa*), 떨기나무꼴폴리시포니아(*P. japonica*), 쇠털폴리시포니아(*P. yendoi*) 등이 있다.

✻ 성분

1) 특수성분

단지꼴 폴리시포니아(*P. urceolata*)로부터 1, 2-Bis(3-bromo-4, 5- dihydroxyphenyl) ethane(B-00498), *P. brodiaci*에서 2, 2', 3, 3'- Tetrabromo-4, 4', 5, 5'-tetrahydroxy-diphenylmethane(T-00260), *P. fastigiata*에서 Cysteinolic acid(R, A-01435), *P. ferulacea*에서 Polysiphenol(D-00738), *P. lanosa*에서 3, 4-Dibrome-5-hydroxymethyl-1, 2-benzenediol; 1. 2-Disulfate ester(D-00753), Rhodomelol(R-00207), *P. nigrescens* 2, 2', 3, 3'-Tetrabromo-4, 4', 5, 5'-

tetrahydroxy-diphenylmethane(T-00260)등이, 동속 해조류에서 Digeneaside (D-02747)도 분리되었다.

✲ 생리 활성

항산화 활성 : 홍조류인 *Polysiphonia morrowii*(Pm) ex의 항산화 활성을 in vitro에서 조사하였다. Pm ex의 총 phenol성 물질이 많은 (13.7± 5.0 ㎎ gallic acid/g extract) 90% MeOH 분획에서 가장 강한 항산화 활성을 보였다. DPPH, hydroxyl radical, 환원력, Fe^{++} chelating 및 hydrogen peroxide로 90% MeOH Pm ex의 항산화성을 조사한 결과, 90% MeOH Pm ex가 상업적 항산화제인 BHA와 BHT보다 우수하였다. 더구나 hydroxy radical 유도 DNA손상을 90% MeOH 분획이 현저히 보호되는 것으로 나타났다. 이들의 결과로 90% MeOH Pm ex나 이들의 함유 물질들이 새로운 강한 항산화 자원으로 사료되었다.

Marine carotenoid의 생물학적 기능 : 자연계에서 생성되는 색소 중 carotenoid (CA)는 가장 중요하며 인체 건강에 유용한 효과를 갖고 있어 관심이 증가되고 있다. 해산 CA는 그들이 주는 화학적, 생물학적 이익의 영향은 중요하다. 해산 CA 중 astaxanthin과 fucoxanthin은 해양 동물이나 해양식물 중에서 비교적 강력한 생물학적 활성이 있다. 즉 이들 CA는 quenching siglet oxygen과 scavenging free radical의 강한 항산화 작용이 있기 때문이며, 식이성 항산화 작용이 있는 이들 강력한 작용의 CA는 항암 작용과 항염 작용이 있다. 특히 fucoxanthin이 근래 항비만과 항당뇨 효과가 인정되면서부터 주목받고 있다. 이러한 작용은 mitochondria의 백색지방(WAT)에서 uncoupling protein(UCP1)을 만들어 WAT에서 지방산을 산화시켜 WAT에서 열을 생산하기 때문이다. fucoxanthin은 insulin 저항을 개선하여 혈당을 낮추며, 동물의 WAT에서 종양 괴사 인자 α (TNFα)를 감소시키기 때문이다.

홍조류의 암세포에 대한 세포 독성 : 제주도 해안에서 수집한 서실, 시나이아,

진두발, 폴리시폰니아 등 26종의 홍조류 MeOH와 수침 물질을 20℃와 70℃에서 4종의 암세포: U-937(human monoblastoid leukemia cell lines), H-60(human promyelocytic leukemia cell line), B-16(murine melanoma cell line)과 HeLa(woman cervical carcinoma cell line)에 대하여 세포 독성을 조사한 결과에서 *Polysiphonia japonica*(떨기나무폴리시포니아)의 MeOH 추출물은 U-937과 B-16세포에 50% 이상의 세포 독성을 보였고, *Scinaia okamura*의 20℃ 수침 물질과 *Chondrus crispus*의 70℃ 수침 물질은 HL-60과 H-16세포에 대해 50%이상의 세포 성장을 억제하였다. *Scinaia okamura*의 20℃ 수침 물질에서 B-16 cell에 대해 80.55%의 세포 독성을 보여 가장 강력하였다.

홍조류의 성분: 국내 연안에 서식하는 13종의 홍조류를 채취, 구성 성분을 분석한 결과, 채취 장소에 따라 차이가 있었고, 우뭇가사리의 회분은 9.02~13.30%, 단백질 19.99~20.47%, 지방 0.31~0.11%, 탄수화물 66.02~69.88%, sulfate는 2.35~1.62%, 돌가사리의 회분은 29.48, 단백질 27.42, 지방 0.90, 탄수화물 42.20, sulfate 19.48%, 부챗살의 회분 17.32, 단백질 31.15, 지방 0.24, 탄수화물 48.71, sulfate 1.92%, 깃꼴진두발의 회분 12.91, 단백질 22.47, 지방 0.22, 탄수화물 64.40, sulfate 17.96%, 풀가사리의 회분 19.20, 단백질 18.11, 지방 0.64, 탄수화물 62.05, sulfate 18.23%, 석묵의 회분은 11.41, 단백질 31.69, 지방 0.53, 탄수화물 60.71, sulfate 4.43%였으며, 수용성 구성당은 3, 6-anhydrogalactose, galactose, 6-methylgalactose, rhamnose, fucose, ribose, arabinose, xylose, mannose, glucose였고, 가장 많은 당은 galactose, 다음 3, 6-anhydrogalactose, glucose, xylose 순이었다.

동해 영일만 중심 해조류의 해조상, 분포, 군집 구조: 1995년 7월~1996년 6월까지 계절별, 남조류 5종(3.5%), 녹조류 18종(12.5%), 갈조류 20종(13.9%), 홍조류 101종(70.1%)로 144종이었고, 봄 77종, 여름 78종, 가을 92종, 겨울 81종이 출현하였다. 연중 4계절 출현하는 것은 구멍파래, 참그물바탕말, 우뭇가사리, 진두발, 돌가사리, 폴리시포니아, 보라색우무, 단박, 서실 등 29종이 출현, 연중 비교적 높은 빈도 출현은 구멍파래, 우뭇가사리, 보라색우무이며, 중요한 것은 지충이, 클라도포라, 모자반, 납작파래 등이 있었다.

✻ 효능과 이용

1) 효능 : Antimicrobial

참고문헌

1) 김영동, 김영명, 강통삼, **한국식품연구소, 연구보고,** 1981, 163 (해조류의 다각적 이용에 관한 연구)
2) 남기완, 김영식, 김영환, 손철현, **수산학회지,** 1996, 29(5), 727 (한국 동해안 연안역의 저서 해조류 : 해조상, 분포 및 군집 구조)
3) 도정룡, 남윤주, 박진희, 조진호, **수산학회지,** 1997, 30(3), 428 (국내산 홍조류의 구성 성분에 관한 연구 – 우뭇가사리, 꼬시래기, 돌가사리, 붉은까막살, 애기곱슬이, 붉은잎, 애기마디잘록이, 부챗살, 진두발, 풀가사리, 석묵)
4) 오윤식, 이인규, 부성민, **Algae,** 1990, 5(1), 57 (한국산 유용 해조 특히 식용, 약용 및 공업용 해조에 대한 주해)
5) 이용필, 강서영, **한국산 해조류의 목록,** 2001, 제주대학교출판부
6) 이용필, 강서영, **Algae,** 2002, 17(1), 69 (한국산 해조류의 목록)
7) Akinin, M. et al, **Tetrahedron Lett.,** 1992, 33, 555 (isol, Polysiphenol)
8) Fujimoto, K., Ohmura, H., Kaneda, T, **Bull. Jpn. Soc. Sci. Fish.,** 1985, 51, 1139 (Screenig test for antioxygenic compounds from marine algae and bromophenols as effective principles in a red algae *Polysiphonia urceolata*)
9) Glambitza, K. W. et al, **Planta Med.,** 1985, 437 (Rhodomelol)

10) Hosokawa, M., Okada, T., Mikami, N., Konishi, I., Miyashita, K., **Food Sci. Biotechnol.**, 2009, 18(1), 1 (Bio-function of Marine Carotenoids)

11) Je, J. Y., Ahn, C. B., Oh, M. J., Kang, S. Y., **Food Sci. Biotechnol,** 2009, 18(1), 124 (Antioxidant activity of a Red seaweed *Polysiphonia morrowii* Extract)

12) Kim, K, -N., Lee, K. -W., Song, C. B., Ahn, C. -B., Jeon, Y. -J., **J. Food Sci. Nutr.**, 2006, 11, 177 (Cytotoxic Activities of Red Algae collected from Jeju Island Against Four Tumor cell lines)

13) Kirst, G. O., **Phytochemistry,** 1980, 19, 1107 (Digeneaside)

14) Kurata, K. et al, **Chem. Lett.,** 1976, 821 [isol, cryst, 1, 2-Bis(3-bromo-4, 5-dihydroxyphenyl), ethane]

15) Kurata, K., Amiya, T., **Bull. Chem. Soc. Jpn.,** 1980, 53, 2020 (A new bromophenol from red alga *Polysiphonia urceolata*)

16) Pederson, M. et al, **Phytochemistry,** 1978, 17, 291 (isol, 3, 4-Dibrome-5-hydroxymethyl-1, 2-benzenediol; 1. 2-Disulfate ester)

17) Yoneda, T. et al, **CA,** 1967, 66, 113388p (isol, Cysteinolic acid)

18) Zhou, G., Sun, Y., Xin, H., Zhang, Y., Li, Z., Xu, Z., **Pharmacol. Res.,** 2004, 50, 47 [In vivo antitumor and immunomodulation activites of different molecular weight lambda-carrageenans from *Chonrus ocellatus* (Lipids of the marine red algae, *Chondrus crispus* and *Polysiphonia lanosa*)]

Eisenia bicyclis
(Kjellman) Setchell

대황 17

갈조류 · Alariaceae (미역과)

- 영명 | Sea oak, Kelp
- 일명 | Arame
- 중국명 | 荒布
- 분포 | 한국(제주도, 울릉도), 일본
- 용도 | 식용, Alginic acid 원료

✻ 식물학적 특성

갈조류로 미역과에 속하며, 초기의 엽상부는 단조(單條)의 대잎 꼴이고, 자라면 *Ecklonia* 모양의 우상열편(羽狀裂片). 초기의 엽상부는 줄기의 이행부 생장대(生長帶) 부분까지 썩어 없어지고, 생장대 좌우로 엇비슷하게 자라서 마치 줄기가 차상분기(叉狀分岐)형이 되고, 각각은 복우상(復羽狀)으로 분기한 2년째의 엽상부를 갖는다. 뿌리는 수지상, 윤생, 원주상 내지 편원, 길이는 수심에 따라 다르며, 긴 것은 1.5m, 지름 2~3㎝, 중앙부는 굵고, 실질이다. 잎에는 용문(龍紋)이 있고, 가장자리에 톱니가 있다.

✻ 성분

1) 영양성분

① **대황 (말린것, 12025)** : 가식부 100g 중 수분 61.30%, 열량 250.0kcal, 단

백질 7.3g, 지질 0.2g, 당질 54.5g, 조섬유 10.00g, Ca 811.0㎎, P 207.0 ㎎, Fe 5.50㎎, Zn(5.10)㎎, vitamin A 75.0 RE, β-caroten 450.0㎍, B_1 0.050㎎, B_2 0.320㎎, B_6(0.06㎎), niacin 2.2㎎, C 1.0㎎, 엽산 1364.0㎍, E 4.30㎎.

2) 특수성분

대황(*E. bicyclis*)에서 Eisenin(L-L-L, E-00105), 3-Hydroxy-27-norcholesta -5, 25-dien-24-one(3β, H-02500) 등이, *E. arborea*에서 2-Bromo-1, 3, 5-benzenetriol(tri-Ac, B-00812) 등이 분리되었다.

✻ 생리 활성

Crude Laminaran 가수 분해물의 암세포 독성 : 대황에서 추출한 crude laminar-an을 효소와 산 가수분해 한 저분자 물질을 위암(SNU-1), 자궁암(HeLa) 및 대장암(SW) 세포주에 대해 세포 독성을 실시한 결과, 10KD 이상 분획에서 높은 세포 독성(MTT assay 법)을 보였으며, 특히 50~10KDa에서 IC_{50}값은 효소적 가수분해 시 60.4, 58.6 및 53.9㎍/㎖, 산 가수분해시 75.6, 73.5 및 77.4㎍/㎖, 고온 가압처리시 61.7, 68.2 및 60.8㎍/㎖로 저농도에서 세포 독성을 보였다. 이 결과로 10,000 Dalton 이상에서 세포 독성이 높았으며, 효소적 가수분해가 가장 높았고, 다음 고압 처리 및 산 가수분해 순이었다. 산 가수분해에서 총당 68.5%, 황산기는 3.0%, 효소 가수분해는 70.2%, 3.5%, 고압처리에서 70.2%, 3.2%이었으며, 구성당은 glucose 75.7%, 74.7%이었고, mannose는 10.6%, 9.9%, 11.5%, gal-actose는 9.2%, 8.5%, 9.6%, fucose는 4.5%, 3.1%, 4.2%이었다.

Laminaran의 특성 : 갈조류에는 탄수화물이 약 30~67%이며, 다당류 대부분은 alginic acid, laminaran, fucoidan으로 구성되어 있다. 분쇄한 대황을 0.09 N-HCl로 추출, 조 laminaran을 CPC로 정제, 수율은 14.5%, 6.5%, 화학적 조성은 총당 68.12%에서 74.7%로 증가, 단백질은 8.4%에

서 3.8%, 황산기 량은 7.6%에서 3.2%로 감소하였고, 주요 구성 당인 glucose의 함량이 55.0%에서 83.3%로 증가, CPD로 laminaran을 간단히 정제할 수 있었다. laminaran을 Sephacryl S-300HR 칼람으로 정제, 정제물의 분자량은 12,500 dalton, 총 당의 함량이 89.9%, 단백질 1.1%, 황산기 함량 0.8%, 주요 구성당 glucose의 함량은 98.3%, 분석 결과(FT-IR) glucose는 대부분 β-결합이었고, laminaran은 주로 β-1,3결합에 β-1,6분지가 있는 glucan이었다.

Laminaran과 혈청 지질① : 갈조류 중 대황에 다량의 laminaran이 있고, 이것의 장기능과 혈청내 지질대사에 미치는 영향을 조사한 결과, 고콜레스테롤 식이로 고지혈증을 유발시킨 동물을 대조군(C), laminaran 0.25% (LL, 0.25%) laminaran 0.5%(LH, 0.5%), 정상군(N)으로 나누어 각 실험식이를 투여한 결과, LL군과 LH군은 C군보다 증체량이 낮았고, 식이 섭취량은 군간 변화가 없었다. 체중 100g당, 간, 신, 부고환의 지방 조직은 LL 및 LH군이 N군보다 높았으나, C군보다는 낮았으며 맹장의 무게는 LL군과 LH군은 C군보다 무거웠으며, 소장과 대장의 길이는 C군과 N군보다 길었다. 혈중 총 지질은 LL군 및 LH군이 C군에 비해 각각 36.7 및 36.4%, 중성 지질은 23.3%, 31.2%, 인지질 농도는 31.2%, 41.2%로 감소하였다. 동맥경화 지수(AI)는 C군 1.8, LL군 0.5, LH군 0.6으로 C군보다 AI가 각각 72.2 및 66.6% 감소하였다. 이상으로 laminaran은 식이성 고지혈증 흰쥐의 혈청 지질 개선 효과가 인정되었다.

고지방식이와 대황 및 대황환의 혈청 지질 개선 효과② : 고지질식이를 SD계(♂) 늙은 쥐에 6주간 투여하고, 대황 분말(EBP)이나 대황 추출물(EBE)을 투여한 후 혈청 지질을 관찰하였다. 제1실험은 EBP와 미역(UP), 다시마(LJ) 및 톳(ES)을 alginic acid(ALG, 대조군)와 비교하였고, 제2실험은 EBE와 EB EtOH ex 및 EB pill(EB와 LJ)을 시료로, 식이섬유는 5% 함유시켜 투여한 결과, 총 cholesterol은 LJ나 EBP군보다 현저히 감소하였으나, HDL -cholesterol은 UP, LJ, ES 및 EBP에서 상승하였다. HDL/총cholesterol 비는 ALG를 포함 모든 해조류군에서 대조군보다 상승하였고, 중성지방(TG)은 대조군보다 LJ, EB 및 ESP에서 감소하였다. EBE는 대조군에 비해 EBE만 주었을 때 감소하였으나, HDL은 EB water ex와 EtOH ex에서만 상승하였다. EB pill에 의해서 혈청 총 cholesterol과 TG는 감소하였고, HDL-cholesterol은 증가하였다. 혈청 중 TBA 반응 물질은 ESP, EBP, EB, H_2O ex 및 EB pill군에서 감소하였다. EBP와 EB pill 투여로 대조군에 비해 GOT와 GPT가 감소하였다. 이러한 결과에서 EB와 EB pill은 혈청 지질 개선 효과가 있어 기능성 식품소재로의 개발이 기대되었다.

항혈전 효과 : *Eisenia andrei*에서 분리 정제한 새로운 단백질 분해 분획 SPP-501의 항혈전 효과는 혈전증 모델에서 urokinase 및 t-PA와 비교하면 SPP-501, urokinase 및 t-PA를 14일에 1번 경구 투여한 결과, 혈전 무게가 현저히 감소하였다. euglobulin lysis time(ELT)은 SPP-501로 감소되었으나, urokinase와 t-PA는 euglobulin clot가 용해되지 않았다. 반대로 urokinase와 t-PA는 fibrinogen/fibrin degradation products(FDP)가 검출되었으나, SPP-501은 검출되지 않았다. SPP-501(45㎍/㎏) 다량에서 APTT(Activated partial thromboplastin time)는 지연되었다. 이러한 결과는 SPP-501을 경구 투여로 anti-thrombotic과 fibrinolytic activity가 있었다.

EtOH-처리 생쥐에서 Dieckol, Phlorofucoeckol의 기억력 개선 효과 : 대황과 감태의 polyphenolic compound인 phlorotannins은 항염과 같은 약리학적 효과가 있다. 근래에 이들 물질이 신경 퇴행성 질병에 개선 효과가 연구되었으며, 또 감태의 diekol 과 phlorofucofuroeckol(PFF)도 기억력 향상이 연구되었다. 즉 dieckol과 PFF는 EtOH 섭취로 인한 latency 억제를 용량 의존적으로 감소시켰다. 실험쥐의 striatum, hippocampus, frontal cortex 3부위에서 중추 신경 전달 물질의 기억력을 향상시켰다. 몇 신경 전달 물질은 EtOH 투여로 현저히 변화되었다. dieckol과 PFF는 EtOH 투여로 몇몇 신경 전달 물질량의 변화를 보였다. 이 두 물질은 acetylcholine을 증가시켜 acetylcholinestrase 작용을 견제시켰다. 결과적으로 dieckol과 PFF는 acetylcholinestrase 억제로 뇌에 acetylcholine를 증가시켜 기억력 향상 효과를 초래하였다.

Fucoidan의 생리활성과 응용 : 미역, 다시마, 톳 등 갈조류에 많은 fucoidan은 90여 년 전에 추출 확인되었으며 항혈액 응고, 항혈전, 항암, 면역조절, 항virus, 줄기세포의 활성화 등의 생리 활성이 연구되어, 이와 관련된 각종 질병의 완화 및 치료제로 활용 가능성이 인식되고 있다. 갈조류의 양식은 잘 발달되었고, 전남 완도지역은 청정지역으로 수질오염이 낮아 다시마, 미역 포자엽의 수확량이 풍부, fucoidan 추출 원료 수급이 용이하다.

산화적 Stress에 대한 Fucoidan과 Alginic acid의 보호 효과 : Peroxyl radical - 유도 산화적 stress에 대한 fucoidan과 alginic acid(갈조류 함유 활성 다당류)의 보호 작용을 in vitro에서 실험한 결과, fucoidan은 NO와 O_2 (superoxide) 제거능이 강력하였으나, alginic acid는 이러한 작용이 없었다. 그러나 alginic acid는 fucoidan보다 -OH 제거능은 높았다. fucoidan과 alginic acid는 AAPH 유도 산화적 stress에 대하여 세포의 활성을 향상시켰다. fucoidan과 alginic acid 1,000㎎/㎖에서 세포의 활성은 각각 16.4%에서 85.9%와 67.7%로 증가하였다. 또한 fucoidan과 alginic acid는 AAPH에 의해 용량 의존적으로 LLC-PKI 세포에서 지질 과산화를 개선시켰다. 이 결과로 fucoidan과 alginic acid는 free radical로 인한 산화적 stress에 대해 항산화제로 작용하는 것으로 생각되었다.

Alginate의 항돌연변이와 Cholesterol, Glucose, Cd 결합능[①] : Alginate 의 평균 분자량 약 10,000(HAG-10), 50,000(HAG-50), 100,000(HAG-100)의 저분자 alginate를 만들어 Ames test로 항돌연변이 효과를 측정한 결과, AFB_1에 대한 간접 돌연변이 원성과 MNNG에 대한 직접 돌연변이 원성의 항돌연변이 효과는 HAG-10이 가장 높았고, 다음 HAG-50, HAG-100 및 alginate 순으로 분자량이 적을수록 증가하였다. 저분자 alginate의 cholesterol, glucose 및 Cd 결합능은 alginate가 가장 높았고, 다음 HAG-50과 HAG-100은 유사하였으며, HAG-10은 결합능이 없었다.

Alginate의 Cholesterol, Glucose 및 Cd 배출 효과② : Alginate의 기능성을 개선코자 저분자 alginate를 만들어 rat에 HAG-10, HAG-50, HAG-100 및 alginate를 투여, cholesterol의 체외 배출 효과를 조사한 결과, HAG-50과 HAG-100이 높았고, 다음 alginate이며, HAG-10은 나타나지 않았다. 혈청 중 glucose양은 HAG-50에서 가장 낮았고, 이후에도 계속 혈당이 저하하였으며, 혈청 중 insulin도 HAG-50에서 초기에 증가한 후 계속 저하되었다. Cd의 체외 배출은 HAG-50에서 가장 높았고, 다음 HAG-100, alginate, HAG-10순이나 HAG-10은 거의 효과가 없었다. 이로써 HAG-50은 rat에서 cholesterol과 Cd 체외 배출이 촉진되었으며, 혈중 glucose 저하 효과가 뚜렷하였다.

알긴산의 에스테르화의 적정 조건 : 알긴산에 propylene oxide(Pox)를 가하여 PGA 제조 시 에스테르화 조건을 구하고 이때 만든 제품의 이화학적 특성을 조사하였다. 알긴산에 Pox(1:4) mol을 가할 때까지 에스테르화가 증가하였으나 그 후에는 큰 변화가 없었고, 에스테르화가 잘 일어나는 알긴산의 함수량은 30% 이상이었으며, 수분 함량이 70% 이상에서는 제품의 탈수가 잘 되지 않아 수분은 30~70%가 적당하였다. 수분 44.15%의 알긴산에 Pox 4 mol을 가해 1시간 반응 시 반응이 최대인 온도는 70℃이었다. 수분 50.5%의 알긴산에 Pox 4 mol을 가해 70℃에서 반응, 1시간까지 에스테르화가 급격히 증가, 그 후 차이가 없었다. 2%와 3% propylene glycol alginate(PGA) 용액의 pH 안정성은 pH 3.0까지 점도가 거의 없었으나 그 이하에서는 감소하였으며, 1, 2, 3 및 5% PGA 용액은 의가소성 유체의 특성을 보였고, pH를 변화시켰으나, 의가소성은 유지되었다.

알긴산과 3T3-L1 세포의 분화① : 3T3-L1 세포가 지방 세포로 분화되는 과정 중 혈청 중 분화촉진 인자(insulin, prostaglandin F2α 등) 첨가로 분화가 촉진되었고, 분화억제 인자(actinomycin D, tumor necrosis factor α 등)로 억제될 수도 있다. 3T3-L1 세포는 세포 내 지방 축적으로 지방 세포 형태를 나타낸다. 3T3-L1 세포의 특성을 이용, 해조류에 많은 알긴산이 지방 세포로의 분화 과정에 어떤 영향을 주는지 실험한 결과, 3T3-L1 세포분화를 억제하였다. 또 분화촉진 물질 IGF-1(insulin-like growth factor-1)과 insulin을 이용, 알긴산 분화에 미치는 영향을 검토한 결과, 알긴산은 insulin의 분화촉진 작용을 특이적으로 억제하였다. 본 연구는 알긴산을 이용, 알긴산의 지질 감소 효과를 세포 수준에서 검증하였다.

알긴산의 비만 억제 효과[2] : 미역, 다시마 등 갈조류에 20~30% 함유되어 있는 알긴산을 agar, cellulose, CMC, chitin, lignin 등의 식이섬유의 비만 억제 작용을 magarine 유도 비만 쥐에서 비교 검토하였다. 사료에 식이섬유 10%를 가하여 비만 억제 효과를 보면, lignin이 가장 크고, 다음 Na-alginate, cellulose, CMC 순이었다. 간장과 부고환 및 난소 주위의 지방 조직의 비만 억제 효과는 lignin이 가장 크고, Na-alginate, cellulose, CMC 순. 또 Lee index의 비만 억제는 Na-alginate〉lignin〉CMC〉 chitin〉cellulose 순. 간의 지질 분석에서 지방 축적 억제 효과는 agar〉CMC〉cellulose〉Na-alginate〉chitin〉lignin 순이었다. 혈청 glucose 감소 효과는 CMC가 가장 크고, 다음 Na-alginate, lignin 순. 혈청 cholesterol 저하 효과는 Na-alginate가 가장 크고, 다음이 lignin, cellulose 순. 그밖에 chitin을 제외한 대부분이 효과가 있었다. 또 lipase 활성의 상승 작용은 Na-alginate가 가장 효과적이며 다음 chitin이었다. 이상으로 갈조류 중 알긴산 20~30%가 있는 미역, 다시마 등은 비만 예방과 치료에 가장 효과적인 것으로 생각되었다.

조류와 생약 성분의 비만 억제 비교[3] : 해조류의 알긴산, 담수 녹조 chlorella, 생약 인삼 saponin, 마늘 alliin과 scordinin 첨가, 비만 억제 효과를 검토한 결과, Na-alginate(71%)가 크고, 다음 scordinin(76%), chlorella(76%), alliin(86%) 순으로 체중 증가가 있었다. 사료 효율과 비교, 체중 증가량은 Na-alginate(68%)가 가장 효과적이고, alliin(79%)도 인정되었다. 간의 지방 축적 억제 효과도 Na-alginate(84%)가 가장 효과적, 부고환 및 난소 주변의 지방 축적 억제 효과도 Na-alginate(54%)가 가장 효과적, 다음 alliin(64%), saponin(66%) 순이었다. 또 Lee index 비만 억제 효과를 비교하면 Na-alginate(91%)에서만 인정되었다. 간에서 지방 축적 억제 효과는 alliin(40%)〉saponin(58%)〉Na-alginate(62%)〉chlorella(64%)〉scordinin(74%) 순. 혈청 glucose 감소 효과는 Na-alginate(67%)가 가장 크고, 다음 saponin(73%), scordinin(74%), alliin(83%) 순. 혈청 cholesterol 저하 작용은 Na-alginate(82%)가 가장 크고, 다음 alliin(84%), chlorella(86%), saponin(87%) 순이었다. 또한 혈청 lipase 활성 증가에 의한 비만 억제 작용은 Na-alginate(109%)와 saponin(104%)의 첨가가 효과적. 따라서 미역, 다시마, 톳 등 갈조류 성분 알긴산이 chlorella, 인삼 saponin, 마늘 alliin 및 scordinin보다 비만 예방과 치료에 효과적이었다.

CCl_4- 유도 간손상과 Fucoidan 효과 : CCl_4- 산화 stress 손상 간에 fucoidan extracts(FE)의 항산화성을 GOT, GPT, ALP, LDH, MDA, SOD, CAT, GPx 수준으로 알 수 있는지를 실험하였다. SD계rat(♀) Fe 100㎎/㎏을 14일간 투여하고 15일째 CCl_4를 준 후 희생시켰다. rat 혈청 중 GDT, GPT, ALP 및 LDH를 총 간의 균질액에서 MDA, SOD, CAT 및 GPx와 같이 측정한 결과, CCl_4처리에서는 GDT, GPT, ALP, LDH, 및 MDA가 증가하였고, SOD, CAT 및 GPx는 현저히 감소하였으나, FE로 전처리한 rat은 CCl_4 처리 rat에서 SOD, CAT 및 GPx량이 회복되는 것과 같이 GOT, GPT, ALP, LDH 및 MDA의 증가가 억제되었다. 더구나 FE처리 rat의 간에서는 괴저나 경화 발생이 현저히 감소하였다. 이러한 결과로 FE의 항산화성이 CCl_4-유도 산화적 stress에 효과 있음을 알게 되었다.

AAPH-손상 LLC-PK1세포와 Fucoidan : AAPH-손상 LLC-PK1세포의 산화적 stress에 fucoidan의 보호 효과를 실험하였다. LLC-PK1세포를 1㎜ 2,2'-azo-bis(2-aminopropane) dihydrochloride(AAPH)에 24시간 산화적 stress에 노출시킨 결과, 생활력이 현저히 감소하였으나, fucoidan은 용량 의존적으로 이를 보호하였다. 이러한 fucoidan의 작용은 superoxide anion radical과 hydroxyl radical의 작용을 제거하는 것과 같이 fucoidan이 지질 과산화와 항산화 효소의 작용과 같은 양상이다. fucoidan의 AAPH-유도 LLC-PK1 손상에 보호 효과는 특히 superoxide radical을 강하게 제거

함을 보였다. fucoidan의 IC_{50}은 48.37±1.54㎍/㎖ superoxide anion radical 제거능과 hydoxyl radical 제거 능력은 IC_{50} 32.03㎍/㎖로 강하였다. 그러므로 fucoidan의 AAPH-손상 LLC-PK1 세포 보호는 지질 과산화를 방해하고, 항산화 효소 작용을 증가시켜 과산화 radical을 제거함에 있다 (LLC-PK1 cell: Procine kidney epitheial celll).

Fucoidan의 항혈액 응고활성①: 국내 연안의 갈조류, 미역포자엽, 다시마, 톳, 모자반을 묽은 염산(pH 2.0)으로 65℃에서 추출 crude fucoidan을 CPC 처리로 침전시킨 후, $CaCl_2$(1.0M, 1.5M, 3.0M)를 증가시켜 분리하였다. APTT 활성으로 비교한 결과, 분획물의 항혈액 응고활성은 황산기 함량의 증가에 따라 증가하였으며, 분획물 시료 중 미역포자엽을 3.0 M $CaCl_2$로 분획한 것이 가장 활성이 우수하였다. 이 분획을 다시 pronase와 laminase로 수식한 결과, 각각 단백질과 glucose가 감소하였으나 수식 전에 비해 APTT 활성이 증가하였다. pronase와 laminase로 수식한 fucoidan의 fucose : galactose : mannose : sulfate : uronic acid의 mole%는 1 : 1.3 : 0.03 : 2.7 : 0.08이었으며, 효소처리에 따른 미역포자엽의 결합 구조는 변화가 없었다.

갈조류 추출물의 항혈액 응고 활성②: 갈조류 18종에 대하여 항혈액 응고를 조사한 결과, 미역, 다시마, 감태, 대황, 곰피, 톳, 괭생이모자반의 열수추출물의 APTT가 190.0초 이상으로 항응고 활성이 높았으며, 이때 추출 온도는 90℃였다. 감태의 EtOH 불용성분의 항혈액 응고활성은 500㎍/㎖에서 EtOH 가용성 물질에 비하여 2배 이상 증가하였으며, EtOH 불용성 성분의 분자량에 따른 항혈액 응고활성은 100㎍/㎖에서 EKJ(검둥 감태) EtOH insolable(eim) 2(100-50kDa) 및 EKJ-eim 3(50-10kDa)에 비해 좋았으며, 이 분획의 화학적 구성 성분은 fucose, xylose, mannose, galactose, glucose, sulfate로 mole비는 1: 0.05: 0.10: 0.15: 0.17: 1.46으로 2mole의 fucose에 3mole의 황산기가 결합되있는 산성 다당체임을 확인하였다.

충치균에 대한 항균 활성: 우리나라 연안에서 채취한 해조류 27종의 80%

EtOH 추출물이 충치균 *Streptococcus mutans* KCTC 3300의 증식에 미치는 영향을 조사한 결과, 해조류 중 다시마가 가장 강하였고, 갈파래, 청각, 감태, 곰피, 미역도 비교적 활성이 높았으며, 홍조류보다 갈조류와 녹조류가 대체로 강하였다. 다시마의 항균 활성은 용매에 따른 추출물의 차이는 나타나지 않았다. *S. mutans* KCTC 3300과 *S. sobrinus* KCTC 3307에 대한 해조류의 80% EtOH 추출물의 MIC는 해조류 종뿐 아니라, 동일 해조류 추출물에서도 균 종에 따라 차이가 있었다. 다시마의 80% EtOH의 Et_2O 분획에서 MIC 는 105㎍/㎖, 수용성 분획은 약 5,500 ㎍/㎖에서 균의 증식이 억제되지 않았다. 대황은 약한 항균성을 보였다.

Marine carotenoid의 생물학적 기능 : 자연계에서 생성되는 색소 중 carotenoid (CA)는 가장 중요하며 인체 건강에 유용한 효과를 갖고 있어 관심이 증가되고 있다. 해산 CA는 그들이 주는 화학적, 생물학적 이익의 영향은 중요하다. 해산 CA 중 astaxanthin과 fucoxanthin은 해양 동물이나 해양 식물 중에서 비교적 강력한 생물학적 활성이 있다. 즉 이들 CA는 quenching siglet oxygen과 scavenging free radical의 강한 항산화 작용이 있기 때문이며, 식이성 항산화 작용이 있는 이들 강력한 작용의 CA는 항암 작용과 항염 작용이 있다. 특히 fucoxanthin이 근래 항비만과 항당뇨 효과가 인정되면서부터 주목받게 되었다. 이러한 작용은 mitochondria의 백색지방(WAT)에서 uncoupling protein(UCP1)을 만들어 WAT에서 지방산을 산화시켜 WAT에서 열을 생산하기 때문이다. fucoxanthin은 insulin 저항을 개선하여 혈당을 낮추며, 동물의 WAT에서 종양괴사 인자 α(TNFα)를 감소시키기 때문이다.

Osteoarthritis 치료와 항산화 및 항염성 : 골관절염은 주로 노인에 발생되는 비염증성 관절 질환으로 관절 연골의 변성, 골변연의 비후 및 활액막의 특징으로 생기며, 동통이나 경직이 장기간 활동 후에 수반된다. 염증은 산소종, cytokine, prostaglandins의 증가로 발생된다. 지상에서는 발견되지 않고 갈조류인 *Ecklonia*와 *Eisenia* family에만 있는 특정 polyphenolic 화합물로 dibenzo-1, 4-dioxin skeleton의 phlorotannins가 있다. phlorotannins는 LAD 103를 함유한 감태 추출물에 많았으며, DPPH 라디칼 제거, Fe^{+3}환원, peroxynitrite 제거 및 LDL 산화 억제 같은 특별한 항산화이며 골관절 염증이나 전단계에서 항산화를 방해하는 것으로 알려졌다. LAD 103 역시 LPS-처리 RAW 264.7 cell에서 PGE_2 생산을 현저히 감소시킴을 보여 주었고, interleukin-1α-유도 proteoglycan을 현저히 파괴시켜 골관절염의 병리생리학적 결과를 편리하게 알 수 있게 되어 앞으로 이 mechanism 규명에 도움이 될 것이다. LAD 103은 in vitro 실험에서 강력한 관절염 치료제로 알려졌고, 이는 mechanism 규명에 효과적인 연구가 될 것이다.

건강기능성 식품과 해조류 소비 : 경북대 학생 281명을 대상으로 해조류 건강기능 식품의 구매 의도와 소비 가치를 조사한 결과, 구매 장소는 24시간 편의점이고, 낱개 포장으로, 구매 목적은 영양 보충과 체중 조절이며, 구매 의도가 높은군과 낮은군의 차이가 현저하였고, 식품, 영양 및 건강 관련 과목 수강 경험자 중 기능가치와 인식가치가 높았다.

✻ 효능과 이용

1) 효능 : antihypertensives, alginates
2) 식용 : 식재료

참고문헌

1) 강태선, 제종길, 홍재상, **수산학회지,** 1993, 26(1), 49 (남해의 하계 해조군집 – 1. 조간대: 도박, 톳, 불등가사리, 서실, 진두발, 돌가사리, 우뭇가사리, 보라우무, 비틀대모자반 등)
2) 구재근, 최용석, 곽중기, **수산학회지,** 2001, 34(5), 515 (국내산 미역포자엽, 다시마, 톳, 모자반 Fucoidan의 항혈액 응고 특성)
3) 권대중, 임승택, 정용준, 박상후, 권동권, **식품과학과 산업,** 2006, 39(3),

73 (갈조류에서 추출한 푸코이단의 이해와 활용)

4) 김영명, 김동수, 최용석, **식품과학회지,** 2004, 36(6), 1008 (국내산 주요 갈조류 추출물의 항혈액 응고 활성 – 미역, 다시마, 감태, 대황, 곰피, 톳, 괭생이모자반 등)

5) 김영명, 최용석, 박종혁, **식품영양과학회지,** 2006, 35(1), 78 〔대황 (*Eisenia bicyclis*)으로부터 Laminaran의 정제 및 화학적 특성〕

6) 김영명, 한찬규, 방상진, 박종혁, **식품영양과학회지,** 2006, 35(7), 841 (대황 유래 Laminaran이 고콜레스테롤 식이를 급여한 흰쥐의 혈청 지질 성분에 미치는 영향)

7) 김육용, 이근우, 김건배, 조영제, **수산학회지,** 2000, 33(5), 388 (다시마 Alginate 의 가열 가수분해에 따른 물리, 화학적 및 생물학적 특성에 관한 연구 – 3. 랫드의 Cholesterol, Glucose 및 Cd 체의 배출 효과)

8) 김지희, 임치원, 박희연, 이두석, 박정흠, **수산학회지,** 2002, 35(2), 191 〔충치균(*Streptococcus mutans*)에 대한 다시마 추출물의 항균 활성 – 갈파래, 청각, 감태, 대황, 곰피, 미역, 다시마 등〕

9) 남기완, 김영식, 김영환, 손철현, **수산학회지,** 1996, 29(5), 727 (한국 동해안 연안역의 저서 해조류 – 해조상, 분포 및 군집 구조)

10) 손철현, **수산학회지,** 1983, 16(4), 368 (오동도 해조 군락에 관한 연구 – 참김, 잎파래, 고리매, 미역, 서실, 모자반, 지충이, 우뭇가사리)

11) 손철현, 이인규, 강제원, **수산학회지,** 1986, 19(3), 265 (한국 남해안 동부 해역 해조 군집 구조 및 변동의 정량적 분석 – 1. 연화도)

12) 장연희, 최상원, 조성희, **영양학회지,** 2008, 41(1), 5 (고지방식이 급여 흰쥐에서 대황 및 대황정제환의 혈청 지질 개선 효과 – 대황, 톳, 미역, 다시마)

13) 차명화, 김유경, **식생활문화학회지,** 2008, 23(4), 462 (해조류 건강기능성 식품에 대한 소비 가치 분석)

14) 최진호, 임채환, 김재연, 양종순, 최재수, 변대석, **수산학회지,** 1986, 19(4), 303 (비만 치료식 개발을 위한 기초연구 – 1. 식이섬유로서의 알긴산의 비만 억제 효과)

15) 최진호, 최재수, 변대석, 양달선, **수산학회지**, 1986, 19(5), 485 (비만 치료식 개발을 위한 기초연구 — 2. 조류와 생약 성분의 비만 억제 작용 비교: 알긴산, chlorella, 인삼 saponin, alliin, seordinin)
16) 하재호, 허우덕, 신동화, **수산학회지**, 1987, 20(3), 202 (알긴산의 적정 에스테르화의 조건)
17) 황혜정, 변재형, 남택정, **수산학회지**, 2000, 33(6), 541 (알긴산이 3T3-L1 세포의 분화에 미치는 영향)
18) Ara, J., Sultana, V., Qasim, R., Ahmad, V. U., **Phytother. Res.**, 2002, 16, 479 (Hypolipidemic activity of seaweed from Karachi Coast)
19) Blackman, A. J., et al, **Phytochemistry**, 1982, 21, 2141 (isol, 2-Bromo-1,3,5-benzenetriol)
20) Cahyana, A. H., Shuto, Y., Kinoshita, Y., **Biosci. Biotechnol. Biochem.**, 1992, 52, 1533 〔Pyropheophytin a as an antioxidative substance from the marine alga, Arame (*Eisenia bicyclis*)〕
21) Cho, D. M., Kim, D. S., Lee, D. S., Kim, H. R., Pyeun, J. H., **J. Kor. Fish. Soc.**, 1995, 28, 49 (Trace components and functional saccharides in seaweed- 1)
22) Cho, D. M., Kim, D. S., Lee, D. S., Kim, H. R., Pyeun, J. H., **J. Kor. Fish. Soc.**, 1995, 28, 270 (Trace components and functional saccharides in seaweed- 2)
23) Fujimoto, K., Kaneda, T., **Bull. Jpn. Soc. Sci. Fish.**, 1980, 46, 1125 (Screening test for fractionation from *Eisenia bicyclis* and *Undaria pinnatifida*)
24) Glombitza, K. W., Gerstberger, G., **Phytochemistry**, 1985, 24, 543 (Phlorotannins with dibenzodioxin structure elements from the brown alga *Eisenia arborea*)
25) Hosokawa, M., Okada, T., Mikami, N., Konishi, I., Miyashita, K., **Food Sci. Biotechnol.**, 2009, 18(1), 1 (Bio-function of Marine Carotenoids)
26) Kang, K. S., Kim, I. D., Kwon, R. H., Lee, J. Y., Kang, J. S., Ha,

B. J., **Arch. Pharm. Res.**, 2008, 31(5), 622 (The effect of Fucoidan Extracts on CCl_4-Induced Liver Injury)

27) Kang, R. S., Won, K. S., Hong, K. P., Kim, J. M., **Algae,** 2001, 16(2), 209 (Population studies on the kelp *Ecklonia* and *Eisenia bicyclis* in Dokdo, Korea)

28) Katakai, R. et al, **J. Org. Chem.**, 1974, 39, 180 (Eisenin)

29) Kim, D. S., Park, Y. H., **J. Kor. Fish. Soc.**, 1985, 18, 29 (Uronic acid composition block structure and some related properties of alginic acid)

30) Kim, Y. M., Do, J. R., Kim, D. S., Park, J. H., **Kor. J. Food Sci. Technol.**, 2006, 38, 793 (Cytotoxicities of hydrolyzed crude laminarian from *Eisenia bicyclis* on SNU-a, HeLa and SW-cells)

31) Kim, Y. M., Han, C. K., Bang, S. J., Park, J. H., **J. Kor. Soc. Food Sci. Nutr.**, 2006, 35, 841 (Effects of laminaran from *Eisenia bicyclis* on serum lipids in rats fed high cholesterol diets)

32) Kolb, N., Vallorani, L., Stocchi, V., **Acta Alimentaria,** 1999, 28, 213 〔Chemical composition and evaluation of protein quality by amino acid score method of edible brown marine algae Arame (*Eisenia bicyclis*) and Hijiki (*H. fusiformis*)〕

33) Kurata, K. et al, **Phytochemistry,** 1990, 29, 3678 (isol, 3-Hydroxy-27-norcholesta-5, 25-dien-24-one)

34) Lee, C. K., Shin, J. S., Kim, B. S., Cho, I. H., Kim, Y. S., Kee, E. B., **Arch. Pharm. Res.**, 2007, 30(4), 475 (Antithrombotic Effects by oral Administration of Novel proteinase fraction from Earthworm *Eisenia andrei* on Venous Thrombosis Model in Rats)

35) Miao, H. Q., Ishai-Michaeli, R., Peretz, T., Vlodavsky, I., **J. Cell Physiol.**, 1995, 164, 482 (Laminaran sulfate mimics the effects of heparin on smooth muscle cell proliferation and basic fibroblast growth factor-receptor binding and mitogenic activity)

36) Myung, C. S., Shin, H. C., Bao, H. R., Yeo, S. J., Lee, B. H., Kang, J. S., **Arch. Pharm. Res.**, 2005, 28(6), 691 (Improvment of Memory by Dieckol and Phlorofucoeckol in Ethanol-Treated Mice ; Possible Involvement of the Inhibition of Acetylcholinesterase - *Eisenia, Ecklonia*)

37) Nakamura, T., Nagayama, K., Uchida, K., Tanaka, R., **Fish. Sci.**, 1996, 62, 923 (Antioxidant activity of phlorotannins isolated from brown alga *Eisenia bicyclis*)

38) Notoya, M., Aruga, Y., **Jpn. J. Phycol.**, 1990, 38, 378 [Tissue culture from the explant of spipe of *Eisenia bicyclis* (Kjellman) Stechell (Laminariales, Phaeophyta)]

39) Painter, T. J., **The Polysaccharides,** Aspinall G.O., ed., Academic press, New York, vol 2, 195~285, 1997 (Algal oligosaccharides)

40) Park, M. J., Han, J. S., **J. Food Sci. Nutr.**, 2008, 13(4), 259, (Fucoidan protects LLC-PK1 cells against AAPH-induced Damage)

41) Pereira, M. S., McDowell, R. H., **Chemistry and Enzymology of Marine Algae Polysaccharides,** Academic Press, New York, 1967, 53~71

42) Saito, T., Iso, N., Mizuno, H., Fujii, S., Suzuki, Y., **Bull. Jpn. Soc. Sci. Fish.**, 1977, 43(11), 1299 (Solution properties of Sodium alginate from brown seaweeds living along the coast of Japan-1, "Arame" *Eisenia bicylis*)

43) Shin, H. C., Hwang, H. J., Kang, K. J., Lee, B. H., **Arch. Pharm. Res.**, 2006, 29(2), 165 (An Antioxidative and Antiinflamatory agent for potential treatment of osteoarthritis from *Ecklonia cava, Eisenia*)

44) So, M. J., Kim, B. K., Choi, M. J., Park, K. Y., Rhee, S. H., Cho, E. J., **J. Food Sci. Nutr.**, 2007, 12, 191 (Protective Activity of Fucoidan and Alginic Acid against Free Radical-Induced Oxidative Stress under in vitro and Cellular System)

45) Tatiana, N. Z., Nataliya, M. S., Irina, B. P., Andrey, S. S., Pavel, A. L., Lyudimila, A. E., **Comparative Biochemistry and Physiology Part C**, 2000, 126, 209 (Inhibition of complement activation by water-soluble polysaccharides of some far-estern brown seaweeds)

46) Tatiana, N. Z., Nataliya, M. S., Irina, B. P., Vladimir, V. I., Andrey, S. S., Elena, V. S., Lyudimila, A. E., **Carbohydr. Res.**, 1999, 322, 32 (A new procedure for the separation of water-soluble polysaccharides from brown seaweeds)

47) **US. Pat.** 2, 114, 128 (1985): **CA**, 103, 2065361i (pharmacol, Carcinostatic, Immunopotentiating effect)

48) Usui, T., Asari, K., Mizuno, T., **Agric. Biol. Chem.**, 1980, 44(9), 1965 (Isolation of highly fucoidan from *Eisenia bicyclis* and its antitumor activity)

49) Zuyagintseva, T. N., Shevchenko, N. M., Chizhov, A. O., Krupnova, T. N., Sundukva, E. B., Isakov, V. V., **J. Mar. Biol. Ecology**, 2003, 294, 1 (Water soluble saccharides of some far-eastern brown seaweeds, Distribution, structure and their dependence on the developmental conditions)

50) Zuyagintseva, T. N., Shevchenko, N. M., Nazarova, I. V., Scobum, A. S., Luk'yanov, P. A., Elyakova, L. A., **Comp. Biochem. Physiol.**, 2000, 126C, 209 (Inhibition of complement activation by water-soluble polysaccharides of some far-eastern brown seaweeds)

51) Zuyagintseva, T. N., Shevchenko, N. M., Popivnich, I. B., Isakov, V. V., Scobun, A. S., Sundukova, E. V., Elyakova, L. A., **Carhorydr. Res.**, 1999, 322, 32 (A new procedure for the separation of water soluble polysaccharides from brown seaweeds)

Pachymeniopsis elliptica Yamada
Grateloupia elliptica Holmes

도박 18

홍조류 · Cryptonemiaceae (지누아리과)

• 일명 | Tambanori, Akahada, Fudaraku
• 분포 | 한국 경북 남해안, 제주도, 일본
• 용도 | 호료(糊料), 식재료

✻ 식물학적 특성

홍조류로 지누아리과에 속하며, 몸 하부 뒷면으로 암석에 붙어 편평한 원형으로 자라며, 크기는 20~30㎝, 더러는 60㎝이상, 폭은 5~15㎝, 몸은 불규칙하게 분열, 열편의 하부는 줄기 같이 보이기도 한다. 장상(掌狀)으로 분열하거나 불규칙하게 분열, 포자낭은 4개로 표면층에 산재하고, 주머니 모양의 열매는 몸의 표면에 산재한다. 색은 짙은 자홍색, 질은 두꺼운 혁질로 질기다.

동속 해조류에는 쐐기꼴도박(*P. yendoi*)과 개도박(*P. lanceolata*)등이 있다.

✻ 성분

1) 특수성분

동속 해조류 *G. carnosa*에서 Carnosadine(C-00441), *G. filicina*에서 Citrulline(S-01405), Gigartinine(S, G-00354), Gongrine(G-00648), Grateloupine (G-00721), *G. filiticina*에서 4.5-Dihroxy -3-methly-2-cyclopenten-1-one

(4R, 5S, D-02321), *G. livida*에서 Gigartinine(S, G-00354), Lividine(S, L-00661), *G. proteus*에서 4-Hydroxy-N,N-dimethy-3-pyrrolidine carboxylate(H-02970)이 분리되었다.

✻ 생리 활성

항혈액 응고활성 : 국내산 60여 종의 해조류를 열수, 냉수, hexane, MeOH 추출, 이들의 항혈액 응고 활성을 검색한 결과, 갈조류나 녹조류보다는 홍조류에서 항혈액 응고 활성이 나타났고, 냉수보다는 열수 추출물이 높았다. 홍조류 중 참도박(*Pachymeniopsis elliptica* : 속초산)의 활성이 우수하였다. 추출 조건을 검토한 결과, 100℃, 3시간 열수 추출(PE-O)이 가장 활성이 높았고, 이에 30%와 70% EtOH로 추출, 조다당 획분을 분리, 항응고 활성을 측정한 결과, 70% EtOH 분획(PE-2)이 활성이 높았으며, galactose 45.3㏖%, 3,6-anhydrogalactose 36.7㏖% 조성이었다. 또한 항응고 활성에 기여하는 황산기의 함량은 25.7%로 도박의 활성 물질은 수용성 황산기 함유 다당으로 예측되었다.

함황 다당류의 정제 및 생리 특성 : 참도박 열수 추출물을 EtOH 침전, 조 다당류를 분리(PE-1), 한외 여과로 100kDa 이하(PE-1-A), 100~300kDa(PE-1-B), 300kDa 이상(PE-1-C)을 얻고, 항보체 활성이 우수한 PE-1-C(ITC 50 : 71.5%)를 DEAE-Toyo pearl 65OC ion-exchange column에서 분리, 0.75M-NaCl(PE-1-CIV) 용출 분획을 size exclusion chromatography 하였다. sepharose CL-6B로 분리한 PE-1-CIV-ii(ITC 50 : 82.9%)는 780kDa 이었으며, HPLC상에서 동질성 다당류였다. 정제 다당류 PE-1-CIV-ii는 고전이나 보체 부경로를 활성화시켰으며, 구성 단당류는 galactose(44.3%), 3, 6-anhydrogalactose(34.0%) glucose(8.2%), fucose(5.4%), xylose(5.2%) 및 rhamnose(2.9%), sulfate기(30.5%) 함황 다당류로 확인 되었다. PE-1-C의 pronase 소화물은 활성 감소가 없었으나, periodate 산화물에서는 활성이 감소되는 특징을 보였다. PE-1-A, B, C의 sarcoma -180 고형암에 항

암 효과는 항보체 활성과 유사 경향을 보였고, 분자량이 가장 큰 PE-1-C가 대조군에 비해 81% 증식 저해를 보여 항보체 활성과 항암 효과가 상관성을 보였다.

충치균에 대한 항균 활성 : 우리나라 연안에서 채취한 해조류 27종의 80% EtOH 추출물이 충치균 *Streptococcus mutans* KCTC 3300의 증식에 미치는 영향을 조사한 결과, 해조류 중 다시마가 가장 강하였고, 갈파래, 청각, 감태, 곰피, 미역도 비교적 활성이 높았으며(+++), 홍조류보다 갈조류와 녹조류가 대체로 강하였다. 다시마의 항균 활성은 용매에 따른 추출물의 차이는 나타나지 않았다. *S. mutans* KCTC 3300과 *S. sobrinus* KCTC 3307에 대한 해조류의 80% EtOH 추출물의 MIC는 해조류 종 뿐 아니라, 동일 해조류 추출물에서도 균 종에 따라 차이가 있었다. 다시마의 80% EtOH의 Et_2O 분획에서 MIC 는 105㎍/㎖, 수용성 분획은 약 5,500㎍/㎖에서 균의 증식이 억제되지 않았다. 도박도 항균성은 있었다(+).

피부세포주 HaCaT에 대한 해조류의 영향 : 한국 연안 해조류를 채집, 이들 중 녹조류 4종, 갈조류 18종, 홍조류 14종을 수세, 음건하여 80% MeOH로 4회 추출, 37℃에 건조한 시료를 인체 피부세포 HaCaT와 24시간 배양을 조사한 결과, 36종의 해조 시료 중 비틀대모자반과 돌가사리가 대조구보다 1.6배 활력이 증가되었고, 참그물바탕말(*Dictyota dichotoma*), 참도박(*Pachymeniopsis elliptica*) 및 잎파래(*Enteromorpha linza*)의 추출물은 대조구보다 각각 0.2, 0.4, 0.4배 정도 활력을 억제시켰다.

간 보호 작용 : Acetaminophen(AC) 유도 간 독성 동물에 곰피, 참도박, 오만둥이, MeOH ex를 투여한 결과, 오만둥이(*S. plicata*) 처리에서 증가된 지질 과산화량이 억제되었고, 간 cytochrome p-450, amynopyrine, N-demetlylase 및 anilline hydroxylase 활성의 변동은 없었다. glutathione-S-transferase(GST) 활성은 AC군은 대조군보다 약 40% 활성이 감소되었으며, *S. plicata* 전처리군은 대조군보다 못하나 AC 단독 투여군보다 현저히 증가되었다. 간 조직중 G 함량은 *S. plicata* 전처리 군에서 AC 단독 투여군보다 현저히 증가되었다. G-reductase 활성은 AC군은 대조군보다

49% 활성이 감소되었으며, *S. plicata* 전 처리군은 acetominophen 단독 투여군보다 현저히 증가되었으나, *E. stolonifera*(곰피), *P. elliptica*(참도박)군에는 영향이 없었다. 그러므로 오만둥이 투여는 GST 활성을 증가시켜 AC 대사를 촉진, 이로 유발된 지질 과산화 생성을 억제하는 것으로 추정되었다.

PhIP 와 MeIQx 돌연변이의 원성억제 : 갈조류 다시마 등 9종, 홍조류 도박 등 5종, 녹조류 청각 등 2종을 대상으로 돌연변이 유발물질 PhIP와 MeIQx에 대한 돌연변이 원성 억제를 조사한 결과, 갈조류가 녹조류와 홍조류보다 우수하였고, 특히 갈조류 감태, 곰피, 다시마, 미야베모자반이 우수하였다. 그중 곰피의 Et_2O, $CHCl_3$, EtOAc및 수용성 획분 중 비극성 획분의 억제가 강하였고, 특히 EtOAc 획분이 가장 강하였다. 곰피의 EtOAc 획분을 sephadex LH20으로 분리한 결과, 활성 획분 A-7은 PhIP에 90%/㎎이상, MeIQx에 80%/㎎의 억제를 보였고, 207.7 및 232nm에서 흡수 파장을 보였다.

Nitrite 제거 해조류 검색과 활성 : 녹조류 (파래-*Enteromorpha, Ulva*), 갈조류(톳, 미역, 모자반류, 곰피), 홍조류(우뭇가사리, 진두발, 도박, 서실, 보라우무, 지누아리, 꼬시래기, 돌가사리) 등에 대하여 NO 제거 활성을 검색한 결과, 곰피의 MeOH ex가 가장 강하였고, 추출 정제한 활성 물질은 phlorotannin A였다. phloroglucinol(IC_{50}=3.9㎎/㎖)의 활성은 ascorbic acid(IC_{50}=65.0㎎/㎖)보다 강하였다. 이상의 결과로 곰피에서 추출한 활성 물질 phlorotannin A과 phloroglucinol은 발암성 N-nitroso 화합물의 전구물질 nitrite제거제로 응용될 수 있을 것으로 생각되었다.

Marine carotenoid의 생물학적 기능 : 자연계에서 생성되는 색소 중 carotenoid (CA)는 가장 중요하며 인체 건강에 유용한 효과를 갖고 있어 관심이 증가되고 있다. 해산 CA는 그들이 주는 화학적, 생물학적 이익의 영향은 중요하다. 해산 CA 중 astaxanthin과 fucoxanthin은 해양 동물이나 해양 식물 중에서 비교적 강력한 생물학적 활성이 있다. 즉 이들 CA는 quenching siglet oxygen과 scavenging free radical의 강한 항산화 작용이 있기 때문이며, 식이성 항산화 작용이 있는 이들 강력한 작용의 CA는 항암 작용과 항염 작용이 있다. 특히 fucoxanthin이 근래 항비만과 항당뇨 효과가 인정되면서부터 주목받게 되었다. 이러한 작용은 mitochondria의 백색지방(WAT)에서 uncoupling protein(UCP1)을 만들어 WAT에서 지방산을 산화시켜 WAT에서 열을 생산하기 때문이다. fucoxanthin은 insulin 저항을 개선하여 혈당을 낮추며, 동물의 WAT에서 종양괴사 인자 α(TNFα)를 감소시키기 때문이다.

산지, 채취 시기와 섬유질 함량 : 식용해조(녹조류 – 참홑 파래, 청각 ; 갈조류 – 미역, 톳, 모자반, 다시마 ; 홍조류 – 얼룩도박, 참김, 불등풀가사리) 9종의 가용성 및 불용성 식이 섬유질 및 총 식이 섬유질의 산지(기장, 충무, 여수)와 채취 시기별로 측정한 결과, 녹조류 중 참 홑파래가 25.4~38.1%(건물), 청각 35.4~43.8%, 갈조류 중 미역 34.2~48.8%, 톳은 37.5~43.8%, 모자반 42.9~71.8%, 다시마 37.1~45.1%, 홍조류 중 참김 31.3~40.5%, 얼룩 도박 51.5~60.4%, 불등풀가사리 57.1~65.8% 이었고, 가용성, 불용성 참홑파래(43.7~64.8%), 갈조류 중 미역(17.5~31.3%), 홍조류 중 불등 풀가사리(44.7~63.2%)가 높은 값을 보였다. 다당류의 분포 특성은 갈조류는 알칼리 가용성 알긴산을 많이 함유하고 있으며(9.0~15.1%), 홍조류 중 참김은 porphyran(5.8%), 불등 풀가사리와 얼룩 도박은 한천(20.0%)과 카라기난(23.8%)을 각각 많이 함유하는 차이를 보였다.

산지와 채취 시기별 일반 성분의 조성과 무기원소 : 녹조류(참홑파래, 청각), 갈조류(미역, 톳, 모자반, 다시마), 홍조류(얼룩도박, 참김, 불등풀가사리) 9종에 대해 기장, 충무, 여수 지역에서 채취 시기별 일반 성분을 분석한 결과, 조단백질은 참김(45%)이 가장 많았고, 참홑파래(30%)가 낮았고, 지질은 다시마 약 10%로 많은 편이며, 참김은 약 6%로 높았으나, 얼룩도박과 불등풀가사리는 약 3% 이하로 낮았다. 회분과 탄수화물은 청각(약 90%)이 많았고, 참김(약 30%)이 가장 적었다. 참홑파래, 미역, 얼룩도박에는 Na가 가장 많았고, K, Mg, Ca이 비슷하였고, Fe은 참홑파래가 많았으며, 미역과 얼룩도박에는 적었다. Zn은 해조류에 비교적 많았고, 얼룩도박이 가장 많았다. 미역, 톳, 다시마의 무기질 중 K과 Na는 비슷하였으나 Mg은 Ca보다 많았고, Zn은 지역별 차이가 많았다. 일반 성분 조성은 종류와 채취 장소에 따라 차이가 있고, 무기원소는 채취 시기에 따라 큰 차이가 있었다.

미이용 해조류의 성분과 단백질 추출 : 갈조류 14종(18시료), 녹조류 3종(3시료), 홍조류 15종(19시료)을 분석한 결과, 홍조류는 조단백이 높고, 조지방이 낮았으며, 갈조류와 녹조류는 조단백은 낮고, 조지방이 높았다. 단백질 자원으로는 지충이, 부채꼴아크로소리움, 꿩꼬리, 오카므라서실, 검은서실, 지누아리, 진두발, 불등가사리, 돌가사리, 딕티오타, 고리매 등이나, 큰딕티오타, 코르다리아, 비틀대모자반, 알쏭이모자반, 외톨개모자반, 도박, 털도박, 미끌도박, 납작파래, 구멍갈파래, 거머리말은 단백질이 극히 적었다. 추출액 중 단백질 침전법은 MeOH 처리법이 가장 양호하였으며, 알쏭이모자반이 가장 좋았고, 다음이 지누아리, 거머리말 순이었다.

남해 조간대 해조 군집 : 남해 10개 도서 조간대의 해조 군집의 구조와 특성을 조사한 결과, 군집의 구조는 상, 중, 하부의 뚜렷한 층위 구조로 구성되고, 상부와 중부의 중요 종은 조사 기간 매우 유사하였으나, 지역 간에는 차이가 있었다. 상부의 대표 종은 막상 혹은 사상형의 *Gloiopeltis* spp., *Gelidium divaricatum*, *Prophyra suborbiculata*, *Nemalion vermiculare* 이었고, 중부의 대표 종은 *Corallina pilulifera*, *Chondria crassicaulis*, *Hizikia fusiformis* 이었으며, 조사 기간 중 공통으로 중요 종으로는 *Sargassum sagamianum*, *Laurencia* spp., *Symphyocladia latiuscula*, *Chondrus* spp., *Pachymeniopsis lanceolata*, *Gigartina* spp. 등이었다.

건강기능성 식품과 해조류 소비 : 경북대 학생 281명을 대상으로 해조류 건강기능 식품의 구매 의도와 소비 가치를 조사한 결과, 구매 장소는 24시간 편의점이고, 낱개 포장으로, 구매 목적은 영양 보충과 체중 조절이며, 구매 의도가 높은군과 낮은군의 차이가 현저하였고, 식품, 영양 및 건강 관련 과목 수강 경험자 중 기능가치와 인식가치가 높았다.

✻ 효능과 이용

1) 효능 : agglutinin, antimicrobial

2) 식용 : 식재료

참고문헌

1) 강태선, 제종길, 홍재상, **수산학회지,** 1993, 26(1), 49 (남해의 하계 해조 군집 – 1. 조간대: 도박, 톳, 불등가사리, 서실, 진두발, 돌가사리, 우뭇가사리, 보라우무, 비틀대모자반 등)

2) 김두상, 이동수, 조득문, 김형락, 변재형, **수산학회지,** 1995, 28(10), 270 (식용 해조류 중의 미량 요소와 특수 기능성 당질 – 2. 산지와 채취 시기별 식이성 섬유질 함량 변화와 해조 다당류의 분포: 파래, 청각, 미역, 톳, 모자반, 다시마, 참김, 얼룩도박, 풀가사리)

3) 김영동, 김영명, 강통삼, **한국식품연구소 연구보고,** 1981, 163 (해조류의 다각적 이용에 관한 연구)

4) 김인수, 김선봉, 박영호, **수산학회지,** 1994, 27(2), 133 (Maillard 반응 생성물의 돌연변이 원성에 대한 해조 및 야채 추출물의 억제 효과)

5) 김지희, 임치원, 박희연, 이두석, 박정흠, **수산학회지,** 2002, 35(2), 191 〔충치균(*Streptococcus mutans*)에 대한 다시마 추출물의 항균 활성 – 갈파래, 청각, 감태, 곰피, 미역, 다시마, 도박 등〕

6) 박영범, 김인수, 유승재, 인종관, 이태기, 박덕천, 김선봉, **수산학회지,** 1998, 31(4), 581 (해조류 중의 anti-tumor initiator 및 promoter의 해석 – 2. PhIP와 MeIQx의 돌연변이 원성을 억제하는 해조 추출물 소재 연구: 미역, 곰피, 감태, 다시마, 모자반, 괭생이모자반, 미야베모자반, 지충이, 납작파래, 청각, 갈파래, 구멍쇠미역, 톳, 방사무늬김, 참도박, 마디잘

록이, 참곱슬이, 꼬시래기)

7) 박영호, 변재형, 오후규, 강영주, **수산학회지,** 1976, 9(3), 155 (미이용 해조류의 이용화에 관한 연구 — 1. 미이용 해조류의 성분 조성과 조류 단백질 추출)

8) 유홍수, 이강호, **수산학회지,** 1977, 10, 151 (해조 단백질 추출에 관한 연구 — 1. 수용성 단백질의 추출)

9) 윤승제, 조연숙, 남주현, 이형호, Kim Eliya, 홍용기, **수산학회지,** 2008, 41(1), 68 (각종 해조류 추출물들의 인간 피부세포주 HaCaT에 대한 활력 영향 — 비틀대모자반, 돌가사리, 참그물바탕말, 참도박, 구멍파래, 잎파래, 청각, 납작파래, 딕티오타, 감태, 곰피, 톳, 패, 다시마, 모자반류, 고리매, 미역, 진두발, 꼬시래기, 부챗살)

10) 윤진아, 유광원, 조홍영, 송용석, 양한철, **식품영양과학회지,** 2000, 29(6), 1098 (해조류의 항응고 활성 검색과 추출 조건 — 도박)

11) 이강호, 우순임, 유홍수, **수산학회지,** 1978, 11, 85 (해조 단백질 추출에 관한 연구 — 3. NaOH 가용성 단백질의 수출)

12) 이강호, 유홍수, 우순임, **수산학회지,** 1977, 10, 189 (해조 단백질 추출에 관한 연구 — 2. 식염 가용성 및 알코올 가용성 단백질 추출)

13) 이선희, 전우진, 유광원, 전혁, 신동훈, 홍범식, 조홍연, 양한철, **식품과학회지,** 2000, 32(5), 1911 〔*Pachymeniopsis elliptica* (도박)의 열수 추출물로부터 분리한 함황 다당류의 정제 및 특성〕

14) 이중화, 조한옥, **수도여사대 논문집,** 1972, 6, 325 〔해조류의 산업적 이용(제1보). 해조류의 일반 성분 및 무기질〕

15) 조득문, 김두상, 이동수, 김형락, 변재형, **수산학회지,** 1995, 28(1), 49 (식용 해조류 중의 미량 요소의 특수 기능성 당질 — 1, 산지와 채취 시기별 일반 성분의 조성과 무기원소의 분포)

16) 차명화, 김유경, **식생활문화학회지,** 2008, 23(4), 462 (해조류 건강기능성 식품에 대한 소비 가치 분석)

17) 최종원, 박종철, **약학회지,** 1996, 40(5), 574 〔아세트 아미노펜 유도 흰쥐에서 수산 생물자원(곰피, 참도박, 오만둥이) 추출물의 in vivo 간 보

호 작용〕

18) Amano, H., **Marine Biochemistry,** Yamaguchi, K. ed., Tokyo University Press, Japan, 1999, pp.170~171 (Biochemistry and biotechnology of seaweed)

19) Baker, J. T., **Proc. Intl. Seaweed Symp.,** 1984, 11, 29 (Seaweeds in pharmaceutical studies and application)

20) Boney, A. D., Corner, E. D. S., **J. Mar. Biol. Assoc.,** U. K., 1962, 42, 579 (On the effects of some carcinogenic hydrocarbons on the growth of sporelings of marine red algae)

21) Broadwater, S. T., Scott. J. L., Garbary, D. J., **The Cytoskeleton of the Algae,** Menzel, D.(ed), CRC Press, Boca. Raton, Florida, 1992, 93 (Cytoskeleton and mitotic spindle in red algae)

22) Chapman, V. J., Chapman, D. J., **Seaweeds and Their Uses,** Chapman and Hall, London, 1980, 334

23) Chengkui, Z., Junfu, Z., **Proc. Intl. Seaweed Symp.,** 1984, 11, 151 (Chinese seaweeds in herbal medicine)

24) Chihara, G., Hamuro, J., Maeda, Y., Arai, Y., Fukuoka, F., **Nature,** 1970, 225, 7 〔Antitumor polysaccharide derived chemically from natural glucan(pachyman)〕

25) Cole, K. M., **Biology of the Red Algae,** Cole, K. M., Sheath, R. G., (eds.), Cambridge Univ. Press. Cambridge, 1990, p.517

26) Coombe, D. R., Parish, C. R., Ramshow, I. A., Snowden, J. M., **Intl. J. Cancer,** 1987, 39, 82 (Analysis of the inhibition of tumor metastasis by sulfated polysaccharides)

27) Davarin, I. A., Mirinov, O. G., Tsimbal, O. G., **Mar. Pollut. Bull.,** 1975, 6, 13 (Influence of oil on nucleic acids of algae)

28) De Clerq. E. D. A., Ito, M., Shigata, S., Baba, M., **European Patent Application No. O 293 826** 1988, (Therapeutic and prophylactic application of sulfated polysaccharides against AIDS)

29) Deig, E. F, Ehresmann, D. W., Hatch, M. T., Riedlinger, D. J., **Antimicrob. Agents Chemother.**, 1974, 6, 524 (Inhibition of herpes virus replication by marine algal extracts)

30) Fujihara, M., Nagumo, T., **Carbohydr. Res.**, 1993a, 243, 211 (An Influence of the structure of alginate on the chemotactic activity of macrophages and the antitumor activity)

31) Fujihara, M., Nagumo, T., **J. Chromatography**, 1989c, 465, 386 (Determination of the molecular weights of alginates by agarose gel filteration)

32) Gabrielson, P. W., Garbary, D., **CRC Crit. Rev. Pl. Sci.**, 1986, 325 〔Systematics of Red algae (Rhodophyta)〕

33) Garbary, D. J., McDonald, A. R., Duckett, J. G., **J. Phycol.**, 1991, 27 (3. supplement), 24 (The cytoskeleton of red algae)

34) Gutkecht, J., **Limnol. Oceanogr.**, 1965, 10, 58 (Uptake and retention of Cesium 137 and Zine 65 by seaweeds)

35) Halldal, P., French, C., **P1, Physiol. Lancaster**, 1958, 33, 249 (Algal growth in crossed gradients of light intensity and temperature)

36) Hiroyuki, N., Hideomi, A., Koichi, A., Kazutosi, N., **Hydrobiologia**, 1990, 204/205, 577 (Antitumor activity of marine algae)

37) Hornsey, I. S., Hide, D., **Br. Phycol. J.**, 1974, 9, 353 (The production of antimicrobial compopunds by British Marine algae. I. Antibiotic-producing marine algae)

38) Hornsey, I. S., Hide, D., **Br. Phycol. J.**, 1976a, 11. 63 (The production of antimicrobial compounds by British Marine algae II. Seasonal variation in production of antibiotics)

39) Hosokawa, M., Okada, T., Mikami, N., Konishi, I., Miyashita, K., **Food Sci. Biotechnol.**, 2009, 18(1), 1 (Bio-function of Marine Carotenoids)

40) Hull, H. M., Hoshaw, W., Wang, J. -C., **Stain Tech.**, 1982, 57, 273 (Cytofluorometric determination of nuclear DNA in living and pre-

served algae)

41) Humphreys, E. R., Howells, G. R., **Carbohydr. Res.**, 1970, 16, 65 (Degradation of sodium alginate by γ-irradiation and by oxidative -reductive depolymerization)

42) Ikeda, A., Takemura, A., Ono, H., **Carbohydr. Polym.**, 2000, 42, 421 (Preparation of low-molecular weight alginic acid by acid hydrolysis)

43) Ito, K. et al, **CA,** 1968, 68, 87527c; 69, 93635y (isol, Gigartinine)

44) Jimenz-Escrig, A., Goni Ganbrodon, I., **Arch. Latinoam. Nutr.**, 1999, 49, 114 (Nutritional evaluation and physiological effects of edible seaweeds)

45) Kain, J. M., Norton, T. A., **Biology of the Red Algae,** Cole, K. M., Sheath, R. G., eds., Cambridge University Press, Cambridge, 1990, 99, 377~422 (Marin ecology)

46) Kaneda, T. P., Kamasastri, V., Tokuda, S., **Bull. Jpn. Fish. Sci. Soc.**, 1965, 31, 1026 〔Studies on the effects of marine products on cholesterol metabolism in rat. V. The effect of edible seaweed (supplement)〕

47) Lahaye, M., **J. Sci. Food Agric.**, 1991, 54, 587 (Marine algae as sources of fibers : Determination of soluble and insoluble dietary fiber contents in some sea vegetables)

48) Lobban, C. S., Harrison, P. J., Duncan, M. J., **The Physiological Ecology of Seaweeds,** Cambridge University Press, Cambridge, 1985, p.342

49) Mabeau, S., Fleurence, J., **Trends Food Sci. Technol.**, 1993, 4, 103 (Seaweed in the food products : Biochemical and nutritonal aspects)

50) Matsukawa, R., Dubinsky, Z., Kishimoto, E., Masak, K., Masuda, Y., Takeuchi, T., Chihara, M., Yamamoto, Y., Niki, E., Karube, I., **J. Appl. Phycol.**, 1997, 9, 29 (A comparison of screening methods for antioxidant activity in seaweeds)

51) Mori, B., Kusima, K., Iwasaki, T., Omiya, H., **Agric. Biol Chem.**,

1981, 55, 787 (in Japanese) (Dietary fiber content of seaweed)

52) Nakazawa, Y., Kuroda, H., Abe, F., Nishino, T., Otsuki, M., Umezaki, I., **Chemotheraphy,** 1974, 22, 1435 〔Antitumor effect of water-extracts from marine algae(I)〕

53) Naotsugu, N., Hiroshi, M., Fumio, Y., Tamikazu, K., **Polym. Degradat. Stab.,** 2000, 69, 279 (Radiation-Induced degradation of sodium alginate)

54) Nielson, E. S., Anderson, S. W., **Mar. Biol.,** 1970, 6, 93 (Copper ions as poison in the sea and in fresh water)

55) Noda, H., Amano, K., Arashima, K,. **Nippon Suisan Gakkaishi,** 1989b, 55(7), 1265 (Antitumor activity of polysaccharides and lipid from marine algae)

56) Noda, H., **Chemistry of Fisheries Utilization,** Konosu, S., Hashimoto, K., ed., Koseisha Koseiku, Tokyo, Japan, 1992, pp.304~306(in Japanese) (Chemistry of Seaweed)

57) Ohira, S., et al, **Agric. Biol. Chem.,** 1991, 55, 2437 (isol, 4,5-Dihydroxy -3-methyl-2-cyclopenten-1-one)

58) Ohta, K., **Proc. Intl. Seaweed Symp.,** 1979, 9, 401 (Chemical studies on biologically active substances in seaweeds)

59) Okazaki, A., **Seaweeds and their Uses in Japan,** Tokai Univ. Press., 1971, 165

60) Olar, S., **Carbohydr. Res.,** 1970, 13, 359 (Solution properties of alginate)

61) Osada, H., **Toyo Junior College of Food Technol.,** 1967, 8, 297 (Studies on the organic acids in marine products-II. Contents of organic acids in seaweed and their changes during drying)

62) Painter, T. J., **The Polysaccharides,** Aspinall, G. O. ed, Academic Press Inc., New York, 1983, pp.196~202 (Algal polysaccharides)

63) Park, J. C., Jang, Y. I., Doo, M. S., Kim, S. H., Choi, J. W., **J. Kor.**

Soc. Food Sci. Nutr., 1996, 25, 958 (Effect of methanolic extract of *Pachymeniopsis elliptica* on lipids component of hyperlipidemic rat)

64) Rai, L. C., Gaur, J. P., Kumar, H. D., **Biol. Rev.**, 1981, 56, 99 (Phycology and heavy metal pollution)

65) Sakagami, Y., **Biochemistry and Utilization of Marine Algae,** Nippon Suisan Gakakai ed., Goscisha Goseigaku, Tokyo, Japan, 1983, pp.90 ~100 (in Japanese) (Antiulcer compounds)

66) Sakagami, Y., T. Watanabe, A. Hisamitsu, T. Kamibayashi, K. Honma, H., Manabe, H. A., Hoppe and T. Levring (eds.), **Marine Algae in Pharmaceutical Science,** Walter de Gruyter, Berlin, 1982, pp.99-108 (Antiulcer substances from marine algae)

67) Sciuto, S. et al, **J. Nat. Prod.(Lloydia),** 1988, 51. 1017 (isol, oil, 4-Hydroxy-N, N-dimethyl-3-pyrrolidine carboxylate)

68) Shah, S. V., Yoshida, Y., Kuroda, E., Yamashita, U., **Intl. J. Immunopharmacol.**, 1983, 23, 691 (Immunomodulating activity of seaweed extraction human lymphocytes in vitro)

69) Shiomi, K., **Suisangaku Shiriizu,** 1983, 45, 120 (Agglutinins of marine algae)

70) Stammer, H. et al, **Tetrahedron** 1990, 46, 2231 (rev. Hygroscopic, Carnosadine)

71) Torsdottir, I., Alpsten, M., Holm, G., Sandberg, A. S., Tolli, J., **J. Nutr.**, 1991, 121, 795 (A small dose of soluble alginate-fiber effects postprandial glycemia and gastric emptying in humans with diabetes)

72) Tseng, C. K., Zhang. J. F., **Proc. Intl. Seaweed Symp.**, 1984, 11, 152 (Chinese seaweeds in herbal medicine)

73) Tsuchiya, Y., **Proc. Intl. Seaweed Symp.**, 1969, 6, 747 (Comparative hypocholesterolemic activities of marine algae)

74) Van der Meer, J. P., **Biology of the Red Algae,** Cole, K. M., Sheath, R. G. eds., Cambridge Univ. Press, Cambridge, 1990, pp.103~121

(Genetics)

75) Wakamiya, T. et al, **Tetrahedron,** 1984, 40, 235 (isol, Gogrine, Gartloupine), (isol, Lividine)

76) Yamamoto, L., Takahashi, M., Tarmura, E., Maruyama, H., Mori, H., **Hydrobiologia,** 1984, 116, 145 (Antitumor activity of edible marine algae : effect of crude fucoiden fraction prepared from edible brown seaweeds against L1210 leukemia)

77) Yan, X. J., Nagata, T., Fan, X., **Plant Foods for Human Nutr.,** 1998, 52, 253 (Antioxidative activities in some common seaweeds)

78) Yoon, J. A., Yu, K. W., Jun, H. Y., Son, Y. S., Yang, H. C., **J. Kor. Soc. Food Sci. Nutr.,** 2000, 29, 908, (Purification of blood anti-coagulant polysaccharide from *Pachymeniopsis elliptica*)

79) Zaneveld, J. S., **Ind. Pac. Fish Counc. Spec. Publ. 3.,** 1955 (Economic marine algae of tropical south and east Asia and their utilization)

Gigartina tenella Harvey

돌가사리 19

홍조류 · Gigartinaceae (돌가사리과)

• 영명 | Seaweed tenella

• 일명 | Suginori

• 분포 | 한국 각지, 일본

• 용도 | 한천 혼합물로 이용

✲ 식물학적 특성

홍조류로 돌가사리과에 속하며, 몸은 모여나고, 눌린 형태의 실모양, 양쪽 가장자리에서 깃털 모양으로 호생 또는 대생의 가지가 있다. 가지는 넓게 벌어져 나고, 끝은 뾰족, 몸의 길이는 5~12㎝, 폭은 1~2㎜ 주머니 모양의 과실은 구상이며, 작고 자루가 없으며, 여러개가 가장자리에 모여나고, 색은 진한 암홍색, 수중에서 형광을 발한다. 질은 연골질, 얕은 곳의 암상, 또는 tide-pool에 밀생하는 것은 소형, 깊은 곳에서는 드물고, 크다. 암초위에 생기며 2~4m 바다 깊이에서 자란다.

동속 식물에는 애기돌가사리(*G. intermedia*)와 가시돌가사리(*G. teedii*)가 있다.

✲ 성분

1) 특수성분

동속인 *G. leptorhynchos*에서 N-Glyceryltaurine(T-00130)이 분리되었다.

✲ 생리 활성

Nitrite 제거 해조류 검색과 활성 : 녹조류 (파래-*Enteromorpha, Ulva*), 갈조류(톳, 미역, 모자반류, 곰피), 홍조류(우뭇가사리, 진두발, 도박, 서실, 보라우무, 지누아리, 꼬시래기, 돌가사리) 등에 대하여 NO 제거 활성을 검색한 결과, 곰피의 MeOH ex가 가장 강하였고, 추출 정제한 활성 물질은 phlorotannin A였다. phloroglucinol(IC_{50}=3.9㎎/㎖)의 활성은 ascorbic acid(IC_{50}=65.0㎎/㎖)보다 강하였다. 이상의 결과로 곰피에서 추출한 활성 물질 phlorotannin A와 phloroglucinol은 발암성 N-nitroso 화합물의 전구물질 nitrite제거제로 응용될 수 있을 것으로 생각되었다.

피부세포주 HaCaT에 대한 해조류의 영향 : 한국 연안 해조류를 채집, 이들 중 녹조류 4종, 갈조류 18종, 홍조류 14종을 수세, 음건하여 80% MeOH로 4회 추출, 37℃에 건조한 시료를 인체 피부세포 HaCaT와 24시간 배양을 조사한 결과, 36종의 해조 시료 중 비틀대모자반과 돌가사리가 대조구보다 1.6배 활력이 증가되었고, 참그물바탕말(*Dictyota dichotoma*), 참도박(*Pachymeniopsis elliptica*) 및 잎파래(*Enteromorpha linza*)의 추출물은 대조구보다 각각 0.2, 0.4, 0.4배 정도 활력을 억제시켰다.

충치균에 대한 항균 활성 : 우리나라 연안에서 채취한 해조류 27종의 80% EtOH 추출물이 충치균 *Streptococcus mutans* KCTC 3300의 증식에 미치는 영향을 조사한 결과, 해조류 중 다시마가 가장 강하였고, 갈파래, 청각, 감태, 곰피, 미역도 비교적 활성이 높았으며, 홍조류보다 갈조류와 녹조류가 대체로 강하였다. 다시마의 항균 활성은 용매에 따른 추출물의 차이는 나타나지 않았다. *S. mutans* KCTC 3300과 *S. sobrinus* KCTC 3307에 대한 해조류의 80% EtOH 추출물의 MIC는 해조류 종뿐 아니라, 동일 해조류 추출물에서도 균 종에 따라 차이가 있었다. 다시마의 80% EtOH의 Et_2O 분획에서 MIC는 105㎍/㎖, 수용성 분획은 약 5,500㎍/㎖에서 균의 증식이 억제되지 않았다. 돌가사리도 약간의 항균성(+)이 있었다.

Marine carotenoid의 생물학적 기능 : 자연계에서 생성되는 색소 중 carotenoid (CA)는 가장 중요하며 인체 건강에 유용한 효과를 갖고 있어 관심이 증가되고 있다. 해산 CA는 그들이 주는 화학적, 생물학적 이익의 영향은 중요하다. 해산 CA 중 astaxanthin과 fucoxanthin은 해양 동물이나 해양 식물 중에서 비교적 강력한 생물학적 활성이 있다. 즉 이들 CA는 quenching siglet oxygen과 scavenging free radical의 강한 항산화 작용이 있기 때문이며, 식이성 항산화 작용이 있는 이들 강력한 작용의 CA는 항암 작용과 항염 작용이 있다. 특히 fucoxanthin이 근래 항비만과 항당뇨 효과가 인정되면서부터 주목받게 되었다. 이러한 작용은 mitochondria의 백색지방(WAT)에서 uncoupling protein(UCP1)을 만들어 WAT에서 지방산을 산화시켜 WAT에서 열을 생산하기 때문이다. fucoxanthin은 insulin 저항을 개선하여 혈당을 낮추며, 동물의 WAT에서 종양괴사 인자 α(TNFα)를 감소시키기 때문이다.

홍조류의 성분 : 국내 연안에 서식하는 13종의 홍조류를 채취, 구성 성분을 분석한 결과, 채취 장소에 따라 차이가 있었고, 우뭇가사리의 회분은 9.02~13.30%, 단백질 19.99~20.47%, 지방 0.31~0.11%, 탄수화물 66.02 ~69.88%, sulfate는 2.35~1.62%, 돌가사리의 회분은 29.48, 단백질 27.42, 지방 0.90, 탄수화물 42.20, sulfate 19.48%, 부챗살의 회분 17.32, 단백질 31.15, 지방 0.24, 탄수화물 48.71, sulfate 1.92%, 깃꼴진두발의 회분 12.91, 단백질 22.47, 지방 0.22, 탄수화물 64.40, sulfate 17.96%, 풀가사리의 회분 19.20, 단백질 18.11, 지방 0.64, 탄수화물 62.05, sulfate 18.23%, 석묵의 회분은 11.41, 단백질 31.69, 지방 0.53, 탄수화물 60.71, sulfate 4.43%였으며, 수용성 구성당은 3, 6-anhydrogalactose, galactose, 6-methylgalactose, rhamnose, fucose, ribose, arabiose, xylose, mannose, glucose였고, 가장 많은 당은 galactose, 다음 3, 6-anhydrogalactose, glucose, xylose 순이었다.

미량 금속과 안전성 평가 : 우리나라 연안에서 수집한 김(33점), 미역(88점), 다시마(12점), 파래(43점) 등 총 176점 해조류의 미량 금속을 조사한 결과, Zn, Mn, Cu 순으로 많았고, 다음 Cr, Ni, Cd, Hg 순이었다. 김에는 Cd, Zn이, 파래에는 Cr, Ni, Pb가 많았으며, 다시마에는 Hg가 가장 많았다. Cd와 Zn 농축 계수는 김에서 각각 약 12,000과 14,000으로 높았으며 Cr과 Pb는 파래에서 각각 약 23,000 및 2,500으로 가장 많았다. Cu는 김과 파래에서 약 5,500으로 가장 많이 농축되어 있었다. 다시마에는 Mn과 Pb가 많았고, 갈조류인 미역과 녹조류인 파래에는 전혀 다른 경향이었다. 우리나라 국민의 식용 해조류에서 Hg 섭취는 평균 0.03㎎/일로 PTWI(5㎎/kg b.w/wk)의 0.07%이었고, Cd 섭취량은 평균 2.15㎎/일로 PTWI(7㎎/kg b.w/wk)의 3.57%, Pb의 섭취량은 평균 2.65㎎/일로 PTWI (25㎎/kg b.w/wk)의 1.20%이었다. 이로써 우리국민이 해조류로 섭취하는 Hg, Pb, Cd/주 의 함량은 PTWI 0.07~3.57%이며, 유해금속 섭취는 매우 안전하며, Cu, Zn, Mn, Cr의 섭취량은 영양소 기준치의 각각 1.35, 0.89, 4.28, 9.18%이었다.

미이용 해조류의 성분과 단백질 추출 : 갈조류 14종(18시료), 녹조류 3종(3시료), 홍조류 15종(19시료)을 분석한 결과, 홍조류의 조단백이 높고, 조지방이 낮았으며, 갈조류와 녹조류는 조단백은 낮고, 조지방이 높았다. 단백질 자원으로는 지충이, 부채꼴아크로소리움, 꿩꼬리, 오카므라서실, 검은서실, 지누아리, 진두발, 불등가사리, 돌가사리, 딕티오타, 고리매 등이나, 큰딕티오타, 코르다리아, 비틀대모자반, 알쏭이모자반, 외톨개모자반, 도박, 털도박, 미끌도박, 납작파래, 구멍갈파래, 거머리말은 단백질이 극히 적었다. 추출액 중 단백질 침전법은 MeOH 처리법이 가장 양호하였으며, 알쏭이모자반이 가장 좋았고, 다음이 지누아리, 거머리말 순이었다.

Carrageenan 함량과 그 화학적성상 : 1975년 6월 23일 부산 해운대에서 채취한 진두발, 지누아리 및 돌가사리의 홍조류에서 carrageenan(CA)을 추출, SO_4은 지누아리 〉 진두발 〉 돌가사리 순으로, 3, 6-anhydrogalactose 함량은 돌가사리 〉 진두발 〉 지누아리 순으로 많았다. 0.125 M-KCl에서 침전은 진두발, 지누아리, 돌가사리의 CA 순으로 높았고, 0.125~2.0 M-KCl에서 침전은 돌가사리, 지누아리, 진두발의 CA 순으로, 0.2 M이상의 KCl농도에서 침전은 지누아리, 돌가사리, 진두발 순이었다. CA을 0.0625 M과 0.25 M-KCl농도에서 3분획 하였을 때 각 분획의 수율은 진두발, 돌가사리 CA는 비슷하였으나, 지누아리 CA는 가용 분획이 가장 높았다. 각 분획의 SO_4 및 3, 6-anhydrogalactose 함량은 역상관 관계를 KCl에 대한 용해도가 큰 획분은 SO_4함량이 높았고 3, 6-anhydrogalactose 함량은 낮았다.

남해 하계 조하대 군집 : 조하대 해조 군집은 뚜렷하지 않으나, 상부에는 *Sargassum sagamianum, Gigartina tenella, Pachymeniopsis capillacea, P. lanceolat* 등 직립 분기형을 구성, 깊이 3~5m에 분포, 중부는 5~20m 사이로 *Eklonia cava, Sargassum* spp. 등 대형 갈조류가 대표 종이었다.

남해 조간대 해조 군집 : 남해 10개 도서 조간대의 해조 군집의 구조와 특성을 조사한 결과, 군집의 구조는 상, 중, 하부의 뚜렷한 층위 구조로 구성되고, 상부와 중부의 중요 종은 조사 기간 매우 유사하였으나, 지역 간에는 차이가 있었다. 상부의 대표 종은 막상 혹은 사상형의 *Gloiopeltis* spp. *Gelidium divaricatum*, *Prophyra suborbiculata*, *Nemalion vermiculare* 이었고, 중부의 대표 종은 *Corallina pilulifera*, *Chondria crassicaulis*, *Hizikia fusiformis* 이었으며, 조사 기간 중 공통적인 중요 종으로는 *Sargassum sagamianum*, *Laurencia* spp. *Symphyocladia latiuscula*, *Chondrus* spp. *Pachymeniopsis lanceolata*, *Gigartina* spp. 등이었다.

동해 영일만 중심 해조류의 해조상, 분포, 군집 구조 : 1995년 7월~1996년 6월까지 계절별, 남조류 5종(3.5%), 녹조류 18종(12.5%), 갈조류 20종(13.9%), 홍조류 101종(70.1%)로 144종이었고, 봄 77종, 여름 78종, 가을 92종, 겨울 81종이 출현하였다. 연중 4계절 출현하는 것은 구멍파래, 참 그물바탕말, 우뭇가사리, 진두발, 돌가사리, 폴리시포니아, 보라색우무, 단박, 서실 등 29종이 출현, 연중 비교적 높은 빈도 출현은 구멍파래, 우뭇가사리, 보라색우무이며, 중요한 것은 지충이, 클라도포라, 모자반, 납작파래 등이 있었다.

건강기능성 식품과 해조류 소비 : 경북대 학생 281명을 대상으로 해조류 건강기능 식품의 구매 의도와 소비 가치를 조사한 결과, 구매 장소는 24시간 편의점이고, 낱개 포장으로, 구매 목적은 영양 보충과 체중 조절이며, 구매 의도가 높은군과 낮은군의 차이가 현저하였고, 식품, 영양 및 건강 관련 과목 수강 경험자 중 기능가치와 인식가치가 높았다.

✻ 효능과 이용

1) 효능 : Agar sub-stuff
2) 식용 : food tranguilizer and homogenizer

참고문헌

1) 강대선, 제종길, 손철현, **수산학회지,** 1993, 26(2), 182 (남해의 하계 해조 군집 — II. 조하대의 군집: 비틀대모자반, 도박, 감태, 모자반, 돌가사리)
2) 강태선, 제종길, 홍재상, **수산학회지,** 1993, 26(1), 49 (남해의 하계 해조 군집 — 1. 조간대: 도박, 톳, 불등가사리, 서실, 진두발, 돌가사리, 우뭇가사리, 보라우무, 비틀대모자반 등)
3) 김영동, 김영명, 강통삼, **한국식품연구소 연구보고,** 1981, 163 (해조류의 다각적 이용에 관한 연구)
4) 김지희, 임치원, 박희연, 이두석, 박정흠, **수산학회지,** 2002, 35(2), 191 〔충치균(*Streptococcus mutans*)에 대한 다시마 추출물의 항균 활성 — 갈파래, 청각, 감태, 곰피, 미역, 돌가사리, 다시마 등〕
5) 남기완, 김영식, 김영환, 손철현, **수산학회지,** 1996, 29(5), 727 (한국 동해안 연안역의 저서 해조류 — 해조상, 분포 및 군집 구조: 돌가사리, 서실, 진두발, 구멍파래 등 144종)
6) 도정룡, 남윤주, 박진희, 조진호, **수산학회지,** 1997, 30(3), 428 (국내산

홍조류의 구성 성분에 관한 연구 — 우뭇가사리, 꼬시래기, 돌가사리, 붉은까막살, 애기곱슬이, 붉은잎, 애기마디잘록이, 부챗살, 진두발, 풀가사리, 석묵)

7) 목종수, 박희연, 김지희, **식품영양과학회지,** 2005, 34(9), 1464 (한국산 주요 식용 해조류의 미량 금속 함량 및 안전성 평가 — 김, 미역, 다시마, 파래 등 176종)

8) 박영호, 변재형, 오후규, 강영주, **수산학회지,** 1976, 9(3), 155 (미이용 해조류의 이용화에 관한 연구 — 1. 미이용 해조류의 성분 조성과 조류 단백질 추출: 돌가사리, 진두발, 지누아리, 지충이, 고리매 등)

9) 박영호, 변재형, 오후규, 강영주, **수산학회지,** 1976, 9(3), 163 (미이용 해조류의 이용화에 관한 연구 — 2. 홍조류의 Carrageenan 함량과 그 화학적성상 : 진두발, 지누아리, 돌가사리)

10) 오윤식, 이인규, 부성민, **Algae,** 1990, 5(1), 57 (한국산 유용 해조 특히 식용, 약용 및 공업용 해조에 대한 주해)

11) 윤승제, 조연숙, 남주현, 이형호, Kim Eliya, 홍용기, **수산학회지,** 2008, 41(1), 68 (각종 해조류 추출물들의 인간 피부세포주 HaCaT에 대한 활력 영향 — 돌가사리, 모자반류 , 톳, 지충이 등)

12) 이용필, 강서영, **Algae,** 2002, 17(1), 69 (한국산 해조류의 목록)

13) 차명화, 김유경, **식생활문화학회지,** 2008, 23(4), 462 (해조류 건강기능성 식품에 대한 소비 가치 분석)

14) Amano, H., **Marine Biochemistry,** Yamaguchi, K. ed., Tokyo University Press, Japan, 1999, pp.170~171 (Biochemistry and biotechnology of seaweed)

15) Baker, J. T., **Proc. Intl. Seaweed Symp.,** 1984, 11, 29 (Seaweeds in pharmaceutical studies and application)

16) Boney, A. D., Corner, E. D. S., **J. Mar. Biol. Assoc. U. K.,** 1962, 42, 579 (On the effects of some carcinogenic hydrocarbons on the growth of sporelings of marine red algae)

17) Burns, R. L., Mathieson, A. C., **J. Exp. Mar. Biol. Ecol.,** 1972, 8, 1

(Ecological studies of economic red algae, 2. Culture studies of *Chondrus crispus* and *Gigartina stellata*)

18) Chapman, V. J., Chapman, D. J., **Seaweeds and Their Uses,** Chapman and Hall, London, 1980, 334

19) Cheney, D. P., Mar, E., Saga, N., Meer, van der, J., **J. Phycol.,** 1986, 22, 238 〔Protoplast isolation and cell division in the agar producing seaweed *Gracilaria* (Rhodophyta)〕

20) Choi, J. S., Lee, J. H., Jung, J. H., **J. Kor. Fish. Soc.,** 1997, 30(6), 909 (The screening of Nitrite scavenging Effect of marine Algae and Active pricples of *Eklonia stolonifera*, *G. tenella*)

21) Cole, K. M., **Biology of the Red Algae,** Cole, K. M., Sheath, R. G., (eds.), Cambridge Univ. Press. Cambridge, 1990, p.517

22) Hosokawa, M., Okada, T., Mikami, N., Konishi, I., Miyashita, K., **Food Sci. Biotechnol.**, 2009, 18(1), 1 (Bio-function of Marine Carotenoids)

23) Jimenz-Escrig, A., Goni Ganbrodon, I., **Arch. Latinoam. Nutr.,** 1999, 49, 114 (Nutritional evaluation and physiological effects of edible seaweeds)

24) Kaneda, T. P., Kamasastri, V., Tokuda, S., **Bull. Jpn. Fish. Sci. Soc.,** 1965, 31, 1026 〔Studies on the effects of marine products on cholesterol metabolism in rat. V. The effect of edible seaweed (supplement)〕

25) Lobban, C. S., Harrison, P. J., Duncan, M. J., **The Physiological Ecology of Seaweeds,** Cambridge University Press, Cambridge, 1985, p.342

26) Nishizawa, K., Murasugi, S., **The Sea Vegetable Book,** Kensei Press, Tokyo, 1988, 57 (in Japanese)

27) Noda, H., **Science of Marine Algae,** Oishi, K. ed., Asakura-Shoten, Tokyo, 1993, pp.14~29 (Chemistry of marine algae)

28) Ohta, K., **Proc. Intl. Seaweed Symp.,** 1979, 9, 401 (Chemical studies on biologically active substances in seaweeds)

29) Tseng, C. K., Zhang, J. F., **Proc. Intl. Seaweed Symp.**, 1984, 11, 152 (Chinese seaweeds in herbal medicine)

30) Van der Meer, J. P., **Biology of the Red Algae,** Cole, K. M., Sheath, R. G. eds., Cambridge Univ. Press, Cambridge, 1990, pp.103~121 (Genetics)

31) Zaneveld, J. S., **Ind. Pac. Fish Counc. Spec. Publ. 3,** 1955 (Economic marine algae of tropical south and east Asia and their utilization)

Pelvetia wrightii (Harvey) Yendo

뜸부기 20

갈조류 · Fucaceae (뜸부기과)

- 영명 | Seaweed wrightii
- 일명 | Ezo-ishige
- 분포 | 한국(남해안), 일본
- 용도 | 식용, Alginic acid 원료

✻ 식물학적 특성

갈조류로 뜸부기과에 속하며, 뿌리는 반상(盤狀), 줄기는 원주상, 복차상(複叉狀)으로 큰 각도로 분지, 줄기의 상부는 다소 편원(扁圓), 크기는 5~15㎝, 분화된 기포가 따로 없고, 상부의 가지가 팽대하여 기포의 작용을 한다. 조간대의 바위에 군락을 이룬다.

✻ 성분

1) 영양성분

① **뜸부기 (말린것, 12027)** : 가식부 100g 중 수분 18.10%, 열량 222.0kcal, 단백질 6.1g, 지질 2.5g, 당질 46.8g, 조섬유 5.30g, Ca 1090.0㎎, P 119.0㎎, Fe 23.90㎎, Zn(5.10)㎎, vitamin A 54.0 RE, β-carotene 324.0㎍, B_1 0.040㎎, B_2 0.160㎎, B_6(0.01㎎), niacin 6.6㎎, C(6.0㎎), 엽산(1364.0㎍), E(4.30㎎).

2) 특수성분

*P. canaliculata*에서 1,6-Di-*O*-*β*-D-glucopyranosyl-D-mannitol(D-01098), Fucoidin(F-00475), 6-*O*-*β*-D-Glucopyranosyl-D-mannose(G-00468), *P. fastigiata*에서 Fastigiatine(F-00044) 등이 분리되었다.

✲ 생리 활성

해조류의 Aldose Reductase 억제 활성 : 해산 식물 MeOH ex의 aldose reductase 억제 활성을 측정한 결과, 가시파래(*Enteromorpha prolifera*), 감태(*Ecklonia cava*), 뜸부기(*Pelvetia wrightii*) 및 함초(*S. herbacea*)에서 나타났고, 그들의 IC_{50}은 각각 3.04㎍·ml^{-1}, 8.84㎍·ml^{-1}, 11.42㎍·ml^{-1}, 4.99㎍·ml^{-1} 이었다. 가시 파래의 Mc 분획(IC_{50} 4.53㎍·ml^{-1}), 감태의 BuOH 분획(IC_{50} : 4.83㎍·ml^{-1})순이었고, 뜸부기의 hexane 분획(IC_{50} 17.6㎍·ml^{-1})이 가장 강하였다.

산화적 Stress에 대한 Fucoidan과 Alginic acid의 보호 효과 : Peroxyl radical - 유도 산화적 stress에 대한 fucoidan과 alginic acid(갈조류 함유 활성 다당류)의 보호 작용을 in vitro에서 실험한 결과, fucoidan은 NO와 O_2 (superoxide)제거능이 강력하였으나, alginic acid는 이러한 작용이 없었다. 그러나 alginic acid는 fucoidan보다 -OH 제거능은 높았다. fucoidan과 alginic acid는 AAPH 유도 산화적 stress에 대하여 세포의 활성을 향상시켰다. fucoidan과 alginic acid 1,000㎎/ml에서 세포의 활성은 각각 16.4%에서 85.9%와 67.7%로 증가하였다. 또한 fucoidan과 alginic acid는 AAPH에 의해 용량 의존적으로 LLC-PKI 세포에서 지질 과산화를 개선시켰다. 이 결과로 fucoidan과 alginic acid는 free radical로 인한 산화적 stress에 대해 항산화제로 작용하는 것으로 생각되었다.

Fucoidan의 이해와 활용 : 미역, 다시마, 톳 등 갈조류에 많은 fucoidan은 90여 년 전에 추출 확인되었으며 항혈액 응고, 항혈전, 항암, 면역조절, 항virus, 줄기세포의 활성화 등의 생리 활성이 연구되어, 이와 관련된 각종 질병의 완화 및 치료제로 활용 가능성이 인식되고 있다. 갈조류의 양식은 잘 발달되었고, 전남 완도지역은 청정지역으로 수질오염이 낮아 다시마, 미역 포자엽의 수확량이 풍부, fucoidan 추출 원료 수급이 용이하다.

CCl_4- 유도 간손상과 Fucoidan 효과 : CCl_4-산화 stress 손상 간에 fucoidan extracts(FE)의 항산화성을 GOT, GPT, ALP, LDH, MDA, SOD, CAT, GPx 수준으로 알 수 있는 지 실험 하였다. SD계 rat(♀) Fe 100㎎/㎏을 14일 간 투여하고 15일 째 CCl_4를 준 후, 희생시켰다. rat 혈청 중 GDT, GPT, ALP 및 LDH를 총 간의 균질액에서 MDA, SOD, CAT 및 GPx와 같이 측정한 결과, CCl_4처리에서는 GDT, GPT, ALP, LDH, 및 MDA가 증가하였고, SOD, CAT 및 GPx는 현저히 감소하였으나, FE로 전처리 한 rat은 CCl_4 처리 rat에서 SOD, CAT 및 GPx량이 회복되는 것과 같이 GOT, GPT, ALP, LDH 및 MDA의 증가가 억제되었다. 더구나 FE처리 rat의 간에서는 괴저나 경화 발생이 현저히 감소하였다. 이러한 결과로 FE의 항산화성이 CCl_4-유도 산화적 stress에 효과 있음을 알게 되었다.

AAPH-손상 LLC-PK1세포와 Fucoidan : AAPH-손상 LLC-PK1세포의 산화적 stress에 fucoidan의 보호 효과를 실험하였다. LLC-PK1세포를 1㎜ 2,2'-azo-bis(2-aminopropane) dihydrochloride(AAPH)에 24시간 노출로 산화적 stress에 생활력이 현저히 감소하였으나, fucoidan은 용량 의존적으로 이를 보호하였다. 이러한 fucoidan의 작용은 superoxide anion radical과 hydroxyl radical의 작용을 제거하는 것과 같이 fucoidan이 지질 과산화와 항산화 효소의 작용과 같은 양상이었다. fucoidan의 AAPH-유도 LLC-PK1 손상에 보호 효과는 특히 superoxide radical을 강하게 제거함을 보였다. fucoidan의 IC_{50}은 48.37±1.54㎍/㎖, superoxide anion radical 제거능과 hydoxyl radical 제거 능력은 IC_{50} 32.03㎍/㎖로 강하였다. 그러므로 fucoidan의 AAPH-손상 LLC-PK1 세포 보호는 지질 과산화를 방해하고, 항산화 효소 작용을 증가시켜 과산화 radical을 제거함에 있다(LLC-PK1 cell: Procine kidney epitheial celll).

Fucoidan의 항혈액 응고활성 : 국내 연안의 갈조류, 미역포자엽, 다시마, 톳, 모자반을 묽은 염산(pH 2.0)으로 65℃에서 추출 crude fucoidan을 CPC 처리로 침전시킨 후, $CaCl_2$(1.0M, 1.5M, 3.0M)를 증가시켜 분리하였다. APTT 활성으로 비교한 결과, 분획물의 항혈액 응고활성은 황산기 함량의 증가에 따라 증가하였으며, 분획물 시료 중 미역포자엽을 3.0M $CaCl_2$로 분획한 것이 가장 활성이 우수하였다. 이 분획을 다시 pronase와 laminase로 수식한 결과, 각각 단백질과 glucose가 감소하였으나 수식 전에 비해 APTT 활성이 증가하였다. pronase와 laminase로 수식한 fucoidan의 fucose : galactose : mannose : sulfate : uronic acid의 mole%는 1 : 1.3 : 0.03 : 2.7 : 0.08이었으며, 효소처리에 따른 미역포자엽의 결합 구조는 변화가 없었다.

알긴산의 비만 억제 효과① : 미역, 다시마 등 갈조류에 20~30% 함유되어 있는 알긴산을 agar, cellulose, CMC, chitin, lignin 등의 식이섬유의 비만 억제 작용을 magarine 유도 비만 쥐로 비교 검토하였다. 사료에 식이섬유 10%를 가하여 비만 억제 효과를 보면, lignin이 가장 크고, 다음 Na-alginate, cellulose, CMC 순이었다. 간장과 부고환 및 난소 주위 지방조직의 비만 억제 효과는 lignin이 가장 크고, Na-alginate, cellulose, CMC 순. 또 Lee index의 비만 억제는 Na-alginate〉lignin〉CMC〉chitin〉cellulose 순. 간의 지질 분석에서 지방 축적 억제 효과는 agar〉CMC〉cellulose〉Na-alginate〉chitin〉lignin 순이었다. 혈청 glucose 감소 효과는 CMC가 가장 크고, 다음 Na-alginate, lignin 순. 혈청 cholesterol 저하 효과는 Na-alginate가 가장 크고, 다음이 lignin, cellulose 순. 그밖에 chitin을 제외한 대부분이 효과가 있었다. 또 lipase 활성의 상승 작용은 Na-alginate가 가장 효과적이며 다음 chitin이었다. 이상으로 알긴산 20~30%가 있는 갈조류 미역, 다시마는 비만 예방과 치료에 가장 효과적인 것으로 생각된다.

알긴산과 3T3-L1 세포의 분화② : 3T3-L1 세포가 지방 세포로 분화되는 과정에서 혈청 중 분화촉진 인자(insulin, prostaglandin F2α 등) 첨가로 분화가 촉진되고, 분화억제 인자(actinomycin D, tumor necrosis factor α 등)로 억제될 수도 있다. 3T3-L1 세포는 세포 내 지방 축적으로 지방 세포 형태를 나타낸다. 3T3-L1 세포의 특성을 이용, 해조류에 많은 알긴산이 지방 세포로의 분화 과정에 어떤 영향을 주는지 실험한 결과, 3T3-L1 세포분화를 억제하였다. 또 분화촉진 물질 IGF-1(insulin-like growthfactor-1)과 insulin을 이용, 알긴산이 분화에 미치는 영향을 검토한 결과, 알긴산은 insulin의 분화촉진 작용을 특이적으로 억제하였다. 본 연구는 알긴산을 이용, 알긴산의 지질 감소 효과를 세포 수준에서 검증하였다.

Alginate의 항돌연변이와 Cholesterol, Glucose, Cd 결합능① : Alginate의 평균 분자량 약 10,000(HAG-10), 50,000(HAG-50), 100,000(HAG-100)의 저분자 alginate를 만들어 Ames test로 항돌연변이 효과를 측정한 결과, AFB_1에 대한 간접 돌연변이 원성과 MNNG에 대한 직접 돌연변이 원성의 항돌연변이 효과는 HAG-10이 가장 높았고, 다음 HAG-50, HAG-100 및 alginate 순으로 분자량이 적을수록 증가하였다. 저분자 alginate의 cholesterol, glucose 및 Cd 결합능은 alginate가 가장 높았고, 다음 HAG-50과 HAG-100은 유사하였으며, HAG-10은 결합능이 없었다.

Alginate의 Cholesterol, Glucose 및 Cd 배출 효과② : Alginate의 기능성을 개선코자 저분자 alginate를 만들어 rat에 HAG-10, HAG-50, HAG-100 및 alginate를 투여, cholesterol의 체외 배출 효과를 조사한 결과, HAG-50과 HAG-100이 높았고, 다음 alginate이며, HAG-10은 나타나지 않았다. 혈청 중 glucose양은 HAG-50에서 가장 낮았고, 이후에도 계속 혈당이 저하하였으며, 혈청 중 insulin도 HAG-50에서 초기에 증가한 후, 계속 저하되었다. Cd의 체외 배출은 HAG-50에서 가장 높았고, 다음 HAG-100, alginate, HAG-10 순이나 HAG-10은 거의 효과가 없었다. 이로써 HAG-50은 rat에서 cholesterol과 Cd 체외 배출이 촉진되었으며, 혈중 glucose 저하 효과가 뚜렷하였다.

Marine carotenoid의 생물학적 기능 : 자연계에서 생성되는 색소 중 carotenoid(CA)는 가장 중요하며 인체 건강에 유용한 효과를 갖고 있어 관심이 증가되고 있다. 해산 CA는 그들이 주는 화학적, 생물학적 이익의 영향은 중요하다. 해산 CA 중 astaxanthin과 fucoxanthin은 해양 동물이나 해양 식물 중에서 비교적 강력한 생물학적 활성이 있다. 즉 이들 CA는 quenching siglet oxygen과 scavenging free radical의 강한 항산화 작용이 있기 때문이며, 식이성 항산화 작용이 있는 이들 강력한 작용의 CA는 항암 작용과 항염 작용이 있다. 특히 fucoxanthin이 근래 항비만과 항당뇨 효과가 인정되면서부터 주목받게 되었다. 이러한 작용은 mitochondria의 백색지방(WAT)에서 uncoupling protein(UCP1)을 만들어 WAT에서 지방산을 산화시켜 WAT에서 열을 생산하기 때문이다. fucoxanthin은 insulin 저항을 개선하여 혈당을 낮추며, 동물의 WAT에서 종양괴사 인자 α(TNFα)를 감소시키기 때문이다.

건강기능성 식품과 해조류 소비 : 경북대 학생 281명을 대상으로 해조류 건강기능 식품의 구매 의도와 소비 가치를 조사한 결과, 구매 장소는 24시간 편의점이고, 낱개 포장으로, 구매 목적은 영양 보충과 체중 조절이며, 구매 의도가 높은군과 낮은군의 차이가 현저하였고, 식품, 영양 및 건강 관련 과목 수강 경험자 중 기능가치와 인식가치가 높았다.

✻ 효능과 이용

1) 식용 : 식재료
2) 기타 : alginate 원료

참고문헌

1) 구재근, 최용석, 곽중기, **수산학회지,** 2001, 34(5), 515 (국내산 미역포자엽, 다시마, 톳, 모자반 Fucoidan의 항혈액 응고 특성)
2) 권대중, 임승택, 정용준, 박상후, 권동권, **식품과학과 산업,** 2006, 39(3), 73 (갈조류에서 추출한 푸코이단의 이해와 활용)

3) 김영동, 김영명, 강통삼, **한국식품연구소 연구보고**, 1981, 163 (해조류의 다각적 이용에 관한 연구)

4) 김육용, 이근우, 김건배, 조영제, **수산학회지**, 2000, 33(5), 388 (다시마 Alginate 의 가열 가수분해에 따른 물리, 화학적 및 생물학적 특성에 관한 연구 – 3. 랫드의 Cholesterol, Glucose 및 Cd 체외 배출 효과)

5) 오윤식, 이인규, 부성민, **Algae**, 1990, 5(1), 57 (한국산 유용 해조 특히 식용, 약용 및 공업용 해조에 대한 주해)

6) 윤장택, 소웅영, 김중래, **Algae**, 1994, 9(1), 95 (뜸부기 어린 배 상처 부위로부터의 형태 형성)

7) 윤장택, 소웅영, **Algae**, 1998, 13(2), 261 (한국산 갈조 뜸부기의 재생에 대한 발생 형태학적 연구)

8) 이연실. 이상현, 김박광, 신국현, **Algae**, 2004, 19(4), 349 (한국산 해산식물의 추출물로부터 Aldose Reductase 억제 활성 검색 – 가시파래, 감태, 뜸부기, 함초)

9) 이용필, 강서영, **Algae**, 2002, 17(1), 69 (한국산 해조류의 목록)

10) 차명화, 김유경, **식생활문화학회지**, 2008, 23(4), 462 (해조류 건강기능성 식품에 대한 소비 가치 분석)

11) 최진호, 임채환, 김재연, 양종순, 최재수, 변대석, **수산학회지**, 1986, 19(4), 303 (비만 치료식 개발을 위한 기초연구 – 1. 식이섬유로서의 알긴산의 비만 억제 효과: 미역, 다시마 등)

12) 황혜정, 변재형, 남택정, **수산학회지**, 2000, 33(6), 541 (알긴산이 3T3-L1 세포의 분화에 미치는 영향)

13) Anno, K., Terahata, H., Hayashi, Y., Seno, N., **Agric. Biol. Chem.**, 1966, 30, 495 (Isolation and purification of fucoidan from brown seaweed *Pelvetia wrightii*)

14) Black, W. A. P., **J. Sci. Food Agric.**, 1954, 5, 445 (isol, occur, Fucoidan)

15) Bouveng, H. O. et al, **Acta Chem. Scand.**, 1955, 9, 168 (Occur, 6-*O*-*β*-D-glucopyranosyl-D-mannose)

16) Chapman, V. J., Chapman, D. J., **Seaweeds and Their Uses,** Chapman and Hall, London, 1980, 334

17) Chengkui, Z., Junfu, Z., **Proc. Intl. Seaweed Symp.,** 1984, 11, 151 (Chinese seaweeds in herbal medicine)

18) Dekker, C. A., et al, **J. Biol. Chem.,** 1949, 181, 719 (Fastingiatine)

19) Fujihara, M., Nagumo, T., **Carbohydr. Res.,** 1993a, 243, 211 (An Influence of the structure of alginate on the chemotactic activity of macrophages and the antitumor activity)

20) Fujihara, M., Nagumo, T., **Carbohydr. Res.,** 1993b, 243, 343 (The effect of the content of D-mannuronic acid and L-guluronic acid blocks in alginates on antitumor activity)

21) Hiroyuki, N., Hideomi, A., Koichi, A., Kazutosi, N., **Hydrobiologia,** 1990, 204/205, 577 (Antitumor activity of marine algae)

22) Hosokawa, M., Okada, T., Mikami, N., Konishi, I., Miyashita, K., **Food Sci. Biotechnol.,** 2009, 18(1), 1 (Bio-function of Marine Carotenoids)

23) Inoh, S., **J. Fac. Sc.,** Hokkaido Univ., Ser. 5, 1933, 5, 9 (Embryological studies on *Pelvetia wrightii* Yendo and *Fucus evanescens*)

24) Jimenz-Escrig, A., Goni Ganbrodon, I., **Arch. Latinoam. Nutr.,** 1999, 49, 114 (Nutritional evaluation and physiological effects of edible seaweeds)

25) Kaneda, T. P., Kamasastri, V., Tokuda, S., **Bull. Jpn. Fish. Sci. Soc.,** 1965, 31, 1026 〔Studies on the effects of marine products on cholesterol metabolism in rat. V. The effect of edible seaweed (supplement)〕

26) Kang, K. S., Kim, I. D., Kwon, R. H., Lee, J. Y., Kang, J. S., Ha, B. J., **Arch. Pharm. Res.,** 2008, 31(5), 622 (The effect of Fucoidan Extracts on CCl_4-Induced Liver Injury)

27) Lindberg, B., **Acta Chem. Scand.,** 1953, 7, 1119 〔isol. occurs in the brown algae *Fucus vesiculosis, F. spiralis, F. aculeata, Pelvetia canaliculata, Laminaria cloustoni* and *Desmarestia,* $[\alpha]^{20}_{D\text{-}14^\circ}$, 1,6-Di-*O*-$\beta$

-glucopyranosyl-D-mannitol]
28) Mabeau, S., Fleurence, J., **Trends Food Sci. Technol.**, 1993, 4, 103 (Seaweed in the food products : Biochemical and nutritional aspects)
29) Mizuno, H., Saito, T., Isio, N., Onda, N., Noda, K., Takada, K., **Bull. Jpn. Soc. Sci. Fish.**, 1983, 49, 1591 (Mannuronic to guluronic acid ratios of alginic acids prepared from various brown seaweeds)
30) Moss, B., **Phycologia**, 1974, 13, 317 [Attachment and germination of the zygotes of *Pelvetia canaliculata* (L.) Dene. et (Phaeophyceae, Fucales)]
31) Nishizawa, K., **Food Develop.**, 1989a, 24, 54 [Physiological substances of sea weeds(I)]
32) Nishizawa, K., Murasugi, S., **The Sea Vegetable Book**, Kensei Press, Tokyo, 1988, 57 (in Japanese)
33) Ohta, K., **Proc. Intl. Seaweed Symp.**, 1979, 9, 401 (Chemical studies on biologically active substances in seaweeds)
34) Park, M. J., Han, J. S., **J. Food Sci. Nutr.**, 2008, 13(4), 259, (Fucoidan protects LLC-PK1 cells against AAPH-induced Damage)
35) Schonbeck, M. W., Norton, T. A., **J. Ecol.**, 1978b, 67, 687 (Drought-hardening in the upper shore seaweeds *Fucus spiralis* and *Pelvetia conaliculata*)
36) Shiomi, K., **Suisangaku Shiriizu**, 1983, 45, 120 (Agglutinins of marine algae)
37) So, M. J., Kim, B. K., Choi, M. J., Park, K. Y., Rhee, S. H., Cho, E. J., **J. Food Sci. Nutr.**, 2007, 12, 191 (Protective Activity of Fucoidan and Alginic Acid against Free Radical-Induced Oxidative Stress under in vitro and Cellular System)
38) Tseng, C. K., Zhang, J. F., **Proc. Intl. Seaweed Symp.**, 1984, 11, 152 (Chinese seaweeds in herbal medicine)
39) Tsuchiya, Y., **Proc. Intl. Seaweed Symp.**, 1969, 6, 747 (Comparative

hypocholesterolemic activities of marine algae)

40) Yamamoto, L., Takahashi, M., Tarmura, E., Maruyama, H., Mori, H., **Hydrobiologia**, 1984, 116, 145 (Antitumor activity of edible marine algae : Effect of crude fucoidan fraction prepared from edible brown seaweeds against L1210 leukemia)

41) Yan, X. J., Nagata, T., Fan, X., **Plant Foods for Hum. Nutr.**, 1998, 52, 253 (Antioxidative activities in some common seaweeds)

Lomentaria catenata Harvey

마디잘록이 21

홍조류 · Champiaceae (참피아과)

• 일명 | Fushitsunagi
• 분포 | 한국 중부이남, 일본

✲ 식물학적 특성

홍조류로 참피아과에 속하며, 몸은 엉켜진 포복지에서 밀집한 큰 다발을 이루어 직립하며 하부 줄기는 원주상이며, 가운데는 비어 있고, 2~3회 깃털 모양으로 분기한다. 높이 6~18㎝, 지름 1~2㎜, 몸은 군데군데 잘록하며 가지는 마주나거나 돌려 난다. 하부가지는 상부의 것보다 길고 위쪽으로 갈수록 짧다. 가지 밑부분은 좀 가늘고 끝은 뭉툭하다. 낭과는 둥글며, 자루가 없고, 단독, 또는 3~4개 혹은 많이 모여서 가지에 붙는다. 암자색의 연골질로 되어있다.

동속 식물에는 애기마디잘록이(*L. hakodatensis*)와 가는마디잘록이(*L. lubrica*)가 있다.

✲ 생리 활성

Prolyl Endopeptidase, Tyrosinase 저해 및 항응고 활성 : 마디잘록이 등 40여 종의 해조류 MeOH ex에 대하여 prolyl endopeptidase(PEase), tyrosinase (Tyase) 및 혈액 응고 저해 활성을 측정한 결과, 항치매 활성 지표인 PEase 에 대하여 40ppm에서 쌍발이모자반, 짝잎모자반, 큰잎모자반, 지충이, 감태, 패, 톳이 90% 이상 저해 활성이 있었고, 항암 및 미백 효과 활성 지표인 tyrosinase 에는 꽈배기모자반, 감태가 각각 40ppm에서 51%, 76% 저해 효과를 보여 시료 중 가장 강하였다. 강력한 항응고 활성 해조류는 없었으나, 약 367ppm에서 APTT assay에서는 큰 모자반, 개우무 및 톳이 대조구에 비해 210, 211, 198% 응고 시간 연장 효과를 보였고, TT assay에서는 마디잘록이, 쌍발이서실 및 톳이 각각 216, 197, 251%의 연장 효과를 보였다.

피부세포주 HaCaT에 대한 해조류의 영향 : 한국 연안 해조류를 채집, 이들 중 잎파래 등 녹조류 4종, 참그물바탕말 등 갈조류 18종, 마디잘록이 등 홍조류 14종을 수세, 음건하여 80% MeOH로 4회 추출, 37℃에 건조한 시료를 인체 피부세포 HaCaT와 24시간 배양을 조사한 결과, 36종의 해조 시료 중 비틀대모자반과 돌가사리가 대조구보다 1.6배 활력이 증가되었고, 참그물바탕말(*Dictyota dichotoma*), 참도박(*Pachymeniopsis elliptica*) 및 잎파래(*Enteromorpha linza*)의 추출물은 대조구보다 각각 0.2, 0.4, 0.4배 정도 활력을 억제시켰다.

Phenol성 물질의 간 보호 활성 : 마디잘록이 등 16종의 해조류 MeOH 추출물을 대상으로 시험관 내에서 bromobenzene 유도 흰쥐의 지질 과산화에 대해 관찰한 결과, *Enteromorpha compressa, Capsosiphon fulvescens, Gelidium amansii, Hizikia fusiformis, Sargassum siliquastrum, S. thunbergii* 추출물이 10^{-1}㎎/㎖에서 각각 22%, 32%, 21%, 41%, 54%, 40%, 1 ㎎/㎖에서 26%, 45%, 26%, 66%, 79%, 59% 지질 과산화 생성이 감소 되었다. 이 중 *S. siliquastrum* 추출물의 n-BuOH 분획이 억제율이 가장 컸다. bromobenzene 유도 xanthine oxidase 와 aldehyde oxidase 활성은 추출물 1㎎/㎖에서 모두 억제되었다. *Ecklonia stolonifera*에서 분리된 phlologlucinol의 경구 투여도 bromobenzene 유도 과산화 지질이 감소되었으나, glutathion-S-transferase, aminopyrine N-demethylase, aniline hydroxylase의 활성 변화는 없었고, epoxide hydrolase 농도를 대조군의 76%로 회복시켰다. 따라서 phloroglucinol에 의한 bromobenzene 유도 흰

쥐의 지질 과산화 억제 활성은 epoxide hydroxylase가 관여하는 것으로 사료되었다.

PhIP 와 MeIQx 돌연변이의 원성억제 : 곰피 등 갈조류 9종, 마디잘록이 등 홍조류 5종, 청각 등 녹조류 2종을 대상으로 돌연변이 유발물질 PhIP와 MeIQx에 대한 돌연변이 원성 억제를 조사한 결과, 갈조류가 녹조류와 홍조류보다 우수하였고, 특히 갈조류 감태, 곰피, 다시마, 미야베모자반이 우수하였다. 그중 곰피의 Et_2O, $CHCl_3$, EtOAc 및 수용성 획분 중 비극성 획분의 억제가 강하였고, 특히 EtOAc 획분이 가장 강하였다. 곰피의 EtOAc 획분을 sephadex LH-20으로 분리한 결과, 활성 획분 A-7은 PhIP에 90%/㎎ 이상, MeIQx에 80%/㎎의 억제를 보였고, 207.7 및 232nm에서 흡수 파장을 보였다.

Marine carotenoid의 생물학적 기능 : 자연계에서 생성되는 색소 중 carotenoid (CA)는 가장 중요하며 인체 건강에 유용한 효과를 갖고 있어 관심이 증가되고 있다. 해산 CA는 그들이 주는 화학적, 생물학적 이익의 영향은 중요하다. 해산 CA 중 astaxanthin과 fucoxanthin은 해양 동물이나 해양식물 중에서 비교적 강력한 생물학적 활성이 있다. 즉 이들 CA는 quenching siglet oxygen과 scavenging free radical의 강한 항산화 작용이 있기 때문이며, 식이성 항산화 작용이 있는 이들 강력한 작용의 CA는 항암 작용과 항염 작용이 있다. 특히 fucoxanthin이 근래 항비만과 항당뇨 효과가 인정되면서부터 주목받게 되었다. 이러한 작용은 mitochondria의 백색지방(WAT)에서 uncoupling protein(UCP1)을 만들어 WAT에서 지방산을 산화시켜 WAT에서 열을 생산하기 때문이다. fucoxanthin은 insulin 저항을 개선하여 혈당을 낮추며, 동물의 WAT에서 종양괴사 인자 α(TNFα)를 감소시키기 때문이다.

홍조류의 성분 : 국내 연안에 서식하는 애기마디잘록이 등 13종의 홍조류를 채취, 구성 성분을 분석한 결과, 채취 장소에 따라 차이가 있었고, 우뭇가사리의 회분은 9.02~13.30%, 단백질 19.99~20.47%, 지방 0.31~0.11%, 탄수화물 66.02~69.88%, sulfate는 2.35~1.62%, 돌가사리의 회분

은 29.48, 단백질 27.42, 지방 0.90, 탄수화물 42.20, sulfate 19.48%, 부챗살의 회분 17.32, 단백질 31.15, 지방 0.24, 탄수화물 48.71, sulfate 1.92%, 깃꼴진두발의 회분 12.91, 단백질 22.47, 지방 0.22, 탄수화물 64.40, sulfate 17.96%, 풀가사리의 회분 19.20, 단백질 18.11, 지방 0.64, 탄수화물 62.05, sulfate 18.23%, 석묵의 회분은 11.41, 단백질 31.69, 지방 0.53, 탄수화물 60.71, sulfate 4.43%였으며, 수용성 구성당은 3, 6-anhydrogalactose, galactose, 6-methylgalactose, rhamnose, fucose, ribose, arabinose, xylose, mannose, glucose였고, 가장 많은 당은 galactose, 다음 3, 6-anhydrogalactose, glucose, xylose 순이었다.

미량 금속 함량 : 우리나라 연안에서 수집한 해조류 총 620건 시료 즉 녹조류(파래 등 113건), 갈조류(고리매 등 275건), 홍조류(애기마디잘록이 등 232건)의 미량 금속 함량을 비교 분석한 결과, Hg은 갈조류에서, Cd는 홍조류에서, Cu, Cd는 녹조류에 많았고, Mn과 Ni은 녹조류와 홍조류에서, Pb는 녹조류에서, Zn은 홍조류에 많았다. 지역별로는 Hg, Cd, Ni, Mn은 충남 태안 지역에서 Cr은 영덕, Cu는 통영, Pb와 Zn은 울산 지역에서 많았다. 갈조류에는 Hg와 Cd, 녹조류는 Cr, Cu, Mn, Ni, Pb가, 홍조류에는 Zn이 많았다. 비식용 해조류 중 지충이는 Cd와 Mn의 biomonitor, 애기마디잘록이와 지누아리는 Ni와 Zn의 biomonitor, 식용 갈조류인 고리매는 Cr과 Pb의 biomonitor로 사용할 수 있을 것으로 판단된다.

건강기능성 식품과 해조류 소비 : 경북대 학생 281명을 대상으로 해조류 건강기능 식품의 구매 의도와 소비 가치를 조사한 결과, 구매 장소는 24시간 편의점이고, 낱개 포장으로, 구매 목적은 영양 보충과 체중 조절이며, 구매 의도가 높은군과 낮은군의 차이가 현저하였고, 식품, 영양 및 건강 관련 과목 수강 경험자 중 기능가치와 인식가치가 높았다.

❊ 효능과 이용

1) 식용 : Agar sub-stuff, food tranquilizer, homogenizer

참고문헌

1) 김영동, 김영명, 강통삼, **한국식품연구소, 연구보고,** 1981, 163 (해조류의 다각적 이용에 관한 연구)

2) 김지희, 목종수, 박희연, **식품영양과학회지**, 2005, 34(7), 104 (한국 연안 해조류의 미량 금속 함량 – 파래, 청각, 매생이, 미역, 다시마, 김, 모자반, 톳, 고리매, 우뭇가사리, 꼬시래기, 서실, 불둥가사리)

3) 도정룡, 남윤주, 박진희, 조진호, **수산학회지,** 1997, 30(3), 428 (국내산 홍조류의 구성 성분에 관한 연구 – 우뭇가사리, 꼬시래기, 돌가사리, 붉은까막살, 애기곱슬이, 붉은잎, 애기마디잘록이, 부챗살, 진두발, 풀가사리, 석묵)

4) 박영범, 김인수, 유승재, 인종관, 이태기, 박덕천, 김선봉, **수산학회지,** 1998, 31(4), 581 (해조류 중의 anti-tumor initiator 및 promoter의 해석 – 2. PhIP와 MeIQx의 돌연변이 원성을 억제하는 해조 추출물 소재 연구: 미역, 곰피, 감태, 다시마, 모자반, 괭생이모자반, 미야베모자반, 지충이, 납작파래, 청각, 갈파래, 구멍쇠미역, 톳, 방사무늬김, 참도박, 마디잘록이, 참곱슬이, 꼬시래기)

5) 박종철, 최재수, 송상호, 최명락, 김광용, 최종원, **생약학회지,** 1997, 28(4), 239 (해조류 추출물과 페놀성 화합물의 in vitro 및 in vivo 간 보호 활성 – 매생이, 톳, 우뭇가사리, 알쏭이모자반, 꽈배기모자반, 지충이, 구멍갈파래, 납작파래, 패, 주름진두발, 개그물바탕말, 마디잘록이, 바위수염)

6) 오윤식, 이인규, 부성민, **Algae,** 1990, 5(1), 57 (한국산 유용 해조 특히 식용, 약용 및 공업용 해조에 대한 주해)

7) 윤승제, 조연숙, 남주현, 이형호, Kim Eliya, 홍용기, **수산학회지,** 2008, 41(1), 68 (각종 해조류 추출물들의 인간 피부세포주 HaCaT에 대한 활력 영향 – 비틀대모자반, 돌가사리, 참그물바탕말, 참도박, 구멍파래, 잎파래, 청각, 납작파래, 딕티오타, 마디잘록이, 감태, 곰피, 톳, 패, 다시마, 모자반류, 고리매, 미역, 진두발, 꼬시래기, 부챗살)

8) 이현진, 김진희, 이주현, 김종식, 곽상태, 이경복, 송경식, 최병욱, 이봉호,

생약학회지, 1999, 30(3), 231 (해조류 메탄올 추출물의 Prolyl Endopeptidase, Tyrosinase 저해 및 항응고 활성 스크리닝 – 모자반, 지충이, 감태, 서실, 톳, 잘록이)

9) 차명화, 김유경, **식생활문화학회지,** 2008, 23(4), 462 (해조류 건강기능성 식품에 대한 소비 가치 분석)

10) Amano, H., **Marine Biochemistry,** Yamaguchi, K. ed., Tokyo University Press, Japan, 1999, pp.170~171 (Biochemistry and biotechnology of seaweed)

11) Boney, A. D., Corner, E. D. S., **J. Mar. Biol. Assoc. U. K.,** 1962, 42, 579 (On the effects of some carcinogenic hydrocarbons on the growth of sporelings of marine red algae)

12) Chapman, V. J., Chapman, D. J., **Seaweeds and Their Uses,** Chapman and Hall, London, 1980, 334

13) Cole, K. M., **Biology of the Red Algae,** Cole, K. M., Sheath, R. G., (eds.) Cambridge Univ. Press., Cambridge, 1990, p.517

14) Efimor, V. S., Usov. A. I., Ol'kaya, T. S., Baliunis, A., Roskin, M. Y., **Farmakol. Toksikol.,** 1983, 46(3), 61 (Comparative study of anti-coagulant activity of Sulfated polysaccharides obtained from red sea algae)

15) Hosokawa, M., Okada, T., Mikami, N., Konishi, I., Miyashita, K., **Food Sci. Biotechnol.**, 2009, 18(1), 1 (Bio-function of Marine Carotenoids)

16) Jimenz-Escrig, A., Goni Ganbrodon, I., **Arch. Latinoam. Nutr.,** 1999, 49, 114 (Nutritional evaluation and physiological effects of edible seaweeds)

17) Kaneda, T. P., Kamasastri, V., Tokuda, S., **Bull. Jpn. Fish. Sci. Soc.,** 1965, 31, 1026 〔Studies on the effects of marine products on cholesterol metabolism in rat. V. The effect of edible seaweed (supplement)〕

18) Mabeau, S., Fleurence, J., **Trends Food Sci. Technol.,** 1993, 4, 103 (Seaweed in the food products : Biochemical and nutritional aspects)

19) Nishizawa, K., Murasugi, S., **The Sea Vegetable Book,** Kensei Press, Tokyo, 1988, 57 (in Japanese)

20) Noda, H., **Science of Marine Algae,** Oishi, K. ed. Asakura-Shoten, Tokyo, 1993, pp.14~29 (Chemistry of marine algae)

21) Tseng, C. K., Zhang, J. F., **Proc. Intl. Seaweed Symp.,** 1984, 11, 152 (Chinese seaweeds in herbal medicine)

22) Van der Meer, J. P., **Biology of the Red algae,** Cole, K. M., Sheath, R. G. eds., Cambridge Univ. Press, Cambridge, 1990, pp.103~121 (Genetics)

23) Zaneveld, J. S., **Ind. Pac. Fish Counc. Spec. Publ. 3.,** 1955 (Economic marine algae of tropical south and east Asia and their utilization)

Capsosiphon fulvescens
(Ag.) Setchell et Gardner

매생이 22

녹조류 · Ulvaceae (갈파래과)

• 영명 | Seaweed fulvescens

• 일명 | Kapusa-aonori

• 분포 | 한국(남해안), 세계 전역

• 용도 | 식용

✻ 식물학적 특성

녹조류로 갈파래과에 속하며, 몸은 관 모양, 편압상이며 짙은 녹색, 길이는 15㎝, 굵기 2~5㎜의 단조체(單條体)로 외견상으론 창자파래(*Enteromorpha intestinalis*)의 어린 것과 비슷하나, 질이 매우 연약하고, 표면에는 사각형의 세포가 2~4개씩 짝지어 종렬하며, 현미경에서 1열 또는 2열로 분열할 만큼 연약하고, 생장에 따라 이 열이 흩트러지며, 미끌미끌하다. 조간대 상부의 바위 위에 또는 김 양식의 발에 밀생하여, 김 생육에 해를 준다. 11월 중순에 어린 유체에서 2월경에 최대 성장기로 길이 15~20㎝. 암석면에 머리털 모양으로 밀생, 4월부터 쇠퇴하고 5월 말경에 사라진다. 근래에는 남해안 지방에서 양식하여 널리 애용되고 있다.

✻ 성분

1) 영양성분

① **매생이(말린 것, fulvescens, 12028)** : 가식부 100g 중 수분 15.6%, 열량

199kcal, 단백질 20.6g, 지질 0.5g, 당질 35.4g, 조섬유 5.2g, Ca 574㎎, P 270㎎, Fe 43.1㎎, Zn 5.1㎎, vitamin A 2144.0 RE, B_1 0.4㎎, B_2 1.0㎎, B_6 0.01㎎, niacin 8.8㎎, C 102.1㎎, 엽산 1364.0㎍, E 4.30㎎

✻ 생리 활성

Cholesterol식이와 지질대사① : 고콜레스테롤 식이군(HC)은 정상군(NC)보다 체중 증가를 보였고, 매생이 EtOH ex 투여군은 HC군보다 감소 경향을 보였으며, NC-CFL(매생이 EtOH ex 200㎎)군과 NC-CFH(매생이 400㎎)군은 NC군보다 체중 증가율이 저하되었다. 식이 섭취량은 군간 차이가 없었다. 혈청 중 지질 함량은 HC군이 NC군에 비해 TG와 총 cholesterol량이 증가, HC-CFL군과 HC-CFH군은 NC군과 비슷하였다. 혈청 인지질은 NC군이 HC군보다 증가, HC-CF군의 인지질 함량은 NC군과 같이 증가되지 않았으나, HC군보다 증가하였다. 지방 조직의 중성 지방 함량은 NC 또는 HC-CF군들이 HC군보다 저하되었으며, 간과 신장의 총 cholesterol 함량은 CF-EtOH ex 투여로 감소하였다. 지방 조직의 HR-LPL과 TE-LPL 활성은 모든 NC군보다 HC군이 증가하였고, CF-EtOH ex 경구투여 모든 군에서 HC군보다 감소되었으나, NC군과 유사한 활성을 보였다. 이상의 결과로 매생이 EtOH ex가 고 cholesterol 식이로 유도된 체내 cholesterol과 중성 지방의 상승을 억제시키는 효과와 LPL활성 저하 효과가 있음을 알수 있었다.

고콜레스테롤 식이와 지질대사② : SD계 흰쥐와 기초식이군(BD), 1% cholesterol군(1%CH), 1%CH+5%매생이군을 5주간 사육후, 혈액과 간지방의 cholesterol을 측정하고, 비만 유전자인 렙틴 단백질의 발현 정도를 측정한 결과, 혈청 중 TG와 총 cholesterol은 BD에 비해 cholesterol군이 높았으며 매생이 급여군은 1%CH군보다 낮았다. 혈청 중 HDL-cholesterol은 1%CH군이 가장 낮았으나, 1%CH+5% 매생이군은 높았다. 간중의 TG와 총 cholesterol은 1%CH군보다 매생이 급여군에서 낮았다. 즉 고cholesterol 유발 흰쥐에 매생이 급여가 기능성 식이섬유로 작용, 혈청 및 간에 cholesterol, TG 및 LDL-cholesterol의 저하. HDL-cholesterol의 상승 및 동맥경화 지수의 저하 등 지질대사 개선 효과가 있었다.

간 조직과 분변 중 Cholesterol[③] : 녹조류인 매생이 추출물(CFE)을 SD계 rat(♂)에 4주간 투여하고 혈청, 간, 분변의 cholesterol을 측정한 결과, CFE 투여군에서 혈청, 간 조직의 choleterol이 cholesterol 투여군보다 낮았고, 기본식이와 cholesterol식이군보다 CFE 투여군에서 분변량과 분변 담즙산 및 식이섬유가 증가하였다. 또 cholesterol식이군에서 hematoxylin과 eosin염색에 fat droplet가 나타났으나, CFE군에서는 fat droplet 수가 감소하였다. 이상의 결과로 CFE 투여는 분변중 담즙산, 식이섬유 및 cholesterol을 증가시킴으로서 혈중, 간 조직 cholesterol양이 조절되어 지방대사가 개선되었다.

식용식물 추출물의 면역증강효과[①] : 국내산 163가지 천연물(식품소재) MeOH ex를 in vitro에서 10, 100, 500, 1000㎎/㎖ 농도에서 대식세포의 면역활성을 측정한 결과, 42개의 시료에서 면역증진반응을 보였고, 그중 20개는 음성 대조군에 대해 20% 이상 면역활성을 증진시켰다. 이중 2가지농도에서 면역증진을 보이는 시료는 총 19개, 3가지 농도에서의 증진을 보이는 시료는 총 3개, 골파(*Allium schoenoprasmum*), 두릅(*Aralia elata*), 매생이(*Capsosiphon fulvescens*)였으며 특히 마(*Dioscorea batatas*)는 각 농도에서 활성을 보였고, 양성 대조군과 비슷한 높은 활성 증진을 보였다. 미역과 김은 효과가 없었다.

열수 추출물의 면역 및 항암 활성[②] : 매생이를 100℃에서 3시간 추출, 이에 4배량의 주정으로 24시간 침전시킨 후 투석, 한외여과하여 300kDa이상의 고분자 물질을 분리 정제하여, 당 조성을 조사한 결과, xylose 19.01%, fucose 15.29%, mannose 4.23%, galactose 7.92%이었다. 매생이의 보체계 활성 물질의 인체 암세포에 대한 독성은 in vitro 〔0~30㎍/㎖(고 농도)〕에서만 경미하였으며 in vivo에서는 시료투여로 마우스 고혈압의 상승이 대조군에 비하여 40.13~59.42% 저해되었으나, 수면 연장률은 실험군 간 통계적 유의성 차이는 없었다. 정제한 매생이 추출물을 마우스의 복강 내 투여한 결과, 혈중 백혈구수가 대조군에 비하여 20㎎/㎏ 투여군 39%, 50㎎/㎏투여군 70%, 100㎎/㎏ 투여군 83%가 증가하였으며, 면역 관련 기관인 간, 비장, 흉선의 중량이 증가하였다. 또 시료 추출물을 마우스에 경구 투여하였고 분변으로 배출되는 IgA 항체량을 측정한 결과, 대조군이 2.092±123.0㎍/㎎, 시료군에서 2.454±133.1㎍/㎎으로 높았다. 매생이에서 추출한 면역 증강 물질의 급성 독성을 측정한 결과, 체중 1㎏당 2,000㎎ 투여시에도 독성을 보이지 않아 인체에도 무해할 것으로 사료되었다.

Phenol성 물질의 간 보호 활성 : 16종의 해조류 MeOH 추출물을 대상으로 시험관 내에서 bromobenzene 유도 흰쥐의 지질 과산화에 대해 관찰한 결과, *Enteromorpha compressa, Capsosiphon fulvescens, Gelidium amansii, Hizikia fusiformis, Sargassum siliquastrum, S. thunbergii* 추출물이 10^{-1}㎎/㎖에서 각각 22%, 32%, 21%, 41%, 54%, 40%, 1㎎/㎖에서 26%, 45%, 26%, 66%, 79%, 59% 지질 과산화 생성이 감소 되었다. 이 중 *S. siliquastrum* 추출물의 n-BuOH 분획이 억제율이 가장 컸다. bromobenzene 유도 xanthine oxidase와 aldehyde oxidase 활성은 추출물 1㎎/㎖에서 모두 억제되었다. *Ecklonia stolonifera*에서 분리된 phloroglucinol 의 경구 투여도 bromobenzene 유도 과산화 지질이 감소되었으나, glutathion-S-transferase, aminopyrine N-demethylase, aniline hydroxylase 의 활성 변화는 없었고, epoxide hydrolase 농도를 대조군의 76%로 회복시켰다. 따라서 phloroglucinol에 의한 bromobenzene 유도 흰쥐의 지질 과산화 억제 활성은 epoxide hydroxylase가 관여하는 것으로 사료되었다.

충치균에 대한 항균 활성 : 우리나라 연안에서 채취한 해조류 다시마, 매생이 등 27종의 80% EtOH 추출물이 충치균 *Streptococcus mutans* KCTC 3300의 증식에 미치는 영향을 조사한 결과, 해조류 중 다시마가 가장 강하였고(+++), 갈파래, 청각, 감태, 곰피, 미역도 비교적 활성이 높았으며

(++), 홍조류보다 갈조류와 녹조류가 대체로 강하였다. 다시마의 항균 활성은 용매에 따른 추출물의 차이는 나타나지 않았다. *S. mutans* KCTC 3300과 *S. sobrinus* KCTC 3307에 대한 해조류의 80% EtOH 추출물의 MIC 는 해조류 종뿐 아니라, 동일 해조류 추출물에서도 균 종에 따라 차이가 있었다. 다시마의 80% EtOH의 Et_2O 분획에서 MIC 는 105㎍/㎖, 수용성 분획은 약 5,500㎍/㎖에서 균의 증식이 억제되지 않았다. 매생이도 항균성(+)은 있었다.

Tyrosinase 억제 활성 : 납작파래, 매생이를 비롯한 23종의 해조류의 MeOH ex에 대해 tyrosinase 억제 활성을 검색한 결과, 납작파래(*Enteromorpha compressa*) 53%, 큰잎모자반(*Sargassum ringgoldianum*) 50%, 잎파래 30%, 톳 24%, 매생이 21%, 참불가사리 18% 순의 억제 효과를 보였으며 (dopachrome법), 이중 비교적 강한 억제 활성은 납작파래와 큰잎 모자반이었다.

미량 금속 함량 : 우리나라 연안에서 수집한 해조류 총 620건 시료 즉 녹조류(매생이 외 113건), 갈조류(275건), 홍조류(232건)의 미량 금속 함량을 비교 분석한 결과, Hg은 갈조류에서, Cd는 홍조류에서, Cu, Cd는 녹조류에 많았고, Mn과 Ni은 녹조류와 홍조류에서, Pb는 녹조류에서, Zn은 홍조류에 많았다. 지역별로는 Hg, Cd, Ni, Mn은 충남 태안 지역에서 Cr은 영덕, Cu는 통영, Pb와 Zn은 울산 지역에서 많았다. 갈조류에는 Hg와 Cd, 녹조류는 Cr, Cu, Mn, Ni, Pb가, 홍조류에는 Zn이 많았다. 비식용 해조류 중 지충이는 Cd와 Mn의 biomonitor, 애기마디잘록이와 지누아리는 Ni와 Zn의 biomonitor, 식용 갈조류인 고리매는 Cr과 Pb의 biomonitor로 사용할 수 있을 것으로 판단된다.

Marine carotenoid의 생물학적 기능 : 자연계에서 생성되는 색소 중 carotenoid (CA)는 가장 중요하며 인체 건강에 유용한 효과를 갖고 있어 관심이 증가되고 있다. 해산 CA는 그들이 주는 화학적, 생물학적 이익의 영향은 중요하다. 해산 CA 중 astaxanthin과 fucoxanthin은 해양 동물이나 해양 식물 중에서 비교적 강력한 생물학적 활성이 있다. 즉 이들 CA는 quenching siglet oxygen과 scavenging free radical의 강한 항산화 작용이 있기 때문이며, 식이성 항산화 작용이 있는 이들 강력한 작용의 CA는 항암 작용과 항염 작용이 있다. 특히 fucoxanthin이 근래 항비만과 항당뇨 효과가 인정되면서부터 주목받게 되었다. 이러한 작용은 mitochondria의 백색지방(WAT)에서 uncoupling protein(UCP1)을 만들어 WAT에서 지방산을 산화시켜 WAT에서 열을 생산하기 때문이다. fucoxanthin은 insulin 저항을 개선하여 혈당을 낮추며, 동물의 WAT에서 종양괴사 인자 α(TNFα)를 감소시키기 때문이다.

이화학적 성분 : 전남 지방에서 매생이를 채취, 일반 성분을 분석한 결과, 건물기준 탄수화물 53.65%, 조단백질 31.76%, 회분 13.58%, 조지방 1.01%, 무기질 Na(638.63㎎), Mg(610.44㎎), Ca(575.65㎎), K(381.11㎎), P(337.34㎎), Fe(122.83㎎), Cu(13.26㎎), Mn(4.51㎎), Zn(2.57㎎) 순이었고, 5종의 유리당 fructose(5.72㎎), fucose(3.74㎎), sucrose(3.40㎎), maltose(3.23㎎), galactose(2.67㎎)이었다. 유기산은 l-malic acid(87.99㎎), citric acid(24.28㎎), tartaric acid(20.93㎎), d-malic acid(20.81㎎)이었고, amino acid는 aspartic acid(3,247.2㎎), glutamic acid(4,292.9㎎), alanine(2,550.1㎎), arginine(2,028.3㎎), proline(1,555.5㎎), phenylalanine (2,010.1㎎), threonine(1,832.3㎎), leucine(1,778.4㎎), glycine(1,697.2㎎), serine(1,561.4㎎), proline(1,555.5㎎), valine(1,293.1㎎), lysine(1,144.6㎎), isoleucine(953.0㎎), tyrosine(917.7㎎), histidine(356.5㎎) 이었다. 지방산 조성은 palmitic acid〉linolenic acid〉stearic acid〉linoleic acid〉oleic acid〉palmitoleic aid〉myristic acid〉arachidonic acid 순이었다.

채취 시기 별 성분 변화 : 매생이와 가시파래 수확기인 12월~3월, 청각은 6~8월까지 월별로 채취하여 성분 변화를 측정한 결과, 매생이와 가시파래는 조단백질이 많아 각각 34.1~43.8% 및 22.5~35.7%, amino acid는 glutamic acid, aspartic acid, leucine순으로 많았고, 매생이의 유리 amino acid은 proline과 alanine 함량이 가장 많았다. 가시파래는 asparagine과 glutamic acid가 많았으며, 3월에 asparagine이 현저히 감소하였으나 sarcosine은 크게 증가하였다. 청각의 주요 유리 amino acid는 hydroxy proline, glutamic acid 및 alanine이었다. 매생이, 가시파래와 청각의 polyenic acid 비율은 각각 63.91~74.05%, 62.87~68.23%, 40.26~44.61%이었다. 대표적인 무기질은 Ca, K, Mg, Fe이었으며, 매생이와 가시파래의 chlorophyll a와 b는 3월에 크게 감소하였고, 매생이와 가시파래는 고단백질 해조 식품으로 개발이 기대되며, 특히 가시파래에 다량 함유된 asparagine은 약리 성분으로 개발이 기대되었다.

매생이 저장 조건 : 저장 조건을 조사코자, 증류수와 해수로 씻어 -20℃와 -80℃에서 저장, 미생물의 성장 억제, 조직감, 색, 성분의 변화를 관찰하였다. 해수로 씻어 -20℃에 50일간 저장한 결과, 시초의 경도 1.9×10^5dyn/㎠와 비교하면 1.1배 증가하였고, 습도, 회분, 조지방 함량은 -20℃와 -80℃에서 60일간 저장 시 변화가 없었으나, 조단백질은 1±0.2% 감소하였다. 이러한 결과로 매생이의 최적 저장 조건은 증류수나 해수로 씻어 -20℃와 -20℃이하에서의 저장에서 품질이 보존되었다.

스폰지 케이크의 품질 특성 : 매생이 건조 분말의 조단백질은 33.37%, 조지방 1.01%, 탄수화물 55.19%, 회분 10.43%로 분석되었고, 매생이를 2, 4, 6, 8%와 밀가루를 반죽, 스폰지 케이크를 만든 결과, 시료 첨가량과 비례, 굽기 중 손실은 증가하였으나, 케이크의 비용적은 감소하였다. L값과 b값은 시료 첨가량 증가에 따라, 스폰지 케이크의 색은 진하였으나, a값은 4%에서 감소 후 다시 증가하였다. texture 측정 결과, 2, 4% 첨가군에서는 대조군과 비교적 유사한 texture를, 6%이상군에서는 texture가 바람직하지 않았다. 관능 검사 결과, 기공의 불균일성, 색, 단단함, 해조류 냄새등은 시료 첨가 증가에 따라 증가하였으나, 단맛은 감소하였다. 전체적 기호도는 4%첨가군이 대조군과 유사하여 매생이 첨가 스폰지 케익은 4%첨가가 가장 바람직한 기능성 스폰지 케이크로 생각되었다.

매생이 두부의 이화학적 품질 특성 : 매생이 가루를 0, 2, 4, 6%를 첨가 두부를 제조, 그 특성을 조사한 결과, 대조구에 비해 시료첨가량 증가에 따라 증가하였으며, 매생이 두부의 무기질은 칼륨이 가장 많았고 다음 마그네

슘이었다. 두부의 pH는 매생이 두부가 낮았고, 색도도 대조구보다 L값(명도)과 a값(적색도)도 낮았다. 매생이 두부의 texture에서 대조구에 비해 2%구가 가장 높았고, 첨가량 증가에 따라 견고성이 감소하였다. 부착성은 대조구보다 4%구가 높았으나, 시료 첨가구 사이에는 차이가 없었다. 응집성은 2%첨가구가 가장 높았으며, 4%, 6%구는 감소하였다. 탄성, 검성 및 부서짐성은 2%구가 타구에 비해 높았다. 두부의 미생물은 저장 12일까지 시료 첨가구에서 대조구보다 총 균수의 증식이 지연되어 4%구에서 지연 효과가 가장 우수하였다. 관능평가 결과, 전반적으로 4% 첨가구가 양호하였다.

매생이쌀국수 개발과 품질 특성 : 쌀가루에 매생이분말 1.9, 3.8, 5.7%를 첨가, 제조한 시료는 대조군보다 수분은 감소하였으나, 회분은 증가, 무기질함량이 대조군보다 많았다. 조리한 매생이국수의 조리 후 중량, 부피, 탁도 모두 대조군에 비해 높았고, 표면색도 L과 a값은 감소, b값은 증가하였다. 조리면의 TPA(조직 특성)는 견고성, 부착성이 감소하였고, 부서짐성도 대조군보다 낮았다(5.7%군). 응집성, 탄성, 검성은 시료 첨가군에서 높았다. 매생이 국수의 저장성은 5℃에서 8일, 저장국수 pH변화는 매생이국수가 대조군보다 높게 유지 되었으며, 총 균수와 진균류는 3.8%매생이국수가 다른군에 비해 저장성이 높았다. 관능평가 결과, 색과 외관의 기호도가 다른 군보다 3.8%첨가군이 높았다.

건강기능성 식품과 해조류 소비 : 경북대 학생 281명을 대상으로 해조류 건강기능 식품의 구매 의도와 소비 가치를 조사한 결과, 구매 장소는 24시간 편의점이고, 낱개 포장으로, 구매 목적은 영양 보충과 체중 조절이며, 구매 의도가 높은군과 낮은군의 차이가 현저하였고, 식품, 영양 및 건강 관련 과목 수강 경험자 중 기능가치와 인식가치가 높았다.

✻ 효능과 이용

1) 효능 : 숙취해소, 피로 회복
2) 이용 : 파래보다 단맛이 있고, 맛이 좋아 특히 남해안에서 애용되고 있다.

참고문헌

1) 권미진, 남택정, **식품영양과학회지,** 2006, 35(5), 530 (매생이가 고콜레스테롤 식이 투여 흰쥐의 지질 대사에 미치는 영향)
2) 김영동, 김영명, 강통삼, **한국식품연구소 연구보고,** 1981, 163 (해조류의 다각적 이용에 관한 연구)
3) 김지희, 목종수, 박희연, **식품영양과학회지**, 2005, 34(7), 104 (한국 연안 해조류의 미량 금속 함량 — 파래, 청각, 매생이, 미역, 다시마, 김, 모자반, 톳, 고리매, 우뭇가사리, 꼬시래기, 서실, 불등가사리, 애기잘록이, 지누아리)
4) 김지희, 임치원, 박희연, 이두석, 박정흠, **수산학회지,** 2002, 35(2), 191 〔충치균(*Streptococcus mutans*)에 대한 다시마 추출물의 항균 활성 — 갈파래, 청각, 감태, 곰피, 미역, 매생이, 다시마 등〕
5) 류하나, 박미현, 홍성길, 한경민, 유종수, 김세영, 노영덕, 백남인, **식품과학회지,** 2007, 36(6), 708 (식용 식물 자원으로 부터 활성 물질의 탐색 XXV. 식용식물 추출물의 면역력 증강 효과 — 골파, 두릅, 매생이, 마)
6) 박종철, 최재수, 송상호, 최명락, 김광용, 최종원, **생약학회지,** 1997, 28(4), 239 (해조류 추출물과 페놀성 화합물의 in vitro 및 in vivo 간 보호 활성 — 매생이, 톳, 우뭇가사리, 알쏭이모자반, 꽈배기모자반, 지충이, 구멍갈파래, 납작파래, 패, 주름진두발, 개그물바탕말, 마디잘록이, 바위수염)
7) 박희연, 임치원, 김연계, 윤훈동, 이가정, **응용생명화학회지,** 2006, 49(4),

343 (매생이 열수 추출물의 면역 및 항암 활성)
8) 양호철, 정경모, 강광성, 송병준, 임현철, 나환식, 문희, 허남철, **식품과학회지,** 2005, 37(6), 912 〔매생이 (*Capsosiphon fulvescens*)의 이화학적 성분〕
9) 오윤식, 이인규, 부성민, **Algae,** 1990, 5(1), 57 (한국산 유용 해조 특히 식용, 약용 및 공업용 해조에 대한 주해)
10) 이용필, 강서영, **Algae,** 2002, 17(1), 69 (한국산 해조류의 목록)
11) 이재훈, 곽은정, 김지상, 이영순, **식품조리과학회지,** 2007, 23(1), 83 (매생이 분말을 첨가한 스폰지 케이크의 품질 특성)
12) 이정화, 이유미, 이재준, 이명렬, **식품영양과학회지,** 2006, 35(4), 402 (매생이 추출물이 고콜레스테롤 식이를 급여한 흰쥐의 지질대사에 미치는 영향)
13) 정규진, 정춘희, 변재형, 최영준, **식품영양과학회지,** 2005, 34(5), 687 (채취 시기에 따른 매생이, 가시파래 및 청각 식품 성분의 변화 – 매생이, 가시파래, 청각)
14) 정복미, 박순옥, 신태선, **식품조리과학회지,** 2009, 25(2), 180 (매생이 가루를 첨가한 쌀국수의 개발 및 품질 특성)
15) 정복미, 신태원. 김두은, 정규화, **식품조리과학회지,** 2008, 24(5), 691 (매생이 가루 첨가 두부의 이화학적 품질 특성)
16) 정은진, 김인혜, 황혜정, 남택정, **수산학회지,** 2008, 41(5), 330 (매생이 추출물이 흰쥐의 간장 조직과 분변 중의 콜레스테롤 함량에 미치는 영향)
17) 차명화, 김유경, **식생활문화학회지,** 2008, 23(4), 462 (해조류 건강기능성 식품에 대한 소비 가치 분석)
18) 최병욱, 이봉호, 강기정, 이은석, 이남호, **생약학회지,** 1998, 29(3), 237 (해조류 및 생약의 Tyrosinase 억제 활성 검색 – 납작파래, 잎파래, 톳, 매생이, 큰잎모자반)
19) Amano, H., **Marine Biochemistry,** Yamaguchi, K. ed., Tokyo University Press, Japan, 1999, pp.170~171 (Biochemistry and biotechnology of

seaweed)

20) Baker, J. T., **Proc. Intl. Seaweed Symp.**, 1984, 11, 29 (Seaweeds in pharmaceutical studies and application)

21) Bliding, C. A., **Opera Botanica**, 1963, 8, 1 (Cirtical survey of european taxa in *Ulvae.* part 1. *Capsosiphon, Percursaria, Blidingia, Enteromorpha*)

22) Brannon, M. A., Bartsch, A. F., **Ahn. J. Bot.**, 1939, 26, 179 (Influence of growth substances on growth and cell division in green algae)

23) Brwon, M. R., Jeffrey S. W., **J. Exp. Mar. Biol.**, 1992m 161, 91 (Biochemical composition of microalgae from the green algal classes chlorophyceae and prasinophceae, I. Amino acids, sugars and pigments)

24) Chapman, V. J., Chapman, D. J., **Seaweeds and Their Uses**, Chapman and Hall, London, 1980, 334

25) Chihara, M., **Bull. Nat. Sci. Mus.**, Tokyo, 1967, 10, 163 (Development morphology and systematics of *Capsosiphon fulvescens* found in Izu, Japan)

26) Cho, K. J., Lee, Y. S., Rye, B. H., **Bull. Kor. Fish. Soc.**, 1990, 23, 345 (Anititumor effect and immunological activity of seaweeds toward sarcoma-180)

27) Garbary, D. J., Goldem, H., Scagel, R. F., **Pacific Syesis**, 1982, 10, 163 〔*Capsosiphon fulvescens* (Capsosiphonaceae, Chlorophyta) rediscovered in the northeastern〕

28) Goodwin, T. W., **J. Gen, Microbiol.**, 1957, 17, 467 (The nature and distribution of carotenoids in some blue-green algae)

29) **Haenam maritime & fisheries office team and Bukyoung National Univ. team**, Ministry of maritime Affairs and Fisheries, Korea 2000, 60~62 (Developemt of artificial seeding and cultivation techniques of *Capsosiphon fulvescens* for production enhencement)

30) Han, H. A., **MS Thesis,** Yosu University, Yosu, Korea (A study of flavor on *Capsosiphon fulvescens*)
31) Hideyuki, S., Itsuko, K. T., Masato, N., Shusuke, H., Haruji. S., Sadao, U., Terue, Y., **J. Nutr. Sci. Vitamninol.**, 1999, 45, 325 (Inhibitory effect of *Capsosiphon* fucoidan on the adhesion of *Helicobacter pylori* to human Gastric cell)
32) Hosokawa, M., Okada, T., Mikami, N., Konishi, I., Miyashita, K., **Food Sci. Biotechnol.**, 2009, 18(1), 1 (Bio-function of Marine Carotenoids)
33) Jennings, R. C., **Planta,** 1968, 80, 34 (Gibberellins as endogenous growth regulatrors in green and brown algae)
34) Jimenz-Escrig, A., Goni Ganbrodon, I., **Arch. Latinoam. Nutr.,** 1999, 49, 114 (Nutritional evaluation and physiological effects of edible seaweeds)
35) Jung, B. M., Shin, T. S., Sun, S. M., **Food Sci. Biotechnol.,** 2007, 16(4), 659 (The Effects of Wash solutions and Freezing Temperatures on the Microbial Growth and Physical Properties of *Capsosiphon fulvescens*)
36) Jung, K. J., Jung, C. H., Pyeun, J. H., Choi, Y. J., **J. Kor. Soc. Food Sci. Nutr.,** 2005, 34(5), 687 〔Changes of food components in Mesangi (*Capsosiphon fulvecense*), Gashiparae (*Enteromapha prolifera*) and Cheonggak(*Codium fragile*) depending on harvest time〕
37) Kaneda, T. P., Kamasastri, V., Tokuda, S., **Bull. Jpn. Fish. Sci. Soc.,** 1965, 31, 1026 〔Studies on the effects of marine products on cholesterol metabolism in rat. V. The effect of edible seaweed (supplement)〕
38) Kim, D. K., **MS Thesis,** Chonnam National University, Gwangju, Korea, 2001, 1~48 (Study on artificial seeding of green algae *Capsosiphon fulvescens*)
39) Kuda, T., Goto, H., Yokoyama, M., Fujii, T., **Nippon Suisan Gakkaishi,** 1997, 63, 928 (Effects of edible marine algae on cecal mi-

croflora and levels of serum lipid in rats)

40) Lee, D. S., Hyeung, R. K., Pyeun, J. H., **J. Kor. Fish. Soc.**, 1998, 31, 82 (Effect of low molecularization on Rheological properties of alginate)

41) Lee, H. Y., Kang, J. K., **Kor. J. Appl. Microbiol. Bioeng.**, 1989, 17(2), 170 (The effects of light intensity in producing EPA from marine green algae)

42) Lee, J. H., Lee, Y. M., Lee, J. J., Lee, M. Y., **J. Food Sci. Nutr.**, 2006, 35, 402 (Effects of *Capsosiphon fulvescens* extract on lipid metabolism in rats fed high cholesterol diet)

43) Lee, J. H., **MS Thesis,** Chosun University, Gwangju, Korea, (Effects of *Capsosiphon fulvescens* extract on lipid metabolism of rats)

44) Liu, J. N., Yoshida, Y., Wang, M. Q., Okai, Y., Yamachita, U., **Intl. J. Immunopharmacol.**, 1997, 19, 135 (B cell stimmulationg activity of seaweed extracts)

45) Marlett, J. A., **Intern. Med. Special.**, 1984, 5, 99 (Dietary fiber and mineral bioavailability)

46) Mayer, A. M. S., Hamann, M. T., **Comp. Biochem. Physiol. Part C,** 2002, 132, 345 (Marine Pharmacology in 1999: Compounds with antibacterial, anticoagulant, antifungal, anti-inflammatory, antiplatelet, antiprotozoal and antiviral activities: affecting the cardiovascular, endocrine, immune, and nervous systems and miscellanous mechanisms of action)

47) Mayer, A. M. S., Hamann, M. T., **Mar. Biotechnol.**, 2004, 6, 37 (Marine pharmacology in 2000: Marine compounds with antibacterial, anticoagulant, antifungal, anti-inflammatory, antimalarial, antiplatelet, antituberclosis, and antiviral activities: affecting the cardiovascular, immune, and nervous systems and other miscellanous mechanisms of action)

48) Migita, S., **Bull. Fac. Fish. Nagasaki Univ.**, 1967, 22, 21 [Life cycle of *Capsosiphon fulvescens* (C. Agardh) Setchell et Gardner]

49) **Ministry of Maritime Affairs and Fisheries, Korea,** 2000.60~62, (Development of artificial seeding and cultivation techniques of *Capsosiphon fulvescens* for production enhencement)

50) Nishizawa, K., Murasugi, S., **The Sea Vegetable Book,** Kensei Press, Tokyo, 1988, 57 (in Japanese)

51) Park, H. Y., Lim, C. W., Kim, Y. K., Yoon, H. D., Lee, K. J., **J. Kor. Soc. Appl. Biol. Chem.**, 2006, 49(4), 343 (Immunostimulation and anticancer activities of hot water extract from *Capsosiphon fulvescens*)

52) Park, J. C., Choi, J. S., Song, S. H., Choi, M. R., Kim, K. Y., Choi, J. W., **Kor. J. Pharmacogn.**, 1997, 28(4), 239 (Hepatoprotective effect of extracts and phenolic compound from marine algae in bromobenzene-treated rats)

53) Patankar, M. S., Oehninger, S., Barnett, Y., Williams., R. L., Clark, G. F., **J. Biol. Chem.**, 1993, 268, 21770 (A revised structure for fucoidan may explain some of its biological activities)

54) Penman, A., Sanderson, G. R., **Carbohydr. Res.**, 1972, 25, 273 (A method for the determimation of uronic acid sequence in alginate)

55) Pereira, M. S., Mulloy, B., Mourao, P. A. S., **J. Biol. Chem.**, 1999, 274, 4656 (Structure and anticoagulant activity of sulfated fucans)

56) Quanbin, Z., Zhien, L., Zuhong, X., Xizhen, N., Hong, Z., **Planta Med.**, 2003, 69, 537 (Effects of fucoidan on chronic renal failure in rats)

57) Rozkin, M. Y., Levina, M. N., Kameneva, N. S., Usov, A. I., Yefimov, V. S., **Farmakol. Tosikol.**, 1989, 3, 48 (Investication of the mechanism of the anticoagulant action of Fucoidans)

58) Schweiger, R. G., **J. Org. Chem.**, 1962, 27, 4267 (Methanolysis of fu-

coidan I. Preparation of methyl α-L-fucoside and L-fucose)

59) Senger, H., Wagner, C., Hermsmeier, D., Hohl, N., Urbig, T., Bishop, N., **J. Phytochem. Photobiol.**, 1993, 18, 273 (The influence of light intensity and wave-length on the contents of α-and β-carotene and their xanthophylls in green algae)

60) Sosulski, F. W., Cadden, A. M., **J. Food Sci.**, 1982, 47, 1472 (Composition and physiological properties of several sources of dietary fiber)

61) Tseng, C. K., Zhang, J. F., **Proc. Intl. Seaweed Symp.**, 1984, 11, 152 (Chinese seaweeds in herbal medicine)

62) Tsuchiya, Y., **Proc. Intl. Seaweed Symp.**, 1969, 6, 747 (Comparative hypocholesterolemic activities of marine algae)

63) Villaves, R., Puento, X., Carballeira, A., **Environt. Pollut.**, 2002, 119, 79 (Seasonal variation an background level of heavy metals in two green seaweeds)

64) Witvrouw, M., de Clercq, E., **Gen. Pharmacol.**, 1997, 29, 497 (Sulfated polysaccharides extracted from sea algae as potential anti-virus drugs)

65) Yan, X. J., Nagata, T., Fan, X., **Plant Foods for Hum. Nutr.**, 1998, 52, 253 (Antioxidantive activities in some common seaweeds)

66) Yang, H. C., Jung, K. M., Gang, K. S., Song, B. J., Lim, H. C., Na, H. S., Mun, H., Heo, N. C., **Kor. J. Food Sci. Technol.**, 2005, 37(6), 912 [Physicochemical composition of seaweed (*Capsosiphon fulvescens*)]

67) Yokohama, Y., Misonou, **Jpn. J. Phycol.**, 1980, 28, 219 (Chlorophyll a : b rations in marine benthic green algae)

68) Yu, H. J., **Ph.D. Dissertation,** Wonkwang University, Iksan, Korea (Inhibitory effect on the melanogenesis of EtOH extract of *Capsosiphon fulvescens*)

Sargassum fulvellum Agardh
Sargassum enerve C. Agardh

모자반 23

갈조류 · Sargassaceae (모자반과)

- 영명 | Gulf weed, Sea lentil, Sargasso
- 일명 | Hondawara
- 중국명 | 馬尾藻
- 분포 | 한국 전 연안, 일본
- 용도 | 식용, 사료

✲ 식물학적 특성

갈조류로 모자반과에 속하며, 높이 50~100㎝, 쟁반 모양의 헛뿌리, 단면이 삼각형인 줄기, 톱니 모양의 돌기가 나와 있는 잎, 타원형의 몸체에서 생긴 방추형의 기포가 있는 것이 특징, 옛날부터 식용, 지금도 죽이나 식초 무침, 나물로 식용한다.

동속 해조류에는 괭생이모자반(*Sargassum horneri*), 쌍발이모자반(*S. patens*), 구술모자반(*S. piluliferum*), 꽈배기모자반(*S. tortile*), 큰잎모자반(*S. ringgoldianum*), 비틀대모자반(*S. sagamianum*) 알쏭이모자반(*S. confusum*), 지충이(*S. thunbergii*), 셀만모자반(*S. kjellmanianum*), 짝잎모자반(*S. hemiphyllum*), 잔가시모자반(*S. micracanthum*) 등이 있다.

✲ 성분

1) 영양성분

① **모자반(생것, 12029)** : 가식부 100g 중 수분 86.20%, 열량 30.0kcal, 단백

질 1.8g, 지질 0.2g, 당질 5.2g, 조섬유 1.50g, Ca 209.0㎎, P 61.0㎎, Fe 2.10㎎, Zn(0.10)㎎, vitamin A 315.0 RE, β-carotene 1890.0㎍, B_1(0.060㎎), B_2(0.140㎎), B_6(0.001㎎), niacin(1.3㎎), C(15.0㎎), 엽산(146.3㎍), E(1.00㎎).

② **모자반(말린것, 12030)** : 가식부 100g 중 수분 10.20%, 열량 214.0kcal, 단백질 15.2g, 지질 1.7g, 당질 13.0g, 조섬유 2.70g, Ca 935.0㎎, P 233㎎, Fe 67.30㎎, Zn(5.10)㎎, vitamin A 735.0 RE, β-carotene 4410.0㎍, B_1 0.210㎎, B_2 0.610㎎, B_6(0.01㎎), niacin(2.5㎎), C 2.0㎎, 엽산(1364.0㎍), E(4.30㎎).

③ **모자반(분말, 12031)** : 가식부 100g 중 수분 11.10%, 열량 212.0kcal, 단백질 14.0g, 지질 3.9g, 당질 33.4g, 조섬유 7.40g, Ca(1068.2㎎), P(573.5㎎), Fe(7.9㎎), Zn(5.10)㎎, vitamin A 2258.3 RE, β-carotene 13350.1㎍, B_1(0.43㎎), B_2(1.000㎎), B_6(0.10㎎), niacin 9.3㎎, C 107.5㎎, 엽산 1364.0㎍, E(4.30㎎).

④ **모자반(염장, 12032)** : 가식부 100g 중 수분 62.90%, 열량 29.0kcal, 단백질 3.1g, 지질 0.2g, 당질 5.1g, 조섬유 0.30g, Ca 221.0㎎, P 28.0㎎, Fe 9.10㎎, Zn(0.14)㎎, vitamin A 45.0 RE, β-carotene 270.0㎍, B_1 0.030㎎, B_2 0.040㎎, B_6 0.01㎎, niacin 1.1㎎, C 3.0㎎, 엽산 1364.0㎍, E 0.10㎎.

2) 특수성분

*Sargassum horneri*에서 Sarohornene(O-00229), Sarohornene B(O-00228), C(O-00228), *S. kjellmanianum*에서 Kjellmanianone(R. K-00248), Sargassum lactam(S-00210), *S. micracanthum*에서 6, 10, 14-Trimethyl-5, 10- pentadecadiene-2, 12-dione(T-02875), 6, 10, 14-Trimethyl-5, 9- pentadecadiene-2, 12-dione(E, E, T-02874), *S. muticum*에서 Diphorenthol(P-00486), Pentafuhalol(P-00413), Trifuhalol(T-01901), Trifuhalol B(T-01902), *S. ringgoldianum*에서 Sargasterol(S-01326), Saringosterol(S-01314), *S. sa-*

*gamianum*에서 Sargahydroquinoic acid(S-00205), Yezoquinolide(Y-00024), *S. serratifolium*에서 Sargachromenol(S-00203), Sargaquinal(S-00207), Sargaquinoic acid(S-00207), *S. tortile*에서 Crinitol(P-01186), Sargadiol Ⅰ(S-00206), Ⅱ(S-00204), Sargaol(S-00206) Sargaquinone(S-00208), Sargasal Ⅰ(S-00206), Ⅱ(S-00204), Sargaol(S-00206) Sargaquinone(S-00208), Sargasal Ⅰ(S-00209) Ⅱ(S-00209), Sargatetraol(S-00211), Sargatriol(S-00212), 8′, 9′-Dihydroxy-5-methyl sargaquinone(S-00208), *S. greggii*에서 Cerrosillin (T-00777), Cerrosillin B(P-00571), 5, 6-Dimethyoxyflavone(D-01897), *O*-Geranylosthenol(O-00549), 2′,3′,4′,5, 6, 6′-Hexamethoxyflavone(H-00721), 2′,5, 6-Trimethoxyflavone(T-02167), Zapotin(T-00763), *S. thumbergii*에서 24-Vinyloxycholesta -5, 23Z-dien-3*β*-ol(C-01110) 등이 분리.

✻ 생리 활성

Pb와 Cr 제거[①] : 모자반의 중금속 흡착력을 실험한 결과, 초기금속 농도 1,000㎎/*l* 에서 30분 내 흡착 평형을 보여 232.5㎎ Pb/g biomass, 91.6㎎ Cr/g biomass 를 흡착, 모자반에 Pb 흡착량이 Cr보다 약 2.5배 높았다. 생물학적 흡착은 Langmuir 모델에서 모자반 표면에 흡착되는 중금속이 단 분자층으로 균일하게 흡착됨을 알 수 있었다. 또 중금속 용액 내 pH 2.2~5에서 흡착능을 조사한 결과, Pb는 pH 증가에 따라 흡착량이 증가, pH 5에서 최대 흡착량은 Cr은 pH 증가에 따라 흡착량이 감소, pH 2.2~5에서 비교적 잘 흡착되었다. Pb와 Cr의 흡착성능은 *S. thunbergii* 입경에 따라 달라, 입경이 0.6㎚ 이상과 0.355㎚ 이하에서 Pb 흡착량은 182.5㎎/g biomass에서 232.5㎎/g biomass로 27% 증가, Cr 흡착량은 62.7㎎/g biomass에서 91.6㎎/g biomass로 46% 증가하였다. *S. thunbergii* 흡착 선택성을 조사한 결과, 각각 500㎎/*l* 의 Pb, Cu, Cr, Cd 혼합 용액에서 Pb〉Cu〉Cr〉Cd 순으로 선택적 흡착을 보여 Pb가 가장 높았다. Pb와 Cr이 흡착된 *S. thunbergii* 회수율을 조사한 결과, 1,000㎎/*l* Pb와 Cr 용액에서 Pb 180.4-189.7㎎/g biomas(흡수율), 탈착률은 EDTA 이용시 95.8%, HCl과 HNO_3로 탈착 시 100%, 99.8%로 높았다. 흡착된 Cr은 69.6~77.9㎎/g biomass로 EDTA 탈착 시 50.7%, HCl 과 HNO_3 이용 시 48.6%, 46.7%이었다. pH의 영향은 Cr이 Pb보다 적게 받는 것으로 나타났다.

Pb와 Cr 제거[②] : 알송이모자반(*S. confusum*)의 Pb와 Cr 흡착 및 탈착을 실험한 결과, 흡착 평형은 15분 내에 도달하였으며, 흡착량은 각각 197.5㎎ Pb/g biomass, 133.1㎎ Cr/g biomass 이었고, Pb 와 Cr 생물학적 흡착은 Langmuir 모델에 더 잘 적응되었다. Pb 흡착 시 Ca 이 500㎎/l 존재하여 20% 흡착이 감소, Mg 는 Pb 흡착에 영향이 없었다. Pb 와 Cr 흡착 후 0.1M-HCl, 0.1M-HNO_3 및 0.1M-EDTA 탈착 시 Pb의 탈착률은 93% 이상, Cr의 탈착률은 30% 이하였다. Pb 흡착 후, 0.1M-HCl, 0.1M-HNO_3, 0.1M-EDTA 및 0.1M-NaOH 탈착 후 재흡착을 6회 반복한 결과, 최대 누적 흡착량은 761.4㎎/g biomass였고, HCl 및 HNO_3 이용에서 Pb 탈착 및 *S. confusum*의 재생에 있어 효과적이었다.

모자반의 알긴산 조성 : 식용 갈조류의 uronate 조성과 alginate 분자량을 조사하였다. 모자반, 톳, 미역, 다시마 4종의 갈조류 중 미역이 alginate 분자량이 가장 크며, D-mannuronic acid와 L-glucuronic acid(M/G)비가 톳〉모자반〉미역〉다시마 순이었고, 특히 수용성 alginate가 많았다. alginate의 분자량은 다시마가 45,000~48,000kDa, 미역이 4,000~4,200kDa, 톳이 3,300~3,400kDa, 모자반이 3,000~3,200kDa 순이었다. 미역의 수용성 alginate에서 M/G비는 4.59로 가장 높았다. 분자량은 포자엽과 줄기가 4,100~4,200kDa로 비슷하였고, 잎부분은 4,000~4,100kDa정도였다.

알긴산의 에스테르화의 적정 조건 : 알긴산에 propylene oxide(Pox)를 가하여 PGA 제조 시 에스테르화 조건을 구하고 이때 만든 제품의 이화학적 특성을 조사하였다. 알긴산에 Pox(1:4) mol을 가할 때까지 에스테르화가 증가하였으나 그 후에는 큰 변화가 없었고, 에스테르화가 잘 일어나는 알긴산의 함수량은 30% 이상이었으며, 수분 함량이 70% 이상에서는 제품의 탈수가 잘 되지 않아 수분은 30~70%가 적당하였다. 수분 44.15%의 알긴산에 Pox를 4mol을 가해 1시간 반응 시, 반응이 최대인 온도는 70℃이었다. 수분 50.5%의 알긴산에 Pox 4 mol을 가해 70℃에서 반응, 1시간까지 에스테르화가 급격히 증가, 그 후 차이가 없었다. 2%와 3% propylene glycol alginate(PGA) 용액의 pH 안정성은 pH 3.0까지 점도가 거의 없었으나 그 이하에서는 감소하였으며, 1, 2, 3 및 5% PGA 용액은 의가소성 유체의 특성을 보였고, pH를 변화시켰으나 의가소성은 유지되었다.

산화적 Stress에 대한 Fucoidan과 Alginic acid의 보호 효과 : Peroxyl radical - 유도 산화적 stress에 대한 fucoidan과 alginic acid(갈조류 함유 활성 다당류)의 보호 작용을 in vitro에서 실험한 결과, fucoidan은 NO와 O_2 (superoxide)제거능이 강력하였으나, alginic acid는 이러한 작용이 없었다. 그러나 alginic acid는 fucoidan보다 -OH 제거능은 높았다. fucoidan과 alginic acid는 AAPH 유도 산화적 stress에 대하여 세포의 활성을 향상시켰다. fucoidan과 alginic acid 1,000㎎/㎖에서 세포의 활성은 각각 16.4%에서 85.9%와 67.7%로 증가하였다. 또한 fucoidan과 alginic acid는 AAPH에 의해 용량 의존적으로 LLC-PKI 세포에서 지질 과산화를 개선시켰다. 이 결과로 fucoidan과 alginic acid는 free radical로 인한 산화적 stress에 대해 항산화제로 작용하는 것으로 생각되었다.

Fucoidan의 활성과 이용 : 미역, 다시마, 톳 등 갈조류에 많은 fucoidan은 90여 년 전에 추출 확인되었으며 항혈액 응고, 항혈전, 항암, 면역조절, 항virus, 줄기세포의 활성화 등의 생리 활성이 연구되어, 이와 관련된 각종 질병의 완화 및 치료제로 활용 가능성이 인식되고 있다. 갈조류의 양식은 잘 발달되었고, 전남 완도지역은 청정지역으로 수질오염이 낮아 다시마, 미역 포자엽의 수확량이 풍부, fucoidan 추출 원료 수급이 용이하다.

갈조류의 Fucoidan 추출, 정제 및 특성 : 갈조류인 다시마, 미역, 톳, 모자반에서 수용성 식이 섬유인 fucoidan 추출은 pH 2.0, 65℃, 1시간씩 3회 추출, cetylpyridium chloride로 부분 정제한 결과, 다시마 2.71%, 미역포자엽 6.65%, 톳 2.51%, 모자반 1.56%, 미역엽상체 0.40%였고, DEAE-Sepadex A-25 이온교환으로 정제, fucoidan 분획은 다시마, 미역포자엽, 톳, 모자반 모두 3종의 분획으로, 전기 영동에서 2종 이상의 band가 검출되어 불균일성을 보였다. 알코올 분별 침전법으로 재분획한 결과, 다시마, 미역포자엽, 톳은 60~70% EtOH에서, 모자반은 60~65%에서 침전된 분획이 cellulose acetate 전기 영동 및 gel filteration chromatography상에서 균일하였다. 이 fucoidan은 fucose: galactose: sulfate의 mole 조성비는 다시마, 미역포자엽, 톳, 모자반이 각각 1:0.31:2.43, 1:0.87:1.99, 1:0.66:2.74, 1:0.24:1.46이었고, 분자량은 다시마 31,000, 미역포자엽 38,000, 톳 26,000, 모자반 105,000이었다. 구성당의 위치는 다시마, 톳, 모자반의 주결합은 1, 3 fucose, 미역포자엽은 1, 3 fucose 외 1, 3 galactose, 황산기는 fucose 및 galactose C-4에, 미역포자엽과 톳은 C-4 외에 C-2에 결합되었고, 이들의 항혈액 응고력은 다시마〉톳〉모자반〉미역포자엽이었다. 특히 다시마의 항혈액 응고력은 18㎎/㎖에서 70초로 heparin의 약 15% 활성을 보였다. 또한 다시마 톳, 모자반의 정제 fucoidan의 항혈액 응고력은 황산기 함량 증가에 따라 증가하였다.

Fucoidan 의 화학적 특성 : 톳과 모자반에서 fucoidan을 추출, 정제하여 성질을 조사한 결과, fucoidan 추출 조건은 pH 2.0, 60℃에서 1시간씩 3회 추출, cetylpyridium chloride로 정제, 부분 정제한 fucoidan의 수율은 톳 2.51%, 모자반 1.56%, DEAE-sephadex A-25 ion 교환 칼람으로 부분 정제한 fucoidan 을 분획한 결과, 톳과 모자반 모두 3종의 분획으로 나누어졌고, 각 분획분은 전기 영동상에서 2종 이상의 band 가 검출되었다. 다시 알코올로 재 분획한 결과, 톳은 EtOH 60~70%에서 침전된 획분(p-70)이, 모자반 EtOH 60~65%에서 침전된 획분(p-65)이 cellulose acetate 전기 영동 및 gel 여과 chromatography에서 각각 균일성을 보였다. 정제된 톳과 모자반의 fucoidan fucose : galactose : 황산기의 mole 조성은 각각 1: 0.66: 2.74와 1: 0.24: 1.46 이었고, 분자량은 톳은 26,000,

모자반은 105,000이었다.

Fucoidan 구성당 결합 특성 : 다시마, 미역포자엽, 톳, 모자반에서 추출 정제한 fucoidan의 주 결합은(1→3) linked fucose이었고, 미역 포자엽에는 (1→3) linked galactose도 상당량 존재하였다. 황산기의 대부분은 fucose와 galactose의 C-4위치에 결합되어 있는 것으로 추정되었다.

CCl_4- 유도 간손상과 Fucoidan 효과 : CCl_4-산화 stress 손상- 간에 fucoidan extracts(FE)의 항산화성을 GOT, GPT, ALP, LDH, MDA, SOD, CAT, GPx 수준으로 알 수 있는지 실험하였다. SD계rat(♀)에 Fe 100㎎/㎏을 14일간 투여하고 15일째 CCl_4를 준 후 희생시켰다. rat 혈청 중 GDT, GPT, ALP 및 LDH를 총 간의 균질액에서 MDA, SOD, CAT 및 GPx와 같이 측정한 결과, CCl_4처리에서는 GDT, GPT, ALP, LDH, 및 MDA가 증가하였고, SOD, CAT 및 GPx는 현저히 감소하였으나, FE로 전처리 한 rat은 CCl_4 처리 rat에서 SOD, CAT 및 GPx양이 회복되는 것과 같이 GOT, GPT, ALP, LDH 및 MDA의 증가가 억제되었다. 더구나 FE처리 rat의 간에서는 괴저나 경화 발생이 현저히 감소하였다. 이러한 결과로 FE의 항산화성이 CCl_4-유도 산화적 stress에 효과 있음을 알게 되었다.

AAPH-손상 LLC-PK1세포와 Fucoidan : AAPH-손상 LLC-PK1세포의 산화적 stress에 fucoidan의 보호 효과를 실험하였다. LLC-PK1세포를 1㎜ 2,2'-azo-bis(2-aminopropane)-dihydroehloride(AAPH)에 24시간 노출시켜 산화적 stress에 생활력이 현저히 감소하였으나, fucoidan은 용량 의존적으로 이를 보호하였다. 이러한 fucoidan의 작용은 superoxide anion radical과 hydroxyl radical의 작용을 제거하는 것과 같이 fucoidan이 지질 과산화와 항산화 효소의 작용과 같은 양상이다. fucoidan의 AAPH-유도 LLC-PK1 손상에 보호 효과는 특히 superoxide radical을 강하게 제거함을 보였다. fucoidan의 IC_{50}은 48.37±1.54㎍/㎖ superoxide anion radical 제거능과 hydoxyl radical 제거 능력은 IC_{50} 32.03㎍/㎖로 강하였다. 그러므로 fucoidan의 AAPH-손상 LLC-PK1 세포 보호는 지질 과산화를 방해하고, 항산화 효소 작용을 증가시켜 과산화 radical을 제거함에 있다

(LLC-PK1 cell: Procine kidney epitheial celll).

Fucoidan의 항혈액 응고활성① : 국내 연안의 갈조류, 미역포자엽, 다시마, 톳, 모자반을 묽은 염산(pH 2.0)으로 65℃에서 추출 crude fucoidan을 CPC 처리로 침전시킨 후, $CaCl_2$(1.0M, 1.5M, 3.0M)를 증가시켜 분리하였다. APTT 활성으로 비교한 결과, 분획물의 항혈액 응고활성은 황산기 함량의 증가에 따라 증가하였으며, 분획물 시료 중 미역포자엽을 3.0M $CaCl_2$로 분획한 것이 가장 활성이 우수하였다. 이 분획을 다시 pronase와 laminase로 수식한 결과, 각각 단백질과 glucose가 감소하였으나 수식 전에 비해 APTT 활성이 증가하였다. pronase와 laminase로 수식한 fucoidan의 fucose : galactose : mannose : sulfate : uronic acid의 mole%는 1 : 1.3 : 0.03 : 2.7 : 0.08이었으며, 효소처리에 따른 미역포자엽의 결합 구조는 변화가 없었다.

Prolyl Endopeptidase, Tyrosinase 저해 및 항혈액 응고 활성② : 40여종 해조류의 MeOH ex에 대하여 prolyl endopeptidase(PEase), tyrosinase(Tyase) 및 혈액 응고 저해 활성을 측정한 결과, 항치매 활성 지표인 PEase에 대하여 40ppm에서 쌍발이모자반, 짝잎모자반, 큰잎모자반, 지충이, 감태, 패, 톳이 90% 이상 저해 활성이 있었고, 항암 및 미백 효과 활성 지표인 tyrosinase에는 꽈배기모자반, 감태가 각각 40ppm에서 51%, 76% 저해 효과를 보여 시료 중 가장 강하였다. 강력한 항응고 활성 해조류는 없었으나, 약 367ppm에서 APTT assay에서는 큰 모자반, 개우무 및 톳이 대조구에 비해 210, 211, 198% 응고 시간 연장 효과를 보였고, TT assay에서는 마디잘록이, 쌍발이서실 및 톳이 각각 216, 197, 251%의 연장 효과를 보였다.

Tyrosinase 억제 활성 : 해조류를 대상으로 tyrosinase 억제 활성을 측정한 결과, 강력한 활성은 없었으나, 납작파래(*Enteromorpha compressa*)와 큰잎모자반(*Sargassum ringgildianum*)에서 비교적 tyrosinase 억제 활성이 컸다.

모자반의 성숙 : 모자반의 성숙에 따라, 춘계 성숙형, 하계 성숙형, 추계 성

숙형, 3가지로 나누며 그중 춘계 성숙형은 *S. serratifolium, S. patens, S. horneri, S. fulvellum*에 속한다. 또한 염도와 수온에 따라 생장, 성숙의 차이가 있다.

항균 활성[①] : 미이용 수산물, 오징어 먹즙, 성게껍질, 우렁쉥이 껍질, 구멍쇠미역, 산말, 모자반, 참빗풀 등의 H_2O, Et_2O, acetone, MeOH로 순차 용매 추출, 추출분획의 수용은 H_2O ex(20%), Et_2O ex(1.4%), acetone (2.8%), MeOH ex(1.1%) 로 H_2O ex가 가장 높았고, *Bacillus subilis*에 항균 활성은 모자반 Et_2O ex와 MeOH ex가 각각 MIC 80 및 70㎎/disk로 강한 항균력을 보였다. *Staphylococcus aureus*에 모자반의 Et_2O ex, acetone ex 및 MeOH ex의 MIC가 50 및 170㎎/disk 항균성을 보였다. 모든 시료 Et_2O ex에서 MIC가 700㎎/disk로 *S. aureus*에 매우 강한 항균 활성을 보였다.

갈조류 항미생물작용과 온도 및 pH의 영향[②] : 30종 해조류 수침ex와 EtOH ex 한천 분산법으로 항미생물 활성 최저 억제 농도(MIC)를 측정하였다. 한천 분산법에서 12종 해조류가 실험미생물에 대해 성장 억제 효과가 있었고, 특히 패, 곰피, 모자반(*S. siliquastrum*), 지충이, 긴불레기말 및 감태에 4㎎/㎖에서 Gram 양성 미생물에 대해 강한 항bacteria 활성을 보였다. *S. siliquastrum*은 *Listeria monocytogens, Clostridium perfringens* 및 *Bacillus subtilis*에 MIC가 0.005~0.0075%에서 가장 강한 항균성을 보였다. 열 안정성 시험에서 패, 지충이, 모자반, 감태, 긴불레기말의 EtOH ex는 121℃에서 15분간 안전하였으며, 모자반 EtOH ex의 항균 활성은 pH 2~10에서 안전하였으나, 다른 종류는 pH 10 이하에서는 불안정하였다.

항균 효과와 항균제 제조[③] : 갈색 해조류(미역, 다시마, 모자반)에서 추출한 alginate로 Ag-alginate를 제조, 항균성을 조사한 결과, 포도상 구균과 대장균의 성장은 pH 7에서 가장 활발하였으며, 포도상 구균은 pH에 매우 민감하였으나, 대장균은 pH 변화에 저항력을 보였다. 포도상 구균은 배양 초기에 일정기간 사장 시간(dead time) 경과 후, 급격히 성장하였고, 대장균은 20분 이내에 사장 시간 경과 후, 완만히 성장하였다. 추출한

alginate를 정제, 제조한 Ag-alginate는 포도상 구균과 대장균에 대해 0.006 wt% Ag(은) 첨가 배양액에서 우수한 항균성을 보였고, 특히 대장균에 강한 항균성을 보였다. 미역과 다시마에서 추출한 alginate(정제하지 않은 것)로 재조된 Ag-alginate 도 포도상 구균과 대장균에 항균성은 현저히 감소되었다.

충치균에 대한 항균 활성[④] : 우리나라 연안에서 채취한 해조류 27종의 80% EtOH 추출물이 충치균 *Streptococcus mutans* KCTC 3300 증식에 미치는 영향을 조사한 결과, 해조류 중 다시마가 가장 강하였고, 갈파래, 청각, 감태, 곰피, 미역도 비교적 활성이 높았으며, 홍조류보다 갈조류와 녹조류가 대체로 강하였다. 다시마의 항균 활성은 용매에 따른 추출물의 차이는 나타나지 않았다. *S. mutans* KCTC 3300과 *S. sobrinus* KCTC 3307에 대한 해조류의 80% EtOH 추출물의 MIC는 해조류 종뿐 아니라, 동일 해조류 추출물에서도 균 종에 따라 차이가 있었다. 다시마의 80% EtOH의 Et_2O 분획에서 MIC는 105㎍/㎖, 수용성 분획은 약 5,500㎍/㎖에서 균의 증식이 억제되지 않았다. 모자반은 충치균에 별 효과가 없었다.

함황 다당류의 항산화 활성[①] : 갈조류 모자반에서 다당류를 분리하고 fucoidan 상품(다시마, 모자반 등), BHA 및 α-tocopherol과 radical 제거활성을 비교한 결과, 모자반 다당류 분획이 타 fucoidan들보다 DPPH radical 제거 활성이 높았고, 더구나 V79-4 세포에서 H_2O_2 제거능은 농도 의존적이었다. 상품화된 항산화제 BHA나 α-tocopherol보다 실험된 다당류들 중에서 더욱 강력한 NO 제거활성이 높아 흥미로웠다. 모자반에서 분리된 함유황 다당류의 분자량은 529 kDa이며, fucose와 galactose가 주이고, mannose, rhamnose 및 xylose가 미량 함유되어 있었다.

항산화 효과[②] : 상용 해조류 다시마, 모자반, 곰피, 미역, 고리매, 김, 지누아리를 75% MeOH로 상온에서 추출한후, 다시 MeOH 가용분획(SF)과 불용분획(ISF)으로 분획하여 각 분획의 항산화성을 DPPH, hydroxy radical 소거능으로 측정한 결과, SF는 구멍쇠미역, 고리매, 괭생이모자반이 26.60~23.40%로 높았으며, 재래종 다시마와 김이 9.26%와 8.66%로 낮았다. ISF이며 수용성 분획은 재래종 다시마와 김이 29.70%와 21.01%로 높았고, 그 외 지누아리 8.76%, 곰피 6.46%, 고리매 4.87%, 구멍쇠미역 2.05%, 괭생이모자반은 1.95%로 낮았다. DPPH와 hydroxy radical 소거능 평가에서 SF 분획이 높은 구멍쇠미역과 괭생이모자반은 항산화 효과가 높았으며, 총 phenol 함량이 높은것과 일치하였다. 곰피는 전자 공여능이 우수하였으나 hydroxy radical 소거능은 없었다. ISF분획에서 7종의 해조 모두 총 phenol이 거의 없는 것으로 전자공여능과 hydroxy radical 소거능은 보이지 않았다. 이 결과로 해조의 항산화능은 MeOH 용해성분이 강한 항산화 효과가 있는 것으로, 이 효과는 phenol성 물질과 관련이 깊은 것으로 나타났다.

ACE 활성 저해 : 갈조류 중 *Ecklonia cava*(감태), *Sargassum fulvellum*(모자반), *S. thunbergii*(지충이), *S. horneri*(괭생이모자반), *S. coreanum*, *Scytosiphon lomentaria*(고리매), *Ishige okamurae*(패)를 protamex, kojizyme, nuetrase, flavourzyme(F), alcalase 등 5종의 효소로 가수분해시켜 ACE 활성을 검색한 결과, 대부분 양호한 활성을 보였으며, 특히 감태가 가장 강하였다. flavourzyme으로 감태를 가수분해 한 것이 0.3㎍/㎖에서 ACE IC_{50}을 보였고, captopril은 ~0.05㎍/㎖에서 IC_{50}을 보였다. F 가수 분해물을 5, 10, 30KDa MWCO로 초원심 분리하여 분자량에 따라 3분획을 얻었고, 〉30KD분획에 가장 많은 단백질(27%)과 phenolic compound(261㎍/100㎖)가 다른 소분자량 분획보다 많았다. 이 분획이 활성물질이 포함된 protein(glycoprotein)과 polyphenol 분획이며, 감태의 항고혈압 물질이 포함된 분획이었다.

산지와 채취 시기별 일반 성분의 조성과 무기원소 : 녹조류(참홑파래, 청각), 갈조류(미역, 톳, 모자반, 다시마), 홍조류(얼룩도박, 참김, 불등풀가사리) 9종에 대해 기장, 충무, 여수 지역에서 채취 시기별 일반 성분을 분석한 결과, 조단백질은 참김(45%)이 가장 많았고, 참홑파래(30%)가 낮았고, 지질은 다시마 약 10%로 많은 편이며, 참김은 약 6%로 높았으나, 얼룩도박과 불등풀가사리는 약 3% 이하로 낮았다. 회분과 탄수화물은 청각(약

90%)이 많았고, 참김(약 30%)이 가장 적었다. 참홑파래, 미역, 얼룩도박에는 Na가 가장 많았고, K, Mg, Ca이 비슷하였고, Fe은 참홑파래가 많았고, 미역과 얼룩도박에는 낮았다. Zn은 해조류에 비교적 많았고, 얼룩도박이 가장 많았다. 미역, 톳, 다시마의 무기질 중 K과 Na이 비슷하였으나 Mg은 Ca보다 많았고, Zn은 지역별 차이가 많았다. 일반 성분 조성은 종류와 채취 장소에 따라 차이가 있고, 무기원소는 채취 시기에 따라 큰 차이가 있었다.

산지와 채취 시기별 식이섬유질 함량과 해조 다당류 분포 : 참홑파래, 청각, 미역, 톳, 모자반, 다시마, 얼룩도박, 참김, 불등풀가사리 등 9종의 식이섬유를 시기별로 비교한 결과, 총 식이섬유질은 참홑파래가 25.4~38.1%, 청각 35.4~43.8%, 미역 34.2~48.8%, 톳 37.5~47.8%, 모자반은 42.9~71.3%, 다시마는 37.1~45.1%, 참김은 31.3~40.5%, 얼룩도박은 51.5~60.4%, 불등풀가사리는 57.1~65.8%이었고, 가용성 및 불용성 식이섬유를 많이 함유한 해조류는 불등풀가사리와 모자반이었다. 총 식이섬유에 대한 가용성 식이섬유 비율은 녹조류 중 참홑파래 43.7~64.8%, 갈조류 중 미역은 17.5~31.3%, 홍조류 중 불등풀가사리는 44.7~63.2%가 높았다. 해조 다당류의 분포특징은 갈조류는 알칼리 가용성 알긴산을 9.0~15.1%, 홍조류 중 참김은 porphyran 5.8%, 불등풀가사리와 얼룩도박은 한천 20.0%, 카라기난 23.8%를 각각 많이 함유하는 차이를 보였다.

녹조류와 갈조류의 항고혈압 활성 : 제주 연안에 서식하는 녹조류와 갈조류(감태, 모자반, 미역, 톳, 다시마)의 항고혈압 활성을 조사하기 위해 해조류 MeOH와 H_2O로 20℃와 70℃에서 추출, 각 분획의 활성을 조사한 결과, 녹조류에서는 비교적 활성이 낮았으나, 갈조류에서는 70℃ MeOH ex 중 잇바디 괭생이모자반, 말미역, 바위 주름, 넓패, 톳, 다시마 및 70℃ H_2O 감태 추출물에서 ACE 저해 활성이 높았다. 또한 70℃ H_2O 추출 감태의 가수 분해물은 2.33~3.56㎍/㎖의 IC_{50}값을 보여, 매우 ACE 저해 활성이 높았다. H_2O 추출물과 MeOH 추출물에서도 ACE 활성이 나타난 것은 해조류에는 fucoxanthin, phlorotannin 및 polyphenol계 물질이 있기 때문으로 보인다.

중금속 축적 : 해조류의 질산 추출물의 중금속 평균 축적은 아연〉구리〉크롬〉납〉카드뮴 순이었고, 아연은 *Ulva pertusa*에, 구리는 *Sargassum horneri,* 카드뮴은 *Erythrocladia carnea*, 납은 *Laminaria religiosa,* 크롬은 *Sargassum horneri*에 가장 높게 측정되었다.

미량 금속 함량① : 한국 연안 해조류 중 김의 미량 금속 함량은 Hg ND~0.01, Cd ND~5.18, Cr ND~2.68, Cu 1.78~44.37, Mn 11.35~141.24, Ni ND~1.57, Pb ND~1.96, Zn 11.82~129.72 ㎎/g(dry weight)이었다.

미량 금속 함량② : 우리나라 연안에서 수집한 해조류 총 620건 시료 즉 녹조류(113건), 갈조류(모자반 등 275건), 홍조류(232건)의 미량 금속 함량을 비교 분석한 결과, Hg은 갈조류에서, Cd는 홍조류에, Cu, Cd는 녹조류에 많았고, Mn과 Ni은 녹조류와 홍조류에, Pb는 녹조류에, Zn은 홍조류에 많았다. 지역별로는 Hg, Cd, Ni, Mn은 충남 태안 지역에 Cr은 영덕, Cu는 통영, Pb와 Zn은 울산 지역에 많았다. 갈조류에는 Hg와 Cd, 녹조류는 Cr, Cu, Mn, Ni, Pb가, 홍조류에는 Zn이 많았다. 비식용 해조류 중 지충이는 Cd와 Mn의 biomonitor, 애기마디잘록이와 지누아리는 Ni와 Zn의 biomonitor, 식용 갈조류인 고리매는 Cr과 Pb의 biomonitor로 사용할수 있을 것으로 판단되었다.

알긴산의 화학적 조성과 그 물성 : 갈조류인 큰잎모자반의 채취 시기별, 부위별 우론산의 조성과 물성을 조사한 결과, 알긴산의 연평균 함량은 근경부와 엽상부가 각각 21.4%, 19.7%, 연평균 M/G비는 엽상부 2.28, 근경부 1.85이었고, 엽상부의 최대치는 1~4월, 최소치는 5월과 10~12월, 근경부의 최대치는 1~4월, 최소치는 5월이었다. 엽상부와 근경부 모두 M Block이 G Block보다 높았다. 엽상부의 알긴산 점도는 11월 31.1cp로 가장 높았고, 근경부는 7.0cp 이하였다. 또 점도의 온도 의존성은 엽상부 11월 시료가 가장 컸고, 그 외 엽상부와 근경부 알긴산은 상당히 낮았다. 금속 이온 교환량은 엽상부는 7월 시료가 많았으며 그 교환량은 Pb^{2+}5.2, Cu^{2+}3.1, Zn^{2+}1.7, Co^{2+}1.5meq/g, Na-Alg.이었고, 근경부는 금속 ion과의 친화력은 Pb〉Cu〉Zn〉Co 순이었으며, 금속 이온 교환능은 우론산의 Block 비와 관련이 있는 것으로 보였다.

알긴산의 비만 억제 효과[①] : 미역, 다시마 등 갈조류에 20~30% 함유되어 있는 알긴산을 agar, cellulose, CMC, chitin, lignin 등의 식이섬유의 비만 억제 작용을 magarine 유도 비만 쥐로 비교 검토하였다. 사료에 식이섬유 10%를 가하여 비만 억제 효과를 보면, lignin이 가장 크고, 다음 Na-alginate, cellulose, CMC 순이었다. 간장과 부고환 및 난소 주위의 지방 조직의 비만 억제 효과는 lignin이 가장 크고, Na-alginate, cellulose, CMC 순. 또 Lee index의 비만 억제는 Na-alginate〉lignin〉CMC〉chitin〉cellulose 순. 간의 지질 분석에서 지방 축적 억제 효과는 agar〉CMC〉cellulose〉Na-alginate〉chitin〉lignin 순이었다. 혈청 glucose 감소 효과는 CMC가 가장 크고, 다음 Na-alginate, lignin 순. 혈청 cholesterol 저하 효과는 Na-alginate가 가장 크고, 다음이 lignin, cellulose 순. 그밖에 chitin을 제외한 대부분이 효과가 있었다. 또 lipase 활성의 상승 작용은 Na-alginate가 가장 효과적이며 다음 chitin이었다. 이상으로 갈조류 중 알긴산 20~30%가 있는 미역, 다시마 등 갈조류는 비만 예방과 치료에 가장 효과적인 것으로 생각되었다.

조류와 생약 성분의 비만 억제 비교[②] : 해조류의 알긴산, 담수 녹조 chlorella, 생약 인삼 saponin, 마늘 alliin과 scordinin 첨가, 비만 억제 효과를 검토한 결과, Na-alginate(71%)가 크고, 다음 scordinin(76%), chlorella(76%), alliin(86%) 순이었다. 사료 효율과 비교, 체중 증가량은 Na-alginate(68%)가 가장 효과적이고, alliin(79%)도 인정되었다. 간의 지방 축적 억제 효과는 Na-alginate(84%)가 가장 효과적, 부고환 및 난소 주변의 지방 축적 억제 효과도 Na-alginate(54%)가 가장 효과적, 다음 alliin(64%), saponin(66%) 순이었다. 또 Lee index 비만 억제 효과를 비교하면 Na-alginate(91%)에서만 인정되었다. 간 중 지방 축적 억제 효과는 alliin(40%)〉saponin(58%)〉Na-alginate(62%)〉chlorella(64%)〉 scordinin(74%) 순. 혈청 glucose 감소 효과는 Na-alginate(67%)가 가장 크고, 다음 saponin(73%), scordinin(74%), alliin(83%) 순. 혈청 cholesterol 저하 작용은 Na-alginate(82%)가 가장 크고, 다음 alliin(84%), chlorella(86%), saponin(87%) 순이었다. 또한 혈청 lipase 활성 증가에 의한 비만 억제 작용은 Na-alginate(109%)와 saponin(104%)의 첨가가 효과적. 따라서 미역, 다시마, 톳 등 갈조류 성분 알긴산이 chlorella, 인삼 saponin, 마늘 alliin 및 scordinin보다 비만 예방과 치료에 효과적이었다.

알긴산과 3T3-L1 세포의 분화[3] : 3T3-L1 세포가 지방 세포로 분화되는 과정에서 혈청 중 분화촉진 인자(insulin, prostaglandin F2α 등) 첨가로 분화가 촉진되고, 분화억제 인자(actinomycin D, tumor necrosis factor α 등)로 억제될 수도 있다. 3T3-L1 세포는 세포 내 지방 축적으로 지방 세포 형태를 나타낸다. 3T3-L1 세포의 특성을 이용, 해조류에 많은 알긴산이 지방 세포로의 분화 과정에 어떤 영향을 주는지 실험한 결과, 3T3-L1 세포분화를 억제하였다. 또 분화촉진 물질 IGF-1(insulin-like growth factor-1)과 insulin을 이용, 알긴산 분화에 미치는 영향을 검토한 결과, 알긴산은 insulin의 분화촉진 작용을 특이적으로 억제하였다. 본 연구는 알긴산을 이용, 알긴산의 지질 감소 효과를 세포 수준에서 검증하였다.

Marine carotenoid의 생물학적 기능 : 자연계에서 생성되는 색소 중 carotenoid(CA)는 가장 중요하며 인체 건강에 유용한 효과를 갖고 있어 관심이 증가되고 있다. 해산 CA는 그들이 주는 화학적, 생물학적 이익의 영향은 중요하다. 해산 CA 중 astaxanthin과 fucoxanthin은 해양 동물이나 해양 식물 중에서 비교적 강력한 생물학적 활성이 있다. 즉 이둘 CA는 quenching siglet oxygen과 scavenging free radical의 강한 항산화 작용이 있기 때문이며, 식이성 항산화 작용이 있는 이들 강력한 작용의 CA는 항암 작용과 항염 작용이 있다. 특히 fucoxanthin이 근래 항비만과 항당뇨 효과가 인정되면서부터 주목받게 되었다. 이러한 작용은 mitochondria의 백색지방(WAT)에서 uncoupling protein(UCP1)을 만들어 WAT에서 지방산을 산화시켜 WAT에서 열을 생산하기 때문이다. fucoxanthin은 insulin 저항을 개선하여 혈당을 낮추며, 동물의 WAT에서 종양괴사 인자

α(TNFα)를 감소시키기 때문이다.

화학적 암 예방 효과①: 동해와 남해안에서 미역, 다시마, 감태 등 30종의 해조류에 대하여 phase II 해독 효소 유도 및 염증 반응 방지 효과로 화학적 암 예방 효과를 시험한 결과, *Dictyota coriacea*(그물바탕말) *Cutleria cylindrica*(채찍말)에서 4.36과 4.66의 강한 암 예방수치를 얻었고, 이 추출액 100㎎/㎖에서 3배의 항산화 효과를 얻었다. 패(*Ishige okamurae*), 산말류(*Desmarestia ligulata, D. viridis*), 딕티오프레티스(*Dictyopretis divaricata, D. coriacea*), 모자반류(*S. horneri, S. yezoense*) 등에서 NO에 대해 현저한 방해와 5~20 ㎎/㎖에서 농도 의존적 prostaglandin E_2 생산을 억제하였다. 이들 해조류들은 화학적 암 예방 효과가 있는 식품으로 이용될 수 있다. 특히 *Dictyota coriacea*는 ARE의존 기작으로 gene을 조절할 뿐 아니라 NO와 PGE_2 생산을 방해하여 염증을 예방하는 강력한 화학적 암 예방 물질을 함유하고 있을 것으로 생각되었다.

항 발암 효과②: 모자반을 추출, 분획하여 3종의 암세포(HepG$_2$, HT-29, HeLa)에 대해 독성 효과를 실험한 결과, Et_2O 분획(SFMEE)과 EtOAc 분획(SFMEA)에서 3종 암 세포주에 높은 세포독성을 보였고, MeOH ex(SFM)와 hexane 분획(SFMH)에서도 유의성 독성을 보였다. 정상 간세포에서 모자반의 모든 용매 분획에서 암세포 독성 효과는 낮았다. 특히 SFMEE와 SFMEA분획에서 강한 암세포 독성을 보였다. 인체 간암 세포주인 HepG$_2$에 QR 효소 유도 활성을 측정한 결과, SFMEE 분획 25㎍/㎖에서 대조군보다 2.89배 높은 QR 유도 활성을 보였고, SFMH 분획은 농도 의존적으로 효과가 증가되어 100㎍/㎖에서 2.56배 QR 유도 활성을 보였다. 모자반 추출물의 DPPH radical 소거능은 MeOH ex에서 대조 항산화제 BHT와 vitamin C와 유사하였다. 이상의 결과로 모자반 추출물과 각 용매 분획에서 암세포 독성 효과는 비극성 분획에서 높았으며, QR 유도 활성효과도 비극성 분획인 SFMEE와 SFMH 분획에서 나타났고, SFMEE 분획의 저농도에서 암세포 독성 효과, QR 유도 효과를 보여 앞으로 모자반의 항 발암 효과 물질 규명 등 항암 연구가 필요하였다.

PhIP 와 MeIQx 돌연변이 원성억제③ : 갈조류(다시마, 괭생이모자반, 감태, 곰피 등) 9종, 홍조류 5종, 녹조류 2종을 대상으로 돌연변이 유발물질 PhIP와 MeIQx에 대한 돌연변이 원성 억제를 조사한 결과, 갈조류가 녹조류와 홍조류보다 우수하였고, 특히 갈조류 감태, 곰피, 다시마, 미야베모자반이 우수하였다. 그중 곰피의 Et_2O, $CHCl_3$, EtOAc및 수용성 획분 중 비극성 획분의 억제가 강하였고, 특히 EtOAc 획분이 가장 강하였다. 곰피의 EtOAc 획분을 sephadex LH20으로 분리한 결과, 활성 획분 A-7은 PhIP에 90%/㎎ 이상, MeIQx에 80%/㎎의 억제를 보였고, 207.7 및 232nm에서 흡수 파장을 보였다.

HT-29 대장암 세포 증식 억제 효과④ : 식용 가능한 28종의 해조류 MeOH ex 중 보라우무가 HT-29(대장암 세포) 세포 증식 억제가 가장 강하였다. 이 기전을 밝히고자 보라우무 MeOH ex를 HT-29 세포에 실험한 결과, 농도 의존적으로 억제 활성이 증가하였고, apoptotic cell수는 현저히 증가하였다. apoptosis(AP) 조절 인자 Bcl-2 family 단백질 중 Bcl-2는 보라우무 MeOH ex에 변화가 없었으나, t-Bid 단백질은 시료에 현저히 증가하였다. Bcl-2 family 단백질과 같이 AP조절에 주요 역할자 caspase 단백질은 시료 처리로 cleaved caspase-8, -9, -7, -3 단백질이 현저히 증가하였다. 이 결과로 보라우무 MeOH ex은 caspase-8의 활성 증가로 mitochondria 막투과성 변화와 caspase -7/-3 활성 증가는 AP를 유도, 암세포 증식 억제함을 알 수 있어 기능성 식품으로의 개발이 기대되었다. 보라우무 MeOH ex는 48.9%, 모자반 MeOH ex는 HT-29(대장암)에 75.3%, 톳은 78.3%, 잎파래 86.4%, 지충이 87.1%, 곤포 88.4%의 암세포로 증식 억제 효과가 있었다.

피부세포주 HaCaT에 대한 해조류의 영향 : 한국 연안 해조류를 채집, 이들 중 녹조류 4종, 갈조류(모자반, 괭생이모자반, 감태 등) 18종, 홍조류 14종을 수세, 음건하여 80% MeOH로 4회 추출, 37℃에 건조한 시료를 인체 피부세포 HaCaT와 24시간 배양을 조사한 결과, 36종의 해조 시료 중 비틀대모자반과 돌가사리가 대조구보다 1.6배 활력이 증가되었고, 참그물바탕말(*Dictyota dichotoma*), 참도박(*Pachymeniopsis elliptica*) 및 잎파래(*Enteromorpha linza*)의 추출물은 대조구보다 각각 0.2, 0.4, 0.4 배 정도 활력을 억제시켰다.

Nitrite degradation① : Nitrite는 발암성 물질 nitrosamine 형성에 중요한 역할을 하며, 인체의 위액 pH 같은 산성에서 nitrosamine이 잘 형성되므로 nitrite제거가 중요하다. 해조류인 미역, 감태, 곰피, 모자반, 청각, 납작파래, 참김 등의 1kg을 4*l* MeOH에 24시간 실온에서 2번 추출하여, 감태 등의 활성 분획을 nitrite 제거 실험을 실행한 결과, 다시마과와 감태, 곰피 같은 *Eklonia* 속 해조류에서 pH 1.2와 3.0에서 강한 nitrite 제거 작용을 보였고, 특히 Et_2O(90%/mg)와 EtOAc(94%/mg)분획에서 특히 강하였다. 감태의 Rf 0.9, 0.82, 0.58 및 0.15 즉 A,B,C 및 D 물질 중 C물질(Rf 0.58)이 pH 1.2와 3.0에서 95%/5mg nitrite 제거 기능이 가장 강하였다.

Nitrite 제거 해조류 검색과 활성② : 녹조류 파래(*Enteromorpha, Ulva*), 갈조류(톳, 미역, 모자반류, 곰피), 홍조류(우뭇가사리, 진두발, 도박, 서실, 보라우무, 지누아리, 꼬시래기, 돌가사리) 등에 대하여 NO 제거 활성을 검색한 결과, 곰피의 MeOH ex가 가장 강하였고, 추출 정제한 활성 물질은 phlorotannin A이었다. phloroglucinol(IC_{50}=3.9mg/*ml*)의 활성은 ascorbic acid(IC_{50}=65.0mg/*ml*)보다 강하였다. 이상의 결과로 곰피에서 추출한 활성 물질 phlorotannin A와 phloroglucinol은 발암성 N-nitroso 화합물의 전구물질 nitrite제거제로 응용될 수 있을 것으로 생각되었다.

아질산염소거활성③ : Nitrosamine의 직접 생성 인자인 아질산염의 소거 작용을 검토한 결과, 갈조류(다시마, 구멍쇠미역, 모자반, 미역, 곰피, 감태)가 녹조류(갈파래, 청각) 및 홍조류(김, 꼬시래기)에 비해 우수한 분해 효과를 보였으며, 갈조류 중 감태, 곰피, 구멍쇠미역이 뛰어났고, 모두 pH의 조성이 커 pH 4.2 및 6.0보다 pH 1.2에서 아질산염 분해 효과가 컸다.

유리당과 비휘발성 유기산의 조성과 계절적 변화 : 감태, 큰잎모자반, 외톨개모자반의 유리당과 비휘발성 유기산을 GLC로 분석한 결과, 모두 floridoside, galactose, glucose 및 xylose가 동정되었고, 그중 floridoside가 가장 많아 각각 53.4%, 52.8% 및 58.8%, xylose가 가장 작아 각각 8.3%, 7.5%, 6.8%이었다. 계절적 변화에서 3시료 모두 변화가 크지 않았으며, 유리당 총 량은 감태〉큰잎모자반〉외톨개모자반 순이었다. 유기산 조성에 있어 감태는 9종이 동정, 그중 lactic, oxalic, fumaric, succinic, malic 및 citric acid가 중요하며, 그중 succinic acid가 30.6%로 가장 많았고, 큰잎모자반과 외톨개모자반에서 8종의 유기산이 동정, 그 조성은 동일하였다. 양 시료 모두 succinic, malic 및 citric acid로 그중 succinic acid 함량이 30.9%와 31.2%로 가장 많았다. 계절적 유기산의 변화는 3시료 모두 뚜렷하지 않았으나, 유기산 총량에서 감태 191.6㎎/100g으로 가장 많았고, 큰잎모자반 103.5㎎/100g, 외톨개모자반은 76.2㎎/100g으로 가장 적었다.

지방산 조성 : 녹조류(파래, 청각), 갈조류(다시마, 톳, 곰피, 모자반, 미역), 홍조류(김) 등 8종의 식용 해조류의 지방산을 GLC로 분석한 결과, 녹조류 1.51%, 갈조류 2.81%, 홍조류 1.02%이었고, 지방산 조성은 녹조류는 $C_{16:0}$산이 가장 많았고, $C_{18:1}$, $C_{18:2}$, $C_{18:3}$산도 많았다. 갈조류는 $C_{16:0}$, $C_{18:1}$, $C_{18:2}$, $C_{18:3}$산이 많았으나 $C_{18:0}$산은 적었다. 홍조류는 $C_{16:0}$산이 많았고, $C_{14:0}$, $C_{18:1}$, $C_{18:2}$, $C_{18:3}$은 매우 적었다. 녹조류에 C_{16}, C_{18}산이, 갈조류는 C_{16}, C_{18}, C_{22}산이, 홍조류는 C_{15}, C_{16}, C_{18}산이 각각 많았다.

수용성 단백질 추출 : 해조류 둥근돌김, 파래(*E. linza*), 톳, 모자반, 미역, 청각, 셀만모자반, 구멍갈파래 등 8종을 선정, 수용성 단백질을 추출한 결과, 둥근돌김 24.14%, 미역 15.7%, 톳 7.66%, 모자반 12.61%, 셀만모자반 14.08%, 잎파래 10.86%, 구멍갈파래 16.60%, 청각 9.89%이었고, 추출 조건은 구멍갈파래와 잎파래는 1시간, 둥근돌김, 톳, 미역, 모자반, 셀만모자반은 2시간, 청각은 3시간이, 추출 온도는 톳 40℃, 둥근돌김, 청각, 잎파래, 미역, 모자반, 셀만모자반이 50℃, 구멍갈파래 60℃에서 최고 수율을 보였으며, pH는 9~12가 양호하였다.

식염 가용성 및 알코올 가용성 단백질 : 상용해조류인 둥근돌김, 잎파래, 구멍갈파래, 미역, 톳, 모자반, 셀만모자반, 누운청각의 식염 가용성 단백질은 미역, 톳, 돌김, 잎파래, 구멍갈파래는 0.25M-NaCl 용액에서, 모자반, 셀만모자반, 누운청각은 1.0M-NaCl 용액에서 수율이 가장 높았고, 알코올 가용성 단백질은 전시료 모두 20% EtOH에서 수율이 높았다. 식염 가용성 단백질은 구멍갈파래, 잎파래가 1시간, 둥근돌김, 누운청각이 2시간, 미역, 톳, 모자반, 셀만모자반은 3시간이었고, 알코올 가용성 단백질은 전시료가 1시간 내외에서 수율이 높았다. 온도는 잎파래, 구멍갈파래는 40℃, 미역은 50℃, 톳, 모자반, 셀만모자반, 누운청각 60℃에서 최고 수율을, 알코올 가용성 단백질은 잎파래 30℃, 미역, 둥근돌김, 모자반은 40℃에서 수율이 높았으며 pH는 식염 가용성은 pH 7~8, 알코올 가용성은 pH 8~9에서 성적이 양호하였다.

추출 단백질의 침전 조건과 영양 : 식용 해조인 둥근돌김, 구멍갈파래, 미역 및 모자반 단백질의 아미노산 조성과 소화율을 조사하였다. 홍조류와 녹조류는 TCA로 침전, 각조류는 등전점으로 정제하였고 아미노산을 분석한 결과, 둥근돌김은 lysine이 시료 중 가장 많았고, 구멍갈파래는 theronine이 많았으나, lysine이 적었고, 미역과 모자반의 아미노산은 둥근돌김과 구멍갈파래보다 못하였다. 둥근돌김과 구멍갈파래의 chemical score는 35, 정제 단백질은 56, 미역, 모자반은 10~16, 정제한 것은 30~35, protein score는 전시료의 정제 단백질은 62~73이었다. 소화율은 원료시료가 25~40%로 낮았으나 정제 후에는 1.3~2.1배 증가, 갈조류의 소화율이 전반적으로 낮았다.

해조의 단백계수와 소화율 : 홍조류(양식과 자연산김)의 단백질 소화율은 78.5~82.2로 녹조류(잎파래)와 갈조류(미역, 톳, 모자반)보다 높았고, trypsin inhibitor는 갈조류가 높았다. 잎파래는 김보다 체외 소화율이 낮았으나, trypsin inhibitor 함량은 갈조류가 높았다. 햇빛에 말린 김이 microwave cooking 영향은 가열 시간 15분 후에도 소화율이 현저히 증가되지 않았으며 trypsin inhibitrory는 서서히 감소하였다. 구운김의 체외 소화율은 microwave로 15분 가열시료와 비슷하였다. 아미노산 분석 결과, 단백계수는 김 6.52, 잎파래 6.00, 미역 6.11, 모자반 5.85, 톳은 5.83이었다.

연화도의 해조 군집 및 변동의 정량적 분석 : 1984년 12월~1986년 1월 사이 연화도 해조군을 조사한 결과, 남조류 2종(1.8%), 녹조류 18종(15.8%), 갈조류 25종(21.9%), 홍조류 69종(60.5%), 모두 114종이었다. 해조류의 기능형 군별 구성비는 봄 겨울에는 사상형과 막상형이 우세, 여름과 가을에는 직립 분기형과 다육질 형이 우세하였으며, 파도가 적은 내만에는 막상형과 각상형이, 파도가 강한 곳은 직립 분기형과 다육질 형이 우세하였다. 전 조사 기간 중 각 지점에서 중요도 10 이상인 종은 *Porphyra suborbiculata*(30.1), *Corallina pilulifera*(27.8), *Hizikia fusiforme*(27.7), *Sargassum thurnbergii*(27.5), *Undaria pinnatifida*(22), *Ishige okamurai* (20.6), *Chondria crassicaulis*(20), *Ulva pertusa*(16), *Pseudulvella consociata*(15.7), *Urospora penicilliformis*(15), *Sargassum sagamianum*(14.9), *Caulacanthus okamurai*(12.8), *Gloiopeltis furcata*(12.7), *Sargassum microcanthum*(11.7), *Myelophycus simplex*(11.2) 이었고, Melobesioideae가 25.7이었다.

동해 영일만 중심 해조류의 해조상, 분포, 군집 구조 : 1995년 7월~1996년 6월까지 계절별, 남조류 5종(3.5%), 녹조류 18종(12.5%), 갈조류 20종(13.9%), 홍조류 101종(70.1%)로 144종이었고, 봄 77종, 여름 78종, 가을 92종, 겨울 81종이 출현하였다. 연중 4계절 출현하는 것은 구멍파래, 참그물바탕말, 우뭇가사리, 진두발, 돌가사리, 폴리시포니아, 보라색우무, 단박, 서실 등 29종이 출현, 연중 비교적 높은 빈도 출현은 구멍파래, 우뭇가사리, 보라색우무이며, 중요한 것은 지충이, 클라도포라, 모자반, 납작파래 등이 있었다.

남해 하계 조하대 군집 : 조하대 해조 군집은 뚜렷하지 않으나, 상부에는 *Sargassum sagamianum, P. lanceolat, Gigartina tenella, Pachymeniopsis capillacea* 등 직립 분기형을 구성, 깊이 3~5m에 분포, 중부는 5~20m 사

이로 *Eklonia cava, Sargassum* spp. 등 대형 갈조류가 대표 종이었다.

건강기능성 식품과 해조류 소비 : 경북대 학생 281명을 대상으로 해조류 건강기능 식품의 구매 의도와 소비 가치를 조사한 결과, 구매 장소는 24시간 편의점이고, 낱개 포장으로, 구매 목적은 영양 보충과 체중 조절이며, 구매 의도가 높은군과 낮은군의 차이가 현저하였고, 식품, 영양 및 건강 관련 과목 수강 경험자 중 기능가치와 인식가치가 높았다.

모자반 빵의 저장성과 품질 증진 : 꽈배기모자반 추출물(시료)을 0.01, 0.1, 1% 첨가 모닝빵을 제조, 9일간 저장하면서 일반 세균수와 곰팡이를 측정한 결과, 첨가 농도 의존적으로 미생물 생육이 억제되었으며, 수분은 시료 첨가군이 5~6% 변화하였으나, 대조군은 13% 변화하였다. 색도에서 시료 첨가량 의존적으로 명도와 황색도는 감소하였으나 적색도는 증가하였다. 관능평가에서 전체적 호감도는 0.01% 와 0.1% 첨가군에서 양호하였으나, 1% 군에서는 기호도가 낮았다. 이상의 결과로 모자반 빵은 0.1% 시료첨가에서 빵의 저장성, 품질 증진 및 관능 개선 효과가 있었다.

✲ 효능과 이용

1) 모자반 (*S. fulvellum*) : 식재료, 의약품
2) 알쏭이모자반 (*S. confusum*) : animal fodder, alginates
3) 짝잎모자반 (*S. hemiphyllum*) : goiter, scrofula, alginates

참고문헌

1) 강대선, 제종길, 손철현, **수산학회지,** 1993, 26(2), 182 (남해의 하계 해조군집 — II. 조하대의 군집: 비틀대모자반, 도박, 감태, 모자반, 돌가사리)
2) 강제원, **한국동식물도감,** 제8권 식물편(해조류), 문교부, 삼화출판사. 1968 서울.
3) 구재근, **박사학위논문,** 고려대학교, 1994 (한국산 갈조류 중의 Fucoidan

추출, 정제 및 그 특성에 관한 연구 – 다시마, 미역, 톳 모자반)

4) 구재근, **수산학회지,** 1997, 30(1), 128 (국내산 다시마, 미역 포자엽, 톳, 모자반 정제 Fucoidan의 구성당 결합 특성)

5) 구재근, 조길석, 도정룡, 박진희, 양차범, **수산학회지,** 1995, 28(6), 659 (톳과 모자반 Fucoidan의 화학적 특성)

6) 구재근, 조길석, 박진희, **수산학회지,** 1997, 30(3), 329 (국내산 다시마, 미역포자엽, 톳, 모자반 Fucoidan의 리올로지 특성)

7) 구재근, 최용석, 곽중기, **수산학회지,** 2001, 34(5), 515 (국내산 미역포자엽, 다시마, 톳, 모자반 Fucoidan의 항혈액 응고 특성)

8) 권대중, 임승택, 정용준, 박상후, 권동권, **식품과학과 산업,** 2006, 39(3), 73 (갈조류에서 추출한 푸코이단의 이해와 활용)

9) 김규동, 강진훈, 윤호동, 변한석, 김동수, 김선봉, 박영호, **수산학회지,** 1986, 19(3), 227 (감태, 큰잎모자반 및 외톨개모자반의 유리당 및 비휘발성 유기산의 조성과 그 계절적인 변화)

10) 김동수, 박영호, **수산학회지,** 1985, 18(1), 29 (알긴산의 화학적 조성 및 그 물성에 관한 연구 – 3. 큰잎모자반의 알긴산)

11) 김두상, 이동수, 조득문, 김형락, 변재형, **수산학회지**, 1995, 28(3), 270 (식용 해조류 중의 미량 요소와 특수 기능성 당질 – 2. 산지와 채취 시기별 식이성 섬유질 함량의 변화와 해조 다당류의 분포)

12) 김병목, 전준영, 박영범, 정인학, **식품영양과학회지,** 2006, 35(8), 1097 (해조류 메탄올 추출물의 항산화 효과 – 다시마, 모자반, 곰피, 미역, 고리매, 김, 지누아리)

13) 김신영, 유용훈, 임치영, 진형주, 유종수, 신현웅, Sidharthan, M., **Algae,** 2003, 18(4), 349 (해조류의 중금속 축적에 관한 연구)

14) 김은지, 박소영, 홍지은, 신민정, 임순성, 신현경, 윤정한, **식품영양과학회지,** 2007, 36(4), 431 (보라우무 메탄올 추출물의 HT-29 대장암 세포 증식 억제 효과 – 모자반 75.3%, 톳 78.3%, 잎파래 86.4%, 지충이 87.1%)

15) 김지희, 목종수, 박희연, **식품영양과학회지**, 2005, 34(7), 1041 (한국 연

안 해조류의 미량 금속 함량 – 파래, 청각, 매생이, 미역, 다시마, 김, 모자반, 톳, 고리매, 우뭇가사리, 꼬시래기, 서실, 불등가사리, 애기마디잘록이, 지누아리)

16) 김지희, 임치원, 박희연, 이두석, 박정흠, **수산학회지,** 2002, 35(2), 191 〔충치균(*Streptococcus mutans*)에 대한 다시마 추출물의 항균 활성 - 갈파래, 청각, 감태, 곰피, 미역, 다시마 등〕

17) 김희연, 홍기형, 최장덕, 박성관, 정시섭, 최우정, 안영순, 홍영표, 송옥자, 문동철, 이신호, 신일식, **식품과학회지,** 2006, 38(1), 1 (식품 중 알긴산 나트륨의 분석법 개발 – 파래, 김, 우뭇가사리, 미역, 다시마)

18) 남기완, 김영식, 김영환, 손철현, **수산학회지,** 1996, 29(5), 727 (한국 동해안 연안역의 저서 해조류 – 해조상, 분포 및 군집 구조)

19) 문찬일, 김길주, 이생동, 공용근, **남해수산연구소 사업보고서,** 국립수산진흥원, 남해수산연구소, 1994, 135 (모자반 약식 시험)

20) 박영범, 김인수, 유승재, 인종관, 이태기, 박덕천, 김선봉, **수산학회지,** 1998, 31(4), 581 (해조류 중의 anti-tumor initiator 및 promoter의 해석 – 2. PhIP와 MeIQx의 돌연변이 원성을 억제하는 해조 추출물 소재 연구: 미역, 곰피, 감태, 다시마, 모자반, 괭생이모자반, 미야베모자반, 지충이, 납작파래, 청각, 갈파래, 구멍쇠미역, 톳, 방사무늬김, 참도박, 마디잘록이, 참곱슬이, 꼬시래기)

21) 박영범, **식품영양과학회지,** 2005, 34(8), 1293 (해조류에 의한 아질산염 소거 활성 분석 – 곰피, 감태, 미역, 구멍쇠 미역, 다시마, 모자반, 김, 꼬시래기, 청각, 갈파래)

22) 박종철, 최재수, 송상호, 최명락, 김광용, 최종원, **생약학회지,** 1997, 28(4), 239 (해조류 추출물과 페놀성 화합물의 in vitro 및 in vivo 간 보호 활성 – 매생이, 톳, 우뭇가사리, 알쏭이모자반, 꽈배기모자반, 지충이, 구멍갈파래, 납작파래, 주름진두발, 개그물바탕말, 마디잘록이, 바위수염)

23) 배송자, **식품영양과학회지,** 2004, 33(3), 480 (모자반 분획물의 in vitro에서의 항 발암 효과)

24) 서근학, 안갑환, 이학성, 이회근, 조진구, 홍용기, **수산학회지,** 1999, 32(4), 399 〔비틀대모자반(*Sargassum sagamianum*)을 이용한 Pb 및 Cr 생체 흡착 및 회수〕
25) 서근학, 안갑환, 조문철, 조진구, 진형주, 홍용기, **수산학회지,** 2001, 34(1), 1 〔알쏭이모자반(*Sargassum confusum*)을 이용한 Pb 및 Cr 의 생물학적 흡착 및 탈착〕
26) 손철현, **수산학회지,** 1983, 16(4), 368 (오동도 해조 군락에 관한 연구 — 참김, 잎파래, 고리매, 미역, 서실, 모자반, 지층이, 우뭇가사리)
27) 손철현, 이인규, 강제원, **수산학회지,** 1986, 19(3), 265 (한국 남해안 동부 해역 해조 군집 구조 및 변동의 정량적 분석 — 1. 연화도)
28) 옥정현, 이인규, **Algae,** 2005, 20(2), 77 〔한국산 갈조 식물 모자반 속(*Sargassum*)의 분류 1. Bactrophycus 아속 Teretia 절〕
29) 우순임, 유홍수, 이강호, **수산학회지,** 1979, 12(4), 225 (해조 단백질 추출에 관한 연구 — 4. 추출 단백질의 침전 조건 및 영양적 평가: 둥근돌김, 구멍갈파래, 미역 및 모자반)
30) 유홍수, Statterlee, L. D., 이강호, **수산학회지,** 1982, 15(4), 263 (수종 해조의 단백계수와 in vitro Digestibility: 잎파래, 미역, 톳, 모자반)
31) 유홍수, 이강호, **수산학회지,** 1997, 10(3), 151 〔해조 단백질의 추출에 관한 연구 — 1. 수용성 단백질의 추출: 둥근돌김, 파래(*E. linza*), 톳, 모자반, 미역, 청각, 셀만모자반, 구멍갈파래〕
32) 유홍수, 이강호, 우순임, **수산학회지,** 1997, 10(4), 189 (해조 단백질의 추출에 관한연구 — 2. 식염 가용성 및 알코올 가용성 단밸질의 추출: 둥근돌김, 잎파래, 구멍갈파래, 미역, 톳, 모자반, 셀만모자반, 누운청각)
33) 윤승제, 조연숙, 남주현, 이형호, Kim Eliya, 홍용기, **수산학회지,** 2008, 41(1), 68 (각종 해조류 추출물들의 인간 피부세포주 HaCaT에 대한 활력 영향 — 비틀대모자반, 돌가사리, 참그물바탕말, 참도박, 구멍파래, 잎파래, 청각, 납작파래, 딕티오타, 감태, 곰피, 톳, 패, 다시마, 모자반류, 고리매, 미역, 진두발, 꼬시래기, 부챗살)
34) 이동수, 김형탁, 조득문, 남택정, 변재형, **수산학회지,** 1998, 31(1), 1

(식용 갈조류의 알긴산 조성 — 미역, 다시마, 모자반, 톳)
35) 이상석, **석사 학위 논문,** 부산수산대학, 1991 (서식지 환경에 따른 모자반 〔*Sargassum fulvellum* (Turner) C. Agardh〕의 생장과 성숙)
36) 이소영, 김꽃봉우리, 송유진, 김진희, 김아람, 김미정, 문지혜, 강희문, 이호동, 홍융기, 안동현, **식품영양과학회지,** 2008, 37(8), 490 (꽈배기모자반 추출물 첨가에 의한 빵의 저장성 및 품질 증진 효과)
37) 이학성, 서정호, **생물공학회지,** 2002, 17(1), 63, (알긴산염을 이용한 항균제의 제조 및 항균 효과 — 모자반)
38) 이학성, 서정호, 서근학, **수산학회지,** 2000, 33(1), 32 (해조류 추출물로부터 항균제의 제조 및 항균 효과 — 모자반, 미역, 다시마)
39) 이현진, 김진희, 이주현, 김종식, 곽상태, 이경복, 송경식, 최병욱, 이봉호, **생약학회지,** 1999, 30(3), 231 (해조류 메탄올 추출물의 Prolyl Endopeptidase, Tyrosinase 저해 및 항응고 활성 스크리닝 — 모자반, 지충이, 감태, 서실, 톳, 잘록이)
40) 장정원, **국립 수산지후원 연구 보고,** 1977, 18, 141 (모자반류의 초기 발생에 관한 기초 연구)
41) 조득문, 김두상, 이동수, 김형락, 변재형, **수산학회지,** 1995, 28(1), 49 (식용 해조류 중의 미량 요소의 특수 기능성 당질 — 1. 산지와 채취 시기별 일반 성분의 조성과 무기원소의 분포)
42) 조순영, 유병진, 장미화, 이수정, 성낙주, 이응호, **식품과학회지,** 1994, 26(3), 261 (수산 미이용 자원 중에 존재하는 항균성 물질의 검색 — 구멍쇠미역, 산말, 모자반, 참빗풀)
43) 차명화, 김유경, **식생활문화학회지,** 2008, 23(4), 462 (해조류 건강 기능성 식품에 대한 소비 가치 분석)
44) 차선희, 안긴내, 허수진, 김길남, 이기와, 송춘복, 김소미, 전유진, **식품영양과학회지,** 2006, 35(3), 307 (제주 자생 해양 녹조류와 갈조류 추출물로 부터의 항고혈압 활성 — 감태, 모자반, 미역, 톳, 다시마, 패)
45) 최병욱, 이봉호, 강기정, 이은석, 이남호, **생약학회지,** 1998, 29(3), 237 (해조류 및 생약의 Tyrosinase 억제 활성 검색 — 납작파래, 잎파래, 톳,

매생이, 모자반)

46) 최진호, 임채환, 김재연, 양종순, 최재수, 변대석, **수산학회지,** 1986, 19(4), 303 (비만 치료식 개발을 위한 기초연구 – 1. 식이섬유로서의 알긴산의 비만 억제 효과)

47) 최진호, 최재수, 변대석, 양달선, **수산학회지,** 1986, 19(5), 485 (비만 치료식 개발을 위한 기초연구 – 2. 조류와 생약 성분의 비만 억제 작용 비교)

48) 최창근, **수산학회지,** 2008, 41(5), 371 (한려 해상 국립공원의 해조상-파래류, 청각, 패, 고리매, 곰피, 감태, 부챗발, 참그물바탕말, 톳, 모자반류, 지충이, 김, 시나이아 등)

49) 하봉석, **수산학회지,** 1997, 10(4), 199 〔수산물의 지질에 관한 연구 (제2보), 해조류 지질의 지방산 조성에 대하여 – 파래, 청각, 다시마, 톳, 곰피, 모자반, 미역, 김〕

50) 하재호, 허우덕, 신동화, **수산학회지**, 1987, 20(3), 202 (알긴산의 적정 에스테르화의 조건)

51) 황은경, 백재민, 박찬선, **수산학회지,** 2005, 38(2), 112 〔모자반(*Sargassum fulvellum*)의 생장, 성숙과 발생〕

52) 황혜정, 변재형, 남택정, **수산학회지**, 2000, 33(6), 541 (알긴산이 3T3-L1 세포의 분화에 미치는 영향)

53) Abdel-Fattah, A. F., Hussein, M. M. D., Salem, H. M., **Carbohydr. Res.,** 1974, 33, 19 (Some structrual feature of sargassan, a sulphated heteropolysaccharide from *Sargassum linifolium*)

54) Alhukorala, Y., Jeon, Y. J., **J. Food Sci. Nutr.,** 2005, 10, 134 (Screening for Angiotensin 1-Converting enzyme Inhibitory Activity of *Ecklonia cava*)

55) Ang, P. O. Jr., **Bot. Mar.,** 1985b, 28, 231 〔Regeneration studies of *Sargassum* spp. (Sargassaceae, Pheophyta)〕

56) Ang, P. O. Jr., **Hydrobiologia,** 1987, 151/152, 335 (Use of projection matrix models in assesment of havesting strategies for *Sargassum*)

57) Ang, P. O. Jr., **Proc. 12th Intl. Seaweed Symp.**, 1984, 11, 547 (Preliminary study on the alginate contents of *Sargassum* spp. in Balibago, Calatagan, Philippines)

58) Anggadiredja, J., Andyani, R., Hayati, Muawanah, **J. Appl. Phycol.**, 1997, 9, 477 〔Antioxidant activity of *Sargassum polycystum* (Phaeophyta) and *Laurencia obtusa* (Rhodophyta) from Seribu Islands〕

59) Arai, A., Miura, A., **Suisan Zoshoku**, 1991, 39, 315 (Effects of salinity and light intensity on the growth alga, *Sargassum ringgoldianum*)

60) Bae, S. J., **J. Kor. Soc. Food Sci. Nutr.**, 2004, 33, 480 (Anticarcinogenic effect of *Sargassum fulvellum* fractions on several human cancer cell lines in vitro)

61) Colliec, S., Fischer, A. M., Tapon, B. J., Boisson, C., Durand, P., Jozefonvicz, J., **Thromb. Res.**, 1991, 64, 143 (Anticoagulant properties of a fucoidan fraction)

62) Cote, R. H., **J. Chem. Soc.**, 1959, 2248 (Disaccharides from fucoidan)

63) Dawczynaki, C., Schubert, R., Jahreis, G., **Food Chem.**, 2006, 9, 41 (Amino acids and dietary fibre in edible seaweed products)

64) De Wreede, R. E., **Phycologia**, 1976, 15, 175 〔The phenology of three species of *Sargassum* (Sargassaceae, Phaeophyta)〕

65) Deysher, L. E., **Hydrobiologia**, 1984, 116/117, 403 (Reproductive phenology of newly introduced populations of brown alga, *Sargassum muticum*)

66) Dias, P. F., Siqueira, J. M. Jr., Vendruscolo, L. F., de Jesus Neiva, T., Gagliardi, A. R., Maraschin, M., Riberiodo-Valle, R. M., **Cancer Chemother. Pharmacol.**, 2005, 56, 436 (Antiangiogenic and antitumoral properties of a polysaccharide isolated from the seaweed *Sargassum stenophyllum*)

67) Dominguez, X. A., et al, **Rev. Latinoam. Quim.**, 1976, 7, 45 ; **CA**, 85, 17063a (Cerrosillin, Cerrosillin β)

68) Duarte, M. E. R., Cardoso, M. A., Noseda, M. D., Cerezo, A. S., **Carbohydr. Res.,** 2001, 333, 281 (Structural studies on fucoidan from the brown seaweeds *Sargassum stenophyllum*)

69) Fattorusso, E., et al, **Tetrahedron Lett.,** 1976, 937 (Antibacterial, Crinitol)

70) Fourest, E., Volesky, B., **Environ. Sci. Technol.,** 1996, 30(1), 277 (Contribution of sulfonate groups and alginate to heavy metal biosorption by dry biomass of *S. fluitans*)

71) Fujihara, M., Komiyama, K., Umezawa, I., Nagumo, T., **Chemotheraphy,** 1984, 32, 1004 (Antitumor activity and its mechanism of Na-alginate from brown seaweed *Sargassum fulvellum*)

72) Fujihara, M., Nagumo, T., **Carbohydr. Res.,** 1993, 243, 211 (An influence of the structure of alginate on the Chemotactic activity of macrophages and the antitumor activity)

73) Glenn, E. P., Smith, C. M., Doty, M. S., **Mar. Biol.,** 1990, 105, 323 (Influence of antecedent water temperatures on standing crop of *Sargassum* spp. dominated reef flat in Hawaii)

74) Glomitza, K. W., et al, **Biol. Mar.,** 1982, 25, 449, **CA,** 98, 14341x (Pentafuhalol)

75) Glomitza, K. W., et al, **Phytochemistry,** 1978, 17, 579 (Antibiotic, isol, Trifulhaol B, Trifuhalol)

76) Glomitza, K. W., et al, **Planta Med.,** 1985, 51, 42, 116 ; 1989, 55, 171 (isol, Diphorenthol)

77) Hales, J. M., Fletcher, R. L., **Bot. Mar.,** 1989, 32, 167 [Studies on the recently introduced brown alga *Sargassum muticum* (Yendo) Fentholt. IV. The Effect of temperature irradiance and salinity on germling growth]

78) Holan, Z. R., Volesky, B., Prasetyo, I., **Biotechnol. Bioeng.,** 1993, 41, 819 (Biosorption of cadmium by biomass of marine algae)

79) Hosokawa, M., Okada, T., Mikami, N., Konishi, I., Miyashita, K., **Food Sci. Biotechnol.**, 2009, 18(1), 1 (Bio-function of Marine Carotenoids)

80) Hu, J, F., Geng, M, Y., Zhang, J. T., Jiang, H. D., **J. Asian Nat. Prod. Res.**, 2001, 3, 353 (An in vitro study of the structure - activity relationships of sulfated polysaccharide from brown algae to its anti-oxidant effect)

81) Iriarte, J. et al, **J. Chem. Soc.**, 1956, 4170 (isol. 5, 6 - Dihydroxyflavone)

82) Ishitsuka, M., et al, **Chem. Lett.**, 1979, 1269 (isol, struct, Sargaquinone)

83) Jimenz-Escrig, A., Goni Ganbrodon, I., **Arch. Latinoam. Nutr.**, 1999, 49, 114 (Nutritional evaluation and physiological effects of edible seaweeds)

84) Kang, K. S., Kim, I. D., Kwon, R. H., Lee, J. Y., Kang, J. S., Ha, B. J., **Arch. Pharm. Res.**, 2008, 31(5), 622 (The effect of Fucoidan Extracts on CCl_4-Induced Liver Injury)

85) Kaur, I., Vijayaraghavan, M. R., **Aquat. Bot.**, 1992, 42, 183 (Oogonial development, maturation and release in *Sargassum vulgare* C. Agardh and *S. johnstonii* Setchell & Gardner)

86) Kilar, J. A., Hanisak, D., **J. Phycol.**, 1988, 24, 467 〔Seasonal patterns of morpholorogical variability in *Sargassum polyceratium* (Phaeophyta)〕

87) Kim, O. K., Park, Y. B., Lee, T. G., Kim, I. S., Kang, J. H., Jun, K. S., Park, D. E., Kim, S. B., **J. Kor. Fish. Soc.**, 1996, 29(6), 914 (Degradation of Nitrite as a Nitrosamine Precursor by Brown Algae, *Ecklonia cava* – 감태, 청각, 모자반, 납작파래, 김, 다시마, 미역, 곰피)

88) Kim. S. H., Choi, D. S., Athukorala Yasantha, Jeon, Y. J., Senevirathne Mahinda, Cho, K. R., **J. Food Sci. Nutr.**, 2007, 12(1), 65 (Antioxidant activity of sulfated polysaccharides isolated from *Sargassum fulvellum*)

89) King, A. H., **Food Hydrocolloids II**, Glichsman, M. ed., CRC press, New York, 1982, 115 〔Brown seaweed extracts (Alginate)〕

90) Kobayashi, M., et al, **Chem. Pharm. Bull.**, 1985, 33, 4012 (24-Vinyloxycholesta-5, 23z-dien-3β-ol)

91) Koo, J. G., Jo, K. S., Do, J. R., Park, J. H., Yang, C. B., **J. Kor. Fish. Soc.**, 1995, 28, 659 (Chemical properties of fucoidan from *Hizikia fusiformis* and *Sargassum fullvellum*)

92) Kratochvil, D., Fourest, E., Volesky, B., **Biotechnol. Lett.**, 1995, 17, 777 (Biosorption of copper by *Sargassum flutian* biomass in fixed-bed column)

93) Kudo, T., Saga, N., **Nippon Suisan Gakkaishi,** 1990, 56, 455 (Development of simple method for antibiotic susceptibility testing in algae using paper disks)

94) Kusumi, T., et al, **Chem. Lett.**, 1979, 277 (Sargachromenol, Sargaol)

95) Kusumi, T., et al, **Chem. Lett.**, 1979, 277 (Yellow oil, Sargaquinal, Sargaquinoic acid)

96) Kuyucak, N., Volesky, B., **Biotechnol. Bioeng.**, 1989, 33, 809 (Accumulation of cobalt by marine alga)

97) Kuyucak, N., Volesky, B., **Biotechnol. Bioeng.**, 1989, 33, 823 (Desorpation of cobalt-laden Algal Biosorbent)

98) Lee, B. H., Choi, B. W., Chun, J. H., Yu, B. S., **J. Kor. Ind. Eng. Chem.**, 1996, 7, 1069 (Extraction of water soluble antioxidants from seaweeds)

99) Lee, S. B., Lee, J. Y., Song, D. G., Pan, C. H., Nho, C. W., Kim, M. C., Lee E. H., Jung, S. H., Kim, H. S., Kim. Y. S., Um, B. H., **Food Sci. Biotechnol.**, 2008. 17(3), 613 (Cancer chemopreventive Effects of Korean seaweed Extracts)

100) Lee, S. S., **MS Thesis,** Natl. Fish. Univ. of Busan, Busan, Korea, 1991, 42 (Effects of environmental factors on growth and maturity of *Sargassum fulvellum*)

101) Lee, S. Y., Kim, J. H., Song, E. J., Kim, K. B. W. R., Hong, Y.

K., Lim, S. M., Ahn, D. H., **Food Sci. Biotechnol.**, 2009, 18(2), 506 (Investigation of Antimicrobial Activity of Brown Algae Extracts and the thermal and pH effects on their activity; 패 곰피, 모자반, 지충이, 긴불레기말, 감태)

102) Leusch, A., Holan, Z. R., Volesky, B., **Appl. Biochem. Biotechnol.**, 1996, 61, 231 (Solution and particle effects on the biosorption of heavy metals by seaweed biomass)

103) Marui, M., Inai, S., Yoshida, T., **Jpn. J. Phycol.**, 1981, 29, 277 〔Growth and maturation of six species of *Sargassum* and *Cystoseria* (Phaeophyta, Fucales) in Oshoro. Bay, Hokkaido, Japan〕

104) Matheickal, J. T., Yu, Q., **Bioresource Technol.**, 1999, 69, 223 (Biosorption of lead and copper from aqueous solution by pre-treated biomass of Australian marine algae)

105) McCourt, R. M., **J. Exp. Mar. Biol. Ecol.**, 1984, 74, 141 (Seasonal patterns of abundance, distributions and phenology in relation to growth strategies of three *Sargassum* species)

106) Meyer, B. N., et al, **J. Nat. Prod. (Lloydia)**, 1985, 48, 952 (2',5,6,-Trimethoxyflavone)

107) Meyer, B. N., et al, **J. Nat. Prod. (Lloydia)**, 1985, 48, 952 (*O*-Geranylosthenol, 2',3',4',5,6,6'-Hexamethoxyflavone)

108) Mizui, N. I., Fujihara, M., Himeno, J., Komiyama, K., Umezawa, I., Nagumo, T., **Kitasato Arch. Exp. Med.**, 1985, 58, 59 (Antitumor activity of polysaccharide fractions from the brown Seaweed *S. kjellmanianum*)

109) Mori, H., Nishizawa, K., **Nippon Suisan Gakkaishi**, 1982, 48, 981 (Sugar constituents of sulfated polysaccharides from fronds of *Sargassum ringgoldianum*)

110) Nishide, E., Azai, H., Uchida, N., **Nippon Suisan Gakkaishi**, 1987b, 53, 1215 (A comparative investigation on the water-soluble and al-

kali-soluble alginates from various Japanese brown algae)

111) Nozaki, H. et al, **Chem. Lett.**, 1980, 1453 (cryst, Sargassumlactam)

112) Numata, A. et al, **Phytochemistry**, 1992, 31, 1209 (isol, oil, Sargadiol I, SargasolII, Sargaol)

113) Numatam, A. et al, **Chem. Pharm. Bull.**, 1991, 39, 2129 (oil, Sargatriol, Sargatetraol)

114) Park, J. Y., Nam, Y. S., Choi, S. S., Yoo, Y. J., **Kor. J. Biotechnol. Bioeng.**, 1997, 12, 103 (Heavy metal adsorption characteristics of *Sargassum fulvellum*)

115) Park, M. J., Han, J. S., **J. Food Sci. Nutr.**, 2008, 13(4), 259, (Fucoidan protects LLC-PK1 cells against AAPH-induced Damage)

116) Park, Y. B., Kim, I. S., Yoo, S. J., Ahn, J. K., Lee, T. G., Park, D. C., Kim, S. B., **J. Kor. Fish. Soc.**, 1998, 31, 581 (Elucidation of Anti-tumor initiator and promoter derived from seaweed-2 ; Investigation of seaweed extracts suppressing mutagenic activity of PhIP and MeIQx)

117) Raghavendrran, H. B., Sathivel, A., Yogeeta, R. S., Devaki, T., **Clin. Exp. Pharmacol. Physiol.**, 2007, 34, 142 (Efficacy of *Sargassum polycystum* sulphated polysaccharide against paracetamol-induced DNA fragmentation and modulation of membrane-bound phosphatases during toxic hepatities)

118) Schwartsmann, G., Rocha, A. B., Berlinck, G. S., Jimeno, J., **Oncology**, 2001, 2, 221 (Marine organisms as a source of new anti-cancer agents)

119) Scrig, A. J., Muniz, F. J. S., **Nutr. Res.**, 2000, 20, 585 (Dietary fiber from edible seaweeds ; Chemical structure, physiological properties and effects on the cholesterol metabolism)

120) Segawa, M., et al, **Chem. Lett.**, 1987, 1365 (Sargahydroquinoic acid, Yezoquinolide)

121) Seng, P. X., Ting, Y. P., Chen. J. P., Hong, L., **J. Coll. Interf. Sci.**, 2004, 275, 131 (Sorption of Lead, Copper, Cadmium, Zinc and Nickel by marine algal biomass)

122) Shizuri, Y. et al, **Phytochemistry**, 1982, 21, 1808 (6,10,14-Trimethyl -5,10-pentadecadiene-2,12-dione,6,10,14-Trimethyl-5,9,-pentadecadiene -2,12-dione)

123) So, M. J., Kim, B. K., Choi, M. J., Park, K. Y., Rhee, S. H., Cho, E. J., **J. Food Sci. Nutr.**, 2007, 12, 191 (Protective Activity of Fucoidan and Alginic Acid against Free Radical-Induced Oxidative Stress under in vitro and Cellular System)

124) Tseng, C. K., Chang, C. F., **Acta Bot. Sinica**, 1954a, 3, 232 〔Studies on chinese sargassums Ⅰ. *Sargassum pallidum* (Turn.) Ag.〕

125) Tseng, C. K., Chang, C. F., **Acta Bot. Sinica**, 1954b 〔Studies on chinese sargassums Ⅱ. *Sargassum kjellmanianum*)

126) Uchida, T., Yoshikawa, K., Arai, A., Arai, S., **Nippon Suisan Gakkaishi**, 1991, 57, 2249 〔Life cycle and its control of *Sargassum muticum* (Phaeophyta) in batch culture〕

127) Volesky, B., **Biosorption of Heavy Metals**, CRC Press, 1990

128) Yamamoto, I., Nagumo, T., Takahasi, M., Fujihara, M., Suzuki, Y., Iizima, I., **J. Exp. Med.**, 1981, 51, 187 (Antitumor effect of seaweeds III, Antitumor effect of an extract from *Sargassum kjellmanianum*)

129) Yan, X. J., Li, X, C., Zhou, C. X., Fan, X., **J. Appl. Phycol.**, 1996, 8, 201 (Prevention of fish oil rancidity by phlorotannins from *Sargassum kjellmanianum*)

130) Yang, J., Volesky, B., **Environ. Sci. Technol.**, 1999, 33, 751 (Cadmium biosorption rate in protonated *Sagrassum* biomass)

Undaria pinnatifida
(Harvey) Suringar

미역 24

갈조류 · Alariaceae (미역과)

- 영명 | Sea mustard
- 일명 | Wakame
- 한명 | 若布, 海藻, 海菜
- 분포 | 우리나라 특산, 일본

✲ 식물학적 특성

갈조류로 미역과에 속하며, 넙적나래미역속, 조류가 거셀수록 질이 좋다. 높이 50~150㎝, 봄에서 초여름에 걸쳐 무성하게 자라는 일년생. 색은 갈색이나 녹갈색이며, 잎, 줄기, 헛뿌리로 구성되어 있다. 잎 중앙에 폭 3~5㎝의 중앙 잎맥이 있고, 중간 잎에서 깃털 모양의 작은 잎이 나온다. 여름에는 뿌리 바로 위에 수십장의 주름이 겹쳐 생식기관이 있고, 이 부분은 포자를 만드는 포자엽이고, 실엽(實葉)이라고도 한다. 또 미역귀라는 속칭도 있다.

동속에는 넓미역(*Undaria peterseniana*), 멍석미역(*U. undariodes*) 등이 있다.

✲ 성분

1) 영양성분

① **미역(생것, 자연산, 12033)** : 가식부 100g 중 수분 90.30g, 열량 18.0 kcal,

단백질 1.9g, 지질 0.3g, 당질 2.9g, 조섬유 0.30g, Ca 92.0㎎, P 40.0㎎, Fe 1.50㎎, Zn(0.10)㎎, vitamin A 233.0 RE, β-carotene 1398.0㎎, B_1 0.050㎎, B_2 0.160㎎, B_6(0.001㎎), niacin 1.2㎎, C 16.0㎎, 엽산 (146.3 ㎍), E(1.00㎎).

② **미역(생것, 양식산, 12034)** : 가식부 100g 중 수분 87.60g, 열량 28.0 kcal, 단백질 3.0g, 지질 0.3g, 당질 4.8g, 조섬유 0.30g, Ca 149.0㎎, P 80.0㎎, Fe 1.10㎎, Zn(0.10)㎎, vitamin A 315.0 RE, β-carotene 1890.0㎎, B_1 0.060㎎, B_2 0.140㎎, B_6(0.001㎎), niacin 1.3㎎, C 15.0㎎, 엽산 (146.3 ㎍), E(1.00㎎).

③ **미역(생것, 말린것, 12035)** : 가식부 100g 중 수분 10.30g, 열량 190.0 kcal, 단백질 13.5g, 지질 1.7g, 당질 40.1g, 조섬유 2.50g, Ca 920.0㎎, P 415.0㎎, Fe 7.60㎎, Zn(5.10)㎎, vitamin A 60.0 RE, β-carotene 359.0 ㎎, B_1 0.250㎎, B_2 1.050㎎, B_6(0.01㎎), niacin 8.0㎎, C 14.0㎎, 엽산 (1058.3㎍), E(7.23㎎).

④ **미역(분말, 12036)** : 가식부 100g 중 수분 11.10g, 열량 228.0kcal, 단백질 10.7g, 지질 1.8g, 당질 38.2g, 조섬유 14.20g, Ca(1068.2㎎), P(573.5㎎), Fe(7.9㎎), Zn(0.58)㎎, vitamin A(2258.3 RE), β-carotene(13550.1㎎), B_1(0.430㎎), B_2(1.000㎎), B_6(0.01㎎), niacin 9.3㎎, C(107.5㎎), 엽산 (1060.1㎍), E(7.25㎎).

⑤ **미역(줄기, 생것, 12037)** : 가식부 100g 중 수분 88.10g, 열량 22.0kcal, 단백질 1.8g, 지질 0.2g, 당질 4.0g, 조섬유 0.60g, Ca 120.0㎎, P 55.0㎎, Fe 0.40㎎, Zn(0.10)㎎, vitamin A 60.0 RE, β-carotene 360.0㎎, B_1 0.030㎎, B_2 0.060㎎, B_6(0.001㎎), niacin 1.0㎎, C 12.0㎎, 엽산(146.3㎍), E(1.00㎎).

⑥ **미역(줄기, 염장품, 12038)** : 가식부 100g 중 수분 62.40g, 열량 21.0 kcal, 단백질 1.0g, 지질 0.3g, 당질 4.4g, 조섬유 1.30g, Ca 138.0㎎, P 44.0㎎, Fe 1.50㎎, Zn(1.73)㎎, vitamin A 8.0 RE, β-carotene 45.0㎎, B_1 0.010 ㎎, B_2 0.020㎎, B_6(0.003㎎), niacin 0.2㎎, C 1.0㎎, 엽산(426.4㎍),

E(2.91mg).

⑦ **미역(튀각, 12041)** : 가식부 100g 중 수분 7.00g, 열량 539.0kcal, 단백질 3.2g, 지질 52.2g, 당질 17.9g, 조섬유 8.50g, Ca 792.0mg, P 486.0mg, Fe 14.20mg, Zn(0.60)mg, vitamin A 93.0 RE, β-carotene 558.0mg, B_1 0.080 mg, B_2 0.090mg, B_6 0.01mg, niacin 3.6mg, 엽산 1097.3μg, E 7.5mg.

2) 특수성분

미역에서 Chondrine(1S, 3R, C-01223), 1H-Indole-3-acetic acid(I -00122), 1-H-Indole-3-Carboxylic acid(I -00124)가 분리되었다.

✲ 생리 활성

열량이 다른 식이투여가 혈중 지방과 혈당에 미치는 효과[①] : 30여 년 전보다 한국 사람의 해조류 소비가 3.5배 증가하였다. 해조류는 식이섬유와 β-carotene, 요오드 등 여러 생리활성 물질이 들어 있고, 비만, 당뇨병, 동맥경화, 암, 변비 등 만성질병 예방 효과가 알려지고 있다. 다른 식이 내용을 포함한 열량식이 투여에 미역이 체중 증가, 혈당, 지방 양상에 미치는 영향을 연구하였다. SD계 숫쥐를 대조군, M2.5, M5군(실험1)과 MS, M10, HCM5, HCM10, HFM5, HFM10군(실험2)로 나누고 4주간 사육한 결과, 혈당과 TG양은 별 변화가 없었으나, 실험1에서 5%미역(M5)식이군에서 LDL이 현저히 감소하였고, HDL과 TC/LDL 및 부신 무게는 증가하였다. 실험2에서 10%미역(M10)식이군에서 증체량과 energy 효율 및 부신중량은 증가하였다. 고탄수화물+10%미역(HCM10)군에서는 비복근을 제외한 모든 장기의 무게가 감소하였고, 변 중 cholesterol배설과 LDL 농도는 증가하였으나, HCM5군에서 HDL이 실험군 중 가장 높았다. 이들 결과로, 미역이 고지방 식이가 고탄수화물 식이보다 체중 조절에는 효과적이나 혈중 지방 양상 개선에는 별 도움이 되지 않았다.

고지방식이와 해조류의 혈청 지질 개선 효과[②] : 고지질 식이를 SD계(♂) 늙은

쥐에 6주간 투여하고, 대황 분말(EBP)이나 대황 추출물(EBE)을 투여한 후, 혈청 지질을 관찰하였다. 제1실험은 EBP와 미역(UP), 다시마(LJ) 및 톳(ES)을 alginic acid(ALG, 대조군)와 비교하였고, 제2실험은 EBE와 EB EtOH ex 및 EB pill(EB와 LJ)을 시료로, 식이섬유는 5% 함유하게 하여 투여한 결과, 총 cholesterol은 LJ나 EBP군보다 현저히 감소하였으나, HDL-cholesterol은 UP, LJ, ES 및 EBP에서 상승하였다. HDL/총cholesterol 비는 ALG를 포함 모든 해조류군에서 대조군보다 상승하였고, 중성지방(TG)은 대조군보다 LJ, EB 및 ESP에서 감소하였다. EBE는 대조군에 비해 EBE만 주었을 때 감소하였으나, HDL은 EB water ex와 EtOH ex에서만 상승하였다. EB pill에 의해서 혈청 총 cholesterol과 TG는 감소하고, HDL-cholesterol은 증가하였다. 혈청 중 TBA 반응물질은 ESP, EBP, EB H_2O ex 및 EB pill군에서 감소하였다. EBP와 EB pill 투여로 대조군에 비해 GOT와 GPT가 감소하였다. 이러한 결과에서 EB와 EB pill은 혈청 지질 개선 효과가 있어 기능성 식품소재로 개발이 기대되었다.

저분자 Alginate와 Cholesterol 및 지방산 대사③ : 미역과 큰다시마에서 추출한 수용성 알긴산 및 산·알칼리 가용성 알긴산과 그 염산 부분 가수분해에서 얻어진 alginic acid(미역, 약 4,000kDa→약 38kDa ; 큰다시마 약 1283kDa → 약 341kDa와 약 45kDa)을 함유한 실험 자료를 흰쥐(SD계, 4주령)에 4주간 급여 후, alginic acid 급여군의 식이 효율은 0.37~ 0.44로 기초 식이군에 비해 0.03~0.05의 낮은 값을 보였고, cholesterol 급여에 의한 간의 중량 증가도 억제되었다. 수용성 alginic acid는 산·알칼리 가용성 alginic acid에 비해 혈청 및 간지질 중 총 cholesterol, 유리 cholesterol, LDL-cholesterol(LDL), triglyceride(TG) 및 인지질에 현저한 저감 효과를 보였고, 각각의 효과는 저분자화에 의해 현저히 증대되었다(저분자에 의한 저감 효과 ; 수용성 alginic acid-혈청 지질, 총 cholesterol 59%, 유리 cholesterol 65%, LDL 96%, TG 50%, 인지질 36%, 간장 지질 ; 총 cholesterol 42%, 유리 cholesterol 62%, LDL 44%, TG 33%, 인지질 44%, 산·알칼리 가용성 알긴산·혈청 지질 ; 총 cholesterol 52%,

유리 cholesterol 97%, LDL 78%, TG 32%, 인지질 64%, 간장 지질 ; 총 cholesterol 11%, 유리 cholesterol 12%, LDL 10%, TG 27%, 인지질 21%) 저분자 alginic acid는 혈청 및 간지질 조성을 현저히 개선시켰다.

지질대사④ : 미역 분말 첨가 국수(BA-noodle)를 4주간 SD계 흰쥐에 투여하고 지질 대사를 관찰한 결과, 10%, 20%, 40%BA-noodle 군의 TG 함량은 84.78±3.52~91.30±3.77㎎/dL(혈청)로 대조군(99.77±4.25㎎/dL)보다 10~15% 감소하였고, 총 cholesterol 함량은 87.28±4.97~91.00±3.72㎎/dL로 대조군(99.30±4.61㎎/dL)보다 8~12% 감소하였다. LDL-cholesterol은 44.20±4.21~46.00±4.41㎎/dL로 대조군(53.75±2.18㎎/dL)보다 15~18% 감소하였다. HDL-cholesterol은 25.36±1.12~27.38±1.52㎎/dL로 대조군(23.80±0.77㎎/dL)보다 각각 7~16% 증가하였다. 각 시료 투여군의 AI(동맥경화 지수)는 2.16±0.14~2.59±0.17로 대조군(3.00±0.13)보다 14~28% 현저히 감소하였다.

Alginate의 항돌연변이와 Cholesterol, Glucose, Cd 결합능① : Alginate의 평균분자량 약 10,000(HAG-10), 50,000(HAG-50), 100,000(HAG-100)의 저분자 alginate를 만들어 Ames test로 항돌연변이 효과를 측정한 결과, AFB_1에 대한 간접 돌연변이 원성과 MNNG에 대한 직접 돌연변이 원성의 항돌연변이 효과는 HAG-10이 가장 높았고, 다음 HAG-50, HAG-100 및 alginate 순으로 분자량이 적을수록 증가하였다. 저분자 alginate의 cholesterol, glucose 및 Cd 결합능은 alginate가 가장 높았고, 다음 HAG-50과 HAG-100은 유사하였으며, HAG-10은 결합능이 없었다.

Alginate의 Cholesterol, Glucose 및 Cd 배출 효과② : Alginate의 기능성을 개선코자 저분자 alginate를 만들어 rat에 HAG-10, HAG-50, HAG-100 및 alginate를 투여, cholesterol의 체외 배출 효과를 조사한 결과, HAG-50과 HAG-100이 높았고, 다음 alginate이며, HAG-10은 나타나지 않았다. 혈청 중 glucose양은 HAG-50에서 가장 낮았고, 이후에도 계속 혈당이 저하하였으며, 혈청 중 insulin도 HAG-50에서 초기에 증가한 후 계속 저하되었다. Cd의 체외 배출은 HAG-50에서 가장 높았고, 다음 HAG-100, alginate, HAG-10 순이나 HAG-10은 거의 효과가 없었다. 이로써 HAG-50은 rat에서 cholesterol과 Cd 체외 배출이 촉진되었으며, 혈중 glucose 저하 효과가 뚜렷하였다.

충치균에 대한 항균 활성① : 우리나라 연안에서 채취한 해조류 27종의 80% EtOH 추출물이 충치균 *Streptococcus mutans* KCTC 3300의 증식에 미치는 영향을 조사한 결과, 해조류 중 다시마가 가장 강하였고, 갈파래, 청각, 감태, 곰피, 미역도 비교적 활성이 높았으며, 홍조류보다 갈조류와 녹조류가 대체로 강하였다. 다시마의 항균 활성은 용매에 따른 추출물의 차이는 나타나지 않았다. *S. mutans* KCTC 3300과 *S. sobrinus* KCTC 3307에 대한 해조류의 80% EtOH 추출물의 MIC는 해조류 종뿐 아니라, 동일 해조류 추출물에서도 균 종에 따라 차이가 있었다. 다시마의 80% EtOH의 Et_2O 분획에서 MIC는 105㎍/㎖, 수용성 분획은 약 5,500㎍/㎖에서 균의 증식이 억제되지 않았다.

충치 원인균과 미역추출물의 항균 물질 분리, 동정② : 건조 미역 10.4㎏을 아세톤으로 추출, 각종 chromatography로 분리, *Streptococcus mutans*(충치균)에 항균성 물질을 분리 동정한 결과, $CHCL_3$ 층에서 73.2%, hexane층에서 62.0%의 항균성을 보였으나, BuOH층과 H_2O층에서는 항균성이 거의 없었다. alumina column에서 1% NH_4OH : MeOH(1:1) 용매획분에서 81.0% 항균성을 보였고, $CHCL_3$: MeOH(95:5)에서 95.5% 항균성을 보였다. ODS column에서는 85% MeOH에서 96.4% 항균성을 보였다. ODS column에서 MeOH를 이동상으로 S_1(10㎎), S_2(60㎎), S_3(60㎎)을 분리하여, TLC 결과, Rf 0.42에서 동일 spot를 보여, 동일 물질로 추정하였고, 이들을 methylation시켜 TLC 결과, Rf 0.95로 carboxyl기가 있는 지방산으로 추정되었고, GC에서 표품과 비교한 결과, $C_{18:4}$ n-3 지방산 retention time이 일치하였고, MS에서 M/2 290에 분자 ion peak가 관찰되어 3, 6, 9, 12-octadecatertraenoic acid(18:4, n-3) 지방산으로 동정되었다.

항균제 개발과 그 효과③ : 해조류(모자반, 미역, 다시마)에서 alginate를 추출, Ag-alginate를 만들고 포도상 구균과 대장균에 대한 항균성을 관찰하였다. 포도상 구균과 대장균의 성장은 pH 7에서 가장 왕성하였고, 포도상 구균이 pH에 매우 민감하였다. 포도상 구균은 배양 초기에 사장 시간(dead time) 경과 후 급격히 성장하였고, 대장균은 사장 시간 20분 후 완만히 성장하였다. 해조류에서 추출한 alginate로 제조한 Ag-alginate는 포도상 구균과 대장균에 0.006w% Ag를 첨가한 배양액에서 우수한 항균성을 보였으며, 포도상 구균보다 대장균에 더 강력한 항균성을 보였으나, 미역과 다시마에서 추출한 alginate를 정제하지 않고 Ag-alginate를 만든 것은 포도상 구균과 대장균에 항균성이 현저히 감소되었다. 국내 수입된 항균 섬유용으로 사용되는 Ag-zeolite계 제품의 항균력과 유사한 항균능을 보여 Ag-alginate는 수술용 봉합, band, gauze, 붕대 등 의료용 섬유에 사용이 가능하다고 판단되었다.

항돌연변이와 항균 효과 : 미역과 다시마 EtOH ex에 대해 항돌연변이 효과는 미역이 다시마보다 높았고, 다시마 70%와 90% EtOH ex는 TA100과 TA102에서 NDMA유도 돌연변이에 높은 항돌연변이 효과를 보였다. 미역 50% EtOH ex는 *S. cervisiae*에 대해 70%와 90% EtOH 다시마 ex가 *B. subtilis*와 *E. coli*에 항균성을 보인 것보다 강하였다.

해조류 추출물의 화학적 암 예방 효과 : 동해와 남해안에서 미역, 다시마, 감태 등 30종의 해조류에 대하여 phase II 해독 효소 유도 및 염증 반응 방지 효과로 화학적 암 예방 효과를 시험한 결과, *Dictyota coriacea*(그물바탕말) *Cutleria cylindrica*(채찍말)에서 4.36과 4.66의 강한 암 예방수치를 얻었고, 이 추출액 100㎎/㎖에서 3배의 항산화 효과가 나타났다. 패(*Ishige okamurae*), 산말류(*Desmarestia ligulata, D. viridis*), 딕티오프레티스(*Dictyopretis divaricata, D. coriacea*), 모자반류(*S. horneri, S. yezoense*) 등에서 NO에 대해 현저한 방해와 5~20㎎/㎖에서 농도 의존적 prostaglandin E_2 생산을 억제하였다. 이들 해조류들은 화학적 암 예방 효과가 있는 식품으로 이용될 수 있다. 특히 *Dictyota coriacea*는 ARE의존 기작으로 gene을 조절할 뿐 아니라 NO와 PGE_2 생산을 방해하여 염증을 예방하는 강력한 화학적 암 예방 물질을 함유하고 있을 것으로 생각되었다.

Marine carotenoid의 생물학적 기능① : 자연계에서 생성되는 색소 중 carotenoid (CA)는 가장 중요하며 인체 건강에 유용한 효과를 갖고 있어 관심이 증가되고 있다. 해산 CA는 그들이 주는 화학적, 생물학적 이익의 영향은 중요하다. 해산 CA 중 astaxanthin과 fucoxanthin은 해양 동물이나 해양 식물 중에서 비교적 강력한 생물학적 활성이 있다. 즉 이 둘 CA는 quenching siglet oxygen과 scavenging free radical의 강한 항산화 작용이 있기 때문이며, 식이성 항산화 작용이 있는 이들 강력한 작용의 CA는 항암 작용과 항염 작용이 있다. 특히 fucoxanthin이 근래 항비만과 항당뇨 효과가 인정되면서부터 주목받게 되었다. 이러한 작용은 mitochondria의 백색지방(WAT)에서 uncoupling protein(UCP1)을 만들어 WAT에서 지방산을 산화시켜 WAT에서 열을 생산하기 때문이다. fucoxanthin은 insulin 저항을 개선하여 혈당을 낮추며, 동물의 WAT에서 종양괴사 인자 α(TNFα)를 감소시키기 때문이다.

Fucoxanthin의 추출과 특성② : 항종양 활성이 있는 미역의 색소 fucoxanthin (FX)을 조사한 결과, 미역의 포자엽 87.6㎎/100g, 미역줄기 62.4㎎/100g, 미역귀 127.7㎎/100g으로 미역귀에 많았다. FX는 444nm에서 최대흡수를 나타내는 carotenoid의 분광학적 특성이 있다. 미역에 존재하는 FX는 용매 분획, silica gel column chromatography와 HPLC로 정제, 이를 인공 생체막인 인지질에서의 자동산화에 이용하였다. 인지질에서 50μM FX를 37℃에서 72시간 자동산화시킨 결과, 5개의 산화물이 생성되었다. FX 산화물 중 haloacyanthiaxanthin은 FX보다 강력한 항종양 활성이 보고되고 있다.

미역 국수의 비만 억제① : 미역 건조 분말 10, 20, 40% 첨가한 국수(BA-noodle)를 만들어 4주간 SD계 흰쥐에 투여한 결과, 10% BA군은 대조군과 별 차이 없었으나, 20%, 40% BA군은 10% 및 22% 체중 증가 억제 효과가 있었다. 각 10%, 20%, 40% BA군에서 각각 7, 17, 38% 체중 증가가 억제되었다. 에너지 섭취량은 10, 20, 40% BA에서 각각 6, 16, 37%로 감소하였고, 사료 효율은 각각에서 대조군보다 10, 20, 40% 감소하였다. 비만 지수 Rohrer index 및 TM index도 같은 경향으로 10, 20, 40% BA 군에서 각각 6, 8, 12% 감소하였고, 체지방은 각군에서 10, 15, 22% 감소하였다.

미역 국수와 활성 산소 제거[2] : 미역 건조 분말 10, 20, 40% 첨가한 국수(10, 20, 40% FBA-noodle)를 SD 계 흰쥐에 4주간 투여한 결과, mitochondria (mito)·OH 생성은 대조군에 비해 각각 20%, 25%, 35%의 현저한 ·OH 생성 억제 효과가 인정되었다. 또한 microsome의·OH 생성도 같은 시료 투여에서 대조군에 비해 12~20% 억제되었고, 시료 투여에서 microsome의 H_2O_2 생성도 억제되었다. 간의 mito Mn-SOD 활성은 10, 20, 40% FBA 투여에서 대조군에 비해 10~15% 증가되었으며, 간의 microsome의 Mn-SOD 활성은 10%와 20% FBA 투여에서 증가하지 않았으나, 40% FBA에서는 증가되었다. 간의 cytosol의 Cu, Zn-SOD 활성은 시료 투여군에서 대조군에 비해 20~40% 증가되었다. 또 mito의 LPO양은 10% FBA에서 생성 억제가 없었으나, 20, 40% FBA군 투여에서는 10% LPO 생성이 억제되었다. microsome의 LPO양은 10% FBA군에서 생성억제가 없었으나, 20%, 40% FBA 군에서 약 10~12% LPO 생성 억제 효과가 있었다.

산화적 Stress에 대한 Fucoidan과 Alginic acid의 보호 효과 : Peroxyl radical - 유도 산화적 stress에 대한 fucoidan과 alginic acid(갈조류 함유 활성 다당류)의 보호 작용을 in vitro에서 실험한 결과, fucoidan은 NO와 O_2 (superoxide)제거능이 강력하였으나, alginic acid는 이러한 작용이 없었다. 그러나 alginic acid는 fucoidan보다 -OH 제거능은 높았다. fucoidan과 alginic acid는 AAPH 유도 산화적 stress에 대하여 세포의 활성을 향상시켰다. fucoidan과 alginic acid 1,000㎎/㎖에서 세포의 활성은 각각 16.4%에서 85.9%와 67.7%로 증가하였다. 또한 fucoidan과 alginic acid는 AAPH에 의해 용량 의존적으로 LLC-PKI 세포에서 지질 과산화를 개선시켰다. 이 결과로 fucoidan과 alginic acid는 free radical로 인한 산화

적 stress에 대해 항산화제로 작용하는 것으로 생각되었다.

알긴산의 노화 억제 작용 : 미역, 다시마의 알긴산을 0, 3, 6, 및 9% 함유 사료로 SD계(♂) 흰쥐를 16주 사육 후, 체중 변화는 대조군 100%로 계산, 3, 6 및 9%군에서 각각 89.6%, 70.2%, 50.6%로 감소하였고, 혈액과 달리 mitochondria와 microsome은 모두 6~9%군에서 과산화 지질이 효과적으로 감소하였으며, 과산화 지표인 peroxidizability index도 과산화 지질과 유사히 감소하였다. cholesterol은 3, 6, 9%군에서 대조군 100%로, mito획분은 각각 87.0, 77.5, 72.3%로 microsome 획분도 각각 87.4, 68.0, 68.1%로 감소하였다. 인지질 함량은 cholesterol의 비(Ch/ph mol 비)는 두 획분 모두 3~6%군에서 감소하였다. 총 지방산 함량은 알긴산 첨가량에 따라 감소하였고 리놀산은 3~6%군에서 증가하였으며 리놀산/아라키톤산은 3~6%군에서 현저히 감소하였다. 이상의 결과로 알긴산은 노화과정 중 생리적 변화를 효과적으로 조절할 수 있음을 암시하고 있다.

Micro파 전처리와 열수 추출 Alginic acid 의 특성 : 미역과 다시마에서 micro파 전처리와 온도에 따른 alginic acid 수율은 미역이 다시마보다 높았고, 온도가 높을수록 증가 경향을 보였다. 미역은 처리시간 90분 이상에도 영향이 없었고, 다시마는 120분까지 서서히 증가, 수율은 미역과 다시마의 micro파 전처리에서 100℃에서 90분, 100℃에서 120분이 적절하였다. micro파 처리 추출 온도는 용해도와 점도에 영향을 주었고, 80℃에서 미역과 다시마의 각각 용해도는 69%, 77%, 100℃에서 86%, 94%, 100℃ micro파 전처리 시료는 원료와 전처리 시간에 관계없이 Na_2CO_3으로 추출한 alginic acid에 비해 5%이하의 점도를 보였다. 또 열수 추출 온도가 alginic acid 추출 영향은 다시마보다 미역에서 컸으며, 추출 시간 경과로 수율이 증가하였다. 다시마도 유사하였으나, 미역보다 작았다. 용해도는 추출 온도 60℃를 제외한 추출 온도 증가에도 큰 변화가 없었고, 분자량은 기존의 Na_2CO_3 추출로 제조된 alginic acid의 분자량은 80만 이상이었고, micro파 전처리와 열수추출 alginic acid는 분자량이 12,000~45,000으로 매우 적었다.

추출 조건과 알긴산 수율 : 다시마, 미역, 톳에서 알긴산을 여러 조건으로 추출한 결과, 열수 추출물(HWEM), 수용성 alginate(WSA), 알칼리 용성 alginate(ASA), 산알칼리 용성 alginate(AASA)을 추출, 알긴산 추출 효율은 AASA법으로 미역 추출 시 알긴산 함량이 39.6%로 가장 우수하였고, HWEM은 10.2~18.6%로 AASA의 반에 불과하였다. 추출 알긴산 분말의 색도는 다시마 WSA로 추출물의 △E값이 20.63으로 가장 밝았고, 모든 시료는 WSA법 추출물이 밝았다. ASA법 추출 알긴산 색도는 △E 75.31로 가장 어두웠다. 알긴산의 AASA법, 3% Na_2CO_3에서 37.1% 높은 수율을 보였고, 0.1, 0.2, 0.4N의 H_2SO_4 추출 중 0.4N H_2SO_4 추출이 34.9%로 높은 수율을 보였다. 톳에서 추출한 알긴산 점도는 상품의 점도보다 매우 낮았으며, ASA법에서 얻은 알긴산 점도가 WSA법의 알긴산보다 높은 점성을 보였다. 알긴산은 해조류 특히 갈조류에 많은 다당류로 식품, 의약품, 화장품 등 광범하게 쓰이며, 식이섬유로써 cholesterol 저하와 고지혈증 예방 등의 기능성이 보고되면서 많은 관심이 모아지고 있다.

Fucoidan의 활성과 이용 : 미역, 다시마, 톳 등 갈조류에 많은 fucoidan은 90여 년 전에 추출 확인되었으며 항혈액 응고, 항혈전, 항암, 면역조절, 항virus, 줄기세포의 활성화 등의 생리 활성이 연구되어, 이와 관련된 각종 질병의 완화 및 치료제로 활용 가능성이 인식되고 있다. 갈조류의 양식은 잘 발달되었고, 전남 완도지역은 청정지역으로 수질오염이 낮아 다시마, 미역 포자엽의 수확량이 풍부, fucoidan 추출 원료 수급이 용이하다.

Fucoidan 의 항혈액 응고 특성 : 국내 해안에서 생산되는 갈조류인 미역 포자엽, 다시마, 톳, 모자반을 묽은염산(pH 2.0)으로 65℃에서 추출한 crude fucoidan을 CPC 처리로 침전시킨 후, 1.0, 1.5, 3.0M의 $CaCl_2$로 분획, 항혈액 응고 활성을 비교한 결과, 황산기 함량이 많을 수록 활성이 증가하였으며, 시료 중 미역 포자엽 0.3M-$CaCl_2$ 분획이 가장 활성이 강하였다. 이 분획을 다시 pronase와 laminase 로 처리한 결과, 각각 단백질과 glucose가 감소하였으나, 처리 전보다 항혈액 응고활성이 증가하였다. pronase와 laminase 처리한 fucoidan의 fucose : galactose : mannose: sulfate : uronic acid 의 mole%는 1: 1.3: 0.03: 2.7: 0.08 이었고, 효소 처리로 포자엽의 주 결합 구조는 변화가 없었다.

CCl_4- 유도 간손상과 Fucoidan 효과 : CCl_4-산화 stress 손상 간에 fucoidan extracts(FE)의 항산화성을 GOT, GPT, ALP, LDH, MDA, SOD, CAT, GPx수준으로 알 수 있는지 실험하였다. SD계rat(♀)에 Fe 100㎎/㎏을 14일간 투여하고 15일째 CCl_4를 준 후 희생시켰다. rat 혈청 중 GDT, GPT, ALP 및 LDH를 총 간의 균질액에서 MDA, SOD, CAT 및 GPx와 같이 측정한 결과, CCl_4처리에서는 GDT, GPT, ALP, LDH, 및 MDA가 증가하였고, SOD, CAT 및 GPx는 현저히 감소하였으나, FE로 전처리한 rat은 CCl_4 처리 rat에서 SOD, CAT 및 GPx량이 회복되는 것과 같이 GOT, GPT, ALP, LDH 및 MDA의 증가가 억제되었다. 더구나 FE처리 rat의 간에서는 괴저나 경화 발생이 현저히 감소하였다. 이러한 결과로 FE의 항산화성이 CCl_4-유도 산화적 stress에 효과 있음을 알게 되었다.

AAPH-손상 LLC-PK1세포와 Fucoidan : AAPH-손상 LLC-PK1세포의 산화적 stress에 fucoidan의 보호 효과를 실험하였다. LLC-PK1세포를 1㎜ 2,2'-azo-bis(2-aminopropane) dihydroehloride(AAPH)에 24시간 노출시켜 산화적 stress에 생활력이 현저히 감소하였으나, fucoidan은 용량 의존적으로 이를 보호하였다. 이러한 fucoidan의 작용은 superoxide anion radical과 hydroxyl radical의 작용을 제거하는 것과 같이 fucoidan이 지질 과산화와 항산화 효소의 작용과 같은 양상이다. fucoidan의 AAPH-유도 LLC-PK1 손상에 보호 효과는 특히 superoxide radical을 강하게 제거함을 보였다. fucoidan의 IC_{50}은 48.37±1.54㎍/㎖ superoxide anion radical 제거능과 hydroxyl radical 제거 능력은 IC_{50} 32.03㎍/㎖로 강하였다. 그러므로 fucoidan의 AAPH-손상 LLC-PK1 세포 보호는 지질 과산화를 방해하고, 항산화 효소 작용을 증가시켜 과산화 radical을 제거함에 있다 (LLC-PK1 cell: Procine kidney epitheial celll).

Fucoidan 의 중금속 흡착 특성 : 미역 포자엽, 다시마, 톳, 모자반에서 fucoidan을 추출 분획하여, Pb와 Cd 흡착 특성을 조사한 결과, fucoidan 모든 분획에서 Pb 흡착이 Cd보다 높았으며, 시료 중 미역 포자엽 분획이 Pb와 Cd 모두 흡착이 우수하였다. pH와 농도에 따른 흡착력의 변화는 잔류 농도(Cr)가 50㎎/l까지 pH간 차이는 없었으나, 농도 증가에 따라 pH 5.5처리가 다른 시험군보다 흡착량이 증가하였다. 실험에서 Pb와 Cd의 최대 흡착량은 pH 5.5에서 각각 94㎎/g(Cr 164㎎/l), 64㎎/g(Cr 197㎎/l). Langmuir sorption model 로 구한 최대 흡착량은 pH 5.5에서 각각 178 ㎎/g, 122㎎/g이었다. Cd 공존 시 Pb 흡착량은 Cr이 낮을 때는 변화가 없었으나, Cr의 증가에 따라 공존 이온의 흡착 방해로 감소하였다.

미역, 톳, 모자반의 Pb의 흡수 : 미역, 톳과 모자반의 납(Pb) 흡수 현상을 실험한 결과, 흡수제 양이 증가하면 Pb흡수력이 증가하나, 흡수 용량이 감소하였다. 최초의 Pb농도 증가에 따라 일정 범위 내의 pH와 Pb농도 Co 10~500㎎/l에서 Pb흡수는 흡수제의 증가에 따라 증가하였다. Pb흡수력은 pH가 적당치 않을 때 미역〉톳〉모자반 순으로 미역이 가장 흡수력이 강하였다.

자궁수축 효과 : 분만 산모에 미역을 섭취케 하고 자궁수축을 관찰하고자, 미역을 여러 용매로 추출, 각 추출물의 rat 적출 자궁 운동에 미치는 영향을 관찰한 결과, MeOH ex를 $CHCl_3$로 추출한 분획에서 강력한 자궁수축이 나타났으나, 미역 주성분인 iode와 alginic acid는 적출 자궁 운동에 별 영향이 없었다. $CHCl_3$ 추출물의 자궁수축 작용은 신경 전달 물질인 acetylcholine, norepinephrine 및 oxytocin과는 관련이 없었고, $CHCl_3$ 추출물 투여군의 혈중 estrogen 농도에는 별 차이가 없어, 미역에는 자궁수축 물질이 있는 것으로 사려되며, 관습적 민간요법으로 산후 미역 섭취는 효과가 있는 것으로 확인되었다.

해조류와 당뇨쥐의 장기능① : 상용하는 해조류 4종(김파래, 다시마, 미역, 한천)을 당뇨환자 치료식의 고 식이 섬유 보충을 STZ유도 당뇨쥐에 분말시료 7%(에너지 밀도 동일) 실험식을 6주간 투여한 결과, 체중, 장기능 및 증세 호전도에서, 정상군보다 체중 증가는 낮았으나, pectin 투여군보다 시료 효율과 체중 유지는 호전되었고, 해조류 중 다시마는 pectin보다 약하나 당뇨 동물에서 전형적 당뇨 증세는 호전 경향을 보였다. 해조류의 투여는 pectin 투여와 같이 장통과 시간의 유의적 단축, 분변 배설량의 증가, 장 길이 증가 등 당뇨 동물의 소화 흡수 장 기능의 변화를 보였다.

해조류와 당뇨쥐의 당, 지질대사② : STZ유도 당뇨쥐에 각 해조류(미역, 김파래, 다시마, 한천) 분말 시료 7% 포함 식이를 6주간 투여한 결과, 다시마, 미역, 한천군은 경구 내당능 검사에서 당뇨군보다 공복 시 혈당 수준의 감소와 내당능 개선 효과를 보였다(pectin군보다는 낮았다). 김 파래는 당뇨군의 혈중 cholesterol 을 현저히 낮추었다(pectin과 비슷). 해조류는 변중 steroid 물질의 배설을 증가, 특히 김파래와 미역은 변중 cholesterol 배설을 pectin과 같이 증가, 담즙산의 배설량은 pectin보다 높았다.

제2형 당뇨환자의 혈당과 혈중 지방 양상③ : 미역과 다시마 분말 동량을 섞어 pill을 만들어 환자에 3회/일/48g을 4주간 투여한 결과, 이들 섬유 섭취량은 대조군의 2.5배가 되었다. 공복시 혈당과 식후 2시간 후 혈당은 현저히 감소하였다. 더구나 TG농도는 감소하였고 HDL-cholesterol은 시료 섭취군에서 증가하였으나 총 cholesterol과 LDL-cholesterol은 시료 투여의 영향이 없었다. 적혈구의 TBA-반응 물질은 대조군에 비해 시료 투여군에서 감소하였다. catalase와 glutathion peroxidase활성은 해조 시료 투여로 대조군보다 감소하였으나, superoxide dismutase활성은 영향이 없었다. 이 결과로 해조류는 혈당과 혈중 지방을 감소시키고 항산화 효소 활성을 증가시킴을 알 수 있었다.

Angiotensin-1 전환 효소 저해 : 해조류(김, 파래, 미역, 우뭇가사리, 청각, 톳, 다시마) 추출물과 가수 분해물의 성분과 ACE 저해 효과를 조사하였다. 단백질의 함량은 김 39.6%, 파래 22.1%, 미역 21.1%, 우뭇가사리 18.3%, 청각 15.7%, 톳 12.4%, 다시마 8.2% 순이었고, 추출물의 ACE저해 효과는 50, 70, 98℃에서 추출한 결과, 70℃ 추출 시료 모두에서 가장 높았으며, 70℃를 기준 ACE 저해율은 우뭇가사리 10.9%, 김 9.3%, 파래 8.9%, 미역 8.2%, 톳 7.5%, 다시마 7.1%, 청각 7.0% 순이었다. maxayme과 papain 가수 분해 물의 ACE 저해 효과는 김이 파래, 미역, 우뭇가사리보다 현저히 높았고, peptide-nitrogen 함량 역시 높았다. 김 8시간 가수 분해 후, ACE 저해 효과가 maxazyme 31.3%, papain 27.9%로 가장 높았고, peptide-nitrogen 함량도 가장 높았다. 파래의 ACE 저해 효과 역시 8시간에서 maxazyme 9.6%, papain 8.5%로 다른 시간대보다 높았으며, peptide-nitrogen 함량이 16시간까지 완만히 증가하였다.

상용 식물성 식품과 염증효소계 : 식물뿌리류, 잎채소류, 해조류, 버섯류, 견과류, 종실류 등 총 30여 종의 식물성 식품재료에 대하여 염증 관련 효소계의 활성 유무를 검색한 결과, $sPLA_2$(Secreatory phospholipase A_2) 활성억제는 두류(거두, 녹두, 적두, 흑태), 엽채류(고들빼기, 부추)가 있었고, 12-LOX 활성억제는 백태, 된장, 숙주, 콩나물, 유근피, 도라지, 칡, 양파, 비름, 미역에 대해 조사한 결과, 숙주, 콩나물에 있었고, COX-1과 COX-2 활성억제는 COX-2에만 활성을 보인 것은 미나리와 비름, 김, 다시마, 흑태, 거두는 COX-1에 강한 저해능을 보였다. 해조류와 종실류 중 미역과 잣, 들깨는 COX-1보다는 낮은 농도에서 COX-2에 활성을 저해하였다.

식이섬유 함량과 추출 조건 : 미역, 다시마, 톳, 파래(*U. lactuca*), 우뭇가사리, 꼬시래기에서 가용성 식이섬유를 추출하고자, 산, 알칼리 및, 효소를 사용한 결과, 미역은 1.5% Na_2CO_3나 2.0% Na_2EDTA가, 다시마는 1.0% Na_2EDTA, 톳은 2.0% Na_2CO_3, 우뭇가사리와 꼬시래기는 2.0% Na_2EDTA, 파래는 Na_2CO_3, NaOH, Na_2EDTA의 2%, 17.49~18.46% 식이섬유를 얻었다. 추출 시간과 온도는 100℃에서 추출 시간이 길수록 추출율이 높았다. 우뭇가사리와 꼬시래기는 110℃ 이상에서 1시간 추출이 각각 38.48%, 42.11%의 높은 수율을 보였다.

식이 섬유량 : 채소류, 버섯류, 과일류, 및 해조류의 식이 섬유를 조사한 결과, 총 식이 섬유의 평균은 과일류 및 가공품<녹황색 채소류<담색 채소류<해조류 및 가공품<버섯류 순이며, 녹황색 채소류 3.62±12.68% 이었고, 버섯류 중 건조 석이 버섯이 52.87%로 가장 많았으며, 느타리 버섯 3.88%, 양송이 1.42%이었고, 버섯류 중 건조 석이버섯이 52.87%로 가장

많았으며, 느타리 버섯 3.88%, 양송이 1.42%이었다. 과실류에서 사과는 1.50%, 딸기 1.55%이었고, 해조류는 미역과 김이 각각 37.77, 31.36%이었다.

산지, 채취 시기와 섬유질 함량 : 식용해조(녹조류 – 참홑파래, 청각 ; 갈조류 – 미역, 톳, 모자반, 다시마 ; 홍조류 – 얼룩도박, 참김, 불등풀가사리) 9종의 가용성 및 불용성 식이 섬유질 및 총 식이 섬유질의 산지(기장, 충무, 여수)와 채취 시기별로 측정한 결과, 녹조류 중 참 홑파래가 25.4~38.1%(건물), 청각 35.4~43.8%, 갈조류 중 미역 34.2~48.8%, 톳은 37.5~ 43.8%, 모자반 42.9~71.8%, 다시마 37.1~45.1%, 홍조류 중 참김 31.3~ 40.5%, 얼룩도박 51.5~60.4%, 불등풀가사리 57.1~65.8% 이었고, 가용용, 불용성 참홑파래(43.7~64.8%), 갈조류 중 미역(17.5~31.3%), 홍조류 중 불등풀가사리(44.7~63.2%)가 높은 값을 보였다. 다당류의 분포 특성은 갈조류는 알칼리 가용성 알긴산을 많이 함유하고 있으며(9.0 ~15.1%), 홍조류 중 참김은 porphyran(5.8%), 불등풀가사리와 얼룩도박은 한천(20.0%)과 카라기난(23.8%)을 각각 많이 함유하는 차이를 보였다.

산지와 채취 시기별 일반 성분의 조성과 무기원소 : 녹조류(참홑파래, 청각), 갈조류(미역, 톳, 모자반, 다시마), 홍조류(얼룩도박, 참김, 불등풀가사리) 9종에 대해 기장, 충무, 여수 지역에서 채취 시기별 일반 성분을 분석한 결과, 조단백질은 참김(45%)이 가장 많았고, 참홑파래(30%)가 낮았다. 지질은 다시마 약 10%로 많은 편이며, 참김은 약 6%로 높았으나, 얼룩도박과 불등풀가사리는 약 3% 이하로 낮았다. 회분과 탄수화물은 청각(약 90%)이 많았고, 참김(약 30%)이 가장 적었다. 참홑파래, 미역, 얼룩도박에는 Na가 가장 많았고, K, Mg, Ca이 비슷하였고, Fe은 참홑파래가 많았고, 미역과 얼룩도박에는 낮았다. Zn은 해조류에 비교적 많았고, 얼룩도박이 가장 많았다. 미역, 톳, 다시마의 무기질 중 K과 Na 비슷하였으나 Mg은 Ca보다 많았고, Zn은 지역별 차이가 많았다. 일반 성분 조성은 종류와 채취 장소에 따라 차이가 있고, 무기원소는 채취 시기에 따라 큰 차이가 있었다.

기장산과 완도산 해조류의 무기질 함량 : 기장과 완도에서 채집한 갈조류인 미역, 다시마, 톳, 녹조류인 가시파래, 참홑파래의 무기질과 중금속을 측정한 결과, 녹조류의 총 회분은 13.8~24.8%, sulfate는 1.08~3.25%이었고, 갈조류의 총 회분은 24.5~24.8%로 녹조류보다 많았으며, 완도와 기장의 무기질 함량은 5종의 무기질이 각각 달랐다. 갈조류의 대량 무기질; Ca, Mg, Na, K가 657~13,947㎎/100g, 미량 무기질 ; Fe, Al, Zn, Mn, Cr, Cu, Ni 0.27~12.98㎎/100g으로 많았고, 녹조류에서도 대량 무기질이 233~5,279㎎/100g과 미량 무기질 0.26~10.6㎎/100g으로 모두 다량 함유하였다.

항균 및 암세포 성장 저지(미역귀)① : 미역은 cholesterol 배출, 중금속(Cd) 및 방사능 물질(Sr) 체내 흡수억제, 배출억제와 정장작용 등 식이 섬유 식품이다. 미역귀를 추출 각 용매로 분획, 각 분획에 대하여 식중독 균 *Staphyl. aureus*에 항균효과를 시험한 결과, UPMM층(MeOH분획)에서 항균 효과가 있었고, 단백질 부패균 *Serratia marcescens*에 UPMB(MeOH ex의 BuOH)과 UPMM, UPMH(MeOH ex의 hexane분획) 등에서 항균 효과가 있었다. 인체 암세포 HeLa, HT-29, MCF-7 및 $HepG_2$중 HeLa, HT-29 $HepG_2$에 500㎍/㎖ MeOH 분획 첨가 시 각각 97.71%, 98.68%, 90.32% 암세포 성장 억제가 있었고, QR(Quinone reductase) 유도 효과는 $HepG_2$에 320㎍/㎖ hexane 분획에서 대조군보다 2.36배 높은 유도 효과를 보였다. 이로써 미역귀의 기능성 식품으로의 개발이 기대되었다.

발암성 Nitrosamine 의 생성 억제② : 천연식품 중 발암성 nitrosoamine 생성 억제 작용을 알기 위해 야채류(고추, 마늘, 파, 산초, 양차, 생강, 당근)와 해조류(김, 파래, 미역, 청각)에 대하여 NDMA(nitrosamine의 일종)로 실험한 결과, 야채류에서는 마늘, 생강, 파 등이 pH 1.2에서 30~40%, 김, 파래 등이 40~50%, 미역과 청각은 25% 생성 억제 효과가 있었고, 야채류와 해조류 첨가량 증가에 따라 억제 효과도 컸다. pH 6.0에서 nitrosoamine 생성 억제가 가장 컸고, pH 1.2와 4.2 에서는 비슷하였다. NDMA

의 생성 억제는 pH 1.2에서 가장 컸다. ascorbic acid의 nitrosamine 생성 억제와 야채류, 해조류를 비교한 결과, 마늘, 파, 생강은 pH 1.2에서 ascorbic acid와 비슷하였고, 해조류 중 김, 파래는 ascorbic acid보다 높았다. 야채와 해조류 추출물은 $NaBH_4$ 처리로 nitrosamine 생성 억제 작용이 감소하였다.

대장암 상피 세포 분열과 미역[3] : 미역을 섬유소원으로 첨가한 식이가 대장암 발생에 미치는 효과를 생체 내에서 판정하기 위해 실시하였다. 발암원을 주사한 쥐의 식이에 15% 수준으로 미역 분말을 첨가하여 암화 단계 별로 공급한 결과, 대장에서 생성되는 aberrant crypt foci(ACF) 수 및 aberrant crypt(CA) 수가 미역식이에 의해 현저하게 감소하는 효과를 관찰할 수 있었다. 특히 AC의 수는 일부 기간 먹인 군보다 전 기간 먹인 군이 적었다. 또 미역식이는 발암원 처리에 의한 crypt length, labeling index(%) 및 proliferation zone(%)의 증가를 억제하였다.

항돌연변이 활성 및 암세포 성장 억제[4] : 톳, 다시마, 미역, 김, 파래 등 5종의 해조류 EtOH 추출물의 2-anthramine에 대한 돌연변이 억제 효과를 *Sal. thypimurium* TA98에서 측정 결과, 톳(100%), 다시마(94.2%)가 3.5㎎/plate에서, 파래(68.5%)가 4.5㎎/plate에서 억제능을 보였고, TA100에서 파래(100%), 톳(100%), 다시마(94.1%)가 각각 1.5, 2.5, 4.5㎎/plate에서 최대 억제 효과를 보였으나 미역과 김은 간접 돌연변이 억제는 없었다. 직접 항돌연변이는 TA98에서 톳, 미역, 파래 모두 4.5㎎/plate에서 각각 83%, 73%, 73% 억제되어 2-nitrofluorene의 돌연변이는 저해율이 비교적 높았다. 또한 TA100에서 sodium-azide의 돌연변이 저해가 가장 큰 해조류는 톳, 다시마 및 파래로 3.5㎎/plate에서 모두 100% 저해율을 보였다. TA98에서 미역과 김은 4.5㎎/plate에서 각각 73%, 50% 저해하였고, TA100에서 저해능이 없었다. HeLa cell과 MCF-7 cell, SNU-638 cell 암세포 성장 억제를 MTT assay로 관찰한 결과, 5종 모두 억제 효과를 보였다. HeLa cell 성장을 90% 이상 저해는 파래〉미역〉다시마〉톳 순이었고, 김은 56% 저해하였다. MCF-7 cell에는 90% 이상 저해는 파래〉미역〉다시마〉톳 순이었고, 김은 50% 저해율을 보였다. SNU-638 cell 세포 성장 억제는 HeLa cell과 MCF-7 cell보다 낮았다. 저해율 70% 이상은 파래, 미역, 다시마, 톳이었고, 김은 68%이었다. 이상에서 Ames test와 MTT assay 결과, 톳, 파래, 다시마는 항돌연변이 효과와 암세포 성장 억제 효과가 우수한 것으로 나타났다.

부위별 무기성분과 알긴산 함량 : 미역을 엽상부, 줄기, 포자엽의 3부로 나누어 분석한 결과, 수분은 엽상부(10.5%)에, 탄수화물과 조지방은 포자엽(46.3%, 4.2%)에, 조회분은 줄기(39.0%)에 많았고, alginic acid는 25~32.2%로 불용성 알긴산이 수용성에 비해 약 2~3배 많았고, 총 알긴산은 포자엽(32.2%)에, 수용성 알긴산은 엽상부(10.1%)에, 불용성 알긴산은 포자엽(27.7%)에 가장 많았다. Ca과 Mg은 엽상부(883.6㎎, Mg 1269.8 ㎎%, D. W)에, P. K. S는 포자엽(680.5㎎, 4508.0㎎, 1287.4㎎%, D. W)에 많았다. Fe, Zn, Mn은 엽상부(Fe 10.45㎎, Zn 1.53㎎, Mn 0.71㎎%, D. W)에, Cr은 포자엽(0.14㎎%, D. W), Al은 줄기(16.9/㎎%, D. W)에 많았고, Ca : P 비는 엽상부와 줄기가 1.7~1.8:1이었다. Ca과 Mg 형태는 소금물 가용 분획인 단백질, pectin 결합형(Ca 62.1~68.9%, Mg 89.6~92.1%)이 가장 많았고, 수용성 분획(F-1)은 엽상부〉줄기〉포자엽 순으로 많았으며, Ca 섭취의 문제성 분획은 수산과 결합한 엽산 가용성 분획(F-Ⅳ)은 포자엽〉줄기〉엽상부 순으로 많았다.

저분자 Peptide 의 기능성 : 해조류의 이용성을 높이고자 pepsin으로 가수분해한 peptide 를 정제, 쇠미역, 파래, 지누아리는 3개의 peptide, 김은 2개의 peptide 를 얻어 항산화 활성을 검사한 결과, 김은 peak 1이 높았고, 다음 peak 2가 높았다. ACE 저해 활성은 김 peak 1, 파래 peak 3, peak 2 순으로 높았으며, 항갈변 활성은 김 peak 1과 2, 파래 peak 2가, 파래 peak 3이 높았다. 항암 활성은 파래 peak 1〉쇠미역 peak 2〉파래 peak 3〉지누아리 peak 3 순이었다. 전반적으로 김의 기능성이 높았고, 또한 단백질 함량도 높았다.

항산화 효과[①] : 상용되는 해조류 5종 — 미역, 다시마, 톳, 파래, 김의 항산화 활성과 총 flavonoid 및 polyphenol 함량을 알고자, 해조 EtOH ex를 Fe 유도 지방 과산화 억제율, DPPH 라디칼 소거율 및 MDA-BSA 결합 저해율을 3가지 방법으로 측정하였다. 녹조류인 파래의 항산화 효과가 가장 우수하였고, 미역과 톳은 거의 없었다. 총 flavonoid 는 미역 11.63 ㎎/g으로 높았고, 총 polyphenol은 파래가 8.97㎎/g으로 가장 높았다. 3가지 방법의 항산화 효과는 총 phenol과 관계가 깊었으며, 지질 과산화 억제율과 매우 높은 상관성을 보였다. 해조류의 항산화 효과에 polyphenol 성분의 기여도가 큰 것으로 나타났다.

항산화물질②: 동해 주문진 해안에 생육하는 12가지 식용 해조류에서 항산화 물질을 분리하였다. 항산화 측정(AOM법, DPPH법)과 UV, HPLC, GC/MS 로 분석한 결과, 12종 식용 해조류를 hot-MeOH 추출 AOM법으로 활성을 측정한 결과, 김〉미역, BHT〉다시마〉넓미역〉지누아리〉서실 순이었고, 나머지 해조류는 활성이 나타나지 않았다. 또한 석유에텔, Et_2O, $CHCl_3$, MeOH, H_2O로 순차 추출, 색소제거 후 농축하여 DPPH법으로 항산화를 측정한 결과, H_2O-MeOH 가용분획에서 강한 활성을 보였고, 김〉미역〉다시마〉BHA〉파래〉Tocopherol〉넓미역〉BHT 순이었다. 특히, 김, 미역, 다시마, 파래는 같은 양에서 BHT, BHA보다 높거나 비슷한 항산화 활성을 보였다. 활성 물질 회수율은 1.82%, 극성용매 분획에서 강한 활성을 보였다. 추출 물질의 흡수 파장은 235±5nm, 270±5nm(λ max), HPLC 분석 결과, 다시마, 미역, 파래의 retention time(RT)이 8.5분, 10분인 극성 물질이 분리되었고, 김에서는 25분의 비극성 물질로 BHA, BHT와 비슷한 RT에서 분리되었다.

아질산염 소거활성: Nitrosamine 의 직접 생성 인자인 아질산염 소거 작용을 검토한 결과, 갈조류가 녹조류 및 홍조류에 비해 우수한 분해 효과를 보였으며, 갈조류 중 감태, 곰피, 구멍쇠미역이 뛰어났고, 모두 pH의 조성이 커 pH 4.2 및 6.0보다 pH 1.2에서 아질산염 분해 효과가 컸다.

Brassinosteroid 활성 물질 검색: 미역엽상부의 MeOH추출물에 포함되어 있는 brassinosteroid 활성 물질을 검색하고자, 용매 분획, CCD, silica gel 흡착 chromatography, sephadex LH-20 chromatography, charcol 흡착 chromatography, Bondesil chromatography, reverse phase의 HPLC 등으로 분리 정제하고, 각 단계에서 생물 검정법으로 활성을 검정한 결과, 해조류인 미역에서 brassinosteroid 활성 물질이 인정되었고, 그 양은 다른 식물에 비해 적었다.

중요성분 추출을 위한 조건 : 미역 중 가장 많은 alginic acid추출법은 9분 추출이나 20분 가압 추출하는 것이다. 환원당과 조단백질 농축도 90분 추출법이며, 환원당과 alginic acid 모두 가압 추출이다. 전형적인 방법보다 가압 추출이 환원당이 2.8~3.2배 수율이 높았다. 추출 효율은 120℃에서 20분 추출이 가장 좋았고, 한 효소를 사용한 추출법이 여러 혼합 효소 사용보다 좋았다. 즉 0.1% pectinase, 50℃에서 20분 추출이 미역에서 alginic acid와 환원당 추출 수율이 많았다.

Sterol 조성 : 미역의 탄화수소 1.6%, 색소와 sterol ester 2.5%, TG 3.3%, FFA 2.2%, 유리 sterol 3.3%, chlorophyll 18.8%, polar lipid 67.3%, sterol 중 cholesterol 3.5%, 24-methylenechloesterol 11.2%, fucosterol 85.3%이었다.

온도와 미역 추출액 품질 : 열수 추출 미역 추출액의 고형분, 단백질의 농도와 수율은 초기 추출 시간 동안 추출 온도 50℃~100℃로 증가할수록 높아졌으나, 상등액 율은 50℃와 100℃에서 가장 낮았다. 100℃에서 1시간 추출시 고형분과 단백질 수율은 각각 21.56%와 4.74%였다. 점도는 100℃, 2시간 추출 시 가장 높았으며 다른 온도의 추출액 점도에 비해 2.5~4.0배 높았다. 탁도는 추출 1시간 이후 차츰 감소하였으며, 고형분과 단백질의 초기 추출 속도에서 계산된 활성화 에너지는 1.18과 3.9cal/mole이었다.

산, 염 및 당의 첨가와 미역 추출액 품질 : 미역 추출액의 고형분과 단백질의 수율 및 농도를 증가시키기 위해, HCl, 설탕, 소금, EDTA, SHMP로 추출한 추출액의 특성을 조사한 결과, 추출액은 분말 미역을 첨가하여 2시간 끓인 후 원심분리 하였다. 0.1~0.5N-HCl 첨가 시, 고형분, 단백질 수율,

상등액율은 현저히 증가하였고, 산처리하지 않은 대조군의 고형분과 단백질 수율은 23.20%, 4.87%에서 각각 52.48%, 36.73%로 증가하였고, 점도 450CPS에서 20CPS로 감소하였다. 설탕, 소금, SHMP, Na_2EDTA를 0.5~ 3.0% 첨가하였을 때 고형분의 농도와 수율은 Na_2EDTA-SHMP-sucrose- NaCl순으로 현저히 증가하였으며, Na_2EDTA 3% 첨가 시 고형분 수율은 55%로 가장 높았고, 점도와 탁도는 SHMP와 Na_2EDTA 첨가 시 감소하였다.

무기성분과 지질함량 : 우리나라에서 많이 식용되고 있는 해조류의 다량 무기질의 함량은 미역이 Ca 1,453㎎%, ㎎ 1,231, Na 6,294, K 7,124, Fe 15.2, P 363㎎%, 다시마 Ca 1,287, ㎎ 795, Na 2,572, K 8,140, Fe 8.1, P 220㎎%, 김 Ca 594, ㎎ 436, Na 396, K 900, Fe 267, P 588㎎%, 파래는 Ca 520, ㎎ 710, Na 1,480, K 180.0, F3 510㎎%, 미량 무기질은 미역 As 3.44, Co〈0.2, Cu 1.32, Mn 0.78, M_0〈0.1, Se〈0.1, Zn 1.55㎎%, 다시마 As 6.13, Co〈0.2, Cu 0.33, Mn 0.60, $M_{0,}$ 0.1, Se〈0.1, Zn 1.16㎎%, 김 As 3.08, C0〈0.2, Cu 0.96, Mn 3.62, M_0〈0.1, Se〈0.1, Zn 4.35㎎%, 파래 As 3.15, Co〈0.2, Cu 1.25, Mn 5.40, M_0〈0.1, Se〈0.1, Zn 3.20㎎%, 지방산은 미역 palmitic, oleic, octatetraene, linolenic, eicosapentanoic acid가, 다시마 oleic, palmitic, myristoleic, decosenoic, linoleic acid 및 EPA가 많았고, 김은 EPA가, 다시마의 6배, 파래의 4배 이상이었다. 파래는 octatetrane, linolenic, stearic acid가 16%, palmitic acid와 EPA가 8% 함유되어있다. 이들의 탄소수 14~22까지, 포화 지방산 25~35%, 나머지는 불포화 지방산이었다.

미량 금속과 안전성 평가 : 우리나라 연안에서 수집한 김(33점), 미역(88점), 다시마(12점), 파래(43점) 등 총 176점 해조류의 미량 금속을 조사한 결과, Zn, Mn, Cu 순으로 많았고, 다음 Cr, Ni, Cd, Hg 순이었다. 김에는 Cd, Zn이, 파래에는 Cr, Ni, Pb가 많았으며, 다시마에는 Hg가 가장 많았다. Cd와 Zn 농축 계수는 김에서 각각 약 12,000과 14,000으로 높았으며 Cr과 Pb는 파래에서 각각 약 23,000 및 2,500으로 가장 많았다. Cu는 김과 파래에서 약 5,500으로 가장 많이 농축되어 있었다. 다시마에는 Mn과 Pb가 많았고, 갈조류인 미역과 녹조류인 파래에는 전혀 다른 경향이었다. 우리나라 국민의 식용 해조류에서 Hg 섭취는 평균 0.03㎎/일로 PTWI(5㎎/kg b.w/wk)의 0.07%이었고, Cd 섭취량은 평균 2.15㎎/일로 PTWI(7㎎/kg b.w/wk)의 3.57%, Pb의 섭취량은 평균 2.65㎎/일로 PTWI (25㎎/kg b.w/wk)의 1.20%이었다. 이로써 우리 국민이 해조류로 섭취하는 Hg, Pb, Cd/주의 함량은 PTWI 0.07~3.57%이며, 유해금속 섭취는 매우 안전하며, Cu, Zn, Mn, Cr의 섭취량은 영양소 기준치의 각각 1.35, 0.89, 4.28, 9.18%이었다.

미역 색소 추출 : 동결 건조 미역 가공 부산물에서 색소와 지방산 물추출의 조건은 시료 30g, 압력 10.3~17.2MPa, 유량 15㎖/min, 온도 30~45℃에 추출하였다. 초임계 추출 지방산은 불포화 지방산이 많았고, 40℃, 보존 용매 EtOH 보조 용매에서 회수율은 12.4MPa에서 최대 92%이었다. 압력 증가와 초임계 이산화탄소에 대한 용질의 용해도가 감소하였다. 시료 입자는 500~1000㎛와 12.4MPa에서 온도변화로 입자는 500㎛가 1000㎛보다 색소의 추출량이 1.8배 많았다. 압력 12.4MPa, 35℃, 입자 500㎛에서 chlorophyll a 함량은 EtOH를 각각 3㎖/min, 5㎖/min 첨가 시 모두 20분 까지 증가 한 후 감소하였으나, 최적 조건은 30분까지이며, 유기용매로 48시간 추출 시 chlorophyll a 함량이 1.50㎎/l, 초임계로 1시간 추출 시 최대 172㎎/l로 약 20% 증가하였다.

휘발성 물질 : 완도, 진도, 기장, 영덕등에서 양식한 미역과 울릉도의 자연산 미역의 휘발성 물질을 수증기 증류와 용매로 추출하여 GC-MS로 분석한 결과, 총 127종의 물질을 분리하였고, 완도, 진도, 기장, 영덕에서 양식 한 미역에서 각각 125, 126, 123, 123종이, 울릉도 자연산 미역에서 122종의 휘발성 물질이 분리되었다. 총 127종 휘발성 물질 중 71종이 동정되었다. 즉 4종의 산, 34종의 aldehyde, 19종의 alcohol, 34종의 ketone, 8종의 esters, 12종의 탄화수소, 5종의 함유황 화합물 및 기타 11종이었고, 완도 미역이 가장 다양한 물질을 함유하고 있었다. ion chromatography를 살펴보면 완도와 진도 미역과 기장과 영덕 미역이 유사하였다. 미역의 향기는 다수의 aldehye와 ketone에 기인하였다.

Fucoidan 구성당 결합 특성 : 다시마, 미역 포자엽, 톳, 모자반에서 추출 정제한 fucoidan의 주 결합은(1→3) linked fucose이었고, 미역 포자엽에는 (1→3) linked galactose도 상당량 존재하였다. 황산기의 대부분은 fucose와 galactose의 C-4위치에 결합되어 있는 것으로 추정되었다.

저분자 알긴산의 물성 : 미역에서 추출한 알긴산을 염산으로 가수분해하여 저분자 알긴산을 만들어, 점성, 용해도, 유화능, 흡유능, 담즙산 결합능, 금속이온 결합능을 검토하였다. 염산과 반응시간 연장과 농도증가로 polyuronate 중합도는 급격히 감소하였고, 0.3N-HCl 가수분해로 분자량을 1/100로 감소시키는 데 약 50분이 소요, 수율은 75~80%이었다. 알긴산의 M/G는 저분자화로 증대, 용액의 점성은 급격히 저하, 점도와 분자량은 밀접한 상관성을 보였다(r^2=0.9890). 온도 5~40℃에서 측정한 알긴산의 용해도는 수용성 알긴산이 산·알칼리 가용성 알긴산에 비해 7~12% 높았고, 저분자화와 더불어 상승하였다. 저분자화는 유화능이 증가되었으나, 용해도는 비슷하였으며, 흡유능과 금속 이온 결합능은 저분자화로 감소, 특히 미역 알긴산은 Pb^{2+}, Cu^{2+}, Zn^{2+}, Co^{2+} 순으로, 또 큰 다시마 알긴산은 Cu^{2+}, Pb^{2+}, Zn^{2+}, Co^{2+} 순으로 감소하였다. 담즙산과의 결합능은 저분자화로 오히려 증가하는 특징을 보였다.

미역, 다시마, 모자반, 톳의 알긴산 조성 : 식용 갈조류의 uronate 조성과 alginate 분자량을 조사하였다. 4종의 갈조류 중 미역이 가장 alginate 분자량이 크며, D-mannuronioc acid와 L-glucuronic acid(M/G)비가 톳〉모자반〉미역〉다시마 순이었고, 특히 수용성 alginate가 많았다. alginate의 분자량은 다시마가 45,000~48,000kDa, 미역이 4,000~4,200kDa, 톳이 3,300~3,400kDa, 모자반이 3,000~3,200kDa 순이었다. 미역의 수용성 alginate에서 M/G비는 4.59로 가장 높았다. 분자량은 포자엽과 줄기가 4,100~4,200kDa로 비슷하였고, 잎부분은 4,000~4,100kDa정도였다.

양식 및 자연산 미역의 품질기준 설정 : 갈조류 미역의 8가지 품질 기준을 만들고, 자연산과 양식미역을 평가하였다. n-3 fatty acid(stearidonic acid와 eicosapentanoic acid), 항부종 활성 및 총 탄수화물로 기능성을, 총균수와 mold로 안전성을, 갈색소 fucoxanthin, 협잡물, 수분으로 외관상태를 측정하였다. 건조 시료 1g 중 3-n 지방산은 0.2~2.8㎎, 총 탄수화물 0.39~0.71g, 총 균수는 $10^{4\sim6}$, mold 10^2, fucoxanthin 0.4~1.5㎎, 협잡물 10~24㎎이었고, 40㎎/*ml* 추출물에서 항부종 활성은 0.03~0.47AU이었고, 수분은 11.4~12.6%이었다.

양식미역의 품질과 가공 : 산지와 채취 시기가 동일할 때 양식 미역과 자연산의 성분은 큰 차이가 없었으나, 양식 미역도 산지에 따라 큰 차이가 있었다. 양식 미역은 자연산에 비해 chlorophyll과 carotenoid 함량이 현저히 낮아, 양식 미역의 품질이 낮았고, 유리 아미노산 조성은 양식과 자연산이 큰 차이가 없었으나, 자연산이 높았다. 양식과 자연산 모두 threonine, alanine 및 glutamic acid가 많았고, serine과 proline은 거의 없었으며, histidine과 cysteine, tyrosine 및 phenylalanine은 극히 낮았다. 양식이 자연산보다 유리 아미노산이 대체로 낮았고, 특히 glutamic acid와 aspartic acid는 양식이 현저히 적었다. blanching 처리로 수용성 성분이 손실되었고, 특히 mannitol과 가용성 무기질이 감소하였으나, chlorophyll과 carotenoid는 유지되었다.

열처리 방법과 염장 미역 보장 효과 : 미역의 생육 장소와 생육 시기별 성분을 조사하고, 가열처리가 염장미역의 보장효과에 미치는 영향을 조사한 결과, 미역 가공 적기는 포항과 여수 지역은 12월 하순, 완도 지방은 1월 하순이며, 가열온도는 90° 와 100℃가 유기산과 휘발산이 적었으며, 색소의 감소도 적었다. 해수와 포화 식염수는 전 성분 모두 저장 중 큰 변화가 없었으나, 담수에서는 유기산과 휘발산이 현저히 증가하였다. 가열시간에 따른 성분 변화는 차이가 크지 않았으나, 20초 처리에서 carotenoid 감소가 현저하였다. 이상으로 염장미역의 가열은 90℃와 100℃에서 해수 중에서 40초 처리가 양호하였다.

미역 생장과 식물 호르몬 : 어청도산 미역 모체로 유주자를 착생시킨 후

Keinetin, IAA, 2,4-D의 농도별 배지에 배양, 배우체의 생장에 미치는 영향을 조사한 결과, 발아율은 2,4-D 0.1㎎/l와 Keinetin 0.1, 1.0, 5.0㎎/l에서는 신생 세포가 형성되었고, 전체 생장 효과는 Keinetin 0.1㎎/l에서 248.9%, IAA 1.0㎎/l에서 243.3%, 2,4-D는 0.05㎎/l에서 205.6%이었고, 웅성 배우체는 IAA 1.0㎎/l는 276.8%, Keinetin 0.1㎎/l 263.6%, 2,4-D는 0.05㎎/l 227.8% 성장하였으며, 자성 배우체는 Keinetin 0.5㎎/l 239.0%, IAA 0.5㎎/l 195.1%, 2,4-D에서 0.05㎎/l 164.6%로 Keinetin만 생장 효과를 보였으며, 생장 저해농도는 2,4-D 0.5㎎/l이상, IAA 5.0㎎/l 이상, Keinetin은 10.0㎎/l 이상에서 크게 억제되었다. 유효 농도는 Keinetin 0.01㎎~5.0㎎/l, IAA는 0.02㎎/l, 1.0㎎/l, 2,4-D는 0.05㎎/l이었다.

참전복 치패의 적정사료 : 치패의 성장효과는 배합사료 공급구가 미역 공급구보다 양호하였으며, 치패의 생존율도 성장과 비슷하였다. 미역 공급구에 비해 배합사료구의 수분과 단백질 함량은 낮고, 지질과 회분 함량은 높았다.

미역잼의 제조① : 미역의 가공을 향상시키고자 미역 다당류의 대부분인 알긴산을 이용 미역잼을 제조한 결과, 미역 중량에 대해 0.5% K_2HPO_4 용액 4배량 첨가 시, 시중 딸기 잼과 유사한 점도를 나타내며, 유동특성은 항복력과 의가소형인 혼합형으로 간주되었다. 생 미역으로 만든 잼이 마른 미역보다 점도가 크며, 미역고유 색의 유지에도 양호하였다. 관능 검사결과 부원료로 사카린 0.375%, 솔비톨 2.0%, 구연산 0.25%, 구운 콩가루 0.5% 첨가가 양호하였다. 지방산 조성에서는 고도 불포화 지방산인 $C_{18:3}$, $C_{20:4}$, $C_{20:5}$, $C_{22:6}$의 함량이 높았으며, 정미 성분인 유리아미노산 lysine, alanine, glutamic acid 함량과 유기산인 구연산, 옥살산, α-ketoglutaric acid, 젖산, 숙신산의 함량이 많았다.

미역줄기 잼의 제조② : 건조 미역 또는 염장 미역 줄기를 재료로 잼을 만들고자 실험한 결과, 조건은 염장 미역은 탈염 후 물기를 제거, 2.5배의 물을 가해 균질화한 다음, 30~50mesh로 여과, 이 paste에 sucurose 65%

(w/w), HM pectin 1.0%(w/w), citric acid 0.3%(w/w) 또는 citric acid 대신 calcium lactate 0.08%(w/w)를 첨가, 62° Brix로 잼을 제조한 결과, 물성은 시판 딸기나 사과 잼과 유사하였고, 해조류의 냄새를 제거하고자 딸기 향을 0.06%(v/w) 첨가한 제품은 일반 과실잼과 비교, 손색이 없었다.

미역귀 잼의 제조[③] : 알칼리 가용성 알긴산 추출 법으로 미역귀의 알긴산을 추출, 수율은 33.8%, 미역줄기는 22.3%로 미역귀가 많았다. 미역귀를 자숙, 염장 건조 후 다시 물에 침지하여 탈염, 탈수 후, 2.5배 가수, 초퍼와 균질기로 균질화 후 50mesh로 여과, 설탕 HM pectin 및 유기산(citric, tartaric, malic acid)을 순차로 첨가, 가열, 농축, 계피 분, 합성 딸기 향을 가하며 잼을 제조하였다. 잼 제조에서 설탕은 60%(w/w), HM pectin 0.75%(w/w), citric acid 0.3%(w/w)를 첨가, 62° Brix로 한 것이 물성면에서 양호하였고, 미역 특유의 해조취를 막기 위해 딸기향 0.08%(w/w) 첨가로 미역귀 잼의 관능성을 높였다.

미역 추출물과 젤리제조[④] : 전처리 조건을 달리한 미역 추출의 일반 성분은 수분이 비열처리-효소 추출구보다 열처리 효소 추출구가 다소 높았으나, 조 회분과 조 pectin은 차이가 없었다. 상등액 추출율은 celluclast와 pectinex의 효소 추출구일수록, celluclast 효소만의 처리 시 높았고, celluclast 효소를 첨가 젤리에서만 증가하였으며, pectinex효소나, 혼합 효소 첨가 젤리에서는 모두 감소하였다. 비열처리-효소 추출구에서는 celluclast 효소와 pectinex 효소 젤리는 서로 큰 차가 없었으나, 혼합 효소 젤리는 L값이 높았고, a값(녹색)은 (-)값이 더 증가하였다. 열처리-효소 추출물 첨가 젤리가 비열처리-효소 추출물 첨가 젤리보다 맛과 조직감에서 우수하였으나, 다른 항목에서는 비열처리-효소 추출물 젤리가 더 우수하였다.

미역 농축물 제조와 응용 : 미역을 효율적으로 이용하고자, 미역 농축물의 영양 성분과 이용에 대한 실험 결과, 수분 89.24%, 조단백질 1.60%, 조지방 0.11%, 조회분 4.71%, 알긴산 2.74% 이었고, 열탕 가용성 추출 농축물 중 요오드는 165.1㎎/100g, Ca 2,481.5 ppm/dry basis, Ca, Fe 는 95% EtOH 가용성이, Zn 은 열탕 가용성, Mn 은 냉수 가용성이 가장 많았다. amino acid 조성은 95% EtOH 가용성 추출 농축물에는 미량이, 1% NaOH 가용성 추출 농축물이 타 시료에 비해 전체 아미노산 함량이 많았으며, leucine, lysine 함량도 높았다. 생 미역, 건조 미역 분말 및 미역 추출 농축물을 첨가한 간식용 제품, 잼, 젤리 및 사탕은 냄새, 맛 및 색깔이 우수하여 기호성이 높았고, 무기질 특히 요오드 공급원으로 우수하다고 생각 되었다.

해조 케이크의 성질과 특성 : 미역과 다시마 첨가 케이크의 성질과 특성을 조사한 결과, 시료 첨가량이 많을수록 수분 함량이 많았으며, 시료의 보수력과 높은 상관관계(r=0.836)를 보였고, 부피는 시료 첨가량이 많을수록 감소하였으며, 경도는 케이크의 부피와 높은 역상관 관계(r=-0.914)를 보였다. 색도는 첨가량 증가에 따라 짙어졌으며, 미세구조(주사전자 현미경) 관찰 결과, 8% 첨가군에서 단백질 망상 구조가 잘 발달되었으나, 10% 이상 첨가에서는 gluten 희석 효과에 의한 턴널이 많았고, 부피 감소와 경도 증가가 나타났다. 관능 검사 결과, 미역과 다시마 2%와 5% 군이 대조군과 유사한 점수를 얻어 5% 첨가가 바람직하였다.

해조묵의 제조①: 두유 혼합 미역묵의 제조는 두유 비율 증가에 따라 gel 강도는 감소하였고, 농축 한 두유 혼합 비율 증가에 따라 gel 강도는 증가하였다. 또 조류 용해액에 대한 두유 비율을 7:1로, 65℃에서 gel 화가 적당하였다. 해조류 용해액에 분리 대두 단백질을 5%(w/w) 혼합, 65℃에서 gel화할 때 해조묵이나 두유 혼합묵에 비해 높은 gel 강도(900g/㎠)의 분리 대두 단백질 혼합 묵 제조가 가능하였다.

해조묵의 저장성②: 기능성이 높은 미역과 다시마 해조묵을 제조, 수침 저장 중 저장 온도와 시간에 따른 생 균수, pH, 적정 산도, gel 강도 및 TVN의 변화를 측정, 적정 저장 조건을 검토한 결과, 무저장 중 gel 강도는 약화되었으며, TVN, 생균수는 증가하였다. 해조묵의 수침 저장 조건은 32℃에서 3일, 18℃ 이하에서 15일 저장이 가능하였으며, 두유 혼합묵은 해조묵보다는 저장 기간이 짧아서 18℃에서 3일까지 가능하였다.

다시마, 미역, 멸치 분말이 첨가된 된장의 품질 특성 : 생된장에 다시마, 미역 및 멸치 분말을 1%씩 첨가, 90일간 숙성 후 품질과 관능 특성을 조사한 결과, 수분은 48.7~50.8%, 숙성 후 해조 첨가 된장의 수분 유지능은 우수하였다. 조단백질은 멸치 첨가 된장이 많았으며, 탄수화물은 시료 모두 증가되었으며, 지방은 멸치 된장이 높았고, 회분은 약 15%이었다. 각 된장의 pH와 총 산도는 모두 비슷하였으며, 환원당은 다시마와 멸치 혼합 된장에서 대조구(6%)보다 9.4%로 매우 높았다. 아미노산성 질소는 멸치 첨가 된장이 618.7㎎%로 대조구 531.1%보다 높았다. 색도와 관능 평가에서 L값(밝기)에 따라 기호성이 달랐으며, 다시마와 멸치 된장이 대조구나 미역 된장보다 기호성이 높았다. 전체적인 기호도는 멸치 분말 첨가 된장의 기호도가 상대적으로 높게 평가되었다.

건강기능성 식품과 해조류 소비 : 경북대 학생 281명을 대상으로 해조류 건강기능 식품의 구매 의도와 소비 가치를 조사한 결과, 구매 장소는 24시간 편의점이고, 낱개 포장으로, 구매 목적은 영양 보충과 체중 조절이며, 구매 의도가 높은군과 낮은군의 차이가 현저하였고, 식품, 영양 및 건강 관련 과목 수강 경험자 중 기능가치와 인식가치가 높았다.

✻ 효능과 이용

1) 효능 : 담 제거, 딱딱한 덩어리를 부드럽게, 혹을 줄이며, 이뇨 효과가 있다.
2) 식용 : 튀김, 무침, 조림 등에 쓰이며, 천연 조미료로도 쓰인다.
3) 약용 : 고대 이집트와 중국에서는 전통적으로 해초를 암의 치료에 썼다는 기록이 있으며, 갑상선 부종을 예방하고 모발 건강에도 효과가 있다 한다. 해초를 많이 먹는 지방에서 장수자가 많다 한다. 민간에서는 치질, 변비, 고혈압, 동맥경화, 갑상선종, 연주창, 고환의 팽창과 통증, 부종 등에 응용한다.

참고문헌

1) 강래선, 유신재, **Algae,** 1993, 8(1), 77 〔미역 (*Undaria pinnatifida*)의 초기 생활사에 미치는 유류(油類)의 급성 독성〕

2) 강성구, **수산학회지,** 1976, 9(1), 19 (양식 미역의 이용 가공에 관한 연구. 1. 열처리 방법에 따른 염장 미역의 보장 효과)

3) 강영주, 송대진, **제주대학교 논문집,** 1977, 9, 147 (갈조류의 성분 조성에 대한 연구)

4) 강지영, 박남희, Lyuen Quoc Hai, 서만석, 홍용기, **수산학회지,** 2008, 41(5), 337 (미역의 8가지 품질기준 설정을 위한 양식산 및 자연산 미역의 비교)

5) 곽충실, 김성애, 이미숙, **식품영양과학회지,** 2005, 34(8), 1143 (한국산 5종 해조류의 항산화 효과와 총 폴리페놀 함량의 관련성 – 미역, 다시마, 톳, 파래, 김)

6) 구재근, **수산학회지,** 1997, 30(1), 128 (국내산 다시마, 미역 포자엽, 톳, 모자반 정제 Fucoidan 의 구성당 결합 특성)

7) 구재근, **수산학회지,** 2001, 34(5), 521 (미역 포자엽 Fucoidan 의 중금속 흡착 특성)

8) 구재근, 조길석, 박진희, **수산학회지,** 1997, 30(3), 329 (국내산 다시마, 미역 포자엽, 톳, 모자반 Fucoidan 의 리올로지 특성)

9) 구재근, 최용석, 곽중기, **수산학회지,** 2001, 34(5), 515 (국내산 미역 포자엽, 다시마, 톳, 모자반 Fucoidan 의 항혈액 응고 특성)

10) 김길환, 김창식, **식품과학회지,** 1982, 14, 27 (미역김의 제조와 이화학적 특성에 관한 연구 – 1. 미역김의 조직 화학적 특성)

11) 김길환, 김창식, **식품과학회지,** 1983, 15, 277 (미역김의 제조와 이화학적 특성에 관한 연구 – 2. 미역김의 조성)

12) 김길환, 정종주, **식품과학회지,** 1984, 16, 336 (미역 알긴산의 추출 조건과 그 추출 잔사의 아미노산 조성)

13) 김두상, 이동수, 조득문, 김형락, 변재형, **수산학회지,** 1995, 28(10), 270 (식용 해조류 중의 미량 요소와 특수 기능성 당질 2. 산지와 채취

시기별 식이성 섬유질 함량 변화와 해조 다당류의 분포 — 미역, 톳, 모자반, 다시마, 도박, 참김, 풀가사리)
14) 김병학, 이상민, 고창수, 김재우, 명정인, **수산학회지,** 1998, 31(6), 869 (실험 배합사료 및 미역 공급 시 참전복 치패의 적정 사육밀도)
15) 김상애, 이강호, 박동근, **수산학회지,** 1970, 3(2), 5 (재처리의 미역색소 안정화 효과)
16) 김선재, 김현주, 문지숙, 김정목, 강성국, 정순택, **식품영양과학회지,** 2004, 33(5), 847 (미역에 함유된 Fucoxanthin색소의 추출 및 특성)
17) 김선재, 문지숙, 김정목, 강성국, 정순택, **식품영양과학회지,** 2004, 33(3), 598 (미역귀를 이용한 잼의 제조)
18) 김선재, 문지숙, 박정욱, 박인배, 김정목, 임종환, 정순택, 강성국, **식품영양과학회지,** 2004, 33(5), 875 (다시마, 미역 및 멸치 분말이 첨가된 된장의 품질 특성)
19) 김영명, **농어촌 개발공사, 특허 공고,** (BI); 1985, 85, 1518 (미역 페이스트의 제조방법)
20) 김영명, **식품공업,** 1983, 70, 50 (미역의 액화 처리 가공 및 이용 방법)
21) 김영식, 남기완, **수산학회지,** 1997, 30(3), 505 (한국산 미역 배우체의 생장과 성숙에 대한 온도 및 광 반응)
22) 김우정, 최희숙, **식품과학회지,** 1994, 26(1), 44 (미역의 효과적 추출을 위한 종합적 추출 방법의 개발)
23) 김육용, 이근우, 김건배, 조영제, **수산학회지,** 2000, 33(5), 388 (다시마 Alginate 의 가열 가수분해에 따른 물리, 화학적 및 생물학적 특성에 관한 연구 — 3. 랫드의 Cholesterol, Glucose 및 Cd 체의 배출 효과)
24) 김은미, 우순자, 지규만, **영양학회지,** 1996, 29(3), 251 (주요 당류 및 해조류의 대사 에너지 함량 평가에 관한 연구)
25) 김중래, 한창열, 이만상, **수산학회지,** 1981, 14(1), 24 (조류 육종을 위한 기초적인 연구 — 2. 미역 배우체의 생장에 미치는 식물 호르몬의 영향)
26) 김지희, 임치원, 박희연, 이두석, 박정흠, **수산학회지,** 2002, 35(2), 191 〔충치균(*Streptococcus mutans*)에 대한 다시마 추출물의 항균 활성 —

갈파래, 청각, 감태, 곰피, 미역, 다시마 등〕

27) 김해섭, 배태진, **수산학회지,** 2002, 35(4), 438 (미생물을 이용한 해조류의 가수분해 및 이용 — 1. 다시마와 미역을 가수분해 시키는 미생물군의 탐색)

28) 도정룡, 김은미, 구재근, 조길석, **수산학회지,** 1997, 30(2), 291 〔국내산 주요 해조류의 식이섬유소의 함량과 추출 조건 — 미역, 다시마, 톳, 파래(*U. lactuca*), 우뭇가사리, 꼬시래기〕

29) 도정룡, 오상룡, 김영명, 김동수, 조진호, 문광덕, 조길석, 구재근, **수산학회지,** 1994, 27(1), 13 (미역을 함유한 압출 성형물의 이화학적 특성에 관한 연구)

30) 문제학, 현규환, 박근형, **생물공학회지,** 1992, 7(1), 21 (미역의 Brassinosteroid 활성 물질 검색)

31) 박성영, 정영화, 신미옥, 정복미, 배송자, **식품영양과학회지,** 2005, 34(6), 765 (미역귀 분획의 항균, 암세포 성장 저지 효과)

32) 박영범, **식품영양과학회지,** 2005, 34(8), 1293 (해조류에 의한 아질산염 소거 활성 분석 — 곰피, 감태, 미역, 구멍쇠미역, 다시마, 모자반, 김, 꼬시래기, 청각, 갈파래)

33) 박영호, **수산학회지,** 1969, 2(1), 71 (갈조류의 알긴산 함량의 계절적인 변화에 관하여)

34) 박인배, 김선재, 마승진, 박정욱, 정순택, **식생활문화학회지,** 2005, 20(4), 421 (미역의 효소 추출물을 이용한 젤리의 제조)

35) 변재형, 박영호, 이강호, **수산학회지,** 1977, 10(2), 125 (양식 미역의 품질 요인과 그 가공)

36) 안방원, 이동호, 여생규, 강진훈, 도정룡, 김선봉, 박영호, **수산학회지,** 1993, 26(4), 289 (천연 식품 성분에 의한 발암성 Nitrosamine 의 생성 억제 작용 — 고추, 마늘, 파, 산초, 생강, 당근, 김, 파래, 미역, 청각)

37) 안정미, 송영선, **식품영양과학회지,** 1999, 28(3), 534 (미역과 다시마 가루를 첨가한 케이크의 물리 화학적 및 관능적 특성)

38) 안창범, 신태선, 남택수, **수산학회지,** 2000, 33(5), 423 (미역 줄기를 이

용한 잼의 제조 조건)
39) 양재승, 이서래, **식품과학회지,** 1977, 9, 194 (알긴산의 추출 수율 및 점성에 미치는 방사선의 영향)
40) 오창경, 오명철, 김성홍, 임상빈, 김수현, **수산학회지,** 1998, 31(1), 90 (미역과 다시마 에탄올 추출물의 항돌연변이 및 항균 효과)
41) 유시생, **박사학위논문,** 고려대학교 대학원, 1990 (한국산 해조류의 무기 성분과 지질 함량에 관한 연구- 미역, 다시마, 김, 파래)
42) 윤미옥, 이승철, 임종환, 김정목, **식품영양과학회지,** 2004, 33(4), 747 (추출 조건에 따른 해조류의 알긴산 수율과 점도 – 다시마, 미역, 톳)
43) 윤소미, 장준호, 이종수, **식품영양과학회지,** 2007, 36(2), 149 (미역 추출물로부터 충치 원인균, *Streptococcus mutans*에 대한 항균 물질의 분리 및 동정)
44) 이강호, 이동호, 조호성, 정우진, **수산학회지,** 1993, 26(5), 409 (처리 조건 별 미역 농축물의 제조 및 이용에 관한 연구)
45) 이강호, 차용준, 이응호, 박두천, **수산학회지,** 1988, 21, 42 (해조류 가공 및 이용에 관한 연구 – 2. 미역잼의 제조에 관한 연구)
46) 이동수, 김형탁, 조득문, 남택정, 변재형, **수산학회지,** 1998, 31(1), 1 (식용 갈조류의 알긴산 조성 – 미역, 다시마, 모자반, 톳)
47) 이동수, 김형탁, 변재형, **수산학회지,** 1998, 31(1), 82 (알긴산의 물성에 미치는 저분자화의 영향 – 미역, 큰다시마)
48) 이동수, 남태정, 변재형, **수산학회지,** 1998, 31(3), 399 (저분자와 알긴산이 콜레스테롤 식이 흰쥐의 혈청과 간장 지질의 콜레스테롤 및 지방산 조성에 미치는 영향 – 다시마, 미역)
49) 이연정, **식생활문화학회지,** 2004, 19(6), 691 (미역의 부위별 무기성분 및 알긴산 함량에 관한 연구)
50) 이은주, 성미경, **식품영양과학회지,** 2001, 30(3), 535 (미역의 섭취가 화학적으로 유도된 쥐의 대장암화 표지자인 Aberrant Crypt 형성 및 상피 세포 분열에 미치는 영향에 관한 연구)
51) 이정민, 유상권, 김상무, **식품영양과학회지,** 2005, 34(8), 1124 (해조류

효소 가수분해 물질로부터 정제한 저분자 Peptide 의 기능성 – 김, 지누아리, 미역, 파래)
52) 이헌옥, 김동수, 도정룡, 고영수, **수산학회지**, 1999, 32(4), 427 (해조류의 Angiotensin-1 전환 효소 저해 작용 – 김 파래, 미역, 우뭇가사리, 청각, 톳, 다시마)
53) 이현기, **화학회지,** 1965, 9(1), 201 (미역의 아미노산 및 비타민에 대한 영양학적 연구)
54) 이혜성, 최명숙, 이연경, 박수현, 김유정, **영양학회지,** 1996, 29(3), 286 (당뇨병 환자를 위한 고 식이섬유 보충물의 개발을 위한 연구(1) – 해조류 투여가 당뇨쥐의 장기능과 증세 호전에 미치는 영향)
55) 이혜성, 최명숙, 이연경, 박수현, 김유정, **영양학회지,** 1996, 29(3), 296 〔당뇨병 환자를 위한 고 식이 섬유 보충물의 개발을 위한 연구(2) – 해조류 (미역, 김파래, 다시마, 한천) 투여가 당뇨쥐의 당질과 지질 대사에 미치는 영향〕
56) 이호봉, 이승렬, 장영상, 신재익, **식품과학회지,** 1992, 24(3), 199 (한외여과에 의한 다시마 정미 성분 분리에 관한 연구)
57) 임영근, 최진석, 김동수, **수산학회지,** 2006, 39(1), 16 (기장산과 완도산 식용 해조류 중의 미네랄 함량 - 미역, 다시마, 톳, 홑파래, 가시파래)
58) 정용현, 국중렬, 장수현, 김종배, 김건배, 최선남, 강영주, **수산학회지,** 1995, 28(3), 325 (미역과 다시마를 이용한 해조묵 제조 – 3. 두유 혼합묵과 분리 대두 단백질 혼합묵)
59) 정용현, 국중렬, 장수현, 김종배, 김건배, 최선남, 강영주, **수산학회지,** 1995, 28(3), 325 (미역과 다시마를 이용한 해조묵 제조 – 4. 해조묵의 저장성)
60) 정용현, 국중열, 장수현, 김종배, 최선남, 강영주, **식품영양과학회지,** 1994, 23(1), 164 (미역과 다시마를 주원료로 한 묵 제조 – 1. 묵 제조 과정 중 칼슘 함량 및 조직학적 변화)
61) 정용현, 김건배, 최남선, 강영주, **식품영양과학회지,** 1994, 23(1), 156 (미역과 다시마를 주원료로 한 묵 제조 – 1. 미역, 다시마물의 최적

조건과 그 물성에 관하여)
62) 조득문, 김두상, 이동수, 김형락, 변재형, **수산학회지,** 1995, 28(1), 49 (식용 해조류 중의 미량 요소의 특수 기능성 당질 — 1, 산지와 채취 시기별 일반 성분의 조성과 무기원소의 분포)
63) 조용계, Hata, M., **수산학회지,** 1977, 10(3), 163 (미역의 sterol 조성과 ^{14}C-1 식초산염의 Sterol전환에 관하여)
64) 차명화, 김유경, **식생활문화학회지,** 2008, 23(4), 462 (해조류 건강기능성 식품에 대한 소비 가치 분석)
65) 차용준, 이응호, 박두천, **영양식량학회지,** 1982, 12, 38 (해조류 가공 및 이용에 관한 연구 — 1. 미역 분말 주스 제조)
66) 최진호, 김대익, 박수현, 김동우, 백영호, 김창목, **수산학회지,** 2000, 33(2), 87 〔미역(*Undaria pinnatifida*) 국수의 투여가 랫트 간장 중의 활성 산소 및 제거 효과〕
67) 최진호, 김동우, 김대익, 이종수, 백영호, **수산학회지,** 1999, 32(1), 42 〔미역(*Undaria pinnatifida*)국수가 SD계 흰쥐의 혈청 지질 대사에 미치는 영향〕
68) 최진호, 김동우, 김대익, 이종수, 백영호, **수산학회지,** 1999, 32(1), 46 〔미역(*Undaria pinnatifida*)국수가 SD계 흰쥐의 비만 억제 작용에 미치는 영향〕
69) 최진호, 김일성, 김재일, 윤태헌, **수산학회지,** 1992, 25(3), 181 (해조류 성분의 노화억제 작용에 관한 연구 — 2. 간장 세포막 속의 노화 억제 작용의 조절성분으로서 알긴산의 투여효과: 미역, 다시마)
70) 최진호, 김재일, 김일성, 윤태헌, **노화학회지,** 1991, 1(2), 173 (해조류 성분의 노화 억제에 관한 연구 — 2. 혈청 지질속의 노화억제 작용의 조절 성분으로의 알긴산의 투여 효과)
71) 최진호, 김재일, 김일성, 최재수, 복대석, 윤태헌, **노화학회지,** 1991, 1(2), 168 〔비만 억제 작용에 미치는 미역(*Undaria pinnatifida*)의 용량 의존성의 영향 — 1. 체중, 대사중량, 사료 및 에너지 효율에 대한 영향〕
72) 최희숙, 김상순, 김종군, 김우정, **식품과학회지,** 1992, 24(4), 382 (미역

추출액의 품질 특성에 미치는 온도의 영향)

73) 최희숙, 김우정, **식품과학회지,** 1993, 25(5), 589 (다당류 분해 효소의 첨가가 미역 추출액의 수율 및 점도에 미치는 영향)

74) 최희숙, 김종군, 김우정, **식품과학회지,** 1992, 24(4), 387 (산, 염 및 당의 첨가가 미역 추출액의 품질 특성에 미치는 영향)

75) 함승시, 김수현, 유수정, 오현택, 최현진, 정미자, **식품영양과학회지,** 2008, 37(4), 416 (해양 심층수염 및 다시마 분말을 첨가한 개량식 된장의 항돌연변이 원성 및 암세포 성장 억제에 미치는 영향)

76) 허근, 송재웅, 최종원, **생약학회지,** 1992, 23(3), 146 (미역의 자궁수축에 관한 연구)

77) 홍석기, 전병수, 박선영, **수산학회지,** 2001, 34(3), 213 (초임계 이산화탄소와 보존 용매를 이용한 미역으로부터 색소 추출)

78) 홍재식, 권영주, 김영희, 김명곤, 박일웅, 강귀환, **영양식량학회지,** 1991, 21, 276 (미역과 파래의 지방산 조성)

79) Akiyama, K., **Bull. Tohuku Reg. Fish Res. Lab.**, 1956, 25 [Studies of ecology and culture of *Undaria pinnatifida* (Harv.) Sur. II. Environmental factors affecting the growth and maturation of gametophyte]

80) Asia, A., Sugawara, T., Ono, H., Nagao, A., **Drug Metabol. Dispos.**, 2004, 32, 205 (Biotransformation of fucoxanthiol into amarouchiaxanthin a in mice and Hep G_2 Cells: formation and cytotoxicity of fucoxanthin metabolites)

81) Asia, Y., Miyakawa, Y., Nakazato, T., Shibata, H., Saito, K., Ikeda, Y., Kizaki, M., **Am. J. Hematol.**, 2005, 78, 7 (Fucoidan induces apoptosis of human HS-Sultan cells accompanied by activation of caspase-3 and down-regulation of ERK pathways)

82) Baba, M., Snoeck, R., Pauwels, R., Clercg, E. D., **Antimicrob. Agent Chemother.**, 1988, 1742 (Sulfated polysaccharides are potent and selective inhibitors of various enveloped viruses, including *Herpes simplex* virus, cytomegalovirus, vesicular stomatitis virus and human im-

munodeficiency virus)

83) Barthe, L. Woodley, J. Lavit, M., Przybylski, C., Philibert, C., Hothin, G., **Arzneimit.**, 2004, 54(5), 286 (In vitro intestinal degradation and absorption of chondrohitin sulfate, a glucosaminoglycan drug)

84) Bernardi, G., Springer, G. F., **J. Biol. Chem.**, 1962, 273, 75 (Properties of highly purified Fucan)

85) Berteau, O., Mulloy, B., **Glycobiology**, 2003, 13(6), 29R (Sulfated fucans, fresh perspectives: structures, functions, and biological properties of sulfated fucans and on overview of enzymes active toward this class of polysaccharide)

86) Chevolet, L., Foucault, A., Kervarec, N., Singain, C., Fisher, A. M., **Carbohydr. Res.**, 1999, 319, 154 (Further data on the structure of brown seaweed fucans: relationship with anticoagulant activity)

87) Chevolet, L., Mulloy, B., Ratiskol, J., Foucault, A., Colliec-Jouault, S., **Carbohydr. Res.**, 2001, 330, 529 (A disaccharide repeat unit is the major structure in fucoidans from two species of brown algae)

88) Cho, D. M., Kim, D. S., Lee, D. S., Kim, H. R., Pyun, J. H., **Bull. Kor. Fish. Soc.**, 1995, 28, 49 (Trace components and functional saccharides in seaweed-1. Changes in proximate composition and trace elements according to the harvest season and places)

89) Cho, E. J., Rhee, S. H., Park, K. Y., **J. Food Sci. Nutr.**, 1998, 3, 169 (Antimutagenic and anticarcinogenic effects of alginic acid extracted from sporophyll of sea mustard)

90) Cho, M., Kim, B. Y., Rhim, J. H., **Food Engin. Pro.**, 2003, 7, 141 (Degradation of alginate solution and powder by γ-irradiation)

91) Cho, M., Kim, B. Y., Rhim, J. H., **Kor. J. Food Sci. Technol.**, 2003, 35, 67 (Degradation of alginate solution by using γ-irradiation and organic acid)

92) Choe, S. N., Choi, K. J., **Kor. J. Food. Food Nutr.**, 2000, 13, 553

〔Fatty acid compositions of Natural lipids and polar lipids in the parts of Miyeok (*Undaria pinnatifida*)〕

93) Choi, J. H., Kim, D. I., Park, S. H., Kim, D. W., Beak, Y. H., Kim, C. M., **J. Kor. Fish. Soc.,** 2000, 33, 87 〔Effect of brown Algae (*Undaria pinnatifida*) noodle on oxygen radicals and their scavenger enzymes in liver of SD rats〕

94) Choi, J. H., Kim, D. W., Kim, J. H., Kim, D. I., Kim, C. M., **J. Kor. Fish. Soc.,** 1999, 32, 42 〔Effect of brown algae(*Undaria pinnatifida*) noodle on lipid metabolism in serum of SD-rats〕

95) Choi, J. H., Kim, D. W., **Kor. J. Life Sci.,** 1997, 7, 361 〔Effect of alginic acid-added seaweed drink(Haezomiin) in brown algae(*Undaria pinnatifida*) on obesity and biological activity of SD rats〕

96) Church, F. C., Meade, J. B., Treanor, R. E., Whinna, H. C., **J. Biol. Chem.,** 1989, 264, 3618 (Antithrombin activity of Fucoidan)

97) Colliec, S., Fisher, A. M., Tapon-Bretandiere, J., Boisson, C., Durand, P., Jozefonvicz, J., **Thrombosis Res.,** 1991, 64, 143 (Anticoagulant of a Fucoidan fraction)

98) Cooper, R., Dragar, C., Elliot, K., Fitton, J. H., Godwin, J., Thompson, K., **Complem. Altern. Med.,** 2002, 2, 11 (GFS, a preparation of Tasmanian *Undaria pinnatifida* is associated with healing and inhibition of reactivation of *Herpes*, B M C)

99) Cote, R. H., **J. Chem. Soc.,** 1959, 2248 (Disaccharides from fucoidan)

100) Fujimoto, K., Kaneda, T., **Bull. Jpn. Soc. Sci. Fish.,** 1980, 46, 1125 (Screening test for antioxygenic compounds from marine algae and fractionation from *Eisenia bicyclis* and *Undaria pinnatifida*)

101) Fujimoto, K., Kaneda, T., **Hydrobiologia,** 1984, 116 (Separation of antioxidant compounds from marine algae)

102) Funahashi, H., Imai, T., Mass, Y., **Jpn. J. Cancer,** 2001, 92(5), 483 (Seaweed prevent breast cancer?)

103) Gudiel-Urbano, M., Goni, I., **Nutr. Res.**, 2002, 22, 323 〔Effect of edible seaweeds(*Undaria pinnatifida* and *Porphyra tenera*) on the metabolic activities of intestinal microflora in rats〕

104) Hahn, J. K., Koh, J. B., **J. Kor. Soc. Food Nutr.**, 1999, 32, 42 (Effects of *Undaria pinnatifida* on serum and liver lipids in rats)

105) Hajime, O., Yasushi, S., Kanko, Y., Isamu, U., Koichi, K., **Biosci. Biotech. Biochem.**, 1994, 56, 994 (Possible antitumor pormoting properties of marine algae and In vivo activity of Wakame seaweed extract)

106) Han, J. S., Lee, S. J., Kim, J. A., Minamide, T., **Kor. J. Soc. Food Cookery Sci.**, 2002, 18, 101 (Changes in chromacity and 6 mineral contents of sea mustards according to several cooking methods)

107) Han, J., Kang, S., Choue, R., Kim, H., Leem, K., Chung, S., Kim, C., Chung, J., **Fitoterapia**, 2002, 73, 710 (Free radical scanvenging effect of *Diospyros kaki*, *Laminaria japonica* and *Undaria pinnatifida*)

108) Haugan, J. A. Aakermann, T., Liaaen-Jensen, S., **Methods in Enzymology**, 1992, 213 231 (Isolation of fucoxanthin and peridinin)

109) Hirota, N., **Nippon Suisan Gakkaishi**, 1978, 44, 1003 (Studies on chlorophyll of marine algae-Ⅰ. Absorption spectra and chlorophyll contents of dried "Wakame")

110) Holan, Z. R., Volesky, B., **Biotechnol. Bioeng.**, 1994, 43, 1001 (Biosorption of lead and nickel by biomass of marine algae)

111) Holan, Z. R., Volesky, B., Prasetyo, I., **Biotechnol. Bioeng.**, 1993, 41, 819 (Biosorption of cadmium by biomass of marine algae)

112) Hosokawa, M., Kudo, M., Maeda, H., Kohno, H., Tanaka, T., Miyashita, K., **Biochem. Biophys. Acta**, 2004, 1675, 113 (Fucoxanthin induces apoptosis and enhances the antiproliferative effect of the PPARr ligand, troglitazone, on colon cancer cells)

113) Hosokawa, M., Wanezaki, S., Miyauchi, K., Kurihara, H., Kohno, H., Kawabata, J., Odashima, S., Takahashi, K., **Food Sci. Technol. Res.**, 1999, 5, 243 (Apoptosis-inducing effect of fucoxanthin on human leukemia cell HL-60)

114) Hu, X., White, K. M., Jacobson, N. E., Mangeldorf, D. J., Canfield, L. M., **J. Nutr. Biochem.**, 1988, 9, 567 (Inhibition of growth and cholesterol synthesis in breast cancer cells oxidation products of Ca-carotene)

115) Huang, A,. Lasem, B., Smidsrod, O., **Acta Chem. Scand.**, 1967, 21, 691 (Studies on the sequence of uronic acid residues in alginic acid)

116) Huh, K., Song, J. W., Choi, J. W., **Kor. J. Pharmacogn.** 1992, 23, 164 (Studis on uterus contraction of the components of *Undaria pinnatifida*)

117) Hurch, F. C., Meade, J. B., Treanor, R. E., Whinna, H. C., **J. Biol. Chem.**, 1989, 6, 361 (Antithrombotic activity of fucoidan with heparin cofactor II, antithrombin III and thrombin)

118) Irhimeh, M. R., Fitton, J. H., Lowenthal, R. M., Kongtawelert, P., **Methods Find Exp. Clin. Pharmacol.**, 2005, 27(10), 705 (Quantitative method to detect fucoidan in human plasma using a novel antibody)

119) Irhimeh, M. R., Lowenthal, R. M., Ragg, S., Fitton, H., Teas, J., **Society for Intergrative Oncology 1st International Conference**, 2004, Nov, 17 (Fucoidan Ingestion Amplifiers CX CR_4+ Hemopoietic progenitor stem cell population in peripheral blood)

120) Ito, S., Miyoshi, T., Hujii, M., Imaki, M., **Bull. Jpn. Nutr. Food**, 1987, 40(4), 307 〔Changes in the Mineral contents (Ca, P. I. Fe) of various parts of "Wakame"(*Undaria pinnatifida*) at different growth stage under various environmental conditions〕

121) Jeong, B. Y., Cho, D. M., Moon, S. K., Pyeun, J. H., **J. Kor. Soc. Food Nutr.**, 1993, 22, 621 (Quality factors and functional components in the edible seaweeds)

122) Jeong, H. J., Lee, S. A., Moon, P. D., Na, H. J., Park, R. K., Un, J. Y., Kim, H. M., Hong, S. H., **Clin. Exp. Allergy,** 2006, 36, 785 (Alginic acid has anti-anaphylactic effects and inhibits inflammatory cytokine expression via suppression of nuclear factor-factoer-KB activation)

123) Jo, K. S., Do, J. R., Koo, J. G., **J. Kor. Soc. Food Sci. Nutr.**, 1998, 27, 275 (Pretreatment conditons of *Porphyra yezoensis, Undaria pinnatifida* and *Laminaria religiosa* for functional algae-tea)

124) Johnson, H. E., et al, **J. Org. Chem.**, 1963, 28, 1246 (IH-Indole-3-acetic acid)

125) Joo, D. S., Lee, J. S., Park, J. J., Cho, S. Y., Kim, H. K., Lee, E. H., **Kor. J. Food Sci. Technol.**, 1996, 28, 146 (Preparation of oligosaccharides from alginic acid by enzymatic hydrolysis)

126) Jurkovic, N., Kolb, N., Colic, I., **Nahrung,** 1995, 1, 63 (Nutritive value of marine algae *Laminaria japonica* and *Undaria pannatifida*)

127) Kajiwara, T., Komada, K., Hatanaka, A., Matsui, K., **Bioactive Volatile Compounds from Plants,** Teranishi, R., Buttery, R. G., Sugisawa, H., eds. Am. Chem. Soc., Washington, DC, USA 1993, 103~120 (Volatile compounds from Japanes marine brown algae)

128) Kang, K. S., Kim, I. D., Kwon, R. H., Lee, J. Y., Kang, J. S., Ha, B. J., **Arch. Pharm. Res.,** 2008, 31(5), 622 (The effect of Fucoidan Extracts on CCl_4-Induced Liver Injury)

129) Kato, T., Nakahisa, Y., **Bull. Tokushima Pref. Fish. Exp. Sta.**, 1961, 3, 3 〔Studies on the culture of *Undaria pinnatifida* in Japanese〕

130) Khan, M. N. A., Cho, J. Y., Lee, M. C., Kang, J. Y., Park, H., Fujii, H., Hong, Y. K., **J. Agric. Food Chem.**, 2007, 55, 6984 (Isolation

of two anit-inflammatory and one pro-inflammatory PUFAs from brown seaweed *Undaria pinnatifida*)

131) Kim, C. Y., Won, T. H., **Bull. Kor. Fish. Soc.**, 1974, 7(3), 35 (Concentration of Hg, Cd, Pb, and Cu in surrounding seawater and in seaweeds, *Undaria pinnatifida* and *Sargassum fulvellum* from Soyeong Bay in Pusan)

132) Kim, J. I., Kim, I. S., Moon, Y. S., Choi, J. H., **Kor. J. Gerontol.**, 1993, 3, 33 (Effect of brown algae component on lipid metabolism in obese rats induced by a high fat diet)

133) Kim, K. H., Cheng, D. J., **Kor. J. Food Sci. Technol.**, 1984, 16, 336 (Optimum conditions for extracting alginic acid from *Undaria pinnatifida* and amino acid composition of its extraction residue)

134) Kim, K. H., Kim, C. S., **Kor. J. Food Sci. Technol.**, 1982, 14, 396 (Studies on the manufacture of *Undaria pinntifida* laver and its physicochemical properties I)

135) Kim, K. H., Kim, C. S., **Kor. J. Food Sci. Technol.**, 1983, 15, 277 (Studies on the manufacture of *Undaria pinntifida* laver and its physicochemical properties II)

136) Kim, M. K., Lee, H. W., **Algae**, 1998, 13(1), 151 〔Changes of β-carotene content in Fresh and Dry Thalli of *Undaria pinnatifidida* and *Enteromorpha compressa* from Korea〕

137) Kim, M. S., Kim, J. Y., Choi, W. H., Lee, S. S., **Nutr. Res. Practice**, 2008, 2(2), 62 (Effect of seaweed supplementation on blood glucose concentration, lipid profile, and antioxidant enzyme activities in patients with type 2 diabetes mellitus — 미역, 다시마)

138) Kim, S. J., Kim, H. J., Moon, J. S., Kim, J. S., Kim, J. M., Kang, S. G., Jung, S. T., **J. Kor. Food Sci. Nutr.**, 2004, 33, 847 (Charcteristics and extraction of fucoxanthin pigment in *Undaria pinnatifida*)

139) Kim, W. J., Choi, H. S., **Kor. J. Food Sci. Technol.**, 1994, 26, 44 (Development of combined methods for effective extraction of sea mustard)

140) Koo, J. G., **Bull. Kor. Fish. Soc.**, 1997, 30, 128 (Stuctural characterization purified fucoidan from *Laminaria religiosa,* Sporophyhlls of *Undaria pinnatifida, Hizikia fusiforme* and *Sargassum fulvellum* in Korea)

141) Koo, J. G., Jo, K. S., Do, J. R., Woo, S. J., **J. Kor. Fish. Soc.**, 1995, 28, 227 (Isolation and purification of fucoidans from *Laminaria religiosa* and *Undaria pinnatifida* in Korea)

142) Koyamagi, S., Tanigawa, N., Hakagawa, H., Soeda, S., Hhimeno, H., **Biochem. Pharmacol.**, 2003, 65, 173 (Oversulfation of fucoidan enhances its anti-angiogenic and antitumor activities)

143) Kunio, S, Takahisa, N., **J. Nutr. Biochem.**, 2000, 11, 450 〔Identification of an antihypertensive peptide from peptic digest of Wakame (*Undaria pinnatifida*)〕

144) Kunio, S., Keisei, M., Chen, J. R., **J. Nutr. Biochem.**, 2004, 15, 267 〔Antihypertensive effects of *Undaria pinnatifida*(Wakame) peptide on blood pressure in spontaneously hypertensive rats〕

145) Lee, M., Kam, S., Lee, D., **J. Kor. Fish. Soc.**, 1997, 30(6), 936 (Lead Biosorption by biosorbent materials of Marine Brown Algae *U. pinnatifida, H. fusiformis,* and *S. fulvellum*)

146) Lee, S. B., Lee, J. Y., Song, D. G., Pan, C. H., Nho, C. W., Kim, M. C., Lee E. H., Jung, S. H., Kim, H. S., Kim. Y. S., Um, B. H., **Food Sci. Biotechnol.**, 2008. 17(3), 613 (Cancer chemopreventive Effects of Korean seaweed Extracts)

147) Leusch, A., Holan, Z. R., Volesky, B., **Appl. Biochem. Biotechnol.**, 1995, 61, 231 (Solution and partical effects on the biosorption of heavy metals by seaweed biomass)

148) Liu, J. N., Yoshida, Y., Wang, M. Q., Okai, Y., Yamachita, U., **Intl. J. Immunopharmac.**, 1997, 19, 135 (B cell stimulating activity of seaweed extracts)

149) Mabeau, S., Kloareg, B., Joseleau, J. P., **Phytochemistry,** 1990, 29, 2441 (Fractionation and analysis of fucose from brown algae)

150) Maeda, H., Hosokawa, M. Sashima, T., Funayame, K., Miyashita, J., **Biochim. Bioph. Res. Co.**, 2005, 332, 392 (Fucoxanthin from edible seaweed, *Undaria pinnatifida,* shows antiobesity effect through UCPL expression in white adipose tissues)

151) Maeda, H., Hosokawa, M. Sashima, T., Miyashita, K., **J. Agr. Food Chem.**, 2007, 55, 7701 (Dietary combination of fucoxanthin and fish oil attenuates the weight gain of white adipose tissue and decreases blood glucose in obese diabetic KK-A^Ymice)

152) Mayer, A. M. S., Hamann, M. T., **Comp. Biochem. Physiol. Part C,** 2002, 132, 345 (Marine pharmacology in 1999: Compounds with antibacterial, anticoagulant, antifungal, anti-inflammatory, antiplatelet, antiprotozoal and antiviral activities: affecting the cardiovascular, endocrine, immune, and nervous systems and miscellanous mechanisms of action)

153) Mayer, A. M. S., Hamann, M. T., **Mar. Biotechnol.**, 2004, 6, 37 (Marine pharmacology in 2000: marine compounds with antibacterial, anticoagulant, antifungal, anti-inflammatory, antimalarial, antiplatelet, antituberclosis, and antiviral activities: affecting the cardiovascular, immune, and nervous systems and other miscellanous mechanisms of action)

154) Mori, H., Kamei, H., Nishide, H., Nishizawa, K., **Proc. 10th Intl. Seaweed Symp.**, 1982, 10, 109 〔Sugar constituents of some sulfated polysaccharides from the sporophylls of Wakame(*Undaria pinnatifida*) and their biological activities〕

155) Mulloy, B., Ribeiro, A. C., Alves, A. P., Vieira, R. P., Mourao, PAs, **J. Biol. Chem.,** 1994, 269, 22113 (Sulfated fucans from echinoderms have a regular tetrasaccharide repeating unit defined by specific patterns of sulfation at the 0-2 and 0-4 Positions)

156) Muraoka, D., Saitoh, K., **Fish. Sci.,** 2005, 71, 1365 (Identification of *Undaria pinnatifida* and *U. undarioides* using mitochondrial 23S ribosomal DNA sequence)

157) Murata, M., Sano, Y., Ishihara, K., **J. Nutr.,** 2002, 132, 742 [Dietary fish oil and *Undaria pinnatifida*(Wakame) synergistically decrease rat serum and liver triglycerol]

158) Nishide, E., Azai, H., Uchida, N., **Nippon Suisan Gakkaishi,** 1987a, 53(7), 1083 (A comparative investigation on the contents of fucose-containing polysaccharide from various Japanese brown algae)

159) Nishide, E., Azai, H., Uchida, N., **Nippon Suisan Gakkaishi,** 1987b, 53(7), 1215 (A comparative investigation on the water-soluble and alkali-soluble alginates from various Japanese brown algae)

160) Nishide, E., Kinoshita, Y., Azai, H., Uchida, N., **Nippon Suisan Gakkaishi,** 1988, 54(9), 1619 (Distribution of hot-water extractable material water-soluble alginate and alkali-soluble alginate in different parts of *Undaria pinnatifida*)

161) Nishino, H., Tsushina, M., Matsuno, T., Tanaka, Y., Okuzumi, J., Murakoshi, M., Satomi, Y. Takayasu, J., Tokuda, H., Nishino, A., Iwashima, A., **Anticancer Drugs,** 1992, 3, 493 (Anti-neoplastic effect of halocynthiaxanthin a metabolic of fucoxanthin)

162) Nishino, T., Nagamo, T., **Nippon Nog. Kag. Kaish,** 1987, 61, 361 (Sugar constituents and blood-anticoagulant activities of fucose-containing sulfated polysaccaride in nine brown seaweed species)

163) Lee, D. S., Hyeung, R. K., Pyeun, J. H., **J. Kor. Fish. Soc.,** 1998, 31, 82 (Effect of low molecularization on Rheological properties of

alginate)

164) Nishino, T., Nagumo, T., **Carbolydr. Res.**, 1992, 229, 355 (Anticoagulant antithrombin activities of over sulfated fucans)

165) Nishino, T., Nagumo, T., **Nippon Nogeikagaku Kaishi,** 1987, 61, 361 (Sugar constituents and blood-anticoagulant activity of fucose-containing sulfated polysaccharides in nine brown seaweed species)

166) Noda, H., Amano, H., Arashima, K., Hashimoto, S., Nishizawa, K., **Nippon Suisan Gakkaishi,** 1989, 55, 1259 (Studies on the antitumor activity of marine algae)

167) Noda, H., Amano, H., Arashima, K., Hashimoto, S., Nishizawa, K., **Nippon Suisan Gakkaishi,** 1989, 55, 1265 (Antitumor activity of polysaccharides and lipid from marine algae)

168) Oh, C. K., Oh, M. C., Kim, S. H., Lim, S. B., Kim, S. H., **J. Kor. Fish. Soc.**, 1998, 31, 90 (Antimutagenic and antimicrobial effect of ethanol extracts from sea-mustard and sea-tangle)

169) Ohigashi, H., Sakai, Y., Yamaguchi, K., Umezaki, I., Koshimizu, J., **Biosci. Biotech. Biochem.**, 1992, 56(6), 994 (Possible antitumor promoting properties of marine algae and in vitro activity of Wakame seaweed extract)

170) Okai, Y., Higashi-Okai, K., Nakamura, S., **Mutat. Res.**, 1993, 303, 63 [Identification of heterogenous antimutagenic activities in the extract of edible brown seaweeds, *Laminaria japonica*(Makonbu) and *Undaria pinnatifida*(Wakame) by the ume gene expression system in *Sal. typhimurium*(TA 1535/PSK 1002)]

171) Okumura, K., **Bot. Mar.**, Tokyo, 1915, 29, 269 (*Undaria* and its species)

172) Okuzumi, J., Nishino, H., Murakoshi, M., Iwashima, A., Tanaka, Y., Yamane, T., Fujita, Y., Takahashi, T., **Cancer Lett.**, 1990, 55, 75 (Inhibitor effects of fucoxanthin, a natural carotenoid, on N-myc

expression and cell cycle profession in human malignant tumor cells)

173) Park, M. J., Han, J. S., **J. Food Sci. Nutr.**, 2008, 13(4), 259, (Fucoidan protects LLC-PK1 cells against AAPH-induced Damage)

174) Park, N. Y., Kim, I. S., Jeong, Y. J., **J. Food. Sci. Nutr.**, 2008, 13, 321 〔Effect of Extraction conditions on the componential Extraction of Brown Seasweed (*Undaria pinnatifida*)〕

175) Park, S. Y., Jung, Y. H., Shin, M. O., Jung, B. M., Bae, S. H., **J. Kor. Soc. Food Sci. Nutr.**, 2005, 34, 765 (Effect of antimicrobial and cytotoxicity of *Undaria pinnatifida* sporpophyll fractions)

176) Paskins-Hurlburt, A. J., Tanaka, Y., Skoryna, S. C., **Bot. Mar.**, 1976, 19, 327 (Isolation and metal binding properties of Fucoidan)

177) Patankar, M. S., Olhninger, S., Barnett, Y., Williams., R. L., Clark, G. F., **J. Biol. Chem.**, 1993, 268, 21770 (A revised structure for fucoidan may explain some of its biological activities)

178) Penmar, A., Sanderson, G. R., **Carbohydr. Res.**, 1972, 25, 273 (A method for the determination of uronic acid sequence in alginate)

179) Percival, E. G. V., Ross, A. G., **J. Chem. Soc.**, 1950, 717 (The isolation and purification of fucoidan from brown seaweeds)

180) Pereira, M. S., Mulloy, B., Mourao, P. A. S., **J. Biol. Chem.**, 1999, 274, 4656 (Structure and anticoagulant activity of sulfated fucans)

181) Quanbin, Z., Zhien, L., Zuhong, X., Xizhen, N., Hong, Z., **Planta Med.**, 2003, 69, 537 (Effects of fucoidan on chronic renal failure in rats)

182) Rhee, S. H., **Kor. Soc. Food Nutr.**, 1972, 1(1), 25 (A study on the calcium and iron content of *Undaria pinnatifida*)

183) Rhu, B. H., Kim, D. S., Cho, K. J., Sim, D. B., **Kor. J. Food Sci. Technol.**, 1989, 21(5), 595 (Antitumor activity of seaweeds toward sarcoma-180)

184) Rioux, L. E., Turgeon, S. L., Beaulieu, M., **Carbohyd. Polym.**, 2007, 69, 530 (Characterizations of polysaccharides extracted from brown seaweeds)

185) Rozkin, M. Y., Hevina, M. N., Kameneva, N. S., Usov, A. I., Yefimov, V. S., **Farmakol. I toksik.**, 1989, 3, 48 (Investigation of the mechanism of the anticoagulant action of Fucoidans)

186) Saito, Y., **Bull. Jpn. Soc. Sci. Fish.**, 1956, 22, 229 [An ecological study of *Undaria pinnatifida* (Harvey) Sur. I. On the influence of environmental factors upon the development of gametophytes]

187) Sakagami, Y., **Biochemistry and Utilization of Marine Algae,** Nippon Suisan Gakkai ed. Goseisha Goseigaku, Tokyo, Japan, 1983, pp. 90-100 (Anticancer compounds) (in Japanese)

188) Sato, S., Miyata, Y., Kunitomi, S., **Bull. Jpn. Soc. Sci. Fish.**, 1976, 42(3), 337 (Physical properties of naruto Wakame and its alginate and metal contents)

189) Sato, S., Sato, K., **Kaseigakyu Kenkyu,** 1977, 28(7), 463 [Physical properties and alginates of Wakame(*Undaria pinnatifida*) Fronds]

190) Schneider, F. A., et al, **J. Exp. Bot.**, 1972, 23, 152 (Occur, IH-Indole-3-Carboxylic acid)

191) Schweiger, R. G., **J. Org. Chem.**, 1962, 27, 4267 (Methanolysis of fucoidan I. Preparation of methyl α-L-fucoside and L-fucose)

192) Sekimoto, K., Endo, A., Katamine, S., **J. Jpn. Soc. Nutr. Food Sci.**, 1986, 39, 67 (Comparison of extraction rates of minerals from Suboshi-, Haiboshi-and Enzo-Wakame(*Undaria pinnatifida*) during water immersion treatment)

193) Shin, D., **Nutr. Res. Practice,** 2009, 3(1), 31 (The effect of sea mustard on blood lipid profilies and glucose level of rats fed diet with different energy composition)

194) Shin, T. S., **Food Sci. Biotechnol.**, 2003, 12(5), 570 (Volatile com-

pounds in sea mustard, *Undaria pinnatifida*)
195) Shiratori, K., Ohgame, K., Ilieva, I., Jin, X. H., Koyama, Y., Miashita, K., Yoshida, K., Kase, S., Ohno, S., **Exp. Eye Res.,** 2005, 81, 422 (Effects of Fucoxanthin on lipopolysaccharide-induced inflammation in vitro and in vivo)
196) Sohn, C. H., **Algae,** 1993, 8(2), 207 (Special Issue for Asia-Pacific phycological Forum : *Porphyra, Undaria* and *Hizikia* cultivation in Korea)
197) Suetsuma, K., Nakano, T., **J. Nutr. Biochem.,** 2000, 11, 450 [Identification of an antihypertensive peptide from peptic digest of Wakame(*Undaria pinnatifida*)]
198) Suzuki, T., Nakai, J., Yoshie, Y., Shirai, T., Hiroano, T., **Nippon Suisan Gakkaishi,** 1993, 59, 545 (Effect of sodium alginates rich in glucuronic acid and mannuroic acids on cholesterol levels and digestive organs of high cholesterol fed rats)
199) Tanaka, K., Sorai, S., **FEBS Lett.,** 1970, 9, 45 (Hydrolysis of fucoidan by abalone liver α-L-fucoidase)
200) Thompson, K. D., Dragar, C., **Phytochemistry Res.,** 2004, 18, 551 (Antiviral activity of *Undaria pinnatifida* against *Herpes simplex* virus)
201) Tominaga, F. et al, **J. Biochem. (Tokyo),** 1963, 54, 222 (isol, Chondrine)
202) Tsuchimoto, M., Miyata, K., Matsuo, S., Osata, S., Kora, H., Misima, T., Tachibana, K., **Nippon Suisan Gakkaishi,** 1992, 58(2), 301 (Relationship between body fat content and body density in cultured red sea bream)
203) Uchida, M., Murata, M., **Aquaculture,** 2002, 207, 345 (Fermentative preperation of single cell detritus from seaweed *Undaria pinnitifida*, suitable as a replacement hatchery diet for unicellular algae)

204) Watanabe, T., Nishizawa, K., **Bull. Jpn. Soc. Sci. Fish.**, 1982, 48, 243 [Enzymatic studies on alginate lyase from *Undaria pinnatifida* in relation to texture-softening prevention by ash-treatment(Haiboshi)]

205) Witvrouw, M., de Clercg, E., **Gen. Pharmacol.**, 1997, 29, 497 (Sulfated polysaccharides extracted from sea algae as potential anti-virus drugs)

206) Yamamoto, I., Maruyama, H., **Abstract of 42nd General Meetings Jpn. Soc. Cancer,** 1983, p260 (Cancer protection effect seaweed, especially laver, on DMH induced intestinal cancer of rat)

207) Yamamoto, I., Maruyama, H., Takahashi, M., **Cancer Res.**, 1986, 30(2), 125 (The effect of dietary or intraperitoneally injected seaweed preparations on the growth of sarcoma-180 cell subscutaneously implanted into mice)

208) Yamanaka, R., Akiyama, K., **J. Appl. Phycol.**, 1993, 5, 249 [Cultivation and utilization of *Undaria pinnatifida* (Wakame) as food]

209) Yan, Zuo-Mei, **Hydrobiologia,** 1984, 116(117), 314 (Studies on tissue culture of *Laminaria japonica* and *Undaria pinnatifida*)

Symphyocladia latiuscula (Harvey) Yamada

보라색우무 25

홍조류 · Rhodomelaceae (빨간검둥이과)

- 일명 | Isomurasaki
- 별명 | 개우무
- 분포 | 한국 해안, 일본, 대련
- 용도 | 식용(우무 제조)

✻ 식물학적 특성

홍조류로 빨간검둥이과에 속하며, 몸은 섬유상 뿌리에 모여 나고, 가는 실모양(1~1.5㎜), 높이 5~15㎝, 몸의 기부에서 몇 개의 중심가지로 나누어지고, 중심가지는 수회 우상으로 양 가장자리에 마주나며, 아래 가지는 길고, 윗 가지는 짧아져 피라미드 형이 된다. 질은 막질로 살았을 때는 황갈색, 또는 암자갈색이나 건조하면 흑갈색이 된다. 조간대 바위 위에 흔히 있다.

전남 도서 지방에서 우무를 만든다. 우무량이 적어 매우 무른 우무가 된다.

동속 해조류로는 넓은보라색우무(*Sy. marchantioides*)와 가는보라색우무(*Sy. linearis*) 등이 있다.

✻ 성분

1) 특수성분

보라색우무(*Sy. latiuscula*)에서 Bis(2, 3, 6-tribromo-4, 5-dihydroxybenzyl) ehter(B-00608)이 분리되었다.

✻ 생리 활성

항산화 활성 : 보라색우무의 항산화 작용은 쥐의 간 homogenate가 공기 중 37℃에 노출되어 있을 때 TBA를 사용, 생산되는 지방 과산화물을 측정하거나, DPPH에 대한 radical제거 효과 및 ACF_2(간세포)에서 free radical 억제를 측정한 결과, 보라색우무의 MeOH ex에서 높은 항산화 활성을 보여 몇 몇 유기용매로 분획한 결과, 항산화 작용은 CH_2Cl_2〉Hx〉BuOH〉EtOAc〉H_2O분획 순이었다. CH_2Cl_2 분획이 radical 제거 작용이 가장 강하였고(50% 억제 농도 [IC_{50}]=3.14㎍/㎖), 쥐의 간 homogenate의 지방 과산화를 강력하게 억제하였다. ascorbic acid보다 산화 억제 효과가 컸다. 보라색 우무의 MeOH ex의 CH_2Cl_2 분획도 ACF_2의 free radical을 0.2㎎/㎖와 0.1㎎/㎖ 농도에서 50% 이상 억제시켰으나, H_2O 분획은 이러한 항산화 활성이 없었다.

HT-29 대장암 세포 증식 억제 효과 : 식용 가능한 28종의 해조류 MeOH ex 중 보라우무가 HT-29(대장암 세포) 세포 증식 억제가 가장 강하여, 이기전을 밝히고자 보라우무 MeOH ex을 HT-29 세포에 실험한 결과, 농도 의존적으로 억제 활성이 증가하였고, apoptotic cell 수는 현저히 증가하였다. Apoptosis(Ap) 조절 인자 Bcl-2 family 단백질 중 Bcl-2는 보라우무 MeOH ex에 변화가 없었으나, t-Bid 단백질은 시료에 현저히 증가하였다. Bcl-2 family 단백질과 같이 Ap조절에 주요 역할자 caspase 단백질은 시료 처리로 cleaved caspase-8, -9, -7, -3 단백질이 현저히 증가하였다. 이 결과로 보라우무 MeOH ex은 caspase-8의 활성 증가로 mitochondria 막투과성 변화와 caspase -7/-3 활성 증가는 Ap를 유도, 암세포 증식 억제를 알 수 있어 기능성 식품으로의 개발이 기대된다. 항암활성은 보라우무 MeOH ex가 48.9%, 모자반 MeOH ex가 HT-29(대장암)에 75.3%, 톳은 78.3%, 잎파래 86.4%, 지충이 87.1%, 곤포 88.4%이었다.

Marine carotenoid의 생물학적 기능 : 자연계에서 생성되는 색소 중 carotenoid (CA)는 가장 중요하며 인체 건강에 유용한 효과를 갖고 있어 관심이 증가되고 있다. 해산 CA는 그들이 주는 화학적, 생물학적 이익의 영향은 중요하다. 해산 CA 중 astaxanthin과 fucoxanthin은 해양 동물이나 해양 식물 중에서 비교적 강력한 생물학적 활성이 있다. 즉 이들 CA는 quenching siglet oxygen과 scavenging free radical의 강한 항산화 작용이 있기 때문이며, 식이성 항산화 작용이 있는 이들 강력한 작용의 CA는 항암 작용과 항염 작용이 있다. 특히 fucoxanthin이 근래 항비만과 항당뇨 효과가 인정되면서부터 주목받게 되었다. 이러한 작용은 mitochondia의 백색지방(WAT)에서 uncoupling protein(UCP1)을 만들어 WAT에서 지방산을 산화시켜 WAT에서 열을 생산하기 때문이다. fucoxanthin은 insulin 저항을 개선하여 혈당을 낮추며, 동물의 WAT에서 종양괴사 인자 α(TNFα)를 감소시키기 때문이다.

홍조류의 성분 : 국내 연안에 서식하는 13종의 홍조류를 채취, 구성 성분을 분석한 결과, 채취 장소에 따라 차이가 있었고, 우뭇가사리의 회분은 9.02~13.30%, 단백질 19.99~20.47%, 지방 0.31~0.11%, 탄수화물 66.02 ~69.88%, sulfate는 2.35~1.62%, 돌가사리의 회분은 29.48, 단백질 27.42, 지방 0.90, 탄수화물 42.20, sulfate 19.48%, 부챗살의 회분 17.32, 단백질 31.15, 지방 0.24, 탄수화물 48.71, sulfate 1.92%, 깃꼴진두발의 회분 12.91, 단백질 22.47, 지방 0.22, 탄수화물 64.40, sulfate 17.96%, 풀가사리의 회분 19.20, 단백질 18.11, 지방 0.64, 탄수화물 62.05, sulfate 18.23%, 석묵의 회분은 11.41, 단백질 31.69, 지방 0.53, 탄수화물 60.71, Sulfate 4.43%였으며, 수용성 구성당은 3, 6-anhydrogalactose, galactose, 6-methylgalactose, rhamnose, fucose, ribose, arabinose, xylose, mannose, glucose였고, 가장 많은 당은 galactose, 다음 3, 6-anhydrogalactose, glucose, xylose 순이었다.

건강기능성 식품과 해조류 소비 : 경북대 학생 281명을 대상으로 해조류 건강기능 식품의 구매 의도와 소비 가치를 조사한 결과, 구매 장소는 24시간 편의점이고, 낱개 포장으로, 구매 목적은 영양 보충과 체중 조절이며, 구매 의도가 높은군과 낮은군의 차이가 현저하였고, 식품, 영양 및 건강 관련 과목 수강 경험자 중 기능가치와 인식가치가 높았다.

남해 조간대 해조 군집 : 남해 10개 도서 조간대의 해조 군집의 구조와 특성을 조사한 결과, 군집의 구조는 상, 중, 하부의 뚜렷한 층위 구조로 구성되고, 상부와 중부의 중요 종은 조사 기간 매우 유사하였으나, 지역 간에는 차이가 있었다. 상부의 대표 종은 막상 혹은 사상형의 *Gloiopeltis* spp. *Gelidium divaricatum*, *Prophyra suborbiculata*, *Nemalion vermiculare* 이었고, 중부의 대표 종은 *Corallina pilulifera*, *Chondria crassicaulis*, *Hizikia fusiformis* 이었으며, 조사 기간 중 공통으로 중요 종으로는 *Sargassum sagamianum*, *Laurencia* spp. *Symphyocladia latiuscula*, *Chondrus* spp. *Pachymeniopsis lanceolata*, *Gigartina* spp. 등이었다.

동해 영일만 중심 해조류의 해조상, 분포, 군집 구조 : 1995년 7월~1996년 6월까지 계절별, 남조류 5종(3.5%), 녹조류 18종(12.5%), 갈조류 20종(13.9%), 홍조류 101종(70.1%)으로 144종이었고, 봄 77종, 여름 78종, 가을 92종, 겨울 81종이 출현하였다. 연중 4계절 출현하는 것은 구멍파래, 참 그물바탕말, 우뭇가사리, 진두발, 돌가사리, 폴리시포니아, 보라색우무, 단박, 서실 등 29종이었고, 연중 비교적 높은 빈도 출현은 구멍파래, 우뭇가사리, 보라색우무이며, 중요한 것은 지충이, 클라도포라, 모자반, 납작파래 등이 있었다.

돌산도의 조하대 해조 군락 : 1982년 6월~1983년 5월까지 계절별로 scuba잠수로 채집 분석하였다. 조하대의 수직 분포는 sheltered 지역 특성을 보였고, 상, 중, 하부 3개 구역으로 나누어, 상부는 *Ulva pertusa, Codium fragile*, *Chondria crassicaulis*, *Gigartina tenella*의 녹조, 홍조류, 중부는 *Myagropsis myagroides*와 *Sargassum tortile*의 대형 갈조류, 하부는 *Plocamium telfairiae, Callophyllis japonica, Symphyocladia linearis*의 홍조류가 우점 종이었다. Normal association analysis로 분석한 결과, 이 지역은 9개의 해조 군락으로 나누어지고, 각 군의 우점 종은 각각 *Sargassum* *tortile, Myagropsis myagroides, Chondria crassicaulis, Codium fragile, Pterocladia tenuis, Gigartina tenella, Gracilarie textorii* 등 이었고 해종림 종은 *Myagropsis myagroides*와 *Sargassum tortile* 이었다. *Myagropsis myagroides*의 현존량은 봄에 2,248g/50㎠, 여름 650.4g, 가을 747.6g으로 봄에 최고치에 달한다.

참고문헌

1) 강태선, 제종길, 홍재상, **수산학회지,** 1993, 26(1), 49 (남해의 하계 해조군집 – 1. 조간대: 도박, 톳, 불등가사리, 서실, 진두발, 돌가사리, 우뭇가사리, 보라우무, 비틀대모자반 등)
2) 김영동, 김영명, 강통삼, **한국식품연구소 연구보고,** 1981, 163 (해조류의 다각적 이용에 관한 연구)
3) 김은지, 박소영, 홍지은, 신민정, 임순성, 신현경, 윤정한, **식품영양과학회지,** 2007, 36(4), 431 (보라 우무 메탄올 추출물의 HT-29 대장암 세포증식 억제 효과 – 모자반 75.3%, 톳 78.3%, 잎파래 86.4%, 지충이 87.1%)
4) 남기완, 김영식, 김영환, 손철현, **수산학회지,** 1996, 29(5), 727 (한국 동해안 연안역의 저서 해조류 – 해조상, 분포 및 군집 구조)
5) 도정룡, 남윤주, 박진희, 조진호, **수산학회지,** 1997, 30(3), 428 (국내산 홍조류의 구성 성분에 관한 연구 – 우뭇가사리, 꼬시래기, 돌가사리, 붉은까막살, 애기곱슬이, 붉은잎, 애기마디잘록이, 부챗살, 진두발, 풀가사리, 석묵)
6) 손철현, 이인규, 강제원, **수산학회지,** 1983, 16(4), 379 (남해안 돌산도의 해조 II, 조하대 해조 군락의 구조 – 구멍파래, 우뭇가사리, 서실, 보라색우무, 모자반, 돌가사리)
7) 오윤식, 이인규, 부성민, **Algae,** 1990, 5(1), 57 (한국산 유용 해조 특히 식용, 약용 및 공업용 해조에 대한 주해)

8) 이용필, 강서영, **한국산 해조류의 목록,** 2001, 제주대학교 출판부
9) 이용필, 강서영, **Algae,** 2002, 17(1), 69 (한국산 해조류의 목록)
10) 차명화, 김유경, **식생활문화학회지,** 2008, 23(4), 462 (해조류 건강기능성 식품에 대한 소비 가치 분석)
11) Amano, H., **Marine Biochemistry,** Yamaguchi, K. ed., Tokyo University Press, Japan, 1999, pp.170~171 (Biochemistry and biotechnology of seaweed)
12) Baker, J. T., **Proc. Intl. Seaweed Symp.,** 1984, 11, 29 (Seaweeds in pharmaceutical studies and application)
13) Chapman, V. J., Chapman, D. J., **Seaweeds and Their Uses,** Chapman and Hall, London, 1980, 334
14) Choi, J. S., Lee, J. H., Park, H. J., Kim, H. G., Young, H. S., Mun, S. I., **Kor. J. Pharmacogn.,** 1993, 24(4), 299 (Screening for antioxidant activity of plant and marine algae and its active *Prunus davidiana*)
15) Cole, K. M., **Biology of the Red Algae,** Cole, K. M., Sheath, R. G., (eds.), Cambridge Univ. Press. Cambridge, 1990, p.517
16) Hiroyuki, N., Hideomi, A., Koichi, A., Kazutosi, N., **Hydrobiologia,** 1990, 204/205, 577 (Antitumor activity of marine algae)
17) Hosokawa, M., Okada, T., Mikami, N., Konishi, I., Miyashita, K., **Food Sci. Biotechnol.,** 2009, 18(1), 1 (Bio-function of Marine Carotenoids)
18) Jimenz-Escrig, A., Goni Ganbrodon, I., **Arch. Latinoam. Nutr.,** 1999, 49, 114 (Nutritional evaluation and physiological effects of edible seaweeds)
19) Kim, E. J., Lim, S. S., Shin, M. J., Shin, H. K., Park, J. H. Y., **Kor. Soc. Food Sci. Technol.,** 2006, 73rd Annual meeting, Jeju, Korea (Abstract no p11~035) (Effect of *Symphyocladia latiuscula* extract on the growth of cancer cells)
20) Kurata, K. Amiya, T., **Phytochemistry,** 1980, 19, 141 [Bis(2,3,6-Tribromo-4, 5-dihydroxybenzyl) ether from red alga, *Symphyocladia*

latiuscula]

21) Kurata, K. et al, **Phytochemistry,** 1980, 19, 141 (isol, antimicrobial)

22) Kwak, C. S., Kim, S. A., Lee, M. S., **J. Kor. Soc. Food Sci. Nutr.,** 2005, 34, 1143 (The correlation of antioxidative effects of 5 Korean common edible seaweeds and total polyphenol content)

23) Lim, C. W., Lee, J. S., Cho, Y. J., **J. Kor. Fish Soc.,** 2000, 33, 280 (Structures and some properties of the antimicrobial compounds in the red algae, *Symphyocladia latiuscula*)

24) Murakami, M., Makabe, K., Okada, S., Yamaguchi, K., Konosu, S., **Nippon Suisan Gakkaishi,** 1988, 54(6), 1035 (Screening of biological active compounds in microalgae)

25) Noda, H., Amano, H., Arshima, K., Hashimoto, S., Nisizawa, K., **Nippon Suisan Gakkaishi,** 1989, 55(7), 1259 (Studies on the anti-tumor activity of marine algae)

26) Noda, H., **Chemistry of Fisheries Utilization,** Konosu, S., Hashimoto, K. ed., Koseisha Koseiku, Tokyo, Japan, 1992, pp.304~306 (in Japanese) (Chemistry of Seaweed)

27) Park, H. J., Choi, J. S., Chung, H. Y., **J. Kor. Fish Soc.,** 1998, 31(6), 927 (The antioxidant activity in extracts of *Symphyocladia latiuscula*)

28) Tseng, C. K., Zhang, J. F., **Proc. Intl. Seaweed Symp.,** 1984, 11, 152 (Chinese seaweeds in herbal medicine)

29) Van der Meer, J. P., **Biology of the Red algae,** Cole, K. M., Sheath, R. G. eds., Cambridge Univ. Press, Cambridge, 1990, pp.103~121 (Genetics)

30) Yan, X. J., Nagata, T., Fan, X., **Plant Foods for Hum. Nutr.,** 1998, 52, 253 (Antioxidative activities in some common seaweeds)

Gymnogongrus flabelliformis Harvey(1968)
Ahnfeltiopsis flabelliformis (Harvey) Masuda(1993)

부챗살 26

홍조류 · Phyllophoraceae (부챗살과)

- 일명 | Okitsunori
- 분포 | 우리나라, 일본, 중국
- 용도 | 식용, 우무, 혈액응고제

✲ 식물학적 특성

홍조류로 부챗살과에 속하며, 몸은 각상근에서 모여서 나고, 높이 4~7 ㎝, 폭 1.5~2㎜이며, 매우 접근하여 분기(分岐)한다. 가장자리에 부지(副枝)가 있고, 1~2회 분기한다. 낭과는 끝에 또는 그 아래 부분에 3~4개 일열로 이어서 생기고, 가지 양쪽면에 융기한다. 질은 연골질이고, 색은 짙은 암홍색이나 건조하면 거의 흑색이 된다.

✲ 성분

1) 특수성분

부챗살에는 Gigartinine(S, G-00345)과 Gongrine(G-00648)이 있다.

✲ 생리 활성

피부세포주 HaCaT에 대한 해조류의 영향 : 한국 연안 해조류를 채집, 이들 중 잎파래 등 녹조류 4종, 참그물바탕말 등 갈조류 18종, 부챗살 등 홍조류 14종을 수세, 음건하여 80% MeOH로 4회 추출, 37℃에 건조한 시료를 인체 피부세포 HaCaT와 24시간 배양을 조사한 결과, 36종의 해조 시료 중 비틀대모자반과 돌가사리가 대조구보다 1.6배 활력이 증가되었고, 참그물바탕말(*Dictiota dichotoma*), 참도박(*Pachymeniopsis elliptica*) 및 잎파래(*Enteromorpha linza*)의 추출물은 대조구보다 각각 0.2, 0.4, 0.4배 정도 활력을 억제시켰다.

Marine carotenoid의 생물학적 기능 : 자연계에서 생성되는 색소 중 carotenoid (CA)는 가장 중요하며 인체 건강에 유용한 효과를 갖고 있어 관심이 증가되고 있다. 해산 CA는 그들이 주는 화학적, 생물학적 이익의 영향은 중요하다. 해산 CA 중 astaxanthin과 fucoxanthin은 해양 동물이나 해양 식물 중에서 비교적 강력한 생물학적 활성이 있다. 즉 이들 CA는 quenching siglet oxygen과 scavenging free radical의 강한 항산화 작용이 있기 때문이며, 식이성 항산화 작용이 있는 이들 강력한 작용의 CA는 항암 작용과 항염 작용이 있다. 특히 fucoxanthin이 근래 항비만과 항당뇨 효과가 인정되면서부터 주목받게 되었다. 이러한 작용은 mitochondria에서 백색지방(WAT)에서 uncoupling protein(UCP1)을 만들어 WAT에서 지방산을 산화시켜 WAT에서 열을 생산하기 때문이다. fucoxanthin은 insulin 저항을 개선하여 혈당을 낮추며, 동물의 WAT에서 종양괴사 인자 α(TNFα)를 감소시키기 때문이다.

홍조류의 성분 : 국내 연안에 서식하는 13종의 홍조류를 채취, 구성 성분을 분석한 결과, 채취 장소에 따라 차이가 있었고, 우뭇가사리의 회분은 9.02~13.30%, 단백질 19.99~20.47%, 지방 0.31~0.11%, 탄수화물 66.02~69.88%, sulfate는 2.35~1.62%, 돌가사리의 회분은 29.48, 단백질 27.42, 지방 0.90, 탄수화물 42.20, sulfate 19.48%, 부챗살의 회분 17.32, 단백질 31.15, 지방 0.24, 탄수화물 48.71, sulfate 1.92%, 깃꼴진두발의 회분 12.91, 단백질 22.47, 지방 0.22, 탄수화물 64.40, sulfate 17.96%, 풀가사리의 회분 19.20, 단백질 18.11, 지방 0.64, 탄수화물 62.05, sulfate 18.23%, 석묵의 회분은 11.41, 단백질 31.69, 지방 0.53, 탄수화물 60.71, sulfate 4.43%였으며, 수용성 구성당은 3, 6-anhydrogalactose, galactose, 6-methylgalactose, rhamnose, fucose, ribose, arabinose, xylose, mannose, glucose였고, 가장 많은 당은 galactose, 다음 3, 6-anhydrogalactose, glucose, xylose 순이었다.

✳ 효능과 이용

1) 효능 : 혈액응집제(소)
2) 식용 : 식용, 우무제조

참고문헌

1) 강태선, 제종길, 홍재상, **수산학회지,** 1993, 26(1), 49 (남해의 하계 해조군집 - 1. 조간대: 도박, 톳, 불등가사리, 서실, 진두발, 돌가사리, 우뭇가사리, 보라우무, 비틀대모자반 등)
2) 김영동, 김영명, 강통삼, **한국식품연구소 연구보고,** 1981, 163 (해조류의 다각적 이용에 관한 연구)
3) 도정룡, 남윤주, 박진희, 조진호, **수산학회지,** 1997, 30(3), 428 (국내산 홍조류의 구성 성분에 관한 연구 - 우뭇가사리, 꼬시래기, 돌가사리, 붉은까막살, 애기곱슬이, 붉은잎, 애기마디잘록이, 부챗살, 진두발, 풀가사리, 석묵)
4) 손철현, **수산학회지,** 1983, 16(4), 368 (오동도 해조 군락에 관한 연구 - 참김, 잎파래, 고리매, 미역, 서실, 모자반, 지충이, 우뭇가사리)
5) 안방원, 이동호, 여생규, 강진훈, 도정룡, 김선봉, 박영호, **수산학회지,** 1993, 26(4), 289 (천연 식품 성분에 의한 발암성 Nitrosamine 의 생성 억제 작용)
6) 오윤식, 이인규, 부성민, **Algae,** 1990, 5(1), 57 (한국산 유용 해조 특히

식용, 약용 및 공업용 해조에 대한 주해)
7) 윤승제, 조연숙, 남주현, 이형호, Kim Eliya, 홍용기, **수산학회지,** 2008, 41(1), 68 (각종 해조류 추출물들의 인간 피부세포주 HaCaT에 대한 활력 영향 – 비틀대모자반, 돌가사리, 참그물바탕말, 참도박, 구멍파래, 잎파래, 청각, 납작파래, 딕티오타, 감태, 곰피, 톳, 패, 다시마, 모자반류, 고리매, 미역, 진두발, 꼬시래기, 부챗살)
8) 이용필, 강서영, **Algae,** 2002, 17(1), 69 (한국산 해조류의 목록)
9) Amano, H., **Marine Biochemistry,** Yamaguchi, K. ed., Tokyo University Press, Japan, 1999, pp.170~171 (Biochemistry and biotechnology of seaweed)
10) Baker, J. T., **Proc. Intl. Seaweed Symp.,** 1984, 11, 29 (Seaweeds in pharmaceutical studies and application)
11) Chapman, V. J., Chapman, D. J., **Seaweeds and Their Uses,** Chapman and Hall, London, 1980, 334
12) Cole, K. M., **Biology of the Red Algae,** Cole, K. M., Sheath, R. G., (eds.), Cambridge Univ. Press, Cambridge, 1990, p.517
13) Coombe, D. R., Parish, C. R., Ramshow, I. A., Snowden, J. M., **Intl. J. Cancer,** 1987, 39, 82 (Analysis of the inhibition of tumor metastasis by sulfated polysaccharides)
14) De Clerq. E. D. A., Ito, M., Shigata, S., Baba, M., **European Patent Application No. O 293 826,** 1988, (Therapeutic and prophylactic application of sulfated polysaccharides against AIDS)
15) Efimor, V. S., Usov. A. I., Ol'kaya, T. S., Baliunis, A., Roskin, M. Y., **Farmakol. Toksikol.,** 1983, 46(3), 61 (Comparative study of anti-coagulant activity of Sulfated polysaccharides obtained from red sea algae)
16) Hosokawa, M., Okada, T., Mikami, N., Konishi, I., Miyashita, K., **Food Sci. Biotechnol.,** 2009, 18(1), 1 (Bio-function of Marine Carotenoids)
17) Ito, K. et al, **Agric. Biol. chem.,** 1965, 29, 832; 1969, 33, 237 (iso,

Synth, Gongrine)
18) Jimenz-Escrig, A., Goni Ganbrodon, I., **Arch. Latinoam. Nutr.**, 1999, 49, 114 (Nutritional evaluation and physiological effects of edible seaweeds)
19) Lahaye, M., **J. Sci., Food Agric.**, 1991, 54, 587 (Marine algae as sources of fibers : Determination of soluble and insoluble dietary fiber contents in some sea vegetables)
20) Mabeau, S., Fleurence, J., **Trends Food Sci. Technol.**, 1993, 4, 103 (Seaweed in the food products : Biochemical and nutritional aspects)
21) Marlett, J. A., **Intern. Med. Special,** 1984, 5, 99 (Dietary fiber and mineral bioavailabitity)
22) Noda, H., **Science of Marine Algae,** Oishi, K. ed., Asakura-Shoten, Tokyo, 1993, pp.14~29 (Chemistry of marine algae)
23) Ohta, K., **Proc. Intl. Seaweed Symp.**, 1979, 9, 401 (Chemical studies on biologically active substances in seaweeds)
24) Wakamiya, T. et al, **Tetrahedron,** 1084, 40, 235 (isol, Gigartinine)

Gloiopeltis furcata (Post. et Rup.) J. Agardh

불등가사리 27

홍조류 · Endocladiaceae (풀가사리과)

• 영명 | Seaweed furcata
• 일명 | Fukuro-funori
• 한명 | 靑鹿菜, 赤菜
• 별명 | 불등풀가사리
• 분포 | 한국(남해안), 일본, 사할린, 쿠릴열도, 미대륙 서해안
• 용도 | 호료, 식용

✻ 식물학적 특성

홍조류로 풀가사리과에 속하며, 몸은 소반 상근에서 뭉쳐 나고, 줄기가 매우 짧으며, 몸은 갑자기 팽대하여 원주상을 이룬다. 보통 불규칙한 차상분기(叉狀分岐) 하고, 여기저기 잘록하여 관절 처럼 되었다. 가운데가 비어있고, 낭과(果)는 작고 융기하며, 구상 또는 반구상으로 체 표면에 산재 한다. 색은 자홍색, 가죽질로 강인하며, 건조하면 대지에 잘 붙는다.

동속에는 풀가사리(*Gloiopeltis tenax*)가 있다.

✻ 성분

1) 영양성분

① **불등가사리**(생것, 12042) : 가식부 100g 중 수분 13.50%, 열량 603.0

kcal, 단백질 0.1g, 지질 61.3g, 당질 1.5g, 조섬유 23.60g, Ca 1039.4㎎, P 558.0g, Fe 7.70㎎, K 55.0㎎, Zn 0.56㎎, vitamin A 2197.4 RE, β-carotene 13184.3㎍, B_1 0.420㎎, B_2 0.980㎎, B_6 7.00㎎, niacin 0.01㎎, C 104.6㎎, 엽산 1020.6㎍, E 6.98㎎

② **불등가사리(마른 것**, 12043) : 가식부 100g 중, 수분 11.70%, 열량 252.0 kcal, 단백질 16.5g, 지질 0.6g, 당질 55.7g, 조섬유 2.30g, Ca 481.0㎎, P 174.0㎎, Fe 28.40㎎, K 5198.0㎎, Zn 0.58㎎, vitamin B_1 0.100㎎, B_2 0.230㎎, B_6 0.01㎎, Niacin 3.5㎎, C 6.0㎎, 엽산 971.0㎍, E 7.12㎎

2) 특수성분

청각채(불등가사리; *G. furcata*)에서 Agarobiose(A-00543)이 분리되었다.

✻ 생리 활성

암세포 성장 억제 : 불등가사리를 추출, 각 분획에 대하여 인체 암세포주인 $HepG_2$, HeLa, MCF-7 및 HT-29와 정상 간세포의 증식 억제 실험 결과, 4종의 암세포 모두에 대해 시료 첨가 농도 의존적으로 증식 억제 효과가 있었고, 특히 불등가사리의 MeOH 분획의 매우 낮은 농도에서 강한 암세포 성장 억제 효과를 보였으며, 정상 간세포에서는 모든 분획에서 약한 세포증식 억제를 보여 정상세포에는 독성이 낮음을 보였다. 특히, 시료는 유방암과 자궁경부암 세포의 성장저지 효과가 탁월하였다. quinone reductase(QR)가 있는 $HepG_2$는 시료 10, 20, 30, 40㎍/㎖ 첨가 시 MeOH분획 20㎍/㎖에서 대조군의 2배이상의 QR 유도 효과를 보여, 최종 농도 40㎍/㎖에서 2.6의 암예방 QR 유도 효과를 보였다.

홍조류의 성분 : 국내 연안에 서식하는 13종의 홍조류를 채취, 구성 성분을 분석한 결과, 채취 장소에 따라 차이가 있었고, 우뭇가사리의 회분은 9.02~13.30%, 단백질 19.99~20.47%, 지방 0.31~0.11%, 탄수화물 66.02~69.88%, sulfate는 2.35~1.62%, 돌가사리의 회분은 29.48, 단백질 27.42,

지방 0.90, 탄수화물 42.20, sulfate 19.48%, 부챗살의 회분 17.32, 단백질 31.15, 지방 0.24, 탄수화물 48.71, sulfate 1.92%, 깃꼴진두발의 회분 12.91, 단백질 22.47, 지방 0.22, 탄수화물 64.40, sulfate 17.96%, 풀가사리의 회분 19.20, 단백질 18.11, 지방 0.64, 탄수화물 62.05, sulfate 18.23%, 석묵의 회분은 11.41, 단백질 31.69, 지방 0.53, 탄수화물 60.71, sulfate 4.43%였으며, 수용성 구성당은 3, 6-anhydrogalactose, galactose, 6-methylgalactose, rhamnose, fucose, ribose, arabinose, xylose, mannose, glucose였고, 가장 많은 당은 galactose, 다음 3, 6-anhydrogalactose, glucose, xylose 순이었다.

미이용 해조류의 성분과 단백질 추출 : 갈조류 14종(18시료), 녹조류 3종(3시료), 홍조류 15종(19시료)을 분석한 결과 홍조류의 조단백이 높고, 조지방이 낮았으며, 갈조류와 녹조류는 조단백은 낮고, 조지방이 높았다. 단백질 자원으로는 지충이, 부채꼴아크로소리움, 꿩꼬리, 오카므라서실, 검은서실, 지누아리, 진두발, 불등가사리, 돌가사리, 딕티오타, 고리매 등이나, 큰딕티오타, 코르다리아, 비틀대모자반, 알쏭이모자반, 외톨개모자반, 도박, 털도박, 미끌도박 납작파래, 구멍갈파래, 거머리말은 단백질이 극히 적었다. 추출액 중 단백질 침전법은 MeOH 처리법이 가장 양호하였으며, 알쏭이모자반이 가장 좋았고, 다음이 지누아리, 거머리말 순이었다.

미량 금속 함량 : 우리나라 연안에서 수집한 해조류 총 620건 시료 즉 녹조류(113건), 갈조류(275건), 홍조류(불등가사리 등 232건)의 미량 금속 함량을 비교 분석한 결과, Hg은 갈조류에서, Cd는 홍조류에서, Cu, Cd는 녹조류에 많았고, Mn과 Ni은 녹조류와 홍조류에서, Pb는 녹조류에서, Zn은 홍조류에 많았다. 지역별로는 Hg, Cd, Ni, Mn은 충남 태안 지역에서 Cr은 영덕, Cu는 통영, Pb와 Zn은 울산 지역에서 많았다. 갈조류에는 Hg와 Cd, 녹조류는 Cr, Cu, Mn, Ni, Pb가, 홍조류에는 Zn이 많았다. 비식용 해조류 중 지충이는 Cd와 Mn의 biomonitor, 애기마디잘록이와 지누아리는 Ni와 Zn의 biomonitor, 식용 갈조류인 고리매는 Cr과 Pb의 biomonitor로 사용할수 있을 것으로 판단되었다.

산지와 채취 시기별 일반 성분의 조성과 무기원소 : 녹조류(참홑파래, 청각), 갈조류(미역, 톳, 모자반, 다시마), 홍조류(얼룩도박, 참김, 불등풀가사리) 9종에 대해 기장, 충무, 여수 지역에서 채취 시기별 일반 성분을 분석한 결과, 조단백질은 참김(45%)이 가장 많았고, 참홑파래(30%)가 적었고, 지질은 다시마 약 10%로 많은 편이며, 참김은 약 6%로 높았으나, 얼룩도박과 불등풀가사리는 약 3% 이하로 낮았다. 회분과 탄수화물은 청각(약 90%)이 많았고, 참김(약 30%)이 가장 적었다. 참홑파래, 미역, 얼룩도박에는 Na가 가장 많았고, K, Mg, Ca이 비슷하였고, Fe은 참홑파래가 많았고, 미역과 얼룩도박에는 낮았다. Zn은 해조류에 비교적 많았고, 얼룩도박이 가장 많았다. 미역, 톳, 다시마의 무기질 중 K과 Na이 비슷하였으나 Mg은 Ca보다 많았고, Zn은 지역별 차이가 많았다. 일반 성분 조성은 종류와 채취 장소에 따라 차이가 있었고, 무기원소는 채취 시기에 따라 큰 차이가 있었다.

산지, 채취 시기와 섬유질 함량 : 식용해조(녹조류 – 참홑 파래, 청각 ; 갈조류 – 미역, 톳, 모자반, 다시마; 홍조류 – 얼룩도박, 참김, 불등풀가사리) 9종의 가용성 및 불용성 식이 섬유질 및 총 식이 섬유질의 산지(기장, 충무, 여수)와 채취 시기별로 측정한 결과, 녹조류 중 참 홑파래가 25.4~38.1%(건물), 청각 35.4~43.8%, 갈조류 중 미역 34.2~48.8%, 톳은 37.5~ 43.8%, 모자반 42.9~71.8%, 다시마 37.1~45.1%, 홍조류 중 참김 31.3~ 40.5%, 얼룩 도박 51.5~60.4%, 불등풀가사리 57.1~65.8% 이었고, 가용성, 불용성 참홑파래(43.7~64.8%), 갈조류 중 미역(17.5~31.3%), 홍조류 중 불등풀가사리(44.7~63.2%)가 높은 값을 보였다. 다당류의 분포 특성은 갈조류는 알칼리 가용성 알긴산을 많이 함유하고 있었으며(9.0~15.1%), 홍조류 중 참김은 porphyran(5.8%), 불등풀가사리와 얼룩도박은 한천(20.0%)과 카라기난(23.8%)을 각각 많이 함유하는 차이를 보였다.

남해 조간대 해조 군집 : 남해 10개 도서 조간대의 해조 군집의 구조와 특성을 조사한 결과, 군집의 구조는 상, 중, 하부의 뚜렷한 층위 구조로 구성되고, 상부와 중부의 중요 종은 조사 기간 매우 유사하였으나, 지역 간에는 차이가 있었다. 상부의 대표 종은 막상 혹은 사상형의 *Gloiopeltis* spp., *Gelidium divaricatum*, *Prophyra suborbiculata*, *Nemalion vermiculare* 이었고, 중부의 대표 종은 *Corallina pilulifera*, *Chondria crassicaulis*, *Hizikia fusiformis* 이었으며, 조사 기간 동안 공통으로 중요 종으로는 *Sargassum sagamianum*, *Laurencia* spp. *Symphyocladia latiuscula*, *Chondrus* spp., *Pachymeniopsis lanceolata*, *Gigartina* spp. 등이었다.

연화도의 해조 군집 및 변동의 정량적 분석 : 1984년 12월~1986년 1월 사이 연화도 해조군을 조사한 결과, 남조류 2종(1.8%), 녹조류 18종(15.8%), 갈조류 25종(21.9%), 홍조류 69종(60.5%), 모두 114종이었다. 해조류의 기능형 군별 구성비는 봄 겨울에는 사상형과 막상형이 우세, 여름과 가을에는 직립 분기형과 다육질 형이 우세하였으며, 파도가 적은 내만에는 막상형과 각상형이, 파도가 강한 곳은 직립 분기형과 다육질 형이 우세하였다. 전 조사 기간 동안 각 지점에서 중요도 10 이상인 종은 *Porphyra suborbiculata*(30.1), *Corallina pilulifera*(27.8), *Hizikia fusiforme*(27.7), *Sargassum thurnbergii*(27.5), *Undaria pinnatifida*(22), *Ishige okamurai*(20.6), *Chondria crassicaulis*(20), *Ulva pertusa*(16), *Pseudulvella consociata*(15.7), *Urospora penicilliformis*(15), *Sargassum sagamianum*(14.9), *Caulacanthus okamurai*(12.8), *Gloiopeltis furcata*(12.7), *Sargassum microcanthum*(11.7), *Myelophycus simplex*(11.2) 이었고, Melobesioideae가 25.7이었다.

건강기능성 식품과 해조류 소비 : 경북대 학생 281명을 대상으로 해조류 건강기능 식품의 구매 의도와 소비 가치를 조사한 결과, 구매 장소는 24시간 편의점이고, 낱개 포장으로, 구매 목적은 영양 보충과 체중 조절이며, 구매 의도가 높은군과 낮은군의 차이가 현저하였고, 식품, 영양 및 건강 관련 과목 수강 경험자 중 기능가치와 인식가치가 높았다.

✻ 효능과 이용

1) 효능 : 버섯, 게의 식중독, 해독

2) 식용 : 식재료

3) 약용 : 한방에서는 버섯이나 게의 식중독에 다려 마신다.

4) 기타 : agglutinin, cough, brochitis, tonsillitis, asthma, stomach ailments, hermorrhoids, anal fistulas, rheumatic arthritis, tuberculosis, goiter.

참고문헌

1) 강태선, 제종길, 홍재상, **수산학회지,** 1993, 26(1), 49 (남해의 하계 해조 군집 – 1. 조간대: 도박, 톳, 불등가사리, 서실, 진두발, 돌가사리, 우뭇가사리, 보라우무, 비틀대모자반 등)

2) 김두상, 이동수, 조득문, 김형락, 변재형, **수산학회지,** 1995, 28(10), 270 (식용 해조류 중의 미량 요소와 특수 기능성 당질 – 2. 산지와 채취 시기별 식이성 섬유질 함량 변화와 해조 다당류의 분포)

3) 김영동, 김영명, 강통삼, **한국식품연구소 연구보고,** 1981, 163 (해조류의 다각적 이용에 관한 연구)

4) 김인수, 김선봉, 박영호, **수산학회지,** 1994, 27(2), 133 (Maillard 반응 생성물의 돌연변이 원성에 대한 해조 및 야채 추출물의 억제 효과)

5) 김지희, 목종수, 박희연, **식품영양과학회지**, 2005, 34(7), 104 (한국 연안 해조류의 미량 금속 함량 – 파래, 청각, 매생이, 미역, 다시마, 김, 모자반, 톳, 고리매, 우뭇가사리, 꼬시래기, 서실, 불등가사리)

6) 도정룡, 남윤주, 박진희, 조진호, **수산학회지,** 1997, 30(3), 428 (국내산 홍조류의 구성 성분에 관한 연구 – 우뭇가사리, 꼬시래기, 돌가사리, 붉은까막살, 애기곱슬이, 붉은잎, 애기마디잘록이, 부챗살, 진두발, 풀가사리, 석묵)

7) 박성영, 정복미, 최영현, 배송자, **식품영양과학회지,** 2005, 34(6), 771 (불등가사리 분획물의 암세포 성장 억제 효과)

8) 박영호, 변재형, 오후규, 강영주, **수산학회지,** 1976, 9(3), 155 (미이용 해조류의 이용화에 관한 연구 — 1. 미이용 해조류의 성분 조성과 조류 단백질 추출: 불등가사리, 돌가사리, 진두발 등)

9) 손철현, 이인규, 강제원, **수산학회지,** 1986, 19(3), 265 (한국 남해안 동부 해역 해조 군집 구조 및 변동의 정량적 분석 - 1. 연화도 - 불등가사리, 톳, 지충이, 미역, 패, 구멍갈파래 등)

10) 유홍수, 이강호, **수산학회지,** 1977, 10, 151 (해조 단백질 추출에 관한 연구 — 1. 수용성 단백질의 추출)

11) 이강호, 우순임, 유홍수, **수산학회지,** 1978, 11, 85 (해조 단백질 추출에 관한 연구 — 3. NaOH 가용성 단백질의 수출)

12) 이강호, 유홍수, 우순임, **수산학회지,** 1977, 10, 189 (해조 단백질 추출에 관한 연구 — 2. 식염 가용성 및 알코올 가용성 단백질 추출)

13) 이중화, 조한옥, **수도여사대 논문집,** 1972, 6, 325 〔해조류의 산업적 이용(제1보). 해조류의 일반 성분 및 무기질〕

14) 조득문, 김두상, 이동수, 김형락, 변재형, **수산학회지,** 1995, 28(1), 49 (식용 해조류 중의 미량 요소의 특수 기능성 당질 — 1. 산지와 채취 시기별 일반 성분의 조성과 무기원소의 분포)

15) 차명화, 김유경, **식생활문화학회지,** 2008, 23(4), 462 (해조류 건강기능성 식품에 대한 소비 가치 분석)

16) Amano, H., **Mar. Biochem.,** Yamaguchi, K. ed., Tokyo University Press, Japan, 1999, pp170~171 (Biochemistry and biotechnology of seaweed)

17) Baker, J. T., **Proc. Intl. Seaweed Symp.,** 1984, 11, 29 (Seaweeds in pharmaceutical studies and application)

18) Boney, A. D., Corner, E. D. S., **J. Mar. Biol. Assoc. U. K.,** 1962, 42, 579 (On the effects of some carcinogenic hydrocarbons on the growth of sporelings of marine red algae)

19) Chapman, V. J., Chapman, D. J., **Seaweeds and Their Uses,** Chapman and Hall, London, 1980, 334

20) Chengkui, Z., Junfu, Z., **Proc. Intl. Seaweed Symp.,** 1984, 11, 151 (Chinese seaweeds in herbal medicine)

21) Cole, K. M., **Biology of the Red Algae,** Cole, K. M., Sheath, R. G., (eds.), Cambridge Univ. Press, Cambridge, 1990, p.517

22) Coombe, D. R., Parish, C. R., Ramshow, I. A., Snowden, J. M., **Intl. J. Cancer,** 1987, 39, 82 (Analysis of the inhibition of tumor metastasis by sulfated polysaccharides)

23) De Clerq. E. D. A., Ito, M., Shigata, S., Baba, M., **European Patent Application No. O 293 826** 1988, (Therapeutic and prophylactic application of sulfated polysaccharides against AIDS)

24) Deig, E. F., Ehresmann, D. W., Hatch, M. T., Riedlinger, D. J., **Antimicrob. Agents Chemother.,** 1974, 6, 524 (Inhibition of herpes virus replication by marine algal extracts)

25) Fujihara, M., Nagumo, T., **Carbohydr. Res.,** 1993a, 243, 211 (An Influence of the structure of alginate on the chemotactic activity of macrophages and the antitumor activity)

26) Fujihara, M., Nagumo, T., **Carbohydr. Res.,** 1993b, 224, 343 (The effect of the content of D-mannuronic acid and L-guluronic acid blocks in alginates on antitumor activity)

27) Fujihara, M., Nagumo, T., **J. Chromatography,** 1989c, 465, 386 (Determination of the molecular weights of alginates by agarose gel filteration)

28) Girard, J. P., Marion, C., Liutkus, M., Boucard, M., Rechencq. E., Vidal, J. P., Rossi, J. C., **Planta Med.,** 1988, 54, 193 (Hypotensive constituents of marine algae Ⅰ. Pharmacological studies of laminine)

29) Gutkecht, J., **Limnol. Oceanogr.,** 1965, 10, 58 (Uptake and retention of Cesium 137 and Zine 65 by seaweeds)

30) Hirase, S. et al, **Bull. Chem. Soc. Jpn.**, 1958, 31, 428; 1968, 41, 626 (isol, Agarobiose)

31) Hiroyuki, N., Hideomi, A., Koichi, A., Kazutosi, N., **Hydrobiologia**, 1990, 204/205, 577 (Antitumor activity of marine algae)

32) Hornsey, I. S., Hide, D., **Br. Phycol. J.**, 1974, 9, 353 (The production of antimicrobial compounds by British Marine algae. I. Antibiotic-producing marine algae)

33) Hornsey, I. S., Hide, D., **Br. Phycol. J.**, 1976a, 11. 63 (The production of antimicrobial compounds by British Marine algae II. Seasonal variation in production of antibiotics)

34) Ikeda, A., Takemura, A., Ono, H., **Carbohydr. Polym.**, 2000, 42, 421 (Preparation of low-molecular weight alginic acid by acid hydrolysis)

35) Jeffrey, S. W., Humphrey, G. F., **Biochem. Physiol. Pflanz.**, 1975, 176, 191 (New spectrometric equations for determining chlorophyll a, b, c1 and c2 in higher plants, algae and natural phytoplankton)

36) Jimenz-Escrig, A., Goni Ganbrodon, I., **Arch. Latinoam. Nutr.**, 1999, 49, 114 (Nutritional evaluation and physiological effects of edible seaweeds)

37) Kain, J. M., Norton, T. A., **Biology of the Red algae,** Cole, K. M., Sheath, R. G., eds., Cambridge University Press, Cambridge, 1990, 99, 377~422 (Marine ecology)

38) Kaneda, T. P., Kamasastri, V., Tokuda, S., **Bull. Jpn. Fish. Sci. Soc.**, 1965, 31, 1026 [Studies on the effects of marine products on cholesterol metabolism in rat. V. The effect of edible seaweed (supplement)]

39) Kurihara, H., Goto, Y., Aida, M., Hosokawa, M., Takahashi, K., **Fish. Sci.**, 1999, 65, 129 (Antibacterial activity against cariogenic bacteria and inhibition of insoluble glucan production by free fatty acids obtained from dried *Gloiopeltis furcata*)

40) Lahaye, M., **J. Sci. Food Agric.**, 1991, 54, 587 (Marine algae as sources of fibers : Determination of soluble and insoluble dietary fiber

contents in some sea vegetables)

41) Mabeau, S., Fleurence, J., **Trends Food Sci. Technol.**, 1993, 4, 103 (Seaweed in the food products : Biochemical and nutritional aspects)

42) Matsukawa, R., Dubinsky, Z., Kishimoto, E., Masak, K., Masuda, Y., Takeuchi, T., Chihara, M., Yamamoto, Y., Niki, E., Karube, I., **J. Appl. Phycol.**, 1997, 9, 29 (A comparison of screening methods for antioxidant activity in seaweeds)

43) Mori, B., Kusima, K., Iwasaki, T., Omiya, H., **Agric. Biol. Chem.**, 1981, 55, 787 (in Japanese) (Dietary fiber content of seaweed)

44) Nakazawa, Y., Kuroda, H., Abe, F., Nishino, T., Otsuki, M., Umezaki, I., **Chemotheraphy**, 1974, 22, 1435 〔Antitumor effect of water-extracts from marine algae(I)〕

45) Nielson, E. S., Anderson, S. W., **Mar. Biol.**, 1970, 6, 93 (Copper ions as poison in the sea and in fresh water)

46) Noda, H., Amano, K., Arashima, K,. **Nippon Suisan Gakkaishi**, 1989b, 55(7), 1265 (Antitumor activity of polysaccharides and lipid from marine algae)

47) Noda, H., **Chemistry of Fisheries Utilization**, Konosu, S., Hashimoto, K. ed., Koseisha Koseiku, Tokyo, Japan, 1992, pp.304~306 (Chemistry of Seaweed), (in Japanese)

48) Ohta, K., **Proc. Intl. Seaweed Symp.**, 1979, 9, 401 (Chemical studies on biologically active substances in seaweeds)

49) Okazaki, A., **Seaweeds and Their Uses in Japan**, Tokai Univ. Press., 1971, 165,

50) Osada, H., **Toyo Junior College of Food Technol.**, 1967, 8, 297 (Studies on the organic acids in marine products-II. Contents of organic acids in seaweed and their changes during drying)

51) Painter, T. J., **The Polysaccharides**, Aspinall, G. O. ed, Academic Press Inc., New York, 1983, pp.196~202 (Algal polysaccharides)

52) Rai, L. C., Gaur, J. P., Kumar, H. D., **Biol. Rev.**, 1981, 56, 99 (Phycology and heavy metal pollution)

53) Robinson, J. D., Mann, K. H., Novitsky, J. A., **Limnol. Oceanogr.**, 1982, 27, 1072 (Conversion of the particulate fraction of seaweed detritus to bacterial biomass)

54) Sakagami, Y., **Biochemistry and Utilization of Marine Algae**, Nippon Suisan Gakakai ed., Goscisha Goseigaku, Tokyo, Japan, 1983, pp.90~100 (Antiulcer compounds), (in Japanese)

55) Sakagami, Y., T. Watanabe, A. Hisamitsu, T. Kamibayashi, K. Honma, H., Manabe, H. A., Hoppe and T. Levring (eds.), **Marine Algae in Pharmaceutical Science**, Walter de Gruyter, Berlin, 1982, pp.99-108, (Antiulcer substances from marine algae.)

56) Shah, S. V., Yoshida, Y., Kuroda, E., Yamashita, U., **Intl. J. Immunopharmacol.**, 1983, 23, 691 (Immunomodulating activity of seaweed extraction human lymphocytes in vitro)

57) Shiomi, K., **Suisangaku Shiriizu**, 1983, 45, 120 (Agglutinins of marine algae)

58) Torsdottir, I., Alpsten, M., Holm, G., Sandberg, A. S., Tolli, J., **J. Nutr.**, 1991, 121, 795 (A small dose of soluble alginate-fiber effects postprandial glycemia and gastric emptying in humans with diabetes)

59) Tseng, C. K., Zhang, J. F., **Proc. Intl. Seaweed Symp.**, 1984, 11, 152 (Chinese seaweeds in herbal medicine)

60) Tsuchiya, Y., **Proc. Intl. Seaweed Symp.**, 1969, 6, 747 (Comparative hypocholesterolemic activities of marine algae)

61) Yan, X. J., Nagata, T., Fan, X., **Plant Foods for Hum. Nutr.**, 1998, 52, 253 (Antioxidative activities in some common seaweeds)

62) Zaneveld, J. S., **Ind. Pac. Fish Counc. Spec. Publ. 3**, 1955 (Economic marine algae of tropical south and east Asia and their utilization)

Sargassum sagamianum Yendo

비틀대 모자반 28

• 갈조류 · Sargassaceae (모자반과)

• 영명 | Gulf weed, Sea lentil

• 일명 | Nejimoku

• 분포 | 일본, 한국 동해, 남해

• 용도 | 식용, 사료용

✻ 식물학적 특성

갈조류로 모자반과에 속하며, 여러 개체가 반상근에 직립하고, 공동의 줄기는 원주상이며, 짧다. 중심가지는 가늘고, 삼각형이며 나선상으로 비틀어져있고, 작은 가지는 호생하며, 기부에서 아래로 구부러진다. 높이 30㎝, 하부잎은 피침상, 난원형, 길이 10~15㎜, 폭 3~7㎜, 중앙부 및 상부의 잎은 선상, 길이 2~3㎝, 폭 3㎜. 잎 가장자리는 밋밋하거나, 톱니가 있고, 잎자루는 짧으며, 질은 두껍고, 단단하다. 잎은 때론 한쪽에 모여 난다. 기포는 타원형, 끝은 뾰족, 길이 5~7㎜, 폭은 3~4㎜, 암,수(♀,♂)는 서로 다른가지. ♂ 생식 기탁은 선상, 곤봉상, 납작하고 밋밋하나, ♀ 생식 기탁은 도란형, 납작하다. 파도가 센 암초에 생육한다.

동속 식물에는 모자반(*S. fulvellum*)과 지충이(*S. thunbergii*)가 있다.

✻ 성분

1) 영양성분

① **모자반(생것, 12029)** : 가식부 100g 중 수분 86.20%, 열량 30.0kcal, 단

백질 1.8g, 지질 0.2g, 당질 5.2g, 조섬유 1.50g, Ca 209.0㎎, P 61.0㎎, Fe 2.10㎎, Zn(0.10)㎎, vitamin A 315.0 RE, β-carotene 1890.0㎍, B_1 (0.060㎎), B_2(0.140㎎), B_6(0.001㎎), niacin(1.3㎎), C(15.0㎎), 엽산 (146.3㎍), E(1.00㎎).

② **모자반(말린것, 12030)** : 가식부 100g 중 수분 10.20%, 열량 214.0kcal, 단백질 15.2g, 지질 1.7g, 당질 13.0g, 조섬유 2.70g, Ca 935.0㎎, P 233 ㎎, Fe 67.30㎎, Zn(5.10)㎎, vitamin A 735.0 RE, β-carotene 4410.0㎍, B_1 0.210㎎, B_2 0.610㎎, B_6(0.01㎎), niacin(2.5㎎), C 2.0㎎, 엽산(1364.0 ㎍), E(4.30㎎).

③ **모자반(분말, 12031)** : 가식부 100g 중 수분 11.10%, 열량 212.0kcal, 단백질 14.0g, 지질 3.9g, 당질 33.4g, 조섬유 7.40g, Ca(1068.2㎎), P (573.5 ㎎), Fe(7.9㎎), Zn(5.10)㎎, vitamin A 2258.3 RE, β-carotene 13350.1 ㎍, B_1(0.43㎎), B_2(1.000㎎), B_6(0.10㎎), niacin 9.3㎎, C 107.5㎎, 엽산 1364.0㎍, E(4.30㎎).

④ **모자반(염장, 12032)** : 가식부 100g 중 수분 62.90%, 열량 29.0kcal, 단백질 3.1g, 지질 0.2g, 당질 5.1g, 조섬유 0.30g, Ca 221.0㎎, P 28.0㎎, Fe 9.10㎎, Zn(0.14)㎎, vitamin A 45.0 RE, β-carotene 270.0㎍, B_1 0.030㎎, B_2 0.040㎎, B_6 0.01㎎, niacin 1.1㎎, C 3.0㎎, 엽산 1364.0㎍, E 0.10㎎.

2) 특수성분

*Sargassum sagamianum*에서 Sargahydroquinoic acid(S-00205), Yezoquinolide(Y-00024)가 분리되었다.

✲ 생리 활성

미량 금속 함량 : 우리나라 연안에서 수집한 해조류 총 620건 시료 즉 녹조류(파래 등 113건), 갈조류(모자반 등 275건), 홍조류(우뭇가사리 등 232

건)의 미량 금속 함량을 비교 분석한 결과, Hg은 갈조류에서, Cd는 홍조류에서, Cu, Cd는 녹조류에 많았고, Mn과 Ni은 녹조류와 홍조류에서, Pb는 녹조류에서, Zn은 홍조류에 많았다. 지역별로는 Hg, Cd, Ni, Mn은 충남 태안 지역에서, Cr은 영덕, Cu는 통영, Pb와 Zn은 울산 지역에서 많았다. 갈조류에는 Hg와 Cd, 녹조류는 Cr, Cu, Mn, Ni, Pb가, 홍조류에는 Zn이 많았다. 비식용 해조류 중 지충이는 Cd와 Mn의 biomonitor, 애기마디잘록이와 지누아리는 Ni와 Zn의 biomonitor, 식용 갈조류인 고리매는 Cr과 Pb의 biomonitor로 사용할수 있을 것으로 판단되었다.

비틀대모자반과 Pb 및 Cr 생체 흡착[①] : 한국 근해 해조류의 하나인 비틀대모자반(*S. sagamianum*)의 Pb와 Cr 생체 흡착 실험 결과, Pb와 Cr의 흡착 평형은 15분 후에 도달, 평형 흡착량은 각각 224.5㎎ Pb/g biomass 및 77.5㎎ Cr/g biomass로 Pb 흡착이 Cr 의 3배였다. 또 pH가 감소할수록 Pb 및 Cr 흡착량이 감소, Pb 감소량이 더 크다. Pb, Cr, Cu 및 Cd 혼합 용액에서 Pb〉Cu〉Cr〉Cd 순으로 흡착, Pb 및 Cr이 동량 존재 시 거의 1:1로 흡착, Pb 및 Cr 흡착 후, 0.1M-HCl, 0.1M-HNO_3 및 0.1M EDTA로 탈착 실험 결과, Pb는 95% 탈착되었으나, Cr 은 *S. sagamianum* 와의 결합력이 상대적으로 강하여 탈착률이 51% 이하로 낮았다.

비틀대모자반의 Pb흡착 및 탈착[②] : 우리 인근 해역에 있는 비틀대모자반의 Pb 생체 흡착을 실험한 결과, 1시간내 흡착 평형에 도달하였으며, Pb의 평형 흡착량은 각각 224.5㎎Pb/g biomass, Pb흡착 시 경금속 Ca과 Mg이 500㎎/l 이하일 때 Ca은 약간, Mg은 전혀 흡착되지 않아, Pb만 선택적으로의 제거가 가능하였다. Pb흡착 후 0.1M-HCl, 0.1M-HNO_3, 0.1M EDTA 및 0.1M NaOH를 탈착시킨 후, 재흡착 시 6회 반복 결과, 탈착률은 EDTA가 100%로 가장 높았으나, *S. saganianum*의 재생성을 고려하면, HNO_3 및 HCl이 효과적이었다. 특히 HNO_3이용 시 Pb 누적 흡착량이 736.8㎎/g biomass로 가장 높았다. 이로써 비틀대모자반이 매우 우수한 생체 흡착제로 연속 공정에 사용의 가능성이 높았다.

PhIP 와 MeIQx 돌연변이의 원성억제[①] : 갈조류 9종, 홍조류 5종, 녹조류 2종을 대상으로 돌연변이 유발 물질 PhIP와 MeIQx에 대한 돌연변이 원성 억제를 조사한 결과, 갈조류가 녹조류와 홍조류보다 우수하였고, 특히 갈조류 감태, 곰피, 다시마, 미야베모자반이 우수하였다. 그중 곰피의 Et_2O, $CHCl_3$, EtOAc및 수용성 획분 중 비극성 획분의 억제가 강하였고, 특히 EtOAc 획분이 가장 강하였다. 곰피의 EtOAc 획분을 sephadex LH20으로 분리한 결과, 활성 획분 A-7은 PhIP에 90%/㎎이상, MeIQx에 80%/㎎의 억제를 보였고, 207.7 및 232nm에서 흡수 파장을 보였다.

화학적 암 예방 효과[②] : 동해와 남해안에서 미역, 다시마, 감태 등 30종의 해조류에 대하여 phase II 해독 효소 유도 및 염증 반응 방지 효과로 화학적 암 예방 효과를 시험한 결과, *Dictyota coriacea*(그물바탕말) *Cutleria cylindrica*(채찍말)에서 4.36과 4.66의 강한 암 예방 수치를 얻었고, 이 추출액 100㎎/㎖에서 3배의 항산화 효과를 얻었다. 패(*Ishige okamurae*), 산말류(*Desmarestia ligulata, D. viridis*), 딕티오프테리스(*Dictyopretis divaricata, D. coriacea*), 모자반류(*S. horneri, S yezoense*) 등에서 NO에 대해 현저한 방해와 5~20㎎/㎖에서 농도 의존적 prostaglandin E_2 생산을 억제하였다. 이들 해조류들은 화학적 암 예방 효과가 있는 식품으로 이용될 수 있다. 특히 *Dictyota coriacea*는 ARE의존 기작으로 gene을 조절할 뿐 아니라 NO와 PGE_2 생산을 방해하여 염증을 예방하는 강력한 화학적 암 예방 물질을 함유하고 있을 것으로 생각되었다.

충치균에 대한 항균 활성 : 우리나라 연안에서 채취한 해조류 27종의 80% EtOH 추출물이 충치균 *Streptococcus mutans* KCTC 3300의 증식에 미치는 영향을 조사한 결과, 해조류 중 다시마가 가장 강하였고, 갈파래, 청각, 감태, 곰피, 미역도 비교적 활성이 높았으며, 홍조류보다 갈조류와 녹조류가 대체로 강하였다. 다시마의 항균 활성은 용매에 따른 추출물의 차이는 나타나지 않았다. *S. mutans* KCTC 3300과 *S. sobrinus* KCTC 3307에 대한 해조류의 80% EtOH 추출물의 MIC는 해조류 종뿐 아니라, 동일 해조류 추출물에서도 균 종에 따라 차이가 있었다. 다시마의 80% EtOH의 Et_2O 분획에서 MIC는 105㎍/㎖, 수용성 분획은 약 5,500 ㎍/㎖

에서 균의 증식이 억제되지 않았다. 비틀대모자반은 항균성이 없었다.

항산화 및 항균 활성 : 경단구슬모자반(*Sargassum muticum*)의 EtOH 추출물 및 용매 분획에 항산화 활성 및 항균 활성을 실험한 결과, 항산화 활성은 농도 의존적으로 증가하였으며, $CHCl_2$와 EtOAc 분획이 항산화 활성이 가장 우수하였고, CH_2Cl_2 분획이 6종균(*B. subtilis, L. monocytogenes, S. aureus, E. coli, S. typhi, P. aeruginosa*)에 가장 효율적 항균성을 보였다. EtOH 추출물과 각 분획물은 항산화 및 항균성은 총 polyphenol과 flavonoid 함량과 양의 상관성을 보였다. 총 polyphenol 함량은 EtOAc 분획〉CH_2Cl_2 분획〉BuOH 분획〉Hexane 분획〉EtOH 분획〉수용성 분획 순이며, 총 flavonoid 함량은 EtOAc분획〉CH_2Cl_2 분획〉Hexane 분획〉BuOH 분획〉EtOH분획〉수용성 분획 순이었다.

피부세포주 HaCaT에 대한 해조류의 영향 : 한국 연안 해조류를 채집, 이들 중 녹조류 4종, 갈조류 18종, 홍조류 14종을 수세, 음건하여 80% MeOH로 3회 추출, 37℃에 건조한 시료를 인체 피부세포 HaCaT와 24시간 배양을 조사한 결과, 36종의 해조 시료 중 비틀대모자반과 돌가사리가 대조구보다 1.6배 활력이 증가되었고, 참그물바탕말(*Dictyota dichotoma*), 참도박(*Pachymeniopsis elliptica*) 및 잎파래(*Enteromorpha linza*)의 추출물은 대조구보다 각각 0.2, 0.4, 0.4배 정도 활력을 억제시켰다.

Phenol성 물질의 간 보호 활성 : 16종의 해조류 MeOH 추출물을 대상으로 시험관 내에서 bromobenzene 유도 흰쥐의 지질 과산화에 대해 관찰한 결과, *Enteromorpha compressa, Capsosiphon fulvescens, Gelidium amansii, Hizikia fusiformis, Sargassum siliquastrum, S. thunbergii* 추출물이 10^{-1}㎎/㎖에서 각각 22%, 32%, 21%, 41%, 54%, 40%, 1㎎/㎖에서 26%, 45%, 26%, 66%, 79%, 59% 지질 과산화 생성이 감소되었다. 이 중 *S. siliquastrum* 추출물의 n-BuOH 분획이 억제율이 가장 컸다. bromobenzene 유도 xanthine oxidase와 aldehyde oxidase 활성은 추출물 1㎎/㎖에서 모두 억제되었다. *Ecklonia stolonifera*에서 분리된 phlologlucinol의 경구 투여도 bromobenzene 유도 과산화 지질이 감소되었으나, glutathion S-transferase, aminopyrine N-demethylase, aniline hydroxylase의 활성 변화는 없었고, epoxide hydrolase 농도를 대조군의 76%로 회복시켰다. 따라서 phloroglucinol에 의한 bromobenzene 유도 흰쥐의 지질 과산화 억제 활성은 epoxide hydroxylase가 관여하는 것으로 사료되었다.

ACE 활성 저해 : 갈조류 중 *Ecklonia cava*(감태), *Sargassum fulvellum*(모자반), *S. thunbergii*(지충이), *S. horneri*(괭생이모자반), *S. coreanum*, *Scytosiphon lomentaria*(고리매), *Ishige okamurae*(패)를 protamex, kojizyme, nuetrase, flavourzyme(F), alcalase 등 5종으로 가수분해시켜 ACE 활성을 검색한 결과, 대부분 양호한 활성을 보였으며, 특히 감태가 가장 강하였다. flavourzyme으로 감태를 가수분해 한 것이 0.3㎍/㎖에서 ACE IC_{50}을 보였고, captopril은 ~0.05㎍/㎖에서 IC_{50}을 보였다. F가수 분해물을 5, 10, 30KDa MWCO로 초원심 분리하여 분자량에 따라 3분획을 얻었고, 〉30KD분획에 가장 많은 단백질(27%)과 phenol성 물질(261㎍/100㎖)이 다른 소분자량 분획보다 많았다. 이 분획이 활성 물질이 포함된 protein(glycoprotein)과 polyphenol 분획이며, 감태의 항고혈압 물질이 포함된 분획이었다.

산화적 Stress에 대한 Fucoidan과 Alginic acid의 보호 효과 : Peroxyl radical - 유도 산화적 stress에 대한 fucoidan과 alginic acid(갈조류 함유 활성 다당류)의 보호 작용을 in vitro에서 실험한 결과, fucoidan은 NO와 O_2 (superoxide)제거능이 강력하였으나, alginic acid는 이러한 작용이 없었다. 그러나 alginic acid는 fucoidan보다 -OH 제거능은 높았다. fucoidan과 alginic acid는 AAPH 유도 산화적 stress에 대하여 세포의 활성을 향상시켰다. fucoidan과 alginic acid 1,000㎎/㎖에서 세포의 활성은 각각 16.4%에서 85.9%와 67.7%로 증가하였다. 또한 fucoidan과 alginic acid는 AAPH에 의해 용량 의존적으로 LLC-PKI 세포에서 지질 과산화를 개선시켰다. 이 결과로 fucoidan과 alginic acid는 free radical로 인한 산화적 stress에 대해 항산화제로 작용하는 것으로 생각되었다.

알긴산의 에스테르화의 적정 조건 : 알긴산에 propylene oxide(Pox)를 가하여 PGA 제조 시 에스테르화 조건을 구하고 이때 만든 제품의 이화학적 특성을 조사하였다. 알긴산에 Pox(1:4) mol을 가할 때까지 에스테르화가 증가하였으나 그 후에는 큰 변화가 없었고, 에스테르화가 잘 일어나는 알긴산의 함수량은 30% 이상이었으며, 수분 함량이 70% 이상에서는 제품의 탈수가 잘 되지 않아 수분은 30~70%가 적당하였다. 수분 44.15%의 알긴산에 Pox를 4 mole을 가해 1시간 반응 시 반응이 최대인 온도는 70℃이었다. 수분 50.5%의 알긴산에 Pox 4 mole을 가해 70℃에서 반응, 1시간까지 에스테르화가 급격히 증가, 그 후 차이가 없었다. 2%와 3% propylene glycol alginate(PGA) 용액의 pH 안정성은 pH 3.0까지 점도가 거의 없었으나 그 이하에서는 감소하였으며, 1, 2, 3 및 5% PGA 용액은 의가소성 유체의 특성을 보였고, pH를 변화시켰으나 의가소성은 유지되었다.

알긴산의 비만 억제 효과① : 미역, 다시마 등 갈조류에 20~30% 함유되어 있는 알긴산을 agar, cellulose, CMC, chitin, lignin 등의 식이섬유의 비만 억제 작용을 magarine 유도 비만 쥐와 비교 검토하였다. 사료에 식이섬유 10%를 가하여 비만 억제 효과를 보면, lignin이 가장 크고, 다음 Na-alginate, cellulose, CMC 순이었다. 간장과 부고환 및 난소 주위의 지방 조직의 비만 억제 효과는 lignin이 가장 크고, Na-alginate, cellulose, CMC 순. 또 Lee index의 비만 억제는 Na-alginate〉lignin〉CMC〉 chitin〉cellulose 순. 간의 지질 분석에서 지방 축적 억제 효과는 agar〉CMC〉cellulose〉Na-alginate〉chitin〉lignin 순이었다. 혈청 glucose 감소 효과는 CMC가 가장 크고, 다음 Na-alginate, lignin 순. 혈청 cholesterol 저하 효과는 Na-alginate가 가장 크고, 다음이 lignin, cellulose 순. 그밖에 chitin을 제외한 대부분이 효과가 있었다. 또 lipase 활성의 상승 작용은 Na-alginate가 가장 효과적이며 다음 chitin이었다. 이상으로 갈조류는 알긴산 20~30%가 있는 비만 예방과 치료에 가장 효과적인 것으로 생각되었다.

조류와 생약 성분의 비만 억제 비교② : 해조류의 알긴산, 담수 녹조 chlorella,

생약 인삼 saponin, 마늘 alliin과 scordinin 첨가, 비만 억제 효과를 검토한 결과, Na-alginate(71%)가 크고, 다음 scordinin(76%), chlorella(76%), alliin(86%) 순으로 체중 증가가 있었다. 사료 효율과 비교, 체중 증가량은 Na-alginate(68%)가 가장 효과적이고, alliin(79%)도 인정되었다. 간의 지방 축적 억제 효과는 Na-alginate(84%)가 가장 효과적, 부고환 및 난소 주변의 지방 축적 억제 효과는 Na-alginate(54%)가 가장 효과적, 다음 alliin(64%), saponin(66%) 순이었다. 또 Lee index 비만 억제 효과를 비교하면 Na-alginate(91%)에서만 인정되었다. 간 중 지방 축적 억제 효과는 alliin(40%)〉saponin(58%)〉Na-alginate(62%)〉chlorella(64%)〉scordinin(74%) 순. 혈청 glucose 감소 효과는 Na-alginate(67%)가 가장 크고, 다음 saponin(73%), scordinin(74%), alliin(83%) 순. 혈청 cholesterol 저하 작용은 Na-alginate(82%)가 가장 크고, 다음 alliin(84%), chlorella(86%), saponin(87%) 순이었다. 또한 혈청 lipase 활성 증가에 의한 비만 억제 작용은 Na-alginate(109%)와 saponin(104%)의 첨가가 효과적. 따라서 미역, 다시마, 톳 등 갈조류 성분 알긴산이 chlorella, 인삼 saponin, 마늘 alliin 및 scordinin보다 비만 예방과 치료에 효과적이었다.

알긴산과 3T3-L1 세포의 분화[③] : 3T3-L1 세포가 지방 세포로 분화되는 과정에서 혈청 중 분화촉진 인자(insulin, prostaglandin F2α 등) 첨가로 분화가 촉진되고, 분화억제 인자(actinomycin D, tumor necrosis factor α 등)로 억제될 수도 있다. 3T3-L1 세포는 세포 내 지방 축적으로 지방 세포 형태를 나타낸다. 3T3-L1 세포의 특성을 이용, 해조류에 많은 알긴산이 지방 세포로의 분화 과정에 어떤 영향을 주는지 실험한 결과, 3T3-L1 세포분화를 억제하였다. 또 분화촉진 물질 IGF-1(insulin-like growth factor-1)과 insulin을 이용, 알긴산 분화에 미치는 영향을 검토한 결과, 알긴산은 insulin의 분화촉진 작용을 특이적으로 억제하였다. 본 연구는 알긴산을 이용, 알긴산의 지질 감소 효과를 세포 수준에서 검증하였다.

갈조류 추출물의 항혈액 응고 활성[①] : 갈조류 18종에 대하여 항혈액 응고를 조사한 결과, 미역, 다시마, 감태, 대황, 곰피, 톳, 괭생이모자반의 열수추출물의 APTT가 190.0초 이상으로 항응고 활성이 높았으며, 이때 추출 온도는 90℃였다. 감태의 EtOH 불용성분의 항혈액 응고활성은 500㎍/㎖에서 EtOH 가용성 물질에 비하여 2배 이상 증가하였으며, EtOH 불용성 성분의 분자량에 따른 항혈액 응고활성은 100㎍/㎖에서 EKJ(검둥 감태) EtOH insolable(eim) 2(100-50kDa) 및 EKJ-eim 3(50-10kDa)에 비해 좋았으며, 이 분획의 화학적 구성 성분은 fucose, xylose, mannose, galactose, glucose, sulfate로 mole비는 1: 0.05: 0.10: 0.15: 0.17: 1.46으로 2 mole의 fucose에 3 mole의 황산기가 결합되어 있는 산성 다당체임을 확인하였다.

Prolyl Endopeptidase, Tyrosinase 저해 및 항응고 활성② : 40여 종 해조류의 MeOH ex에 대하여 prolyl endopeptidase(PEase), tyrosinase(Tyase) 및 혈액 응고 저해 활성을 측정한 결과, 항치매 활성 지표인 PEase에 대하여 40ppm에서 쌍발이모자반, 짝잎모자반, 큰잎모자반, 지충이, 감태, 패, 톳이 90% 이상 저해 활성이 있었고, 항암 및 미백 효과 활성 지표인 tyrosinase에는 꽈배기모자반, 감태가 각각 40ppm에서 51%, 76% 저해 효과를 보여 시료 중 가장 강하였다. 강력한 항응고 활성 해조류는 없었으나, 약 367ppm에서 APTT assay에서는 큰잎모자반, 개우무 및 톳이 대조구에 비해 210, 211, 198% 응고 시간 연장 효과를 보였고, TT assay에서는 마디잘록이, 쌍발이서실 및 톳이 각각 216, 197, 251%의 연장 효과를 보였다.

Nitrite 제거 해조류 검색과 활성 : 녹조류(파래-*Enteromorpha, Ulva*), 갈조류(톳, 미역, 모자반류, 곰피), 홍조류(우뭇가사리, 진두발, 도박, 서실, 보라우무, 지누아리, 꼬시래기, 돌가사리) 등에 대하여 NO 제거 활성을 검색한 결과, 곰피의 MeOH ex가 가장 강하였고, 추출 정제한 활성 물질은 phlorotannin A였다. phloroglucinol(IC_{50}=3.9㎎/㎖)의 활성을 ascorbic acid(IC_{50}=65.0㎎/㎖)보다 강하였다. 이상의 결과로 곰피에서 추출한 활성 물질 phlorotannin A와 phloroglucinol은 발암성 N-nitroso 화합물의 전구물질 nitrite제거제로 응용될 수 있을 것으로 생각되었다.

갈조류의 Fucoidan 추출, 정제 및 특성 : 갈조류인 다시마, 미역, 톳, 모자반에서 수용성 식이 섬유인 fucoidan추출은 pH 2.0, 65℃, 1시간씩 3회 추출, cetylpyridium chloride로 부분 정제한 결과, 다시마 2.71%, 미역포자엽 6.65%, 톳 2.51%, 모자반 1.56%, 미역엽상체 0.40%였고, DEAE-Sepadex A-25 이온 교환으로 정제 fucoidan 분획은 다시마, 미역포자엽, 톳, 모자반 모두 3종의 분획으로, 전기 영동에서 2종 이상의 band가 검출되어 불균일성을 보였다. 알코올 분별 침전법으로 재분획한 결과, 다시마, 미역포자엽, 톳은 60~70% EtOH에서, 모자반은 60~65%에서 침전된 분획이 cellulose acetate 전기 영동 및 gel filteration chromatography상에서 균일하였다. 이 fucoidan은 fucose: galactose: sulfate의 mole 조성비는 다시마, 미역포자엽, 톳, 모자반이 각각 1:0.31:2.43, 1:0.87:1.99, 1:0.66:2.74, 1:0.24:1.46이었고, 분자량은 다시마 31,000, 미역포자엽 38,000, 톳 26,000, 모자반 105,000이었다. 구성당의 위치는 다시마, 톳, 모자반의 주결합은 1, 3 fucose, 미역포자엽은 1, 3 fucose 외 1, 3 galactose, 황산기는 fucose 및 galactose C-4에 , 미역포자엽과 톳은 C-4 외에 C-2 탄소에 결합되었고, 이들의 항혈액 응고력은 다시마〉톳〉모자반〉미역포자엽이었다. 특히 다시마의 항응고력은 18㎎/*ml*에서 70초로 heparin의 약 15% 활성을 보였다. 또한 다시마, 톳, 모자반의 정제 fucoidan의 항응고력은 황산기 함량 증가에 따라 증가하였다.

Fucoidan 구성당 결합 특성 : 다시마, 미역 포자엽, 톳, 모자반에서 추출 정제한 fucoidan의 주 결합은(1→3) linked fucose이었고, 미역 포자엽에는 (1→3) linked galactose도 상당량 존재하였다. 황산기의 대부분은 fucose와 galactose의 C-4위치에 결합되어 있는 것으로 추정되었다.

Marine carotenoid의 생물학적 기능 : 자연계에서 생성되는 색소 중 carotenoid (CA)는 가장 중요하며 인체 건강에 유용한 효과를 갖고 있어 관심이 증가되고 있다. 해산 CA는 그들이 주는 화학적, 생물학적 이익의 영향은 중요하다. 해산 CA 중 astaxanthin과 fucoxanthin은 해양 동물이나 해양 식물 중에서 비교적 강력한 생물학적 활성이 있다. 즉 이들 CA는 quenching siglet oxygen과 scavenging free radical의 강한 항산화 작용이 있기 때문이며, 식이성 항산화 작용이 있는 이들 강력한 작용의 CA는 항암 작용과 항염 작용이 있다. 특히 fucoxanthin이 근래 항비만과 항당뇨 효과가 인정되면서부터 주목받게 되었다. 이러한 작용은 mitochondria의 백색지방(WAT)에서 uncoupling protein(UCP1)을 만들어 WAT에서 지방산을 산화시켜 WAT에서 열을 생산하기 때문이다. fucoxanthin은 insulin 저항을 개선하여 혈당을 낮추며, 동물의 WAT에서 종양괴사 인자 α (TNFα)를 감소시키기 때문이다.

알긴산의 화학적 조성과 물성 : 알긴산의 연평균량은 외톨개모자반과 괭생이모자반이 각각 25.2%, 26.5%, 연평균 M/G비는 외톨개모자반이 1.97, 괭생이모자반이 1.38, 또 M/G비는 외톨개모자반은 최대치는 12~1월, 최소치는 5~6월과 10~11월, 괭생이모자반은 1월에 최대치, 3~4월에 최소치를 보였다. 우론산 Block 배열비 alternating, M. G block이 외톨개모자반은 각각 18.4, 40.4, 41.2%, 괭생이모자반은 9.8, 33.3, 56.9%이었다. 알긴산의 점도는 외톨개모자반 11월의 시료 45.3cp로 최고이였고, 괭생이모자반은 1월에 26.0cp이었다. 또 점도의 온도 의존성은 외톨개모자반은 11월 시료가, 괭생이모자반은 6월 시료가 컸으며, 금속 ion 교환량은 외톨개모자반은 11월 시료가 최고, 그 교환량은 Pb^{2+}4.4, Cu^{2+}1.8, Zn^{2+}2.5, Co^{2+}2.0meq/g, Ag-Alg.이였고 괭생이모자반은 6월 시료가 최고, 그 교환량은 Pb^{2+}4.5, Cu^{2+}2.2, Zn^{2+}2.4, Co^{2+}2.1meq/g, Na-Alg. 이었다. 대체로 금속 ion에 교환능은 우론산 block비와 관련성이 있는 것으로 보였다.

미이용 해조류의 성분과 단백질 추출 : 갈조류 14종(18시료), 녹조류 3종(3시료), 홍조류 15종(19시료)을 분석한 결과 홍조류의 조단백이 높고, 조지방이 낮았으며, 갈조류와 녹조류는 조단백은 낮고, 조지방이 높았다. 단백질 자원으로는 지충이, 부채꼴아크로소리움, 꿩꼬리, 오카므라서실, 검은서실, 지누아리, 진두발, 불등가사리, 돌가사리, 딕티오타, 고리매 등이나, 큰딕티오타, 코르다리아, 비틀대모자반, 알쏭이모자반, 외톨개모자반, 도박, 털도박, 미끌도박, 납작파래, 구멍갈파래, 거머리말은 단백질이 극히 적었다. 추출액 중 단백질 침전법은 MeOH 처리법이 가장 양호하였으며, 알쏭이모자반이 가장 좋았고, 다음이 지누아리, 거머리말 순이었다.

수용성 단백질 추출 : 해조류, 둥근돌김, 잎파래(*E. linza*), 톳, 모자반, 미역, 청각, 셀만모자반, 구멍갈파래 등 8종을 선정, 수용성 단백질을 추출한 결과, 둥근돌김 24.14%, 미역 15.7%, 톳 7.66%, 모자반 12.61%, 셀만모자반 14.08%, 잎파래 10.86%, 구멍갈파래 16.60%, 청각 9.89%이었고, 추출 조건은 구멍갈파래와 잎파래는 1시간, 둥근돌김, 톳 미역, 모자반, 셀만모자반은 2시간, 청각은 3시간이, 추출 온도는 톳 40℃, 둥근돌김, 청각, 잎파래, 미역, 모자반, 셀만모자반이 50℃, 구멍갈파래 60℃에서 최고 수율을 보였으며, pH는 9~12가 양호하였다.

해조류지방산 조성 : 녹조류(파래, 청각), 갈조류(다시마, 톳, 곰피, 모자반, 미역), 홍조류(김) 등 8종의 식용 해조류의 지방산을 GLC로 분석한 결과, 녹조류 1.51%, 갈조류 2.81%, 홍조류 1.02%이었고, 지방산 조성은 녹조류는 $C_{16:0}$산이 가장 많았고, $C_{18:1}$, $C_{18:2}$, $C_{18:3}$산도 많았다. 갈조류는 $C_{16:0}$, $C_{18:1}$, $C_{18:2}$, $C_{18:3}$산이 많았으나 $C_{18:0}$산은 적었다. 홍조류는 $C_{16:0}$산이 많았고, $C_{14:0}$, $C_{18:1}$, $C_{18:2}$, $C_{18:3}$은 매우 적었다. 녹조류에 C_{16}, C_{18}산이, 갈조류는 C_{16}, C_{18}, C_{22}산이, 홍조류는 C_{15}, C_{16}, C_{18}산이 각각 많았다.

건강기능성 식품과 해조류 소비 : 경북대 학생 281명을 대상으로 해조류 건강기능 식품의 구매 의도와 소비 가치를 조사한 결과, 구매 장소는 24시간 편의점이고, 낱개 포장으로, 구매 목적은 영양 보충과 체중 조절이며, 구매 의도가 높은군과 낮은군의 차이가 현저하였고, 식품, 영양 및 건강 관련 과목 수강 경험자 중 기능가치와 인식가치가 높았다.

연화도의 해조 군집 및 변동의 정량적 분석 : 1984년 12월~1986년 1월 사이 연화도 해조군을 조사한 결과, 남조류 2종(1.8%), 녹조류 18종(15.8%), 갈조류 25종(21.9%), 홍조류 69종(60.5%), 모두 114종이었다. 해조류의 기능형 군별 구성비는 봄 겨울에는 사상형과 막상형이 우세, 여름과 가을에는 직립 분기형과 다육질 형이 우세하였으며, 파도가 적은 내만에는 막상형과 각상형이, 파도가 강한 곳은 직립 분기형과 다육질 형이 우세하였다. 전 조사 기간 동안 각 지점에서 중요도 10 이상인 종은 *Porphyra suborbiculata*(30.1), *Corallina pilulifera*(27.8), *Hizikia fusiforme*(27.7), *Sargassum thurnbergii*(27.5), *Undaria pinnatifida*(22), *Ishige okamurai*(20.6), *Chondria crassicaulis*(20), *Ulva pertusa*(16), *Pseudulvella consociata*(15.7), *Urospora penicilliformis*(15), *Sargassum sagamianum* (14.9), *Caulacanthus okamurai*(12.8), *Gloiopeltis furcata*(12.7), *Sargassum microcanthum*(11.7), *Myelophycus simplex*(11.2)이었고, Melobesioideae가 25.7 이었다.

오동도 해조 군락 : 1982년 6월~1983년 5월까지 오동도 해조 군락 특성을 5개의 line transect를 설치, 연간 계절 별로 조사 분석한 결과, 수직분포의 상부군이 *Gelidium divaricatum*, *Enteromorpha linza*, *Porphyra yezoensis*, *Scytosiphon lomintaria*, *Blidingia nana*, *Ectocarpus confervoides*, 중부군이 *Ulva pertusa*, *Chondria crassicaulis*, 하부군은 *Sargassum sagamianum*, *Undaria pinnatifida*, *Sargassum thunbergii* 및 *Gelidium amansii* 등의 홍조류로 대표되었다. 출현 해조 종수는 4월에 최대, 8월에 최소였다.

남해 조간대 해조 군집 : 남해 10개 도서 조간대의 해조 군집의 구조와 특성을 조사한 결과, 군집의 구조는 상, 중, 하부의 뚜렷한 층위 구조로 구성되고, 상부와 중부의 중요 종은 조사 기간 매우 유사하였으나, 지역 간에는 차이가 있었다. 상부의 대표 종은 막상 혹은 사상형의 *Gloiopeltis* spp., *Gelidium divaricatum, Prophyra suborbiculata, Nemalion vermiculare* 이었고, 중부의 대표 종은 *Corallina pilulifera, Chondria crassicaulis, Hizikia fusiformis*이었으며, 조사 기간 동안 공통으로 중요 종으로는 *Sargassum sagamianum, Laurencia* spp., *Symphyocladia latiuscula, Chondrus* spp., *Pachyimeniopsis lanceolata, Gigartina* spp. 등이었다.

✲ 효능과 이용

1) 비틀대모자반 (*S. sagamianum*) 효능 : antimicrobial, alginates
2) 꽈배기모자반 (*S. tortile*) 효능 : food stuff, goiter

참고문헌

1) 강태선, 제종길, 홍재상, **수산학회지,** 1993, 26(1), 49 (남해의 하계 해조군집 - 1. 조간대: 도박, 톳, 불등가사리, 서실, 진두발, 돌가사리)
2) 구재근 **박사학위논문,** 고려대학교, 1994 (한국산 갈조류 중의 Fucoidan 추출, 정제 및 그 특성에 관한 연구 - 다시마, 미역, 톳, 모자반)
3) 김동수, 박영호, **수산학회지,** 1985, 18(2), 124 (알긴산의 화학적 조성 및 그 물성에 관한 연구 - 4. 외톨개모자반 및 괭생이모자반의 알긴산)
4) 김영동, 김영명, 강통삼, **한국식품연구소 연구보고,** 1981, 163 (해조류의 다각적 이용에 관한 연구)
5) 김영명, 김동수, 최용석, **식품과학회지,** 2004, 36(6), 1008 (국내산 주요 갈조류 추출물의 항혈액 응고 활성: 미역, 다시마, 감태, 대황, 곰피, 톳, 괭생이모자반 등)
6) 김지영, 이정아, 김길남, 윤원종, 이욱제, 박수영, **식품영양과학회지,** 2007, 36(6), 663 〔경단구슬모자반 (*Sargassum muticum*)추출물의 항산화 및 항균 활성〕
7) 김지희, 목종수, 박희연, **식품영양과학회지**, 2005, 34(7), 104 (한국 연안 해조류의 미량 금속 함량 - 파래, 청각, 매생이, 미역, 다시마, 김, 모자반, 톳, 고리매, 우뭇가사리, 꼬시래기, 서실, 불등가사리)
8) 김지희, 임치원, 박희연, 이두석, 박정흠, **수산학회지,** 2002, 35(2), 191 〔충치균(*Streptococcus mutans*)에 대한 다시마 추출물의 항균 활성 - 갈파래, 청각, 감태, 곰피, 비틀대모자반, 미역, 다시마 등〕
9) 박영범, 김인수, 유승재, 인종관, 이태기, 박덕천, 김선봉, **수산학회지,**

1998, 31(4), 581 (해조류 중의 anti-tumor initiator 및 promoter의 해석 — 2. PhIP와 MeIQx의 돌연변이 원성을 억제하는 해조 추출물 소재 연구: 미역, 곰피, 감태, 다시마, 모자반, 괭생이모자반, 미야베모자반, 지충이, 납작파래, 청각, 갈파래, 구멍쇠미역, 톳, 방사무늬김, 참도박, 마디잘록이, 참곱슬이, 꼬시래기)

10) 박영호, 변재형, 오후규, 강영주, **수산학회지,** 1976, 9(3), 155 (미이용 해조류의 이용화에 관한 연구 — 1. 미이용 해조류의 성분 조성과 조류 단백질 추출 — 비틀대모자반, 외톨개모자반)

11) 박종철, 최재수, 송상호, 최명락, 김광용, 최종원, **생약학회지,** 1997, 28(4), 239 (해조류 추출물과 페놀성 화합물의 in vitro 및 in vivo 간 보호 활성 — 매생이, 톳, 우뭇가사리, 알쏭이모자반, 꽈배기모자반, 지충이, 구멍갈파래, 납작파래, 패, 주름진두발, 개그물바탕말, 마디잘록이, 바위수염)

12) 서근학, 안갑환, 공인수, **생물공학회지,** 1999, 14(5), 611 (해조류 *Sargassum sagamianum*을 이용한 Pb 흡착 및 탈착 — 비틀대모자반)

13) 오윤식, 이인규, 부성민, **Algae,** 1990, 5(1), 57 (한국산 유용 해조 특히 식용, 약용 및 공업용 해조에 대한 주해)

14) 손철현, **수산학회지,** 1983, 16(4), 368 (오동도 해조 군락에 관한 연구 — 참김, 잎파래, 고리매, 미역, 서실, 모자반, 지충이, 우뭇가사리)

15) 손철현, 이인규, 강제원, **수산학회지,** 1986, 19(3), 265 (한국 남해안 동부 해역 해조 군집 구조 및 변동의 정량적 분석 — 1. 연화도)

16) 유홍수, 이강호, **수산학회지,** 1997, 30(3), 151 (해조 단백질의 추출에 관한 연구 — 1. 수용성 단백질의 추출- 둥근돌김, 파래(*E. linza*), 톳, 모자반, 미역, 청각, 셀만모자반, 구멍갈파래)

17) 윤승제, 조연숙, 남주현, 이형호, Kim Eliya, 홍용기, **수산학회지,** 2008, 41(1), 68 (각종 해조류 추출물들의 인간 피부세포주 HaCaT에 대한 활력 영향 — 비틀대모자반 등)

18) 이용필, 강서영, **Algae,** 2002, 17(1), 69 (한국산 해조류의 목록)

19) 차명화, 김유경, **식생활문화학회지,** 2008, 23(4), 462 (해조류 건강기능

성 식품에 대한 소비 가치 분석)

20) 최진호, 임채환, 김재연, 양종순, 최재수, 변대석, **수산학회지,** 1986, 19(4), 303 (비만 치료식 개발을 위한 기초연구 – 1. 식이 섬유로서의 알긴산의 비만 억제 효과)

21) 최진호, 최재수, 변대석, 양달선, **수산학회지,** 1986, 19(5), 485 (비만 치료식 개발을 위한 기초연구 – 2. 조류와 생약 성분의 비만 억제 작용 비교)

22) 최창근, **수산학회지,** 2008, 41(5), 371 (한려 해상 국립공원의 해조상 – 파래류, 청각, 패, 고리매, 곰피, 감태, 부챗말, 참그물바탕말, 톳, 모자반류, 지충이, 김, 시나이아 등)

23) 하봉석, **수산학회지,** 1997, 30(4), 199 〔수산물의 지질에 관한 연구 (제 2보), 해조류 지질의 지방산 조성에 대하여 – 파래, 청각, 다시마, 톳, 곰피, 모자반, 미역, 김〕

24) 하재호, 허우덕, 신동화, **수산학회지**, 1987, 20(3), 202 (알긴산의 적정 에스테르화의 조건)

25) 황혜정, 변재형, 남택정, **수산학회지**, 2000, 33(6), 541 (알긴산이 3T3-L1세포의 분화에 미치는 영향)

26) Abdel-Fattah, A. F., Hussein, M. M. D., Salem, H. M., **Carbohydr. Res.**, 1974, 33, 19 (Some structural feature of sargassan, a sulphated heteropolysaccharide from *Sargassum linifolium*)

27) Alhukorala, Y., Jeon, Y. J., **J. Food Sci. Nutr.**, 2005, 10, 134 (Screening for Angiotensin 1-Converting enzyme Inhibitory Activity of *Ecklonia cava, Sargassums*)

28) Amano, H., **Marine Biochemistry**, Yamaguchi, K. ed., Tokyo University Press, Japan, 1999, pp.170~171 (Biochemistry and biotechnology of seaweed)

29) Chapman, V. J., Chapman, D. J., **Seaweeds and Their Uses**, Chapman and Hall, London, 1980, 334

30) Cho, S. H., Kang, S. E., Cho, J. Y., Kim, A, R., Park, S. M., Hong,

Y. K., Ahn, D. H., **J. Med. Food,** 2007, 10, 479 〔The antioxidant properties of brown seaweed (*Sargassum siliquastrum*) extracts〕

31) Choi, S. Y., Kim, S. Y., Hur, J. M., Choi, H. G., Sung, N. J., **J. Kor. Soc. Food Sci. Nutr.**, 2006, 35, 139 (Antioxidant activity of solvent extracts from *Sargassum thunbergii*)

32) Dias, P. F., Siqueira, J. M. Jr., Vendruscolo, L. F., de Jesus Neiva, T., Gagliardi, A. R., Maraschin, M., Riberiodo-Valle, R. M., **Cancer Chemother. Pharmacol.**, 2005, 56, 436 (Antiangiogenic and antitumoral properties of a polysaccharide isolated from the seaweed *Sargassum stenophyllum*)

33) Horie, S., Tsutsumi, S., Takata, Y., Kimura, J., **Bull. Chem. Soc. Jpn.**, 2008, 81, 1125 (Antibacterial quinine metabolites from the brown alga *Sargasum sagamianum*)

34) Hosokawa, M., Okada, T., Mikami, N., Konishi, I., Miyashita, K., **Food Sci. Biotechnol.**, 2009, 18(1), 1 (Bio-function of Marine Carotenoids)

35) Jimenz-Escrig, A., Goni Cambrodon, I., **Arch. Latinoam. Nutr.**, 1999, 49, 114 (Nutritional evaluation and physiological effect of edible seaweeds)

36) Kaneda, T. P., Kamasastri, V., Tokuda, S., **Bull. Jpn. Fish. Sci. Soc.**, 1965, 31, 1026 〔Studies on the effects of marine products on cholesterol metabolism in rat. V. The effect of edible seaweed (supplement)〕

37) Kauv, I., **Algae,** 1999, 14(1), 37 〔Apical Meristem of *Sargassum vulgare* C. Agardh (Phaeophyta, Fucales)〕

38) Kwak, C. H., Kim, S. A., Lee, M. S., **J. Kor. Soc. Food Sci. Nutr.**, 2005, 34, 1143 (The correlation of antioxidative effects of 5 Korean common edible seaweeds and total polyphenol content)

39) Lee, I. K., Yoo, S. A., **Taxanomy of Ecomomic Seaweeds with reference to some Pacific and western Atlantic species, vol. Ⅲ,** Abbott I. A. (ed.). 1992, 139-147 〔Korean species of *Sargassum* subgenus

Bactrophycus J. Agardh (Sargassaccae, Fucales)]

40) Lee, S. B., Lee, J. Y., Song, D. G., Pan, C. H., Nho, C. W., Kim, M. C., Lee E. H., Jung, S. H., Kim, H. S., Kim. Y. S., Um, B. H., **Food Sci. Biotechnol.,** 2008. 17(3), 613 (Cancer chemopreventive Effects of Korean seaweed Extracts)

41) Mabeau, S., Fleurence, J., **Trends Food Sci. Technol.,** 1993, 4, 103 (Seaweed in the food products : Biochemical and nutritional aspects)

42) Macoto, I., Jun, M., Xiang, T., Takayuki, M., Kyoko, H., Daishi, S., Haruo, S., Ushio, S., Toshimitsu, H., **J. Biol. Pharm. Bull.,** 2005, 28, 374 (Antioxidant and antiviral activities of plastoquiones from the brown alga *Sargassum micracanthum* and a new chromene derivative converted from the plastoquinones)

43) Magruder, W. H., **Taxanomy of Economic Seaweeds with reference to some Pacific and Caribean species vol. II,** Abbott, I. A. (ed), 1988, 65~87 [*Sargassum* (Phaeophyta, Fucales, Sargassaceae) in Hawaiian Islands]

44) Matsukawa, R., Dubinsky, Z., Kishimoto, E., Masaki, K., Masuda, Y., Takeuchi, T., **J. Appl. Phycol.,** 1997, 9, 29 (A comparison of screening method for antioxidant activity in seaweeds)

45) Nishizawa, K., Murasugi, S., **The Sea Vegetable Book,** Kensei Press, Tokyo, 1988, 57 (in Japanese)

46) Noda, H., **Science of Marine Algae,** Oishi, K. ed. Asakura-Shoten, Tokyo, 1993, pp.14~29 (Chemistry of marine algae)

47) Numata, A., Kanbara, S., Takahashi, C., Fujiki, R., Yoneda, M., Usami, Y., Fujita, E., **Phytochemistry,** 1992, 31, 1209 (A cytotoxic principle of the brown alga *Sargassum tortile* and structures of chromenes)

48) Oak, J. H., Lee, I. K., **Teretia Algae,** 2005, 20, 77 [Taxamomy of the genus *Sargassum* (Fucales, Phaeophyceae) from Korea: 1. Subsgenus

Bactrophycus section]

49) Ohta, K., **Proc. Intl. Seaweed Symp.**, 1979, 9, 401 (Chemical studies on biologically active substances in seaweeds)

50) Park, J. C., Choi, J. S., Song, S. H., Choi, M. R., Kim, K. Y., Choi, J. W., **Kor. J. Pharmacogn.**, 1997, 28, 239 (Hepatoprotective effect of extracts and phenolic compound from marine algae in bromobenzene - treated rats)

51) Park, J. H., Kang, K. C., Baek, S. B., Lee, Y. H., Rhee, K. S., **Kor. J. Food Sci. Technol.**, 1991, 23, 256 (Separation of antioxidant compounds from edible marine algae)

52) Segawa, M., et al, **Chem. Lett.**, 1987, 1365 (Sargahydroquinoic acid, Yezoquinolide)

53) Setchell, W. A., **Hong Kong Naturalist**, 1933, 2, 357 (Hong Kong seaweeds III Sargassceae)

54) So, M. J., Kim, B. K., Choi, M. J., Park, K. Y., Rhee, S. H., Cho, E. J., **J. Food Sci. Nutr.**, 2007, 12, 191 (Protective Activity of Fucoidan and Alginic Acid against Free Radical-Induced Oxidative Stress under in vitro and Cellular System)

55) Suh, K. H., Ahn, K. H., Lee, H. S., Lee, H. G., Cho, J. K., Hong, Y. K., **J. Kor. Fish. Soc.**, 1999, 32, 399 (Biosorption of Pb and Cr by using *Sargassum sagamianum*)

56) Taniguchi, K., Yamada, I., **Bull. Tohoku Reg. Fish Res. Lab.**, 1978, 50, 59 (Annual Variation and productivity of the *Sargassum horneri* population in Matsuchima Bay on the Pacific coast of Japan)

57) Tsuda, R. T., **Taxanomy of Economic seaweeds with reference to some Pacific and Caribean species, vol. II** Abbott I. A. (ed.), (*Sargassum* from Micronesia)

58) Umezaki, I., **Bull. Jpn. Soc. Sci. Fish.**, 1983, 49, 1925 (Ecological studies of *Sargassum miyabei* yendo in Maizuru Bay, Japan sea)

59) Umezaki, I., **Bull. Jpn. Soc. Sci. Fish.**, 1985, 51, 1441 〔Growth of the stem in *Sargassum ringgoldianum* Harv. subsp. coreanum (J.Ag.) Yoshida in Obama Bay, Japan sea〕

60) Yamamoto, I., Takahashi, M., Suzuki, T., Seino, H., Mori, H., **Jpn. J. Exp. Med.**, 1984, 54, 143 (Enhancement of antitumor activity by sulfation of a crude fucoidan fraction from *Sargassum kjellmanianum*)

61) Yamauchi, K., **Bull. Jpn. Soc. Sci. Fish.**, 1984, 50, 1115 〔The formation of *Sargassum* beds on artificial substrates by transplanting seedings of *S. horneri*(Turner) and *S. muticum*(Yendo) Fensholt〕

62) Yoshida, T., **J. Fac. Sci. Hokkaido Univ. Ser. V, Bot.**, 1983, 13, 99 〔Japanese species of *Sargassum* subgenus Bactrophycus (Phaeophyta, Fucales)〕

I권 찾아보기

✻ ㄱ

가시우무 9
가시파래 15
갈래곰보 28
갈파래 34, 129
감태 48
개다시마 68
개우무 363
고리매 80
곰피 92
괭생이모자반 112
구멍갈파래 129
구멍쇠미역 146
기파래 129
긴불레기말 158
꼬시래기 168
꽈배기모자반 178

✻ ㄴ

납작파래 191

✻ ㄷ

단지꼴폴리시포니아 203
대황 208
도박 224
돌가사리 238
뜸부기 247

✻ ㅁ

마디잘록이 257
매생이 264
모자반 279
미역 313

✻ ㅂ

보라색우무 363
부챗살 370
불등가사리 375
불등풀가사리 375
비틀대모자반 386

✻ ㅊ

참갈파래 34
청각채 375

✻ ㅌ

토종다시마 68

〈학명〉

✻ A

Agarum cribrosum 146
Ahnfeltiopsis flabelliformis 370

✻ C

Capsosiphon fulvescens 264
Colpomenia bullosa 158
Colpomenia sinuosa 158

✻ E

Ecklonia cava 48
Ecklonia stolonifera 92
Eisenia bicyclis 208
Enteromorpha compressa 191
Enteromorpha prolifera 15

✻ G

Gigartina tenella 238
Gloiopeltis furcata 375
Gracilaria confervoides 168
Gracilaria verrucosa 168
Grateloupia elliptica 224
Gymnogongrus flabelliformis 370

✻ H

Hypnea charoides 9

✻ K

Kjellmaniella crassifolia 68

✻ L

Lomentaria catenata 257

✻ M

Meristotheca papulosa 28

✻ P

Pachymeniopsis elliptica 224
Pelvetia wrightii 247
Polysiphonia urceolata 203

✻ S

Sargassum enerve 279
Sargassum fulvellum 279
Sargassum sagamianum 386
Sargassum tortile 178

Sargassum hornei 112
Scytosiphon lomentaria 80
Symphyocladia latiuscula 363

✻ U

Ulva lactuca 34
Ulva pertusa 129
Undaria pinnatifida 313

〈영명〉

✻ C

Chinese moss 168

✻ G

Green confertii 191
Green laver 15
Green string lettuce 15
Gulf weed 279, 386

✻ K

Kelp 92, 208

✻ O

Oyster thief 158

✻ P

Pocket thief 158

✻ S

Sargasso 279
Sea kelp 68
Sea lentil 112, 279, 386
Sea mustard 313
Sea oak 208
Sea string 168
Sea trumpet 48
Sea-lattuce 34, 129
Seaweed fulvescens 264
Seaweed furcata 375
Seaweed papulosa 28
Seaweed tenella 238
Seaweed wrightii 247
Sewing thread 168

✻ W

Whip tube 80

〈일명〉

✻ A

Akahada 224
Akamoku 112
Ana-aosa 129
Aname 146
Aosa 34
Arame 208

✻ E

Ezo-ishige 247

✻ F

Fudaraku 224
Fukuro-funori 375
Fushitsunagi 257

✻ G

Gagome 68

✻ H

Hira-aonori 191
Hondawara 279

✻ I

Ibaranori 9
Isomurasaki 363

✻ K

Kajime 48
Kapusa-aonori 264
Kayamonori 80

✻ N

Nejimoku 386

✻ O

Ogonori 168
Okitsunori 370

✻ S

Shôzyôkenori 203
Suginori 238
Suji-aonori 15

✻ T

Tambanori 224
Tosakanori 28
Tsuru-arame 92

✻ W

Wakame 313
Watamo 158

✻ Y

Yoremoku 178

Ⅱ권 찾아보기

ㄱ

개서실 9
김 155

ㄷ

다시마 196
딕티오타 142

ㅁ

모자비 328

ㅅ

서실 9
석묵 20
세모가사리 376
스피룰리나 25

ㅇ

외톨개모자반 51
우뭇가사리 67
잎파래 85

ㅈ

지누아리 98
지충이 106
진두발 124

ㅊ

참가사리 376
참그물바탕말 142
참김 155
참다시마 196
참파래 85
참홑파래 401
창자파래 262
청각 272
초록갈파래 288

ㅋ

클로렐라 303

ㅌ

톳 328
퉁퉁마디 384

ㅍ

패 362
풀가사리 376

ㅎ

함초 384
홑파래 401

〈학명〉

✻ A

Arthrospira platensis 25

✻ C

Campylaephora hypnaeoides 20
Chlorella ellipsoidea 303
Chlorella pyrendidosa 303
Chlorella vulgaris 303
Chondria crassicaulis 9
Chondrus ocellatus 124
Codium fragile 272
Cystophyllum sisymbrioides 51

✻ D

Dictyota dichotoma 142

✻ E

Enteromorpha intestinalis 262
Enteromorpha linza 85

✻ G

Gelidium amansii 67
Gloiopeltis tenax 376
Grateloupia filicina 98

✻ H

Hizikia fusiforme 328

✻ I

Ishige okamurai 362

✻ L

Laminaria japonica 196

✻ M

Monostroma nitidum 401
Myagropsis myagroides 51

✻ P

Porphyra tenera 155

✻ S

Salicornia herbacea 384
Sargassum thunbergii 106
Spirulina platensis 25

✻ U

Ulva japonica 282

〈영명〉

✻ C

Carrageenan 124
Ceylon moss 67
Chlorella 303
Curly moss 124

✻ D

Dictyota 142

✻ G

Glasswort 384
Green laver 401

✻ I

Irish moss 124

✻ J

Jelly moss 124

✻ K

Kombu 196

✻ L

Laver 155
Link confertii 262

✻ P

Purple Laver 155

✻ R

Rock moss 124

✻ S

Saltwort 384
Sea staghorn 272
Sea tangle 196
Seaweed fusiforme 328
Seaweed hypnaeoides 20
Seaweed tenax 376
silkworm tail 106
Spirulina 25

〈일명〉

✱ A

Amijigusa 142
Asakusanori 155
Atsukeshi-so 384

✱ B

Bô-aonori 262

✱ E

Egonori 20

✱ F

Funori 376

✱ H

Hitoegusa 401
Hiziki 328

✱ I

Ishige 362

✱ J

Joromoku 51

✱ M

Makusa 67
Miru 272
Mukadenori 98

✱ R

Rishirikombu 196

✱ T

Tsunomata 124

✱ U

Umitorano-o 106
Usuba-aonori 85

✱ Y

Yaburegusa 288
Yuna 9

식용해조류 I

초판발행	2010년 9월 1일
초판2쇄	2012년 1월10일
지은이	한용봉
펴낸곳	고려대학교출판부
	www.kupress.com
	kupress@korea.ac.kr
	136-701서울특별시 성북구 안암동
	02-3290-4230, 4232
	Fax 923-6311
찍은곳	경주문화인쇄

ISBN 978-89-7641-727-5 94480
ISBN 978-89-7641-729-9 (세트)

값 22,000원

* 잘못 만들어진 책은 바꿔드립니다.